全媒体时代的互联网：碎片化生存

段永朝 / 著

清華大學出版社
北 京

内 容 简 介

本书以历史的视野，从思想上回顾了电脑、互联网的发展历程，用"碎片化""虚拟化"两个关键词，反思数码技术发展历程中所依托的技术哲学和笛卡尔主义思想脉络。近十年智能科技的深度发展，特别是大数据、人工智能、区块链、物联网的发展，似乎使"代码即法律、一切皆计算"的理念成为业界共识，但"碎片化""虚拟化"的倾向不但没有减缓，还有深度化的趋势。对年轻一代来说，通过裹挟生活与工作的赛博空间，反思暗藏在技术深层的"确定性思想"，理解"符号表征与计算"的理念，是重启认知、重构未来的重要思想基础。

图书在版编目（CIP）数据

全媒体时代的互联网：碎片化生存 / 段永朝著. —北京：清华大学出版社，2024.3
（2024.10重印）
ISBN 978-7-302-63337-2

Ⅰ. ①全… Ⅱ. ①段… Ⅲ. ①互联网络—研究 Ⅳ. ①TP393.4

中国国家版本馆 CIP 数据核字（2023）第 063760 号

责任编辑： 杜春杰
封面设计： 刘 超
版式设计： 文森时代
责任校对： 马军令
责任印制： 宋 林

出版发行： 清华大学出版社
网　　址： https://www.tup.com.cn，https://www.wqxuetang.com
地　　址： 北京清华大学学研大厦 A 座　　**邮　　编：** 100084
社 总 机： 010-83470000　　**邮　　购：** 010-62786544
投稿与读者服务： 010-62776969，c-service@tup.tsinghua.edu.cn
质量反馈： 010-62772015，zhiliang@tup.tsinghua.edu.cn
印 装 者： 北京同文印刷有限责任公司
经　　销： 全国新华书店
开　　本： 170mm×240mm　　**印　　张：** 22.25　　**字　　数：** 359 千字
版　　次： 2024 年 3 月第 1 版　　**印　　次：** 2024 年 10 月第 2 次印刷
定　　价： 79.80 元

产品编号：081560-01

序

2008 年，全球互联网界有一个词迅速风行，叫“云计算”。诸多巨头公司纷纷进军这一领域。据说谷歌已经在这方面部署了 100 多万台服务器，提供“云计算”服务。

“云计算”的首倡者是著名的亚马逊公司。亚马逊，很多人都知道它是靠卖图书、CD 起家的，安德森①的著作《长尾理论》就是以这家颇具创新思想的公司为蓝本的。

“云计算”，大略是说在未来互联网的世界里，一旦消费者有自己的计算需求，他其实没必要自己安装服务器，只需要提出计算需求，如做一个有限元计算，或者对数据做统计分析，然后把任务直接发到“云端”，这个“云端”就会很快返回想要的计算结果。

与“云计算”类似，消费者也不需要置办大容量的存储设备，可以把数据寄放在“云端”，这个叫“云存储”。

所谓“云”，就是说计算到底在哪里进行，具体在哪台电脑上进行，过程怎样，数据存储在哪里，怎么调用，诸如此类的问题，消费者都不必关心——消费者所要做的，就是“提出计算需求，得到计算结果”。就这么简单。

“云计算”“云存储”的概念着实令人兴奋。看上去很美。更重要的是，这

① 克里斯·安德森，英裔美籍作家、企业家，曾供职于《自然》和《科学》期刊，1994 年入职《经济学人》杂志，2001 年加入《连线》杂志。因 2004 年发表《长尾理论》而名噪一时，《长尾理论》被列入“《纽约时报》畅销书排行榜（非小说类）”。2012 年，克里斯·安德森创办无人机制造商——3D Robotics。

免去了消费者自己建造完整的“专属计算平台”的麻烦。“专属计算平台”的好处是，它是“专属”的，只为你一个人服务，你想做什么就做什么，想什么时候做就什么时候做，而且比较放心。但专属系统也存在一些问题，比如投资比较大，技术性很强，你得为此准备一支专属的技术队伍，更重要的是，它可能“吃不饱”，大多数时间处于闲置状态，“熬油”又“费蜡”。

刚听到“云计算”这个诗情画意的术语时，我脑子里出现的是另外一个词——“云与钟”。这是科学哲学家波普尔[①]于1965年4月，在美国华盛顿大学一次演讲中的题目，后来收录到了他的著作《客观知识：一个进化论的研究》中。据波普尔讲，人们对这个世界的认知经历了一次大的逆转。在此次逆转发生之前的物理世界是欧几里得、阿基米德、伽利略、牛顿建立起来的，这个世界的基本特征被概括成：所有的云都是钟——甚至最阴沉的云，也是钟。

波普尔用“云”这个词概括那些不规则的运动、看上去毫无规律可言的生物种群的行为、人的心理活动、湍急的水流、难以预测的股票市场曲线等，总之，这类事物有一个共同的特点——就像天边的云彩一样，变幻莫测。

“钟”则象征确定性、精确、可拆解成更加细小的组成部分，这意味着各部分严格遵从某种内在的规律，它的行为是完全可知、可预测、可掌控的。

启蒙运动的成果，其实就是确立了这种宇宙观。所有尚未了解的、难度极大的、看上去“阴沉”的云，在确定性物理世界里，迟早都会变成“钟”，这就是那个时代知识分子引以为豪的信念，“所有虚心的人——所有那些渴望学习并对知识的增长感兴趣的人——都改信了这个新的理论。大多数虚心的人，尤其是大多数科学家，都认为它终究可以解释一切事物，不仅包括电和磁，而且也包括云，甚至包括活的有机体。因此，物理决定论——所有的云都是钟的学说——在开明的人中间已成为主导的信仰，而所有不接受这个信仰的人，则被认为是蒙昧主义者或反动分子。”[②]——历史的演进当然不是如此泾渭分明。

在把“云看作钟”的过程中，总有一些科学家按捺不住自己的情怀，试图把“偶然性、不确定性”引入“啮合紧密的牛顿体系”。他们甚至大胆地提出了与

① 卡尔·波普尔（1902—1994），犹太裔哲学家，其著作《科学研究的逻辑》标志着批判理性主义的形成。

② 波普尔．客观知识：一个进化论的研究[M]．舒炜光，卓如飞，周柏乔，等译．上海：上海译文出版社，2015：156.

上述观念完全相反的口号：所有的钟都是云。据说，美国数学家、物理学家皮尔斯，就是在 1892 年喊出这个口号的第一人。在皮尔斯看来，哪怕“钟”在大的层面看起来十分精确、有条不紊，但在分子层面看，照样“一团乱麻”，充满了不确定性和偶然性。

“云计算”和“云与钟”完全是我自己的联想，是偶然放在一起的两个词。下面我想交代一下这本书的缘起，以及为什么要用这两个词作引子。

2007 年初冬。

北京万圣书园的醒客咖啡屋里，张树新、邓峰、吴伯凡、汪向东、胡泳、姜奇平、王小东已经在那里了。还好，我到得不算晚，讨论会还没正式开始。

那会儿网络上热度最高的话题中，“周老虎”占据榜首。多年后再看，这的确是一个网民意志通过网络表达的经典案例。

除了制造网络红人，网络还可以用来大声说出你的质疑，并迅速得到数以万计的网民的热烈响应，这的确是个值得关注的现象。

当“周老虎”信誓旦旦地表示有真“老虎”时，他的腰杆是硬气的，因为背后有相关部门对照片做出的“科学鉴定”。当公众质疑声四起时，也有中科院的学者以“人头担保”此虎系伪作。

做一个看上去很无聊的假设。

假如没有网络，或者假如网民的数量没有那么多，“周老虎”事件很可能是这种貌不惊人的版本：周正龙收到 2 万元“奖金”，陕西省林业厅一些干部们获得政绩，镇坪县可以在大道上竖起“闻华南虎啸”的大标语，然后圈起一大片“野生华南虎保护区”，至于质疑的学者或者担保的“脑袋”，基本上不了了之，没有下文……

2008 年 6 月，这场历时 9 个多月的闹剧终于落下帷幕：周正龙获刑，陕西省林业厅和镇坪县部分干部受到处分。世人又一次见识了互联网巨大的能量——曾几何时，各种消息、言论、民意调查铺天盖地，“人肉搜索”环环相逼，“挺虎者”捉襟见肘、错漏百出，“打虎者”举证质疑、穷追不舍。

互联网是不能忽视的存在。

但是，互联网到底是“云”，还是“钟”？这的确是个问题。

从物理的角度看，互联网的所有计算节点、连线无疑是“钟”，因为所有的一切都可以归之于“0”“1”字符。所有的计算过程都遵从清晰的算法规定，没有例外。然而，从网民的角度看，互联网上涌现出来的种种行为，又怎么看怎么像“云”。

但是，就在这幅“亦钟亦云”的图像的背后，可能隐藏着更大的玄机。

《纽约时报》曾有一篇文章称：从1978年到2008年，大多数互联网数据都流经美国。即便是别的国家国内两个地区之间的交换数据，也会绕道美国。但现在的监测数据显示，越来越多的互联网流量不再通过美国中转，“美国控制互联网的时代已渐渐远去”。当然，“控制”这个词用得不够准确，因为互联网本质上是“没有中心的”。

持决定论世界观的科学家和工程师们，哪怕他们已经超越了古典牛顿体系的认知，进入了更加复杂的世界，但由于内心深处仍然秉持笛卡尔主义[①]“心物二元”的思想，他们依然坚定地认为“钟”是这个世界最可信、最牢靠的世界观。这种观点迄今为止并没有因为“大量云的存在”而被撼动分毫。

当商人和技术天才们将互联网的计算模式定义为“云计算”的时候，他们脑子里出现的，其实仍然是一幅“可控、清晰”的“钟”的图像，只不过这种“可控、清晰”的图像，对外行来说看上去还是“云”。也就是说，“云计算”的架构整体来看是这样的：对消费者而言是“云”；对“操控者”来说则是“钟”。

多年来，互联网带来了太多改变。同时，互联网本身也深深嵌入了经济社会生活的各个角落。不过，“作为技术的互联网”和“作为文化的互联网”却显示了巨大的背离倾向。“作为技术的互联网”改写了时空观，“秀才不出门，便知天下事”说的就是这个状态。“作为文化的互联网”则透过“人肉搜索”“病毒式营销”“视频分享”重新塑造了虚拟空间自我与他者的行为。然而，需要关注的是：“作为文化的互联网”在重新塑造网民行为之时，其背后所继承和秉持的“逻辑”是否有问题?

这个问题可以这样描述：“作为技术的互联网”，在严格遵从“笛卡尔主义”的理性精神的基础上，获得了巨大的商业成功；但只要商人们手里有“钟”，他们就完全可以占据到一个“好点”，以便在把世界造成一座大钟的同时，保留自

① 笛卡尔主义（Cartesianism）是勒内·笛卡尔开创的哲学和科学体系，并由17世纪的思想家（包括尼古拉斯·马勒伯朗士、巴鲁赫·斯宾诺莎）继承发展。笛卡尔主义认为心灵与肉体是全然分离的，将对现实的感知看成错误和幻觉的来源。

己“造钟人”的角色与权力。在这种情况下，他们从私底下或许会认可“所有的钟都是云”的判断，但巨大的商业利益将使他们宁可采取“说一套做一套”的策略，表面上承认“云”，但实际上希望这些“云”最后都连接到自己造的那座“钟”上面。这是个大问题。

这个“大问题”的要害在于，“作为技术的互联网（操控者立场）”所秉持的笛卡尔主义，与“作为文化的互联网（网民立场）”所秉持的彻底的“云”之间，将出现无法弥合的裂痕。这种裂痕并非是科学的认知角度的差异，可能更多地出自不同的商业立场或者意识形态。

用波普尔“世界三”[①]的概念，现今思想产品、创新产品已经显露了“摆脱”商业趣味的迹象，并显示了巨大的生命力。这种新型的知识，通过维基百科、视频分享、游戏社区等方式，已经“客观地”摆在那里了。所不同的是，商业巨子们精明地将这些散布在互联网上，由网民创造的海量的知识，借助“云计算”“云存储”的手段，完全吸纳到自己的“云端”，然后再把这些“秩序化后的云”作为服务，卖给全体网民。

当商人们鼓励创新、吸纳知识的时候，当他们希望消费者们更方便地贡献自己的智慧的时候，他们深知自己做的事情，符合波普尔“世界三”的含义，是真正的“云”；但当他们设卡收费、与竞争对手生死决战、将“客观知识”贴上私家印鉴的时候，他们的行为模式就滑落到了波普尔的“世界一”，即认为自己的想法和做法完全符合“不依赖人的意志为转移的自然世界的普遍规律”。

目前在这个版本的互联网中，令人困惑和混乱的地方正在这里。政治家、技术天才、商人与媒体记者的共同利益，让他们创造出一种新潮的话语体系，这种话语体系一方面能确保他们的“竞争优势”和权力，另一方面又必须能“教化”更多的网民成为他们建造的“美丽新世界”的移民——然而，当越来越多的网民移民到了虚拟世界之后，他们将很快发现“云”的背后真相是“钟”。

“云”的话语，“钟”的逻辑。这就是这个版本的互联网没有前途的原因。

电脑和网络在飞速地改变世界的模样。信息世界的神奇，似乎又一次从电子科技的角度证明了“人的创造性”是多么伟大，“科学与理性”是如何引领人类

① 波普尔认为宇宙存在三个世界：物理世界（简称“世界一”）、精神世界（简称“世界二”）和客观知识世界（简称“世界三”）。

进步的步伐的——这些几乎是“全球共识”。

“科学”是十分流行的大众词语之一。我的家乡在山西，在那里，每当纯朴的人们谈起一件事情的时候，无论他受过多少教育——甚至一些不识字的老人——都会使用“科学”这个词语。“这是科学”，这种说法能马上让人肃然起敬，并且显得不容辩驳。

在这个问题上，我有点执拗了，总是觉得有什么地方不对劲。特别是我在IT行当里做了30年之后，看到大量“专业的”IT术语，大量的缩写词、概念背后携带的“信息”，在强化着这种“科学理念”的时候，我感到十分困惑。我在这本书中讲述的基本上就是我自己对这个问题的困惑，以及在这些困惑背后，我是如何左冲右突，试图找到“解惑之途”的。

本书共11章，划分为4个部分。

第一部分即第一章，是全书的引子，聚焦互联网思想的底层逻辑。主要从著名的企业史学者钱德勒出版的一本著作——《信息改变了美国：驱动国家转型的力量》[①]引出IT行业普遍信奉的“科学的进步主义史观”。实际上，“科学的进步主义”并非仅仅是“现代化”“信息化”的潜在逻辑，也是工业化的潜在逻辑，更是文艺复兴、启蒙运动的重要标记。这种史观的鼻祖，可以追溯到笛卡尔[②]。笛卡尔对人、物的两分法，最终确立了“人的主体”地位，也得出了“主体同一”的结论。

在笛卡尔之后近500年的大众传播中，“科学=理性”“科学=进步”的观点日益深入人心，成为现代社会的普遍认知。毫无疑问，这种认知有相当的合理成分。然而，在电脑和互联网正在与社会发生剧烈碰撞的时候，依然秉持这种信条，并非一点疑问都没有。

第二部分主要是换一种方法，重新讲述电脑与网络的发展史，提出两个值得研究和深思的技术术语——“并发”与“遍历”。这一部分包括第二章、第三章、第四章。电脑和网络的发展史似乎已成定论，没什么好讲的。但是，如果把20世纪70年代美国兴起的“后现代”背景放进来，对电脑和网络的发展史的研究就可以有新的视角。今天我们所见到的电脑和网络，其实是庞大的“秉持笛卡尔

---

① 艾尔弗雷德·D. 钱德勒（Alfred D. Chandler, Jr.，1918—2007），美国著名企业史学家，1977年出版《看得见的手：美国企业的管理革命》；2008年出版《信息改变了美国：驱动国家转型的力量》。

② 笛卡尔（René Descartes，1596—1650），法国数学家、物理学家和哲学家，欧洲近代哲学的奠基人之一。

主义精神”的现代商业力量的胜利，而不是电脑和网络自身精髓的自由体现。我们所使用的电脑和网络，其实是“遭到阉割”“遭到劫持”的商业玩具，而不是字面上说的“美丽新世界”。

但是，当网民达到一定数量的时候，这种情况注定会发生变化。虚拟空间一定会带来物理世界秩序的重构，而不是技术上的花里胡哨。这就涉及“碎片化”和“虚拟化”——本书最重要的两个词语。

深入解析这两个词语令我很犯难。就像解释“并发”与“遍历”一样。这两个词语本身是有很多技术含义的，尤其要讲得透彻、明晰，非常不易。也可能是我还没有找到好的表述方法。此外，这两个词语背后，有很深的哲学意味值得挖掘，我在这里希望抛砖引玉，引起大家关注。

第三部分包括第五章、第六章、第七章和第八章，我希望提出两个含有哲学意味的问题，我认为这是在电脑和网络高度普及之后，我们必须重新面对的两个基本问题。一个问题事关“主体存在的状态”，另一个问题事关“主体和他者的关系”。在电脑和网络导致“主体破碎”“关系重构”之后，笛卡尔主义假设的“独立存在的个体”，将必然走向“多个版本存在的个体”，即“碎片化”。传统哲学探讨的那个“主体对象”刹那间消失了，转换成多重形态，并在未来的虚拟空间里，开始“自如地、真实地”生活。这种“生活”注定不是现阶段“对当前生活的电子化模拟”，而是全新的、可能现在我们尚无法想象的模样。此外，个体与个体之间的关系，主体与客体的关系，也并非物理世界所习惯的那样，而可能是跨越式的、嵌入式的、可反复的、并发式的分裂体验和关系并存。到那时候，主体如何确认“自身”，以及如何识别“他者”，是非常大的问题。

举个简单的例子。想想在未来将不再能严格区分“张三的唯一性和确定性”的情况下，人们将如何“识别自己”“识别他者”“与他者交往”？这并非没有可能，或者并非只出现在科幻的畅想中。

赛博空间已经不仅仅是改造传统世界，让传统世界更有效率地“消耗这个地球”——甚至说，假如这是电脑与网络的未来功用，越来越多的人可能宁愿不要电脑和网络。IT 业界的商人们在描绘网络前途的时候，他们的目的是商业化的，他们一门心思地想要你消耗更多的油墨、U 盘、存储空间，更快地更新换代、版本升级。他们在技术哲学方面不但毫无建树，反而对萌发全新的技术哲学有害无益，因为他们的眼界仅仅止步于“笛卡尔主义”。

第四部分试图通过进一步的哲学思考与技术分析，从 IT 的技术哲学角度得出这样一个结论，即“为什么这个版本的互联网没有未来”。这部分包括第九章、第十章和第十一章。这个版本的互联网本质上仍然是“笛卡尔式的”，或者说本质上仍然听命于“商业科技”的呼唤。这就好比开放源代码运动奉行的“自由软件”精神与微软公司奉行的“商业软件”精神之间的差异一样。那些拿高科技说事的商人们，一定不会放弃“站在产业链高端”“掌握格式化大众”的权力——这一条我们虽然可以理解，但是无法认同。

要知道，未来掌控这个世界的年轻人一生下来就“泡”在了网上。他们的语言、行为、价值观、道德信念，他们所尊奉的哲学，一定会与这个时代现在依然强大的笛卡尔主义有很大的不同。我很难想象全新的、与未来互联网真正契合的技术哲学是什么样的，但我觉得它至少包含这样一种特质：接纳悖谬，容忍缺憾。略为通俗地讲，我感觉未来网络生存的基本法则，一定会在哲学层面包容“悖论”这一传统哲学不喜欢、传统科学极力“剔除”的玩意儿。

“云”和“钟”，如何交织在下一个版本的互联网中？这是个问题。

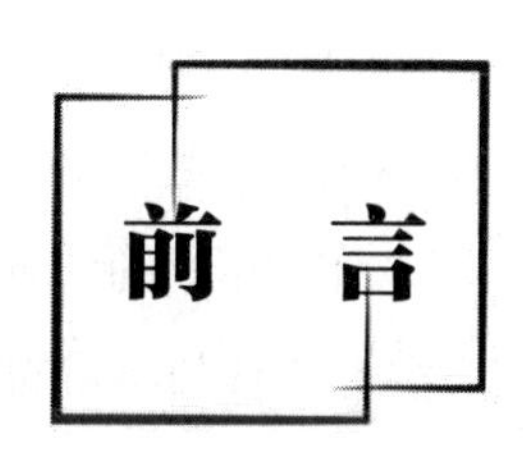

前言

从 1993 年算起，互联网商业化已经走过了 30 个年头。按照当年流行的一句话——“互联网的 7 年等于 1 个世纪”，互联网已经度过了“4 个世纪”。这个说法虽为“戏言”，但其除了表达互联网发展之快、势头之猛外，也多少反映出一定的“特征”。

互联网的第一个 7 年，是门户网站的时代，美国在线、雅虎，中国的新浪、搜狐、网易，开启了“全民上网”的热潮；第二个 7 年，出现了今日互联网平台的雏形，包括谷歌、亚马逊、脸书、推特，以及中国的腾讯、阿里巴巴、百度；第三个 7 年进入了智能手机、社交网络时代，一时间 O2O、互联网金融、团购、数字新媒体如雨后春笋，共享经济异军突起，滴滴、美团、大众点评、携程、今日头条成为这一时期的佼佼者；第四个 7 年，则是云计算、人工智能、大数据、区块链、物联网的时代，一波新的创业热潮方兴未艾，数字生活、智慧城市席卷而来。如今，“扫码刷屏”已成为常态，人们每日平均“泡”在手机上的时间已经超过了 6 小时。

这本书首次出版于第三波互联网热潮高涨的 2009 年。此前一年，一个传说中的神秘人物“中本聪”，在 11 月 1 日发表了一篇论文：《比特币：一种点对点的电子现金系统》。5 年后，比特币成为互联网界的新宠，其不断攀升的“币值”，令金融学者瞠目，令银行家困惑。互联网还将如何发展？是否已经抵达了重要的“拐点”？在全球网民数量超过自然人口 60%的时候，互联网的下一波意味着什么？

思考这些问题的要害，在于从思想上把握互联网发展的整个历程。这个历程从商业发展的过程看，迄今不过 30 年，但其思想根系深藏在 20 世纪 40—60 年代计算机、阿帕网创生的年代，同时也携带着欧洲文艺复兴直至启蒙运动、工业资本主义兴起的 300 年间的思想基因。

作为工具的计算机、互联网，今天已经深入人心，而且极大地改变了人们日常生活、工作与学习的方式；然而作为思想的互联网、数码技术，是否已经“嵌入”得太深，以至于人们在接触网络、感受网络、应用网络的时候，已经浑然不觉？

2013 年的“斯诺登事件”令全球震惊。借着对互联网底层的掌控力，借着 21 世纪之初美国“爱国者法案”的名义，美国军方联合美国政府安全与情报机构，大肆利用互联网进行各种层级的数据窃取、通信监听，以及各种信息渗透与政权颠覆活动。美国的国家网络安全战略一再升级，从早年的防御、竞争演化到为“确保美国战略竞争力”的“未来塑造”（参见 2018 年度《美国网络安全战略》）。2017 年，特朗普政府公开宣称放弃“网络中立”原则，以“让美国再次伟大”的口号，对中国和世界其他国家发起全方位的贸易制裁、技术封锁和经济围剿。互联网、数码科技已经从单纯的生产力促进工具演化为国家战略、全球竞争的重要砝码，并成为塑造未来世界秩序，引领未来文明走向的新空间、新疆域。

2007 年，美国哈佛大学法学教授莱斯格的《代码 2.0》一书问世，这本书第一章的标题就是“代码即法律”。这与过去 10 年美国硅谷“计算原教旨主义”者的口号“一切皆计算”相映成趣，是当今美国网络科技界的思想主流。将这个世界的底层逻辑奠基于“算法”“代码”上，是潜藏在计算机、互联网发展历程中超过半个世纪之久的思想暗流。从致力于创造“能思考的机器”的英国科学家图灵，到宣称这个世界只需要 5 台电脑的 IBM；从创造可信计算基础设施的云计算，到致力精准营销、社会推荐的奈飞（Netflix）算法；从释放网民红利、重构数字权力的“人人都是发布者（UGC）”，到信息爆炸、数据隐私泄露的欧盟《通用数据保护条例》（GDPR）法案；从倡导“重新定义一切”的分享经济，到深陷社会撕裂、族群分化的“信息茧房”……

2011 年 9 月发生在美国纽约的“占领华尔街”运动，从一个侧面生动地揭示了数字世界的真相：1%的人占有99%的财富。美国MIT媒体实验室创始人之一尼葛洛庞帝所宣称的“数字化生存”，并未成为福泽广被的“新趋势”，反倒使物理世界、数字世界间的“数字鸿沟”愈演愈烈。“比特化”的确事关人们的生存，但不是以纯技术的方式，而是以技术哲学、技术伦理的方式。换句话说，锋利的比特之刃，不但快速地切割着世间万物，更定义着世间万物，这是令人不得不警觉的“背后的力量”。

以色列耶路撒冷希伯来大学历史学教授赫拉利在《未来简史》一书中提出了一个震撼人心的观点：未来99%的人都将成为“无用之人”。伴随过去几年人工智能、机器人技术的飞速发展，人们已经真切地感受到越来越多的“工作”被机器替代的威胁，很难淡定地将“技术进步”看作美好生活的组成部分。思考技术伦理的理论框架已经左支右绌，不敷使用。智能工具，这个人的造物，未来是否可能成为“奴役人”的新工具？人们思考这个问题的难度是双重的：一方面在技术伦理的维度，另一方面在人与技术、人与工具的关系的维度。

毋庸置疑的是，电脑与互联网极大地改变了人们的日常生活与工作，极大地塑造了当今世界的模样。但这个日渐长大的“怪兽”，又会在哪些方面吞噬人的领地，侵蚀人的世界呢？这些难题再一次摆在人们面前。

这本书酝酿于2007年，那是影响深远的美国“华尔街金融风暴”的前夜。当时初露端倪的“算法”，在纷繁复杂的金融衍生品开发、定价、推广的过程中，扮演越来越重要的角色。当2009年席卷全球的次贷危机演变为全球性金融灾难的时候，反思的声音覆盖了技术、金融、制度、文化各个层面。英国《卫报》当年发表了一篇观察家专栏文章，题目是《一个导致银行业崩溃的数字方程》。这篇文章深入剖析了被誉为金融业“牛顿定律”的期权定价模型Black-Scholes公式。这个建立在七八条假设之上，其中每一条假设都与现实世界不相符的“玩具模型”，被银行家、证券分析师大肆用来做各种金融衍生品的设计与推广——说这个公式导致世界银行业崩溃，是本次金融危机的“祸根”，这或许耸人听闻，但仔细想一想也不是道理全无：当今世界的脆弱性，的确建立在几百年来所谓科学理性精神的基础之上，透过一大批经验公式、算法把控世界的雄心日益爆棚，以至于全然忘记了这些公式是建立在理想的、脆弱的假设条件之上的。

在过去的5年里，“代码即法律、一切皆计算”的观念已经超越了工程师群体，逐步蔓延到产业界、金融界、政府监管机构，甚至社会上。人们似乎没有从金融危机中吸取教训，依然把未来世界的秩序越来越多地托付给机器算法和计算模型。日益强大的算法在带给人越来越多的“酸爽体验”的同时，也无形中植入了这样的“未来观”——技术决定论甚至计算决定论。这是可疑的，也是危险的。

虽然互联网在过去的十几年发生了翻天覆地的变化，但笔者认为对互联网思想的深入探讨才刚刚开始。本书探讨的主要内容是互联网所依托的技术思想的演变及其核心特征：碎片化与虚拟化。本书中的相关事例可能是“老故事”了，但对希望了解互联网思想发展脉络的读者来说，可能仍然具有一定的价值。这种参考价值在于：近10年智能科技的深度发展，特别是大数据、人工智能、区块链、物联网等，使“代码即法律、一切皆计算”的理念似乎成为业界共识，但“碎片化”“虚拟化”的倾向不但没有减缓，还有“深度碎片化”“深度虚拟化”的趋势。对年轻一代来说，数字技术裹挟生活与工作，碎片化、赛博格已然成为既定的事实，但暗藏在技术深层的“确定性思想”，特别是“符号表征与计算”理念，仍然有很大的探讨空间。如果不能深入了解这一思想特征，把握“碎片化”“虚拟化”背后的技术思想，底层技术创新就会面临巨大的认知天花板。在笔者看来，有以下3个值得关注的思想动向。

第一，过去10年，数字技术“内嵌”经济社会文化生活的能力日渐增强，特别是工业4.0、数字孪生、工业互联网概念兴起之后，伴随第三波人工智能、区块链/数字货币、5G和物联网应用的浪潮，“数字化转型”成为近5年的主旋律。数字化与过去的互联网、信息化的区别与内在关联是什么？我认为有两点：一是深度碎片化，二是认知重塑。

深度碎片化，即从原子向比特迁移的碎片化，转化为“原子+比特交互”的碎片化。这一进程以社交网络、移动互联、虚拟现实、大数据应用、人工智能和机器人，以及区块链与数字货币为主战场，将经济生产、社会生活的实体数据、行为数据、交互数据，统统纳入“数字世界”的基本逻辑。深度碎片化带来的一个明显后果，就是“迫使”人们在卷入智能技术的同时，“忘记”碎片化的底层逻辑。换句话说，就是“让人们在悄然进入一个又一个极致体验的数字场景，享受便捷酣畅的数字体验之余，逐渐忘记实体世界与虚拟世界之间的逻辑关系，忘记碎片化这一基本事实”。或者说，将碎片化成功地转化为可以大肆收割的数字红利。这其实就是认知重塑的前提。

美国的数字网络空间国家战略，在近 5 年有一个重要的转变，就是加强网络空间塑造未来秩序、塑造未来认知的能力。这种认知塑造的技术思想，源于碎片化和虚拟化。

第二，近 10 年来，国际互联网公司（如美国亚马逊、谷歌、脸书等）逐渐放弃“技术中立”的价值观，认为算法不可避免地携带伦理因素，并致力于从技术角度渗透社会秩序、伦理范式的重建，这一动向值得关注（特别在生物技术领域表现突出）。也就是说，以美国为代表的西方技术思想，逐渐摒弃工业时代的技术观，拥抱和构建不确定世界的数字法则。这一动向根源于“碎片化逻辑”已经深入人心，已经成为认知数字世界的“潜意识”。

第三，最近 3 年，互联网公司集体从消费端（C）转向商业应用端（B），这背后固然有大势所趋的动力因素，但也有“抢占制高点”的竞争考量。在此过程中，互联网自身凭借技术优势所秉持的“去中心化”“颠覆”“重新定义一切”“马太效应”“唯快不败”等理念，背后实则是 20 世纪六七十年代“技术原教旨主义”思想的翻版（在人工智能、区块链两个领域表现尤为明显）。对广大读者来说，在这种令人眼花缭乱的技术背后，如何理解数字技术思想演化的历史背景，把握这种演化所内秉的基本假设，是一个重要的问题。这个问题或许是影响底层创新、原始创新的关键。

最后，借此机会我要衷心感谢清华大学出版社的厚爱，感谢“智能传播媒介文化素养书系”编委，在他们的热心指导和帮助下，我有机会重新审视、修订这本书稿，全书每一部分的行文我都做了较细致的修订和改写。全书划分为 4 大部分：第一部分旗帜鲜明地提出数字思想的挑战，瞄准数字思想的底层逻辑，质疑盛行近 500 年的笛卡尔主义；第二部分聚焦电脑和互联网发展的思想史，通过简要回顾这一段历史，把握这一历史进程的思想脉络；第三部分重点剖析碎片化的哲学意蕴，指出隐藏在代码、算法背后的“权力之手”；第四部分回到对笛卡尔主义的批判，认为对被东方文化浸润的人们来说，警惕数字时代背后强悍的笛卡尔思维，是重新站在时代前沿，对等地想象这个巨变时代的重要基础。

时代巨变已然发生，“百年未有之大变局”正在孕育，唯有在从思想上把握这种变局的技术脉络的同时，拉开历史的视野，保持清醒的头脑和批判的精神，方能驾驭未来、共创明天。

段永朝

2023年11月

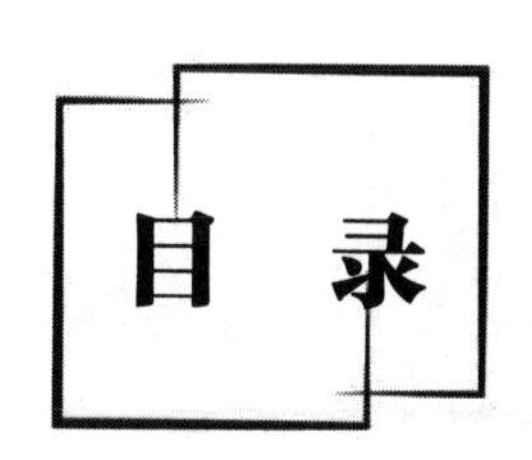

目录

第一部分　思想的底层逻辑

第二部分　互联网思想简史

第一部分

思想的底层逻辑

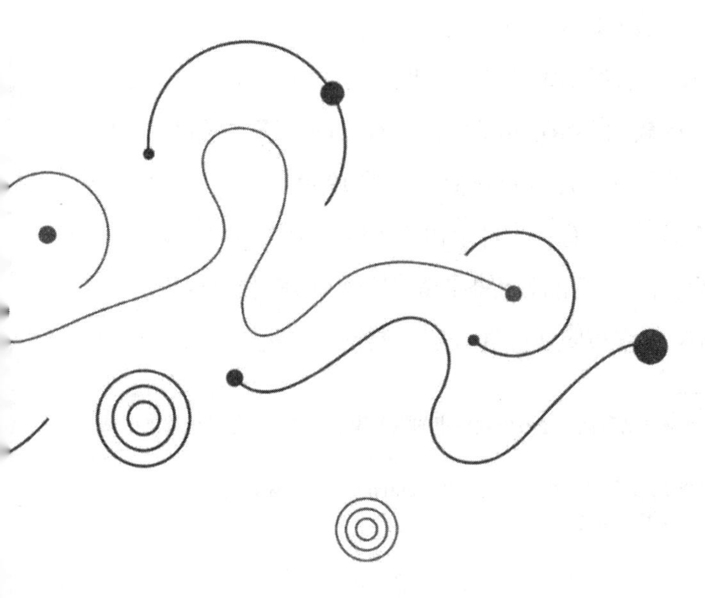

第一章
瞄准笛卡尔

两种截然不同的史观，在互联网上遭遇。一种是“科学的进步主义史观”，另一种是“科学的平和主义史观”。如果不了解这两种史观的对垒，我们就将从思想上失去互联网。

从思想上失去互联网的结果是，我们的命运将降格为可以任意编码的任何玩意儿——尽管你会很开心，但你没有灵魂。

2007年5月9日，美国企业史学者钱德勒以89岁高龄与世长辞。

他和另一位在2002年以95岁高龄谢世的“大师中的大师”德鲁克不同，钱德勒身后是如此平静，没有连篇累牍的悼念、蜂拥而来的赞誉，以及对其思想的再度梳理和系统诠释，甚至——残酷地说，钱德勒的企业思想已经“冷场”。

导致“冷场”的直接动因，是曾经信奉“科学管理”的“钱德勒式的公司”，在20世纪后30年遭遇了巨大挑战。尤其在20世纪末，互联网的蓬勃兴起让“钱德勒式的公司”几成“落伍”的象征：传统企业要么是被1999年兴起的互联网第一波巨浪中超百倍的“市梦率[①]”（注意：不是市盈率）搞得晕头转向，以至于当年的华尔街分析师涨红着脸说：“所有的分析报告都得扔到抽水马桶里冲走!”要么是透过2002年的安然事件[②]，宣布职业经理人道德的彻底沦丧。

---

① 一个流行于20世纪末，互联网领域衡量高科技企业投资收益率的调侃说法，指大大超越传统市盈率数十倍乃至数百倍的投资回报率。

② 安然事件（the Enron incident），是指2001年发生在美国的安然（Enron）公司因财务造假丑闻导致的破产案。安然公司曾是世界上最大的能源公司之一。

在 80 岁高龄之际，钱德勒决定反击这种认为“钱德勒式的公司”已经过时的论调。

2000 年，他留在世上的“后钱德勒三部曲”之一——《信息改变了美国：驱动国家转型的力量》在美国问世。在这本著作中，钱德勒宣布：“信息时代并非始于 20 世纪 90 年代初期，随着万维网的诞生才开始。”

这是一个严肃的话题。

擅长以“大历史观”讲述企业史的钱德勒，其学术风采在这部论述美国信息革命历程的后三部曲中，同样得到了肆意宣扬，其断言“美国人已经为进入信息时代准备了 300 年”，乍一听多少有点哗众取宠。钱德勒试图通过向前追溯美国“信息社会”的“立国史”，挖掘“钱德勒式公司”安身立命的源头，为“科学管理”下的科层组织再度寻求强力支撑，继而把互联网背景下的社会变迁，仅仅表达为“技术面的变革”。按照钱德勒的论证逻辑，倘若非要说以下史实是“为进入信息时代做准备”的话，似乎多少也有一些道理。

但值得注意的并非这些已经写入历史的“硬的”素材，而是钱德勒使用这些素材的叙事逻辑和他的反击冲动。钱德勒的反击冲动，表面上看是在捍卫“钱德勒式的公司”在信息时代“依然有效”这一信念，其实是企图强化“工业革命的美国逻辑”的又一个鲜活样本。

工业革命的美国逻辑的基本特征如下。

大前提：坚信科技导向进步。

小前提：（几乎所有）重大的科技/进步都发生在美国。

结论：坚信美国工业革命/信息革命的历程就是进步轨迹的典型代表。

这种逻辑已经深深嵌入钱德勒的这部著作的字里行间，它所表达的固然是某种油然而生的自豪感，但作为学者来说，这种叙事逻辑的背后，潜藏着更深的、无法摆脱的商业意识形态。冷静地咀嚼（不是激动地与之理论）这种逻辑何以发生，是一个严肃的话题。

科学=理性=进步

“科学的进步就是摆脱偏见。其中也包括摆脱关于科学知识万能的偏见，”

苏联传记作家古留加在《康德传》中写道，“早期启蒙运动产生的幻想之一就是，‘科学万能’——能够证明上帝的存在，能够论证灵魂不死，能够揭示人存在的全部秘密。”指明这种“科学万能”是奢望，则是康德批判哲学的一项任务。

这项任务能否如愿完成，我不好判断，但从现实中看，“科学万能”的论调似乎非但没有被削弱，反倒日益“坚固”起来——更加令人叹服的是，“科学万能”的论调已经不在文本层面出现，而是已经潜入了意识的“深海”。自2010年以来，伴随大数据、人工智能、物联网、区块链技术的迅猛发展，“代码即法律、一切皆计算”的口号甚嚣尘上，计算中心主义思潮为“科学万能”的论调做了一个最新潮的脚注。换句话说，经历了蒸汽机、火力发电厂、汽车、火箭，直到今天的互联网的反复洗礼后，虽然人们不使用“科学万能”这种“不科学”的说法来表露心迹，但骨子里对这个命题没有丝毫的反感（这个命题一般只是在需要作秀的场合，作为某种安置在被告席上的“标签”加以批驳，以佐证科学的“科学”功能，仅此而已）。

在科学昌明的21世纪，在算法和代码日益嵌入工作、生活，乃至生命的时候，质疑计算中心主义，进而顺藤摸瓜，检讨“科学万能”论的思想缘起和演变，的确是一个严肃的问题。

不过，这个问题在“科学昌明”时代，似乎正以一种更加巧妙、更加隐蔽、看上去更加合理的方式，发挥着它巨大的能量。另外，这还是一个很难用较短的篇幅，在较短的时间里解释的话题。

在经历了英国早期资产阶级工业革命、法国启蒙运动之后，美国与欧洲文明社会的那些以电力、铁路、电报电话为代表的新型政治家、工业家、社会学家，接受高等教育的知识分子，还有小市民，都在意识层面全面接受了这种“科学万能”的微妙逻辑。这种逻辑有一个非常简单的等式，即“科学=理性=进步”。

这个等式的深层含义，在20世纪通过两条并行的历史进程得到强化：一条是科学理性与社会政治意识形态结盟，形成了“科学的社会学科与政治学科”；另一条是科学理性与现代商业结盟，形成了“科学的管理学科与大量专业化的技术学科”。强化的结果就是，进一步加剧了古典自然哲学范畴内科学体系与人文思想的背离；文学与艺术在强大的机器轰鸣声中，被迫“背井离乡”，在异化中流浪，寻找家园。

在今天，“知识分子”这一称谓已经被打上了类似工厂专业工程师的烙印，成为某个领域的有发言权的专家。学者已经失去了追问本原问题的语境和恪守批判精神的冲动，并被迫将“思想的自由”修正为“论证和解释的自由”。西方知识分子在好不容易脱离了中世纪“经院哲学”的窠臼之后，又成为高扬与维护科学主义的卫道士，并很快在20世纪蜕化为现代商业文明的护航者。

这是如何以及何时发生的？在本书中，这个问题的靶标，是笛卡尔。

笛卡尔的“遗产”

自柏拉图以来，当西方知识分子以科学的理性精神探究人类前程的时候，在文艺复兴思想的指引下人类开始“独立行走”的时候，西方世界就把发现和刻画这个“不以人的意志为转移的客观世界”的运行规律，看作自己义不容辞的责任。而这种被发现的客观规律，继而被认为是这个“客观世界”的“主宰”甚至“主导”。知识分子的这种使命感在正统的教科书中叫作“人的主体意识的觉醒”。这种觉醒，发生在笛卡尔时代。

笛卡尔之后的现代哲学，以及夹杂着后现代的怀疑主义思潮，使“人的主体意识的觉醒”有了一个更加贴切的版本，即“自我中心主义”。在经历中世纪“经院哲学”的沉寂之后，笛卡尔的哲学把“全能的上帝”转换成了“全能的我”。值得注意的是，这个“全能的我”拥有一颗“科学的头颅”。

这个时期的许多科学家是“科学头颅”的典型代表。在自然科学领域，波兰天文学家哥白尼在其于1543年问世的《天体运行论》中，提出了与将上帝置于宇宙中心的托勒密的“地心说”不同的“日心说”。在物理学领域，意大利实验物理学先驱伽利略发现了自由落体和抛物体定律，以及钟摆定律，等等；意大利物理学家托里拆利发明了水银气压计；法国科学家帕斯卡发现了反映液体和气体中压力传递规律的帕斯卡定律。在生物学领域，英国生物学家哈维通过解剖尸体——这在当时是触犯禁忌的——发现了血液循环的秘密。

文艺复兴（Renaissance）[①]是法国历史学家米什莱于1855年首次提出的一个人文概念，用以概括14—16世纪源于意大利，波及西欧各国的“重新发现古希腊、古罗马艺术文化”的历史进程。

从以上事例可以看到，所谓“人的主体意识的觉醒”，其实更准确地说，是人的“主导”（或者“主宰”）意识的觉醒。

然而，作为认识的“主体”是一回事，作为认识的“主导”则是另一回事，这虽然是一个细微的差别，但决非毫无意义。“主体”是认识的出发点和落脚点，是目的；而“主导”，则含有“自觉”与“控制”的意味，甚至可能会将主体异化为认识的“手段”。

文艺复兴让理性的光芒照亮了人类的前程。人类似乎获得了一种确凿无疑的光明未来，这种光明仰赖理性之光。新教改革之后的欧洲人摆脱了上帝，放弃了教堂，打开了自然奥秘的大门，宣布了一种叫作“进步”的历史进程，现代文明的诠释由此开始。

如同十字军东征[②]输出耶稣一样，文艺复兴通过航海、工业革命、贸易输出机器、科学与技术，输出所谓“大写的人”的文学艺术，构建了迄今行之有效、依然运转如常的现代社会的制度机器，开启了一个叫作“理性化”的进程。

作为“理性的巅峰”，近现代数学的发展史基本同此。大略看一下笛卡尔之后数学的发展，就可以知道这位机械唯物主义“心物两分法”的奠基人，在发明了直角坐标系之后，给人类规定了一种何等规范的、科学的数学图景。

牛顿发现了力学三大定律和万有引力定律，使数学家们受到了极大的鼓舞，这无异于以洞见“上帝的秘密”的方式，为“科学是通往真理的道路”做出了有力的诠释。牛顿力学与以前力学的本质不同，不仅引入了数学来刻画物体的运动形态与轨迹，而且产生了一系列的概念，这些概念在今天看来是如此基本，以至

---

① 文艺复兴（Renaissance）是指发生在14—16世纪的一场反映新兴资产阶级要求的欧洲思想文化运动。文艺复兴最先在意大利各城市兴起，以后扩展到西欧各国，于16世纪达到顶峰，引领科学与艺术革命，揭开了近代欧洲历史的序幕，被认为是中古时代和近代的分界。文艺复兴是西欧近代三大思想解放运动（文艺复兴、宗教改革与启蒙运动）之一。

② 十字军东征（Cruciata，1096—1291）是一系列在罗马天主教教皇的准许下进行的、持续近200年的、有名的宗教性军事行动，由西欧的封建领主和骑士以收复阿拉伯穆斯林入侵占领的土地的名义对地中海东岸国家发动的战争，前后共计9次。十字架是基督教的象征，因此每个参加出征的人胸前和臂上都佩戴“十”字标记，故称“十字军”。

于没有人怀疑这些概念就是关于自然最真切的描述，并且与自然界完全吻合。

经过几百年的熏陶，人们已经满足于把“原子”“电子”“中子”“质子”表述的世界，毫无悬念地当作“这个世界”本身。科学昌明之时，人们甚至不必了解从望远镜、放大镜到显微镜的工作原理，还能写成公式，变成定律，再造出轰鸣的机器。到了 19 世纪晚期，科学的活力又大举侵入了心理学领域，激发了人类用“科学的头颅”窥视自身的欲望。对踌躇满志的科学家来说，“我是谁”的问题，可以通过行为主义心理学家的电击器，以及前脑叶白质切除术[①]，还有“斯金纳的箱子”[②]来求解，这种诱惑实在不可抗拒。

今天的电脑和网络，无疑是这个时代饱含创想激情的宠儿，在世界范围内掀起了日益高涨的创富热浪。不过，如果说今日之电脑和网络仅仅是笛卡尔主义的自然延续，大约会让很多人嘴角一撇，不以为然：“就算是，又怎么样呢？”

本书在这一点上多少有点偏执，我坚持认为，现今电脑和网络的哲学基础，依然是“笛卡尔式”的（在很多人眼里，这可能不是个问题。在我看来，这却是个大问题）。论述这个观点，是本书的唯一使命。

现今占据主流话语——或者主流“潜意识”的——依然是笛卡尔的“心物两分法”的变种。这种“理性精神”经过几百年的讲授、验证、计算、传播，毫无悬念地到达了这样一种状态：事物的未来面目就如同公式刻画的那样，就这么回事。如果实验数据有偏差，也会有一种非常合理的解释，如噪声、干扰、风阻、摩擦等原因。总之，漂亮的公式告诉我们一个纯洁的理性世界，非常优美简洁，而我们身处的世界是一个粗糙的样本。

这种意念是如此强烈，又如此有魅力，因为它直接满足了一种内心的喜悦：上帝的奥秘在我们写下的公式里暴露无遗——更何况，用人造机械去验证时大体不差。

因此，当今天的电脑和网络满足了工业界人士、商界人士、消费娱乐人士的种种需求，从越来越便捷的电信设施到大规模精益制造，从电子商务到创客、虚

① 前脑叶白质切除术是一种切除脑前额叶外皮的连接组织的神经外科手术，也称脑白质切除术、脑叶切断术等。脑白质切除术在 1930—1950 年主要被用来医治一些精神疾病，也是世界上第一种精神外科手术。

② “斯金纳的箱子”是行为心理学家斯金纳于 1938 年发明的心理学实验装置，用于研究动物学习能力和自我刺激与合作行为等方面的心理学研究。

拟货币、视频分享，从高性能计算到网格计算，再到云计算时，所有的新奇玩意儿，看上去都只不过是以往“科技进步”逻辑的自然延伸。如果一定要用笛卡尔主义标记这种科技进步理念的话，很多人可能觉得“这没什么不妥呀！”

甚至在那些不熟悉笛卡尔思想、没有受到牛顿体系羁绊、不理会“光速的限制”的年轻一代手里，玩出“虚拟货币”“游戏装备”“关键词排名”“自由软件”的时候，他们压根就不理会这是什么哲学、什么主义的产物，也压根不觉得这个问题有多么重要。

这种状况——我指的是这种“压根不觉得有什么不妥”的状况，其实令人担忧。

技术至上主义者们的信条往往是：技术的箭头总是向前的（他们对“单向度”这个词语丝毫不觉得焦虑）。“计算能力不是问题，存储容量不是问题，带宽不是问题”，信息技术的发展已经使得越来越多的人在遭遇技术瓶颈的时候，对“未来一定能解决问题”满怀信心。不过，值得警惕的是，这种横扫一切的比特机器，除了被恪守笛卡尔传统认识的“工程师知识分子”拿来做帮助传统商人的赚钱工具之外，冥冥之中已经深陷笛卡尔主义“遗产”的深渊。

这个时代的主流技术哲学，仍停留在牛顿时代，停留在笛卡尔时代，仍然从意识深层秉持“科学=理性=进步”这样的等式。这种思想方式上的遮蔽，让钱德勒的论调很容易找到市场，同时也让任何打算对上述等式打出问号的努力，变得十分艰难。

焊接在底座上的信条

在以往的哲学批评中，质疑往往含有反对的意味。本书不采取这种态度。在这里，质疑仅仅是为了提出问题，仅仅是因为对这种“压根不觉得有什么不妥”的“诡异”状态保持警觉。笛卡尔主义即便对普通人而言，也已经成为“焊接在底座上”的一种潜意识的暗流。这里的诡异之处在于：秉持笛卡尔信条的近现代科学与技术，在收获了 20 世纪最辉煌的电脑和网络成就之后，在“驾驭”和“操控”这个全新的虚拟世界的时候，却显得如此力不从心，破绽百出。

“科学=理性=进步”这个等式，一方面迫使人们透过现代文明的一切成就，一再认同这个结论，并以同样的思路与逻辑“学习”“借鉴”“创新”，乃至“变革”；但是另一方面，这个话题和等式，也将迫使人们不得不从这种逻辑之外——以同样的历史视野，甚至更宽广的历史视野，了解、体察和玩味钱德勒所说的“美国人已经为进入信息时代准备了 300 年”到底是什么意思。这么说的“图谋”到底何在？

钱德勒以他一贯的风格，对信息革命何以发生在美国，做了一次延续笛卡尔以来“科学代表理性，科技导向进步”的论证。他所描述的美国邮政局，美国的铁路、电报、电话，乃至油印机、复印机等，固然是已经发生和固化的史实。但是，“是什么”是一回事，“为什么”就是另一回事了。钱德勒“为什么”的潜台词，无非是试图再次强化这个等式，并在强化之余，反复表达出这个意思——用他的原话说，“这几乎都发生在美国”。

注意到钱德勒的这种潜台词，并非为了与这位企业史大师展开“鸡同鸭讲式”的、基于某种意识形态倾向的“有色”论辩。但是，钱德勒和众多的美国学者，甚至西方的学者们多年来十分习惯乃至运用自如的这种“思路和套路”，不能不说是当今网络社会最值得警惕的某种“抗体”。了解这种“思路”得以展开的“潜逻辑”，阅读字面意思背后的“推理引擎”，即“科学=理性=进步”这样的等式，是在何种文化背景下孕育的，又如何成为牢不可破的思维定式，以致在今天这已经“压根不觉得有什么不妥”的时候，到底会带来什么“更大的问题”，就是本书试图做的一点功课。

我需要立刻声明，我本意决非做什么“是非对错”之辨，哪怕心里动点这个念头，我都会觉得是对我打算做的事情的严重背离。我只是希望提出一个问题，即透过眼下已然十分汹涌的信息社会浪潮，通过已然成为社会存在形态的电脑与互联网现象，透过无数数字英雄描绘和渲染的“未来生活”提出一个问题：倘若驱使这种浪潮、催化这些现象、引领这样生活的背后逻辑，仅仅是“笛卡尔式”的，是“科学=理性=进步”的逻辑的话，难道就没有一丝异样？

孕育在 2006—2007 年的美国次贷危机，爆发在 2008 年的全球金融风暴，为这种“逻辑”可能潜藏的危害，做出了最及时的证言。被誉为“信息革命”的高科技浪潮，在 20 世纪 80 年代，为行将衰退的美国自由资本主义注入了强心针。

当时的美国经济正经受20世纪70年代日本经济的崛起和石油价格暴涨的考验。在1972年尼克松宣布废除美元与黄金储备挂钩的决定之后，布雷顿森林体系事实上宣告瓦解，从那时起，美国已经进入了一个“无拘无束”的自由时代。

历史老人似乎真的又一次“眷顾”美国。正当美国在能源、制造业、钢铁等领域经受来自新兴经济体的挑战的时候，电脑应运而生，信息时代应运而生。美国主导的世界格局依然有效。克林顿政府在两届任期内，创造了“高增长、高就业、低通胀”的神话，“经济周期”的梦魇似乎永远不会再来，“自由资本主义”不但再一次得到证明，而且是通过硅芯片、光纤通信、高性能计算机、互联网的方式得到证明。

然而，2008年出现了巨大危机——媒体上使用的措辞是，“这是近百年来最严重的经济危机”。

不过，当全球直播节目让我们能够“瞬间”了解20国政要聚会华盛顿，商讨重整世界经济的状况，透过网络和电视嵌入我们的日常生活的时候，值得担忧的倒是：如此快节奏的资讯传播与意见传达，已经使得对“背后的逻辑”提问的可能性大大缩小了。

200多年的工业化进程，以及30多年的信息化进程，已经让生活在现代的人特别是知识分子对“思辨”极其陌生。即便是领取社会学课题经费的学者们，也仅仅把所从事的研究看作一项类似实验室操作的实证练习。公正地说，社会学者们倒是很卖力气地解释或重新解释各种各样的新鲜玩意儿，以及这些新鲜玩意儿显露出来的怪异行为。但是，拨弄他们笔头的“无形之手”，依然是象牙塔严格训练出来的套路，依然是“笛卡尔式的”。在我看来，这种对“思想底层逻辑”的考察，至少包括以下内容：西学中的科学精神，作为一种传统是如何确立其优势地位的？在其中，科学家的话语又是如何转化为工程师的语言，继而转化为科学技术的“商用语言”的？在现今商业巨头和政客的眼里，“数据是一种战略资源”，到底是什么意思？

进一步说，“笛卡尔式”的美国逻辑实际上是一种“史观”。这种“史观”的两大要素分别是“人的主体地位”与“历史的进步”，即认为历史演进的本质就是不断确认人的主体地位，这种演进意味着进步。这两大要素相互支撑，彼此印证，互为因果。

这是个艰难的话题。倘若有人稍微表现出挑战这种"科学的进步主义史观"的企图，在众多知识分子已经被深度格式化了的思维图式面前，就注定会在所谓"铁一般的事实面前"，被撞得头破血流。如10多年前在美国爆发的所谓的"科学大战"[①]，基本上是以主流科学家捍卫了自己尊严，而人文学者依然我行我素为终局。科学要执意维护自己的完整逻辑，哪怕以悖论的形式存在，也无法动摇科学"自洽"的基本信念；其间渗透的与其说是对自然法则的崇敬（如康德），不如说是对人可以为自然立法的一再确认（还是康德）。

"科学的进步主义史观"的内在逻辑

"科学的进步主义史观"有一个潜藏的辩护逻辑，这个辩护逻辑比论证逻辑更可怕。论证逻辑是基于科学实验的、数据的和实证的。辩护逻辑则不然，是预设性的。就像"手里已经有了锤子，就一定得找到钉子"，"找到钉子"就能够佐证锤子的价值和存在（另一个版本是："手里拿着锤子，看什么都像钉子"），这就是辩护逻辑。同样用这句话打比方，"找到钉子的过程"则需要使用论证逻辑。论证逻辑要面对的问题是："你如何找到一颗钉子"。但辩护逻辑则直接回答"你找到的东西怎么说都是一颗'钉子'"。

要剖析"科学的进步主义史观"，往往很难找到非常有说服力的切入口。粗略地说，"科学的进步主义史观"一般有3种态度：第一种态度是附和，即投出赞成票，或者顶多增加若干个案加以归纳后，投出赞成票；第二种态度是通过修补来强化，即对这种"史观"的某些方面提出修补意见，最终目的仍然是赞同并强化这种"史观"；第三种态度则是"彻底质疑"。

---

① 科学大战（Science War）是20世纪90年代，科学主义者与反对科学主义的人文主义者就科学本质的学术争论，又称"索卡尔事件"。1996年5月18日，美国《纽约时报》头版刊登了一条新闻：纽约大学的量子物理学家艾伦·索卡尔向著名的文化研究杂志《社会文本》递交了一篇文章，标题是"超越界线：走向量子引力的超形式的解释学"。在这篇文章中，作者故意制造了一些常识性的科学错误，目的是检验《社会文本》编辑们在学术上的诚实性。结果是5位主编都没有发现这些错误，也没能识别索卡尔在编辑们所信奉的后现代主义与当代科学之间有意捏造的"联系"，经主编们一致通过后文章被发表（但事实上这篇文章最终并没有被发表），引起了知识界的一场轰动。这就是著名的"索卡尔事件"。

前两种态度实际上与“科学的进步主义史观”是同样的论证逻辑，并共享同样的科学信念。第三种态度则全然不同，“彻底质疑”不只指向论证逻辑使用的史料、论证的步骤与方法，更指向“作为信念而存在的论证逻辑”，以及被这种逻辑“焊接在底座上”形成的“史观”。但是，只要静静地翻开人类几千年的文明史，不难发现在事关“信仰”的问题上，“彻底质疑”似乎无法从容地、平和地展开（这么说有点武断）。“彻底质疑”者所使用的“对话”工具，不是话语、文本、图像、逻辑，更多的是盾牌、长矛、飞弹、毒药，是宫廷政变、政治谋杀、大规模战争、经济封锁和技术垄断。

历史上的托勒密体系和哥白尼体系，是无法建立共同的“对话逻辑”的，因为他们根本就基于不同的信仰。找到的例子也一再提醒，一旦出现这种“第三种情形”，是否有可能展开真正的“对话”。加拿大学者哈金在1990年出版的《驯服偶然》一书中，用10年的文献梳理功夫，论证了200多年前社会学者们导入数理统计方法，试图在错综复杂的社会网络结构中发现某种确定性的“秩序”，将“科学精神”推延至人文社科领域，就是这种“科学信仰”的明证。

所以，钱德勒提出的“信息时代并非于20世纪90年代初期，随着万维网的诞生才开始，美国已经为它准备了300年”的论断，是一个严肃的问题。它的严肃之处，并不在于钱德勒论证的史实是否有出入，或者出入在哪里，也不是钱德勒论证的逻辑中是否有明显的悖论，更不在于钱德勒试图捍卫的这种很好辨认的“科学的进步主义史观”是否站得住脚，而在于钱德勒没有为另外一种史观留下任何存活的可能。为什么？凭什么？

可以说，钱德勒只是顺便为“钱德勒式的公司”的困境辩护。他的辩护技巧是：想要把导致“钱德勒式的公司”遭遇的困境，描绘为“公司自己的不适”，而不是“科层主义”的失效，唯一的办法就是在“历史演进的脉络”的问题上，要么把工业时代的基本法则与逻辑延伸到信息时代依然有效，要么从早期工业时代的蛛丝马迹中，辨认和梳理可以名之为“信息社会基因”的成分，然后宣布“两个时代一以贯之”的结论。这两种办法无论其结果如何，都因为带有明显的笛卡尔主义色彩而成了一路货。

对钱德勒秉持的“科学的进步主义史观”提出质疑，风险极大。理由有三：一是可能背负“反科学”的恶名；二是这么做会不讨人喜欢；三是刹那间“敌手林立”。如果从笛卡尔哲学起算，“科学的进步主义史观”至少有300多年的固化史，是对“科学的进步主义史观”上溯1000年、1500年、2000年，乃至更久远的中古史、上古史、远古史的书写，重新书写史。

与之相反的是“科学的平和主义史观”（不是和平主义）。这一史观大略有几点思考：人与自然的关系、人与人造自然（与物）的关系、人与人的关系。这三重关系的所有层面已经被古往今来的各色大师们深耕无数次了。我这里拣拾大师精华，无非想提这么一个问题：“科学”一语是何时、如何被加冕为“正确”的化身，并与“理性”画上等号，继而又与“进步”画上等号的？

数字化和网络化给我们分析这个题目提供了极大的便利和丰富的视角。科学以往是关乎自然原理、机器原理的，然而“数字化”之后就不一样了，科学又一次“膨胀”成这种模样：“代码即法律、一切皆计算”。既然科学如是说，技术商人是再兴奋不过的了。如果说科学家和工程师们早期还只是用自动调节阀、蒸汽动力装置验证“不以人的意志为转移”的物理世界的机械原理的话，那么今天的技术商人已经十分熟练地实践康德哲学赋予人的“主观能动性”，并且将这种“主观能动性”视为证明“人的自由”的最好途径。

“机器揭示世界”，在工业资本家眼里简直就是“通过机器控制世界”的最佳办法；自动机器、电力、铁路、通信，无非让这种“操控世界”的速度变得更快些，更方便些，范围更大些。在所谓的后资本主义时代，与工商业界属于一个阵营的技术专家，也在用社会达尔文主义、自由资本主义的学术符号，不断论证这种“征服世界的机械原理”是如何有利于人类的福祉，如何“奉天承运”地有效配置经济资源，安排公平正义的。

早在40年前，就有人深入探究了流行甚广的培根的名言——“知识就是力量”，这句话实际上讲的是“威权”，而并非“个人的权力”，是僭越神权、君权之后权力合理设置的堂皇理由。正如原始部落中卜师拥有与上苍对话的咒语和通灵术，被汤因比称为“高级宗教”阶段的神甫、牧师、修士们，握有阅读《圣经》、诠释典籍的权力一样，随着印刷术在民间广泛流传，中国的知识分子与欧洲的知识分子一样，发现掌握知识原来有如此多的便利和好处：上可观天文，下可察地理，中可通人文，即“究天人之际，通古今之变”。

电脑和互联网的存在，似乎只是从“数”和“量”两个方面改写了“机器原理”在自然世界与人文世界中的表现，似乎仅仅是“更高、更快、更强大”的“摩尔速度”，和更拥挤、更嘈杂、更疯狂的连线世界，知识的功用和知识分子的角色似乎没有更多的变化。问题的诡异之处恰恰在这里：符号化的比特世界，已经将“编码”提升为一种权力，将“连线”升格为一种权力，它所沿用的“思路”与“逻辑”，与文艺复兴时期知识分子对自己的定位，与启蒙运动时期革命知识分子对自己的定位，与工业革命时期工业知识分子对自己的定位毫无二致——他们坚信，自己是以进步的名义，以科学的名义，以理性的名义“重新定义世界”。

质疑这种定位的合理性、正当性，将会以论战，乃至混战的结局收场。这不是我的基本态度。我的基本态度只是提出这样一个问题：这种知识分子的自我定位，是在什么时候被悄悄地“绑架”，成为世俗生活的“蹩脚导游”的？换句话说，机器产生时期之前的“合一”意识形态，是如何伴随“人—人的造物”的急剧膨胀，在几百年来知识分子的著书立说、求道解惑中悄然丢失的？失魂落魄的知识分子，是如何从那种“合一”的“天—神—人”的朴素哲学走入单向度轨道的？

倘若不能完成这样的反视，现代知识分子和未来知识分子就只能扮演日益复杂的机器的仆从，就只能眼睁睁地看着，并幻觉着一个正在失去控制的、仿佛癌细胞一样无序扩散的互联网而束手无策，无所作为。

“科学平和主义史观”的假设

眼下的互联网，或者说眼下生机勃勃的信息社会浪潮，正是基于这种兴奋的“科学的进步主义史观”展开的。可能会有人不以为然。一个最简单的反问就是，“这不好吗？”不，无关好恶。问题的关键是，这是“谁”的？科学技术对工业资本主义的贡献有目共睹。但是，人们通过自动机器对人的控制与奴役发现，科学与商业的结盟其实是现代商业社会无法回避的现实。

“科学的平和主义史观”的假设是，在一个高度依存化、日益复杂化、越来越符号化的数字时代，人与自然、人造物、他者之间的边界变得模糊，甚至在消弭；更进一步，独立的、均质化的、“干净透亮”的主体，已经（或者早已）被机器的齿轮、编码的程式、虚拟的空间撕裂得七零八落。主体的碎片化和关系的虚拟化，与“科学的进步主义史观”赖以立论的“客观、独立、均质、普遍”有了难以弥合的裂隙。在“科学的平和主义史观”中，主体并非与客体截然两分，主体也并非“单一的、均质的”存在，而是与客体“水乳交融”，难分彼此。交融的主体将弃绝“此在”与“彼在”的分野，所有的状态都是现在时，没有生也无所谓死。存续在虚拟空间中的个体状态，拥有多重面孔和多重人格。

这是个严肃的问题。脚下坚实的大地，在缓缓地移走。逻辑，可以漂亮得无可挑剔；但被逻辑谈论的对象变了，世界就真的变了。

钱德勒是用母语写作并思考的人。在钱德勒那里，用母语思考的西方文化背景，就是这种无所不在的“普遍性”“确定性”和道德上的“优裕感”。

我们也用母语思考和写作。但不幸在于，在相当大的程度上，我们已经不是用母文化思考；我们的母文化，大部分已经被置换成“钱德勒式”的了。我们是母文化意义上的濒危种群，特别在事关电脑和网络这类看上去似乎纯技术的问题面前。这种情况下的创新，只是学舌而已。钱德勒式的思考，可以很轻易地让“薛定谔的猫[①]”“阿列夫[②]”自如地进入自己的文本，而我们却不能。这不奇怪，因为那不是我们的母文化，也不全是我们可以习得的舶来文化。然而，令人心酸的是，在我们的文本中，再也没有自己母文化的史料、掌故、典据、辞章了，因为我们从小就不训练这个，也不怜惜这个。顺着钱德勒的手指，我们只能喏喏称“是”；倘若我们稍有疑惑，洋文比我们好的人就会出来呵斥。这是本书始终难以找到化解之法的窘况。

互联网的世界，除了我们表面上可以辨识的机械的“器工术数”层面的东西外，应该还有更深的意味。这些意味并非只能用洋文来写、来思考，用中文也可以。不过，这次，我注定要忍受“词不达意”之苦。

在这本书里，我试图从两个“半数学半工程”的术语出发，通过认真分析计

① “薛定谔的猫”，这是奥地利物理学家埃尔温・薛定谔试图证明量子力学在宏观条件下的不完备性而提出的一个思想实验。

② 阿列夫，希伯来字母表的第一个字母。阿列夫数是一连串用来表示无限集合的势（大小）的数，这一概念来自格奥尔格・康托尔。

算机科学和网络技术中至关重要的两个专业名词——“并发”与“遍历”，对确立“主体独立性”及“同一性”的传统技术哲学做一番剖析。

传承450年的笛卡尔哲学，确立了人的主体地位，同时假设了人的主体的同一性。可以说，电脑采用二进制编码的手法，极好地象征了这种“无差别的”“可以准确刻画”的“客体”，满足了“客体化主体”的需要。电脑对任何事物编码的能力，由于笛卡尔自然理性深入人心，已经（几乎）在正统的教科书中受到一代又一代的尊崇，对此没有谁感觉到任何异样。

但是，当你深刻了解到“编码”“格式化”“赋值”是一项如此巨大的权力，以至于在笛卡尔那里还有可能“抽象地聚拢在一起”的主体，通过编码、传输、比特化之后，已经破碎不堪，并有了无数个“版本”的时候；当你了解到将一个对象赋予某种编码仅仅是某种方便的“约定”——谁都可以这么做，并且这就是个性的某种诠释的时候，你是否能感受到某种“意义的丧失”与“确定性的丧失”的可能呢？

在一个缺少稳定性、确定性和可靠性，甚至实体性的世界图景面前，流动性、瞬间即逝、不稳定性，在符号世界里更加光怪陆离，不可捉摸。在法国哲学家德勒兹[①]和瓜塔里[②]看来，“真实并非不可能，而是越来越人工化了”，而美国学者鲍德里亚[③]则根本放弃了这种似是而非的、勉强的“真实说”，他否认真实的存在，真实已死，或至少说，在符号世界里探出真实已经毫无意义。

“内爆[④]”导致的主体破碎，在鲍德里亚那里成为一种生活状态。破碎的主体已无法复原，也没有必要复原。鲍德里亚对消费社会的描述，充斥着难以尽述的激愤与无奈。主体不得已放弃了对客体的主宰，并非是主体“乐意”如此，而

---

① 吉尔·德勒兹（Gilles Deleuze，1925—1995），法国作家、哲学家，后现代主义的主要代表人之一。代表作有《差异与重复》《感觉的逻辑》，以及与瓜塔里合著的《反俄狄浦斯》《千高原》等。

② 菲立克斯·瓜塔里（Félix Guattari，1930—1992），法国哲学家，心理学家。与德勒兹合著《反俄狄浦斯》《千高原》等。

③ 让·鲍德里亚（Jean Baudrillard，1929—2007），法国作家、哲学家、社会学家，被称为“知识的恐怖主义者”。代表作有《物体系》《消费社会》《符号政治学批判》《生产之镜》《象征交换与死亡》《忘掉福柯》等。

④ 最早由加拿大媒介学者麦克卢汉在《理解媒介》（1964）一书中提出。旨在说明随着机械、电力技术的快速发展，人、自然与社会的关系发生深刻变化，相对于“身体的延伸（外爆）”，人类正在经历“意识的延伸（内爆）”。

是主体在与客体的“搏杀”中从巨大的快感陷入了巨大的焦灼，它已经无法分辨哪个是它试图主宰的客体。消费，其实就是玩弄手中的“碎片”。

对待主体消亡，有两种不同的方式：一种是如法国哲学家福柯的观点，认为人已经被客体化，人已经成为人造世界中脱离了自然状态的新人；另一种就是如鲍德里亚认为的，“客体”本身已无意义，主体已碎片化，主体与客体之间的分别毫无意义，或者只是勉力为之。边界已经打破，并消融在彼此的渗透中。20世纪80年代由美国学者哈拉维提出的赛博空间的真实含义就是如此。

但是，无论哪一种思想，都只是对现实的一种诠释，而不能穿透数字世界的层层迷雾，叩问数字世界赖以存续的底层逻辑。鲍德里亚的哲学让人成为新消费符号的奴隶，有些聪明人，不信教的“邪恶”之人，他们不会这么矫情，尼采早已看透了这些人。但是，彻底令人绝望的是福柯[①]，他不但看透，而且干脆放弃了人（“人已死”是福柯的名言）。

福柯对人的死亡之宣告，继承了批判理性的反启蒙传统，这种传统来自尼采。尼采为福柯及以后几乎全部法国后现代主义者，提供了超越黑格尔的诱因和信念。比如尼采指出，追求真理和知识的意志同追求权力的意志是分不开的，系统化的方法导致了还原论式的社会分析和历史分析方法；知识对于异质的现实，需要多重解释，而不仅仅是颂扬。

在《什么是启蒙》中，福柯写道：“我认为自18世纪以来，哲学和批判性思想的核心问题一直是，今天仍旧是，而且我确信将来依然是：我们所使用的这个理性究竟是什么？它的历史结果是什么？它的局限是什么？危险又是什么？”

“科学的平和主义史观”，在这种令人瞠目的、破碎不堪的世界图景下逐渐拼贴出自己的画面。这种“新史观”的形成，将在科学主义既有的轨道上完成自身的扬弃，也将在后现代哲学思潮的湍流间完成自己的升华，重新确立科学所秉持的质疑、批判和实践的精神。它其实是被两股纠缠在一起、此起彼伏的力量所左右：一股是巨大的笛卡尔主义的惯性，它以传统的科学的面目出现；另一股是对理性哲学（其核心之一是笛卡尔哲学）的批判，它以后现代思潮的面目出现。

---

① 米歇尔·福柯（Michel Foucault，1926—1984），法国哲学家、社会思想家。代表作有《疯癫与文明》《性史》《规训与惩罚》《临床医学的诞生》《知识考古学》《词与物》等。

这的确是个严肃的问题

福柯这种识别知识与权力的“狼狈”状况，可以说极大地讽刺了“知识”作为一个正面的、积极的、善的形象在世人心目中的地位。这里的积极意义在于，教人小心分辨那些假借科学之名与科学理性之口构筑的意识形态、政治体制、工业标准、道德秩序的背后所暗藏的“格式化引擎”。但消极意义则是用最恶毒的眼光批驳科学理性中的确含有的秩序之意，用“其实就是……”的潜目的论的方式，解读知识被使用的动机。知识与权力结盟是知识或权力本身无可规避的本真属性，还是折射人性的弱点，从知识与权力结盟的方式及结果上恐怕是无法得出结论的。除了对知识支撑下的权力或者权力架构下的知识保持警觉之外，人们事实上只能更多地寄希望于二者之间的平衡，并且期待新知识的萌生。

这其实是一种两分法的变种，只不过这种两分法是对笛卡尔“心物两分法”的突破，它并非截然将世界的运行体系划分成“冰冷的物”和“跳动的心”两个部分，而是在心与物已经彼此遭遇，纠缠不休时，从社会学、心理学、神经科学的角度又识别出了一种新的“两分”结构，即知识—权力结构。

那些指望互联社会，甚至万物互联的社会能够提供精神解放的想法的确是过于天真了。一切未经许可的元素，都已经被连线斩断，被比特碎片化，所有进入机器的文本都是格式化的文本，新的权力在互联的过程中通过依附于互联的存在而产生，比如平台垄断和推荐算法。

当互联成为长久的存在的时候，表面上看是自由风格的“创造”，但事实上这只是困于网络中的节点“被创造”的开始。

机器复制时代的大肆张扬，是否具备抵制神秘化的功用，抑或是依然如故地制造着新的世俗神话，是后现代生存环境中包括赛博空间必须仔细辨认的。

从这个意义上说，近 20 年，特别是近 5 年计算技术与互联网的发生和发展，除了纯技术的因素之外，还具有很深刻的文化背景。这是我们更全面地理解电脑与网络的必要“场所”。

换句话说，只有将“比特世界”这个“揪人的精灵”放回原处——这也许只是一个期望——才能更好地审视除了技术要素之外电脑所携带的文化要素。

这本书注定给人一场令人数度陷入绝境的苦挣。这个日益破碎的主体以及主体之间的关系，目前尚无法看出它完整的未来图景。在碎片时代，询问“真实”似乎很蠢，因为目前行市不这样。真，将隐匿一段时间；多久，不知道。

这是个严肃的问题。当然，“瞄准笛卡尔”口气大了点，我知道这么说不太好。但是，我必须这么写。没有理由。

第二部分

互联网思想简史

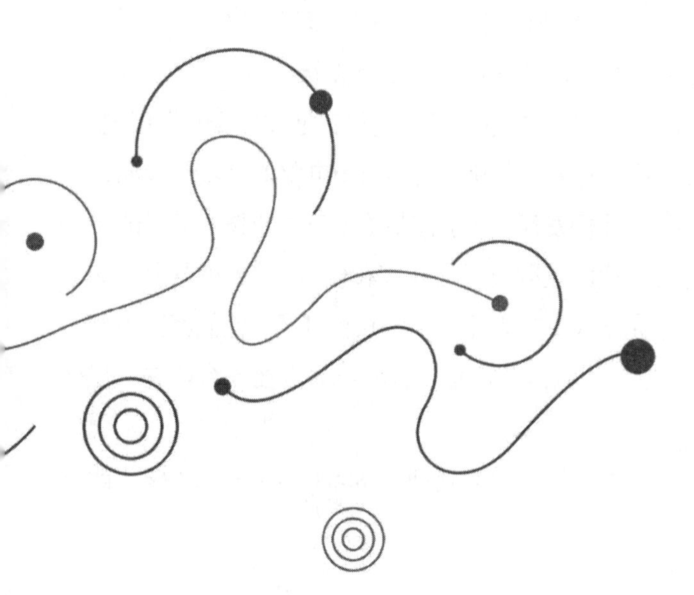

第二章
倒读电脑发展史

如果说电脑被发明了两次，你可能不以为然。这不奇怪，因为无论是专业的还是非专业的关于电脑的教材，一般都沿用线性史观讲述电脑的创生。这种讲法除了史料的罗列之外，毫无趣味。不过，有个问题值得提出，想想有哪个产业是首先造大型机器，然后造中型机器，再后造小型机器，最后造微型机器呢？电脑就是这样的。

再想想有哪个产业是先定义了“金字塔式”的集中计算模式（主机时代），又定义了“分布式”的计算模式（客户机/服务器时代），2007 年再次定义了弥漫在互联网上的计算模式（云计算时代）的呢？计算网络就是这样的。

讲述电脑历史的书汗牛充栋，从大型机到微型机的 30 多年历史脉络清晰。不过，把电脑发明的技术史放回到那个时代的政治背景下重新梳理一番，或许会别有新意。从下面的叙述中你会看到，正版的电脑发展史其实是被颠倒的发展史。

1970 年春季，美国加利福尼亚大学伯克利分校的几个电脑专家离开校园，聚集在一起谈论信息的政治意义。他们发现，几乎控制了所有重要技术力量的军事工业集团，现在又垄断了电脑行业以谋取更大的利润和权力。倘若电脑科学家找不到军方感兴趣的话题，或者完不成军方希望他们完成的任务，他们就得不到军方的资助。这一年离 IBM 的掌门人老沃森声称“世界上只需要 5 台电脑”只不过 20 年时间。

1972 年，英特尔公司发布了第一代 8 位微处理器 8008，16 岁的中学生比尔·盖茨，从一期《大众电子》杂志上看到了这个神奇的芯片，并深深地为之吸引。他毫不犹豫地与好友艾伦花了 376 美元买了一颗 8008，搭起了电子线路板，并试图在上面编写程序。

苹果计算机问世，它是斯蒂芬·沃兹尼亚克（Stephen Wozniak，1950—）和史蒂夫·乔布斯（Steve Jobs，1955—2011）在车库里完成的杰作。苹果的历史大家十分熟悉，有一点需要注意：苹果是迄今为止，保留当年门罗公园霍姆布鲁计算机俱乐部精神最彻底的公司之一；当然，它也是唯一一家艰难生存下来的公司。又过了 4 年，即 1981 年，IBM 公司推出了以"个人电脑"（PC）命名的微型电脑。

在这段有趣的历史片段中，"人民的计算机"与"军用计算机"之间的对垒，特别契合美国那个时代的基本特征：质疑威权，反抗权威。值得注意的是，这个进程仅仅维持了大约 10 年时间。通过操作系统、CPU 芯片、数据库系统，电脑工程师创造了前所未有的激情装备，让整整一代人在屏幕前流连忘返。这种"自如"地创造想象中的数字世界的方式，为电脑怪才所津津乐道。然而，在 IBM 推出个人电脑之后，"威权"再次统治了这个时代。电脑公司以"新兴商业力量"的形式迅速崛起，其产品不断升级换代，像挤奶一样"挤"出的现金流，让高技术商眉开眼笑。他们需要保持这种"领先优势"，需要不断"创新"——不管你是否真的需要——需要不断改换名头，把自己"安置在食物链的高端"。他们以"引领"的姿态，维护自己的权威。

要识别这种"高科技威权"并不困难，只要注意未来学家针对高科技如何改造社会所频频使用的种种"预言"，以及他们对未来的种种断语，就能真切地感受到。但是，一旦越来越多的人接受这种"范式转换"，未来学家就再也不能提供更新的东西了，像美国 MIT 媒体实验室的尼古拉斯·尼葛洛庞帝一样，转而去开发"1 美元的计算机"，从而只留下毫无节制地制造"比特"的功能。

集成电路、微电脑芯片、个人电脑的创生，本来是肩负自己的使命的——反抗"金字塔式的权力集中"，反抗"中心节点""广播模式"，反抗资讯操纵大脑。但是，这一进程不幸被微型电脑的商业化进程打断。我们需要回到电脑创生的本源，不过不是正版教科书的模样。

电脑重生

在正统的教材中，电脑的创生与互联网的创生相差 23 年。一般的讲法是第一台电脑出现在 1946 年，而互联网的前身阿帕网出现在 1969 年。这种讲法误人子弟，道理很简单，就像美国“婴儿潮一代”[①]是伴随铁路、飞机、电话长大的，美国的“X 一代”（比“婴儿潮一代”大约晚 10 年）是伴随电视长大的一样，美国的“新新人类”则是伴随电脑和网络长大的。理解电脑的创生，需要将电脑放回到它所处的那个年代，而非仅仅依靠技术的编年史。所以以下先从电脑的“第二次创生”讲起。

如果一个人在被生下来的时候，某个东西就已经存在了，或者随便什么地方都能见到，那么他（她）的潜意识里或许就会想当然地认为，“喏，就该有这个玩意儿!”他们对“没有这个玩意儿”的时代很难想象，也很难理解。很多孩子念小学的时候，总是习惯地把自己出生以前的年代看成“古代”，而他们要建立超越自己“出生年代”的历史感，还须等待大量阅读体验后“发思古之幽情”的萌生。

20 世纪 60 年代末 70 年代初，是美国“婴儿潮一代”长大成人的年代。“婴儿潮”，指第二次世界大战后出生率上升时诞生的一代，他们被视为推动战后社会文化发展的主要力量。性欲亢进的年轻人，正赶上嬉皮士风行，到 30 多岁又成了优皮士。他们崇拜巴特[②]、福柯、德里达[③]、德勒兹等放浪形骸的偶像，信奉那些蔑视权威、追求个性解放的种种后现代思潮。那个年代的主题有嬉皮、摇滚、性和 Woodstock 音乐节[④]。20 世纪 60 年代常被称为 Swingin' Sixties（多姿多彩的

① “婴儿潮一代”是指第二次世界大战结束后，美国于 1946—1964 年出生的人，人数大约为 7800 万。“婴儿潮一代”的人跨越了上一代美国人的摇摆与沉默，性格坚定成熟，少有贫困的心灵阴影。

② 罗兰·巴特（Roland Barthes，1915—1980），法国作家、思想家、社会学家、社会评论家和文学评论家，结构主义运动主要代表人之一，法国文学符号学和法国新批评的创始人。代表作有《论拉辛》《S/Z》《符号帝国》等。

③ 雅克·德里达（Jacques Derrida，1930—2004），法国哲学家、符号学家、文艺理论家和美学家，解构主义思潮创始人。代表作有《论文字学》《声音与现象》《书写与差异》《散播》《哲学的边缘》《立场》《人的目的》《马克思的幽灵》《文学行动》等。

④ 1969 年 8 月 15—17 日，在美国纽约州 Woodstock 小镇举行的摇滚音乐节，主题是“和平与音乐”，20 世纪 60 年代红极一时的歌星都参与其中，吸引了近 50 万名观众，被誉为“改变摇滚音乐的 50 个历史时刻”之一。

20 世纪 60 年代，甲壳虫乐手列侬[①]作品），一方面因为那 10 年很多国家都发生了政治与经济的巨大变迁，另一方面也因为享乐主义的普遍流行。

“60 年代”是美国意涵最丰富的西方历史名词之一。这 10 年间，肯尼迪总统就职并遇刺身亡，马丁·路德·金遇刺身亡，美国陷入越战的泥淖，传统道德也因男人的头发增长和女人的裙子减短而崩溃，重金属加迷幻剂是年轻人表达自我的前卫风格。理想、启蒙、冲突、暗杀，与摇滚音乐、性解放、言论自由、回归自然混杂在一起，成为掷向一切保守政治、传统威权的石头。

第二次世界大战时避居美国的赫伯特·马尔库塞（Herbert Marcuse，1898—1979）在战后没有返回法兰克福，而是留在美国并用英语写作，最终成为美国“60 年代”激进运动的思想教父。他先后出版的《爱欲与文明》与《单向度的人》，使年轻人明白了生活压抑的根源和身处的社会牢笼。欧美的大学生们（战后“婴儿潮”中出生的一代）读了马尔库塞的大作，备受鼓舞，拍案而起，杀出课堂。

20 世纪 60 年代最直接的号角是“反战”。“加农炮弹还得飞行多少次，才会被永远禁止？……还需要有多少人死去，他才能明白已有太多人死去？”鲍勃·迪伦[②]在歌中向“60 年代”发问，向战争发问。新闻工作者戈弗雷·霍奇森说：“这场战争成了把许多东西组织起来的本源；在这个本源的周围，一切疑虑、一切幻想的破灭……一切隐藏在充满信心年代的虚假外表下面的更大的不满，汇合成一场巨大的反叛。”

20 世纪 60 年代还是反威权、反体制的年代。年轻人认为父辈们在 20 世纪 50 年代做了麦卡锡[③]借“肃共”而迫害无辜的帮凶（在德国，年轻人指责父辈做了纳粹的帮凶）。权威华丽的外衣刹那间崩溃了。

对思想控制的不满，是 20 世纪 60 年代美国青年的集体兴奋点。反战者乔姆

---

① 约翰·温斯顿·列侬（John Winston Lennon，1940—1980），出生于英国利物浦，英国摇滚乐队“披头士”成员，摇滚音乐家、诗人、社会活动家。1994 年，入选摇滚名人堂，2004 年入选《滚石》杂志评出的“历史上最伟大的 50 位流行音乐家”。

② 鲍勃·迪伦（Bob Dylan，1941—），美国摇滚、民谣艺术家，美国艺术文学院荣誉成员，被誉为“摇滚民谣之父”。2016 年，鲍勃·迪伦获得诺贝尔文学奖，成为第一位获得该奖项的作曲家。

③ 约瑟夫·雷芒德·麦卡锡（Joseph Raymond McCarthy，1909—1957），美国共和党人，美国政治家、极端反共产主义者，以其名字命名的“麦卡锡主义”于 20 世纪 40 年代末到 50 年代初，在美国兴起。“麦卡锡主义”直接导致了美国政府制造“冷战”气氛，其涉及美国政治、教育和文化等领域的各个层面。

斯基[①]曾引述休谟[②]的观点说:政府总是建立在思想控制的基础之上,这一原则“存在于最专制和最军事化的国家，同时也存在于最自由和最民主的国家中”。

萨义德[③]则揭示了这种“思想控制”的社会文化环境：“在美国人集体无意识中燃烧的是一种清教徒式的狂热,这种狂热要求他们对任何犯下了罪恶且死不悔改的人采取最严厉的手段。”美国人的这种狂热在杀戮异教者、猎杀印第安人、拘禁日裔美国人、三 K 党[④]等史实中都能得到验证。在越战时期，“最严厉的手段”包括凝固汽油弹、化学武器和能把敌人“炸回到石器时代”的重磅炸弹。

在科技领域，特别是在电脑领域，那些怀揣政府、军方和大企业赞助经费的大公司，不但垄断了市场，而且日益垄断了技术，垄断了资源。“蓝色巨人”的称谓多少包含一些对那些“庞大的家伙”的不满（蓝色，即冷血的意思）。

这就是“人民的计算机”的时代背景。

20 世纪 70 年代的电脑网络，其实在某种程度上也可以说是嬉皮士们“做”出来的，是嬉皮士的理想催生出来的，因为他们需要一种能够打破规矩约束的公共空间，需要一种自由发言和自由操控的“做”梦工具。

作为某种文化符号，“60 年代”最可贵的元素就是崇尚“自由”与“开放”。这种“自由”与“开放”直接表现在行动上，就是那种“对陌生世界张开臂膀”的开放。

充斥于市的快意文字，对这些年轻的嬉皮士们“在路上”的情景是这样描述的：带着乐器，行吟四方；一对长发飘逸、互不认识的男女在路上遇见了，随随便便地就相爱了。他们或许并没有反抗父亲和权威，只是躲避而已。他们向往无

---

① 诺姆·乔姆斯基（Noam Chomsky，1938—），著名学者、社会批评家。他在语言学、心理学、政治学、传媒学等诸多领域做出了杰出的贡献。在学术上，他的理论曾在语言学和心理学领域引发认知革命。在政治上，他多次被称为当代英雄，很多边缘民族和群体的政治运动，都得到了乔姆斯基的政治观点与影响力的支持。其代表作有《句法结构》《语言与心智》《制造共识》《霸权还是生存》《理解权力》《失败的国家》等。

② 大卫·休谟（David Hume，1711—1776），苏格兰哲学家、经济学家、历史学家，被视为苏格兰启蒙运动以及西方哲学历史中最重要的人物之一。代表作有《人性论》《人类理解研究》《道德原则研究》等。

③ 爱德华·沃第尔·萨义德（Edward Wadie Said，1935—2003），后殖民理论代表人物，著名文学理论家与批评家，巴勒斯坦立国运动活跃分子。代表作有《知识分子论》《东方学》《文化与帝国主义》等。

④ 三 K 党（Ku Klux Klan，缩写为 K.K.K.），是美国历史上和现在的一个奉行白人至上和歧视有色族裔主义运动的民间排外团体，也是美国种族主义的代表性组织。

拘无束，唾弃空洞的说教。他们所知道的刚刚过去的历史，充满了尔虞我诈和道貌岸然。他们已经不相信任何冠冕堂皇的东西。这些冠冕堂皇的东西以往所拥有的“崇高感”“使命感”“美感”已经荡然无存。他们的父辈在他们眼里是懦弱者，听凭口号和教条的鼓动，干了太多愚蠢至极的事情。更要命的是，他们的父辈所“指望”的美好社会并没有如期而至，甚至可以说根本无望如期而至。让他们的父辈们战战兢兢和循规蹈矩的法令、道德、管理制度、晋升台阶、保险金、养老金、年薪、家庭和睦、社会责任，在人造灾难面前不堪一击。嬉皮士对此了然于心。他们已经不相信父辈们有能力兑现刻画出来的秩序与幸福——“根本不是那回事！”他们的疲倦与厌恶与日俱增。

然而今天（我指的是 20 世纪 90 年代之后的美国），这种亢奋已经退潮，嬉皮士们已经退出了历史舞台。被他们反抗过的工业体制更加发达，无所不在的通信网、重新强大起来的国家机器，让莫名的对未来的恐惧感占领了他们的心胸。“财富重新执掌了年轻人的命运”，害怕失业的人远远超过想脱离这个体制的人。旧金山郊外著名的硅谷里，那些昔日的“浪荡公子”，当年的嬉皮士，带着祖辈西部淘金的热情，在车库创业，在大学宿舍创业，或者干脆辍学来到这里。

了解上述“电脑重生”的真实背景，对理解微型电脑的诞生至关重要；对体悟电脑何以像快速退潮的 20 世纪 60 年代一样，迅速被“阉割”成现代产业格局中最发达、最重要的新兴产业之一，也至关重要。

好吧，还是再回到电脑的“第二次创生”。

靠近美国斯坦福大学校园的门罗公园，是硅谷的一个著名的公园。硅谷的精神之源，大约可以说是“家酿电脑俱乐部”（the Homebrew Computer Club，活跃于 1975—1986 年）。这个俱乐部是一个著名的黑客组织为电脑迷提供的聚会场所，苹果联合创始人沃兹尼亚克是这里的常客。他们既交流使用电脑的心得，也交流对流行音乐的看法，自然少不了扯一些对大公司的反感。当然，那时候大公司对这帮人也并不感冒。比如，沃兹尼亚克曾把诱人的“苹果”拿到当年他效力的惠普公司，希望在惠普公司生产这台电脑，此举受到惠普公司的奚 落：“我们不做玩具生意！”乔布斯把苹果机抱到当年著名的游戏机生产商阿塔利公司时，也遭到了同样的拒绝：“我们只生产有用的东西”。一位当年的参与者回忆说，这些电脑迷的风格“带有 20 世纪 60 年代无所顾忌的特点，他们仇视现存事物，厌倦战争，主张无限制的自由，反抗任何形式的束缚”。

这些业余电脑迷们卷入电脑狂热的动机可能五花八门，但大胆率性、自由奔放中充满了各种奇思妙想。他们或许没有读过弗里茨·舒马赫[①]的著作，但不约而同地信奉“小即是美”的原则，当然，“小”是他们唯一的本钱。他们或许没有读过列夫·托尔斯泰的小说《伊凡·伊里奇的死》，但他们信奉伊里奇式的“公共参与”原则，愿意把各自认为“酷”的东西，第一时间拿出来与伙伴们分享。

沃兹尼亚克是家酿电脑俱乐部二十几位发起人之一，乔布斯就是被他拉进俱乐部的。触发他们制造苹果电脑灵感的是1975年的“牛郎星”（Altair），它比苹果电脑早两年。“牛郎星”是第一台微型电脑，它的名字出自当时科幻电视连续剧《星际旅行》中的一颗外来行星。这颗外来行星不但吸引了沃兹尼亚克，还吸引了比尔·盖茨的目光。他们都是从《大众电子》杂志上看到了这个没有键盘，没有显示器，只有几个发光灯泡的玩意儿的。“牛郎星8800”当时售价397美元。

接下来的事情已经广为人知了。第一批苹果电脑生产出来后，短短两天就来了1250台的订单。1977年，苹果II问世，获得巨大成功。1980年，苹果公司销售额达到1.17亿美元；同年11月，苹果公司股票正式上市，25岁的乔布斯成为身价2亿美元的大富豪，也成为美国青年的偶像。仅仅3周后，苹果公司的股票市值就达到了17.9亿美元。

这就是电脑第二次创生的序曲。

这一次电脑的创生，从技术上可以讲出一大堆东西，如英特尔发明的微处理器芯片、苹果电脑、比尔·盖茨的磁盘操作系统、IBM个人电脑等。不过，这次的电脑创生，从某种意义上说，是对第一次电脑创生的反叛。

按照1973—1975年活跃在加州大学伯克利分校“社区电脑公用设施”里一帮桀骜不驯的年轻人的观点，信息既是一种工业必需品或者商品，也是民主政治的生命线。对企业或者政府干预信息传递的任何妥协，都会付出极其昂贵的代价。

20世纪六七十年代西方世界的反叛精神，是理解电脑第二次创生的重要背景。遗憾的是，随着IBM个人电脑大行其道，微软公司在操作系统市场占据垄断地位，英特尔公司日益成为CPU市场的霸主，这次电脑创生的内在生命逐渐

---

① 弗里茨·舒马赫（Fritz Schumacher，1911—1977），英籍德国人，世界知名的经济学者和企业家，是适用于发展中国家的中间技术概念的原创者，被称为“可持续发展的先知”，代表作有《小的是美好的》。

枯萎了。甚至在 1993 年互联网进入商业领域之后，电脑的自由灵魂并未随着网络的兴盛而复苏。过度的商业化和技术狂人的自我膨胀，使电脑的第二次创生沦为某种另类。

一桩剽窃案

1973 年在美国政治史上是个特殊的年份，“水门事件”①使尼克松成为美国历史上第一个因丑闻辞职的总统。1973 年对计算机科学而言也是一个特殊的年份，这一年的 10 月 19 日，美国明尼苏达州的拉森法官，宣布了最后的法庭调查结果：毫无疑问，“莫奇利（John Mauchly）关于世界上第一台电脑 ENIAC 的基本构思，来自阿塔纳索夫（John V. Atanasoff，1903—1995），其所宣称的在 ENIAC 上的发明也是源于阿塔纳索夫”。基于法庭调查结果，拉森法官宣判：“在 1939—1942 年，阿塔纳索夫和贝瑞，在美国艾奥瓦州立大学制造了第一台电子数字计算机。”

直到今天，关于电脑发展史的标准教科书，都把 1946 年作为第一台数字计算机 ENIAC 发明的年份，埃克特、莫奇利等人的名字也因此载入史册。

2005 年，阿塔纳索夫的儿子来到北京，给中国人讲述了这个故事。他的说法中有一点引人注意，他说：“这次判决之后的第二天，‘水门事件’爆发”。

说 ENIAC 剽窃案是因为“水门事件”而遭到遮蔽，多少有点牵强。1973 年 10 月 20 日，只是“水门事件”关键链条的一环。这一天，白宫司法部长因拒绝执行总统关于解除“水门事件”特别检察官考克斯的职务而辞职；这一天，距离尼克松总统辞职还有近 10 个月的时间。

这件事情在公众视野中的价值，似乎由于历时过长而“失效”了。为何失效？并非是因为其间还有什么是非曲直，而是因为判决的价值已经大大降低——并非仅仅对阿塔纳索夫，而是对整个电脑界。这不但是一个非常有趣的事件，而且是理解电脑第一次创生和第二次创生的关键一环。

---

① 水门事件（Watergate scandal）又称水门丑闻，是美国历史上最不光彩的政治丑闻事件之一。1972 年 6 月 17 日，以美国共和党尼克松竞选班子的首席安全问题顾问詹姆斯·麦科德为首的 5 人潜入位于华盛顿水门大厦的民主党全国委员会办公室，在安装窃听器并偷拍有关文件时，当场被捕。由于此事，尼克松于 1974 年 8 月 8 日宣布将于次日辞职，从而成为美国历史上首位因丑闻而辞职的总统。

拉森法官的判决虽然为阿塔纳索夫恢复了名誉，但并未给他带来任何经济上的好处。更令人匪夷所思的是，这个判决似乎压根儿就没有改变电脑发展史的流行写法。

无论合理不合理，这件事情至少有 3 点值得咀嚼：其一，即便从 1939 年算起，美国电脑发展到 1973 年已经经历了 3 个阶段，即电子管阶段、晶体管阶段、集成电路阶段。虽然电脑的构成已经有了天壤之别，但电脑的基本原理却没有发生本质的变化。34 年的历史对于工业专利的争执已太长，放到电脑上简直就如同度过了几个世纪一样。

其二，34 年的历史，电脑已经从大型机走向了小型机，并且正在孕育微型电脑。在这 34 年间，电脑的基本原理已经成为公共知识，很难想象使用半导体集成电路的电脑制造商肯向当年拥有“草图专利”的持有人交付专利费。

其三，对美国的年轻一代来说，ENIAC 已经是一个“老爷爷的故事”，况且那个时代电脑的用途主要服务于以国家机器为核心的官僚组织，与年轻人心目中“可以自由掌控的电脑”，即“人民的计算机”毫无共同之处。然而，致力发展大型机的主力群体，如 IBM、斯巴利、CDC、克雷等，对这个故事已经毫无感觉，只有冷漠。

按理说，一桩事关“发源”“创始”的知识产权案件，怎么说都意味着“历史的源头真相”，但是真实的过程却令人深思：电脑的发展史是现今的这个模样，似乎从心理上符合美国科学界知识分子的一贯预期。这个预期就是：电脑的发展史是线性的，电脑背后的精神实质是一以贯之的，哪怕出现了如此严重的专利权纷争，也不会更改人们对这个问题的认知。这个“精神实质”透过美国电脑发展史的表述，就是暗自固守“科学=理性=进步”的技术哲学。这种固守在很大程度上有其合理性，但并非一点问题没有。

比如，众所周知的美国的建国历程，缘自 18 世纪抵抗英国君主统治的推动，这种推动力的引爆剂，就是法国启蒙思想的美洲版。因此在很大程度上，美国立国之初所继承的哲学思想既不是英国的实践理性，也不是德国的辩证理性，而是法国大革命的政治哲学。

钱德勒在《信息改变了美国：驱动国家转型的力量》一书中，反复阐释了这种技术哲学对美国建国历程的重要性。他指出，对于信息分享的热情，对于公民权的执着，让美国人一开始就修正了新教思想中的“上帝”位置，用机器和科学原理取代了宗教的“上帝”。反映自然原理的科学精神，通过工具理性展现人的独立性和能动性，并坚信科学理性是解答任何难题的唯一钥匙，而且这种解答的方式是通过推动社会进步实现的。

20 世纪六七十年代，是科学理性在美国受到质疑的年代。充满反叛精神的文化精英，通过对威权合法性的诘问，通过表达对政治经济垄断权威的不满，指出极端的科学理性有沦为奴役人的可怕力量这一事实。但是，这个进程在 20 世纪 70 年代后半期被打断：苹果电脑带来的财富效应让“X 一代”的年轻人受到鼓舞，他们不需要通过传统的台阶，只要拥有丰富的想象力和充沛的精力就可能达到，甚至远远超越父辈累积的财富的高度。

1973 年，霍尼威尔公司利用阿塔纳索夫打赢了针对 ENIAC 的专利权官司，虽然为阿塔纳索夫赢得了作为电脑发明者的荣耀，但这一结果其实不如说从根本上扫除了“电脑专利”对众多电脑公司的束缚。大家没有心情欢呼阿塔纳索夫的胜利，宁愿欢呼“电脑专利”被扔进了垃圾堆里。既然 ENIAC 不属于莫奇利，那它就不该属于任何人，包括阿塔纳索夫。

向阿塔纳索夫表达敬意是一回事，但向他交付专利费，则是另外一回事。在这一点上，“人民的计算机”的说法彻底表达出了这种反叛情怀。

1981 年，IBM 终于从苹果电脑的巨大成功中回过味来，出于对微型电脑前景看好的战略判断，提出了研制计划，并将其命名为“个人电脑”（Personal Computer，PC）。这次，IBM 罕见地采用了与以往迥然不同的套路：开放体系结构，寻访外部合作伙伴。正是这个战略决策，客观上促进了 PC 的快速繁荣，也造就了英特尔、微软的成功。

不过，IBM 不久就反悔了。它对养大了两只猛虎感到沮丧，对自己无法统领这个兼容 PC 的市场感到焦虑。1985 年前后，IBM 借“英特尔 80286 芯片”面世的机会，提出了一个叫作“微通道体系统构”（Micro Channel Architecture，MCA）总线的技术，并打算推出基于自主操作系统 OS/2 为主的新型电脑 PS/2。关于这种新型电脑的各种溢美之词，一时间在当年的报刊甚嚣尘上。

但是，这次 IBM 深藏在其“蓝色基因”深处的传统工业理性，最终让 IBM 再次被甩在了时代的后面。尽管 IBM 依然是 PC 领域的“带头大哥”，但这次它试图通过设定封闭的 MCA 技术标准、主宰新一代操作系统的图谋，远没有达到“振臂一呼，应者云集”的效果。几乎所有的小公司都不买 IBM 的账，不认可这种“封闭的”总线结构，不愿意将自己创新的自由捆绑在“IBM 标准”之上。新锐电脑品牌 AST、康柏就是这个时代应运而生的佼佼者。苹果公司更是执意拒绝 IBM 个人电脑标准，并坚持至今。

IBM 的 PS/2 是一个彻底失败的项目。直到 10 年后的 1995 年，IBM 才承认了这一点。

“电脑的第二次创生”是指这样一种局面：广泛采用开放的技术架构，倡导兼容性和互操作性，而不是以“标准化、通用化”的托词将“标准”打上自己的私家印记。这一次的电脑创生体现的是全新的技术哲学，是大力弘扬个体解放、尊重个人、倡导个性的技术哲学，在“人驾驭技术”的同时要时时提防“技术奴役人”，更是反对假借“技术进步”和“科学理性”的由头，表白自己、标榜自己、加固自己的哲学。

微型电脑出现之后的电脑新的创生史，远没有历史教科书所表述的那么平淡，更不是一连串前赴后继的动人的创新故事穿缀而成的链条。在电脑的第二次创生之后，每个创新之举的遭遇都有两个截然不同的版本：一个是将其纳入“线性技术发展逻辑”的宿命；另一个则是倔强地向“正统的电脑科学”的一切教条发起挑战。

从这个角度看，阿塔纳索夫的技术被剽窃，绝不是一个简单的专利权之争，而是一次技术哲学的较量。

电脑的第一次创生

透过阿塔纳索夫事件的插曲及第二次电脑创生的故事，重新阅读电脑的第一次创生应该别有新意。

在电脑的第一次创生中，有这样一位科学家值得关注：数学家、控制论的创立者维纳，也是大家公认的“电脑三杰”之一。作为一名横跨数学、控制论、计算机多个学科的学者，维纳可谓名垂青史。但是，与微型电脑、互联网创生之后涌现的一大批名列亿万富翁排行榜的数字英雄相比，“电脑三杰”不但被日益喧闹的信息时代置之脑后，更重要的是，维纳的控制论在后现代社会思潮中遭遇了“选择性遗忘”。阿塔纳索夫则直接遭遇“剽窃”。这种“选择性遗忘”是合理的、自然的“淡忘”，还是有着更深的意味呢？

关于电脑与网络的早期发展史，在谈到历史背景的时候，正版的讲法大致可以用一句话来概括：热战催生了电脑，冷战哺育了阿帕网。

早期的ENIAC电脑，除了其工艺与制造技术无法与后来的微型电脑相比之外，更重要的一个差别在于：早期电脑中凝结了过于强烈的“控制”意识，而微型电脑则将“控制权”交给了普通大众。

虽然从电脑原理上说，“控制”是合理的：电脑这个花费不菲的庞然大物，需要通过一系列严格的程序设计，并事先灌注在存储器中，然后就可以瞬间完成大量的计算任务。那时候，电脑科学家对电脑的假设就是：只要你提炼出算法，电脑就一定能给出答案。思维，不但在电脑科学家那里等同于计算，而且这几乎也是科学家通行的普遍认识。

通过研究“控制”机理，揭示大脑思维的奥秘，的确是早先的电脑科学家的出发点。“模仿人脑”，要求认识人脑，难怪维纳说，他是从神经科学家罗森布吕特关于神经元的研究中得到启发的。对电脑第一次创生的发明家来说，电脑的世界依然是牛顿体系的完美再现。从哲学上讲，电脑并没有什么新东西，它只是将人们对自然、自身的认识，通过自动机器的方法予以实现，以帮助人们解决现实中的计算问题。

“计算工具是人的大脑的延伸”，直到今天，大学老师依然会用这句话作为讲解电脑发展史最自然不过的开场白。这句开场白背后，其实有一个基本的假设，即“人的计算过程”，完全可以通过“机器的计算过程”来模拟和实现。这种假设很好地传承了工业革命的逻辑。工业革命的逻辑，用笛卡尔的话说，即“宇宙是由运动的物体构成的”；用牛顿的话说，是“自然受宇宙的规律支配”；而用培根的话说，则是“知识就是力量”。机器是人的延伸，但如果机器成为人的大脑的唯一延伸，甚至人越来越无法摆脱这种“延伸”的时候，问题就出现了。

从这点出发，电脑第一次创生的哲学冲动，基本上仍然是古典的科学哲学。

这种冲动甚至在电脑第二次创生已经展开的时候，也没有完全湮灭。IBM 推出 PC 之后，就试图将体系结构封闭起来，它们的假设是“人们需要统一的平台，而不是原理上兼容、实际上不同的产品”。这种逻辑有一定的合理性，“统一的平台”可以类比为巴别塔之梦，倘若这样一个通天塔可以建立，那人类就真的“有福”了。但是，以这种逻辑行事的结果，未必是“统一的标准”和“统一的平台”的问题，而是“这个平台的操纵者、拥有者是谁”的问题。很容易识别，这只不过是一种商业策略。

对比电脑的第一次创生，脱胎于美国 20 世纪 60 年代反叛精神的电脑的第二次创生，首先没有从任何宏伟的目标出发，电脑迷没有话语权，也没有资本，没有社会地位，没有思想束缚。他们从一开始就有意识地与任何“清规戒律”或者权威话语保持距离，甚至无视它的存在。他们厌恶那些冰冷的、毫无人性的二进制代码，他们总是想方设法让事情变得容易一些，更直观一些。这些可贵的要素，应当视为电脑从第一次创生到第二次创生异常重要的营养液。

2020 年，全球网民数量达 50 亿人，占全球人口的 65.1%。当连接在网络上的电脑已经达到惊人的数量的时候，如果讲述电脑的发展史依然是过去的那种版本，电脑和网络创生中最值得玩味的、最有生命价值的东西就被抛掉了。

启蒙运动之后发展了 200 年的技术，是否已经变异到脱离了当年人们热切期盼的模样，成为另一个无法控制的恶魔？这另一个恶魔的可怕之处，并非在于它自身无法驾驭、掌控的桀骜品性，而在于它头顶上闪闪发光的金色桂冠：理性、进步、发展。这个恶魔更加令人恐怖的想象是：并非技术本身有“恶”的可能，而是一而再再而三地反复诠释，使掌控技术话语权的背后之手日益显现其意识形态的信条，并透过这些玫瑰色的信条操控公共话语。

思考电脑与互联网变革在未来带来的冲击，并非仅仅在技术层面对社会、经济、文化的转型冲动增砖添瓦，而是全盘审视这个“人的造物”背后的技术哲学及其话语逻辑。

控制论、信息论和系统论被认为是信息革命的三大基石。维纳作为控制论的创始人，他的名字广为人知。即便从现代电脑发展史来论，维纳也绝对称得上是鼻祖之一，另外两位鼻祖是图灵、冯·诺依曼。不过，只要翻翻流行的电脑教科书，总会发现一个共同的现象：提到图灵和诺依曼的次数和篇幅，远多于提到维纳的次数和篇幅。这绝不是说维纳的贡献不如另外两位。如读者所知，图灵的最大贡献是提出了“有限自动机”的理论，第一个从数学的角度给出了电脑的原理图；诺依曼则是现代电脑体系结构的设计者，他的功劳是建立了电脑的基本结构，即普通教科书中随处可见的“诺依曼体系结构”。

不过，图灵死得早，42 岁就自杀身亡；诺依曼也不长寿，只活了 54 岁。“电脑三杰”中的长寿者是维纳，活了 70 岁，可在流行的电脑科学英雄谱中往往淡化了维纳的英名。

“电脑三杰”有一个共同的身份——数学家。细察三人在电脑发展史中的作用，有这样一个值得深思的问题：主流的技术话语是何时、如何“遗忘”大师维纳的？

信息科技的传播过程，并非普通人理解的那样客观与公正。20 世纪之后已经有了很大的变化，工业界和媒体的介入使信息科技的传播与膨胀并非取决于“这是最领先的”诸如此类的判断，而是取决于“这最符合利益集团的需要”。

今天大众熟知的流行于市的诸多理念、时尚，在很大程度上是“议程设置”的结果，而非“自然演化”的结果。这既是技术传播的问题，也是技术哲学的问题。1900 年前后的技术传播与技术哲学，总体上有以下三大特征。

第一，作为一支社会力量，工程师队伍日益壮大，渐成主流。蒸汽机是近代工业的动力之源，有蒸汽做动力，轮船不再依赖自然风力，安全性也大大提高，可以拉得更多、跑得更远。工厂获得了充足的动力，纺织业成为率先步入大机器生产的行业，并由此拉开了工程师大展身手的序幕。

第二，社会公众从抵制和怀疑走向兴奋与极度兴奋。电气时代是俘获公众、确立“科学的进步主义史观”的重要阶段。英国资本主义早期捣毁机器的卢德分子，已经基本上销声匿迹；工人和工厂主之间的博弈，从“体力水平”诸如劳动保护、消极怠工、缩短工时、提高工资待遇转向了“脑力水平”，如劳动定额、熟练工艺、自动机器、流水线。技术从工厂走向社会公众传播，采用的是“社会进步”“城市化”“现代化”的说辞。越来越多的对技术持怀疑、抵制情绪的人，被汹涌的机械化、电气化狂潮裹挟进来，从农村聚集到城市。

第三，媒体找到了影响公众的有效武器。通过安排版面，开展“稀缺”“丰饶”的论战，媒体日益勾勒出工业时代“时尚”“快乐主妇”“职业青年”的形象。20世纪20年代，电子技术和广播技术的发展使“聆听来自远方的声音”成为跨越距离、震撼心灵的绝妙手段。美国经济大萧条时期罗斯福的“炉边谈话”[①]，营造了艰难时刻充满温馨的氛围。1960年，美国历史上最著名的“电视辩论”，让帅气十足的肯尼迪通过画面战胜了“不上镜”的尼克松。2008 年的美国总统选举，奥巴马更是通过强大的互联网战胜了麦凯恩，不仅让美国年轻人对自己的支持率大大提升，而且成为货真价实的“互联网总统”。

然而，思想层面的抵抗和道德的反思，在过去的100年里从来没有休止。随着“丰饶”和“富足”一再成为工业社会的主旋律，随着“一次性消费”“制造流行”一再成为文明进步的必备元素，思辨意义上的哲学已经随着启蒙运动的产物萎缩，退化成“考古性的知识”，以“古希腊文学史”“康德哲学”“黑格尔辩证法”等为题，仅成为博士论文的研究对象。新时代知识分子已经不关心“原始”问题，转而去为技术引领的商业文明、社会进步出谋划策。

从维纳和阿塔纳索夫的境遇或许可以看到，科技舆论传播是如何在军事、商业、意识形态等的裹挟之下“选择性记忆”的。这是理解互联网膨胀史的一个窗口。

先看“电脑三杰”吧。

“电脑三杰”

图灵、维纳、诺依曼三个人都是声名卓著的数学家，当然他们都不是最早制造电脑的人。最早制造像样子的、能用的电脑可以上溯至17世纪。1642年，法国的帕斯卡制造了一台能做加法和减法的计算器，不过他用的是十进制，进制的限制使帕斯卡的计算器没有获得广泛的应用。电脑这玩意儿，注定与数学有关，还得从数学上有所突破。

---

① 炉边谈话（Fireside Chats）是由美国第32任总统罗斯福开创的广播发言形式。1933—1944年，罗斯福利用炉边谈话节目通过收音机向美国人民进行宣传。他的谈话不仅传递了信心，也宣传了他的货币及社会改革的基本主张，对美国政府度过艰难、缓和危机起到了较大作用。

电脑诞生之前的200多年

从历史文献看，最早制造电脑的数学思想，可以上溯至莱布尼茨。1659年3月，13岁的莱布尼茨发表了一篇题为《二进位制算术》的文章，提出了二进制的想法，为300多年后的电脑发明奠定了重要的数学基础。

1698年，法国传教士鲍威特（1656—1730，中文名白晋）告诉莱布尼茨中国周易八卦之后不久，莱布尼茨即发表了《论中国伏羲二进制级数》的文章。莱布尼茨在给鲍威特的信中写道，“这种科学（指伏羲八卦）虽为4000年以上的古物，但数千年来却无人了解它的意义，这是不可思议的。然而它却与我的新数学完全一致……不仅在宗教方面，中国人达到了最完美的道德标准，而且在科学上也大大超过了现代人”。

据说莱布尼茨由此非常敬仰中国文化，还在法兰克福建立了“中国学院”（该学院在第二次世界大战时毁于战火）。

从数学的历史看，17—18世纪可以说是最辉煌的时代。但是辉煌归辉煌，电脑的真正制造还要等200多年。虽然历史就是这样子的，但是非常值得仔细玩味。17—18世纪，文艺复兴运动接近尾声，启蒙运动开始，在这段时间，欧洲知识分子的注意力主要集中在确立人的主体地位和向“君权神授”思想挑战的阶段。黑格尔总结道，“发现对人的尊重是如此的重要，千百年来这是被忽略了的东西”。面对自然界，人需要确立自己的自尊和自信。这是17—18世纪启蒙运动、早期工业革命的思想氛围。这个氛围奠定了后来资本主义革命的思想基础。

资本主义工业革命的一个重要特征是机械、动力、物质资源的大肆利用。这种大肆利用的结果，使从事科学研究的一个重要分支开始出现，并逐渐与工匠、熟练技师合流，形成“工程师”这个独特的专门职业。由于工程师既源于过去传统知识分子的阵营，又源于手工业者、工匠的阵营，他们的独特属性值得认真探究。不能简单地使用“科学技术”这一术语，从而用理性主义哲学掩盖了工程师的实用主义哲学和实证主义哲学倾向；也不能用简单工匠的技艺贬低工程师日益扩大的对知识、先进技术的迫切需求。

知识分子在文艺复兴时代有一次分化，从以“经院哲学家”为主的思辨哲学流派分化出以科学理性主义为主要哲学倾向的知识分子，史书中将这种分化描述为科学与人文的剥离。启蒙运动前后，科学家群体中又诞生了一类新型的知识分子，他们是具备设计、建造等专门技艺，大量使用数学、物理学原理指导科学实验和工程实践的技术家。知识分子的这两次分化，对后世理性主义哲学的细分有着重要的意义。

从电脑发展史可以看出，早期电脑技术之所以没有成为解放生产力的主要工具，除了动力、机械、生产工艺的准备尚未就绪之外，技术哲学的准备也显得严重不足。将人从神的统治和君主的统治下解放出来的努力，需要通过资产阶级革命才能得到充分的体现，生产力的解放需要通过大航海时代、蒸汽时代、铁路时代、电气时代的推进，得到充分的高涨，才能为人的智力的解放铺平道路。

对智能机器的关注，需要在确立人的主体地位，确立理性精神的普遍哲学之后才能触及。智能机器的哲学隐喻，实际上是将外在的"客体"意识投射到"主体"上，以机械论的观点看待主体的客体化。这需要科学界、哲学界等待恰当的时机。

在莱布尼茨之后，设计机械式电脑的努力，还有法国人托马斯[①]于 1818 年设计的机械式计算器，并在 1821 年设厂生产过 15 台。此外，英国人巴贝奇[②]在 19 世纪 20 年代制造了差分机。

巴贝奇之前的计算器只能叫"灵巧机器"，而不是计算机器，因为它没有程序控制的思想，虽然灵巧，但很不实用。不过，如果你知道巴贝奇制作电脑的经费来自当时的英国政府，而英国政府投给巴贝奇 1.7 万英镑的目的是"得到更好的航海计算工具"的时候，那么你脑子里浮现的一定是大英帝国的星条旗和"海盗航线"扩张的画面。

除了航海的动力之外，巴贝奇 10 年之内没有任何实质性的进展。后来，到了 1834 年，巴贝奇听说法国人雅各发明了一种带穿孔卡的纺织机，到巴黎实地考察之后，才通过在电脑上增加穿孔卡做记忆体（在后来的微型电脑里，这个东西叫"内存"），从而解决了电脑的程序存储问题。巴贝奇的电脑，由于功能复杂、

---

① 查尔斯·泽维尔·托马斯（Charles Xavier Thomas，1785—1870），法国发明家、企业家，是发明机械式计算器，并将其商业化的第一人。

② 查尔斯·巴贝奇（Charles Babbage，1792—1871），英国发明家，科学管理的先驱者。1819 年，巴贝奇设计差分机，并于 1822 年制造出可动模型。这台机器能提高乘法速度和改进对数表等数字表的精确度，为现代计算机设计思想的发展奠定了基础。

低下，并没有赢得更多人的青睐。据说当时只有 3 个人欣赏他，一个是当时的意大利总理闵那布利，一个是英国诗人拜伦的女儿艾达[①]，还有一个就是他自己的儿子。艾达成了巴贝奇的忠实信徒，为他编制电脑所用的程序，可谓历史上第一位程序员。150 年后美国军方专门设计的一种军用语言，名字就叫艾达（Ada）。

资本主义工业革命在 18—19 世纪的 150 年间席卷了整个欧洲，并且伴随美国独立和法国《人权宣言》的诞生，掀起了一股日益强大的现代化浪潮。虽然“现代化”一词在当时的公众传播文本中尚不是主流用语，但那种充满朝气、欣欣向荣、所向披靡的乐观主义氛围，通过轰鸣的机器，四通八达的铁路、公路网，城市建筑，琳琅满目的商品被烘托得淋漓尽致。不过，电脑诞生的真正思想要素，必须通过对 1900 年前后科学的极度乐观主义情绪及其后半个世纪理性主义所遭遇的现实反叛进行反思后，才能获得真正的理解。

图灵与维纳的区别

“电脑三杰”出现之前的电脑设计者鲜有显赫的社会成就，简直可以用生不逢时来形容。不过，他们“生不逢时”也是有一定道理的。如果了解了达尔文的进化论尚待赫胥黎在英国议会舌战群臣之后才成为正统的显学，就可以明白源自法国的启蒙思想经历了多么艰难的历程才奠定了将“机器化”的对象投射到“人脑”上的思想基础。

电脑是思想解放的产物，这点不假。不过值得注意的是，电脑同时是思想解放到极致的产物，甚而最终可能成为更大的思想解放的凶险敌人。启蒙只是从思想上驱逐了宗教意义上的“上帝”，技术专家需要等到威力无比的电动机征服人的恐惧心理，等到便捷的交通工具带给人巨大的快乐和满足时，才会意识到“人的能耐究竟有多大”的问题，才能超越以往科学家对躯体、大脑的敬畏之情，大胆地提出这样一个重要的课题：设计与人脑相媲美的机器。要知道，在文艺复兴时代，英国的哈维是靠着在地下墓穴里偷偷摸摸地解剖尸体才发现血液循环系统的。

① 奥古斯塔·艾达·拜伦（Augusta Ada Byron，1815—1852），英国著名诗人拜伦之女，数学家，计算机程序设计创始人，建立了循环和子程序概念。

用这样的目光来审视“电脑三杰”，可以看出图灵是一位纯粹的数学家，独特的抽象思维使他能够从思辨的角度追问一个本原的问题——能否造出“思考”的机器——这是图灵一直难以释怀的。维纳则是一位涉猎广泛、基础深厚的学者，有着传统知识分子的性格和浓烈的人文情怀。相比图灵和维纳，诺依曼则更像一位训练有素的技术专家，他敏锐的眼光和数学功底使他能迅速抓住图灵和维纳思想的精髓，并转而从工程的角度予以重新表达，使电脑的制造具备现实的可能性。

把这三位天才人物放在一起比较是有趣的，他们表面上差别细微，背后却蕴含着“科学家让位于工程师”这个19—20世纪最重要的主题。

维纳对电脑的兴趣主要在于电脑与人脑的某些功能如判断、推理、记忆的相似上，即电脑在模拟或代替人脑的某些功能的可能性或可行性上。维纳意识到，自动机器与生物神经系统具有某种相似性。

维纳认为，电脑是一个进行信息处理和信息转换的系统，只要这个系统能得到数据，机器本身就几乎能做任何事情。维纳进一步认为，电脑本身并不一定由齿轮、导线、轴、电机等部件构成。麻省理工学院的一位教授为了证实维纳的这个观点，甚至用石块和卫生纸卷制造了一台简单的能运行的电脑原型。

维纳对电脑的思索和研究始于20世纪30年代中期，与图灵相当。不过，那时图灵的工作是从纯数学的角度研究，而维纳则是从控制与反馈的角度研究。相比之下，图灵的研究纯科学的味道浓一些，而维纳的研究则更偏向工程。

那时，维纳热衷于考虑电脑如何能像大脑一样工作。在维纳的控制论中，电脑本身是一种自动机器，也是一种控制和通信的机器或自动控制系统。维纳本着其一贯的思想——将动物与机器进行类比，对电脑与动物神经系统特别是人脑进行类比。

比较图灵和维纳的讲法，简单地说，就是图灵给出了一种“数学判断”，认为如果按照一定的原则设计机器的话，机器就会具有跟人脑一样的功能；维纳则是从人脑的角度出发，希望通过模仿人脑来设计与人脑能力相当的计算工具。诺依曼则是非常优秀的工程师，他极其善于从“组成”“结构”“程序”的角度重新表达电脑的原理。所以说，诺依曼离电脑工程化距离最近，而图灵最远，维纳则居中。

有趣的是，图灵的思考迄今为止依然是电脑科学的前沿话题，如人工智能。1950 年，图灵来到英国曼彻斯特大学任教，同时还担任该大学电脑智能项目的负责人。就在这一年的 10 月，他发表了另一篇题为《机器能思考吗？》的论文，成为划时代之作，为图灵赢得了一顶桂冠——“人工智能之父”。在这篇论文里，图灵第一次提出“机器思维”的概念。他逐条反驳了机器不能思维的论调，做出了肯定的回答。他还对智能问题从行为主义的角度给出了定义，由此提出一个假想：一个人在不接触对方的情况下，通过一种特殊的方式和对方进行一系列的问答，如果在相当长时间内，他无法根据这些问题判断对方是人还是电脑，那么就可以认为这台电脑具有与人相当的智力，即这台电脑是能思维的。这就是著名的“图灵测试”。当时全世界只有几台电脑，根本无法通过这一测试。但图灵预言，在 20 世纪末，一定会有电脑通过“图灵测试”。现在，他的预言在 IBM 的“深蓝”上得到了一定程度的实现。当然，俄罗斯象棋大师卡斯帕罗夫和“深蓝”之间不是猜谜式的智力对话，而是你输我赢的彼此较量。2011 年 2 月 11 日，由 IBM 和美国得克萨斯大学联合研制的超级电脑“沃森”（Watson），在美国最受欢迎的智力竞猜电视节目《危险边缘》中，击败该节目历史上两位最成功的选手詹宁斯和鲁特，成为新的王者，让图灵测试登上了新的高峰。

维纳的特点则是浓烈的科学精神再加上人文关怀。1948 年，他的《控制论》一经出版立即风行世界，维纳的深刻思想引起了人们的极大重视。它揭示了机器中的通信和控制机能与人的神经、感觉机能的共同规律，为现代科学技术研究提供了崭新的科学方法，从多方面突破了传统思想的束缚，有力地促进了现代科学思维方式和当代哲学观念的一系列变革。

战争中的“电脑三杰”

在很多教科书中，都习惯称冯·诺依曼为“现代电脑之父”，而将图灵称为“人工智能之父”。与冯·诺依曼同时代的富兰克尔在回忆中说过，冯·诺依曼没有说过“存储程序型”电脑的概念是他的发明，却不止一次地说过图灵是现代电脑设计思想的创始人。当有人将“现代电脑之父”的头衔授予冯·诺依曼时，他谦逊地说：“真正的‘电脑之父’应该是图灵。”谁是“电脑之父”或许并不重要，重要的是这种命名背后折射出来的科学家与当时政商社会的关系。

图灵、维纳和冯·诺依曼三人，都在电脑发明进程中与军方有过交往。1936年，图灵在伦敦权威的数学杂志上发表了一篇关于电脑的奠基性文章，题为《论可计算数及其在判定问题中的应用》。这篇论文是阐明现代电脑原理的开山之作，被永远载入了电脑发展的史册，照耀着计算机学科的前进方向。在这篇开创性的论文中，图灵给“可计算性”下了一个严格的数学定义，并提出著名的“图灵机”的设想。

“图灵机”不是一种具体的机器，而是一种思想模型，可制造一种十分简单但运算能力极强的计算装置，用来计算所有能想象得到的可计算函数。“图灵机”被公认为现代电脑的原型，这台机器可以读入一系列的0和1，这些数字组成的字符串代表了解决某一问题所需要的步骤，按这个步骤走下去，就可以解决某一特定的问题。这种观念在当时是具有革命性意义的，因为即使在20世纪50年代的时候，大部分的电脑还只能解决某一特定问题，而“图灵机”从理论上讲是通用机。

在图灵看来，这台机器只需保留一些最简单的指令，一个复杂的工作只需把它分解成几个最简单的操作组合就可以实现了。在当时，他能够具有这样的思想确实很了不起。他相信，有一个算法可以解决大部分问题，而困难的部分则是如何确定最简单的指令集，什么样的指令集才是最少的，而且又能顶用，还有一个难点是如何将复杂问题分解成这些指令集的操作组合的问题（这其实是算法的雏形）。后来，冯·诺依曼在他的《自动电脑的一般逻辑理论》一文中写道：“大约12 年前，英国逻辑学家图灵开始研究下列问题，他想给自动电脑下一个一般性的定义。”在这篇文章中，冯·诺依曼阐述了图灵在理论上的重大贡献。

第二次世界大战爆发后，“电脑三杰”以不同的方式被卷入这场战争中。图灵应征入伍，被派往布雷契莱庄园承担“超级机密”研究。所谓“超级机密”，其实是破译德军的情报。

维纳被卷入美国军方制造电脑的项目，与一个叫作阿伯丁试验场的军事基地大有渊源。在第一次世界大战期间，维纳就受美国军方之邀，在阿伯丁试验场研究高射炮弹道学，编制射击火力表，用于确定火炮瞄准飞机的方位。在第二次世界大战爆发后，战斗机性能的提高要求防空火力对飞机进行更准确的跟踪，美国军方又一次邀请维纳参与其研究工作。可以说，维纳的控制论和电脑的相关思想，就是那时从防空火炮系统的研究中萌发的。

在维纳向军方提出制造电子装置的建议后，历史发生了戏剧性的转变。真正的研制工作并没有落在维纳肩上，而是直接交给了一位叫戈德斯坦的青年上尉军官。戈德斯坦本人就是数学家，第二次世界大战前在密歇根大学任数学助理教授。他从陆军抽调了100多名姑娘做辅助性人工计算，不仅效率低还经常出错。他又从莫尔学院招募了一大批青年教师，其中就包括载入电脑发明史册的两位青年学者——36岁的副教授莫奇利和24岁的工程师埃克特（顺便说下，这位莫奇利就是日后被揭穿的剽窃事件的主人公之一）。

冯·诺依曼参与到电脑研制项目中，有一段为史料热衷讲述的“火车站巧遇”的故事。说的是1944年夏天，美国东部的马里兰州阿伯丁火车站站台上，冯·诺依曼和一位年轻军官不期而遇，这位军官就是美军军械部弹道研究所的戈德斯坦上尉，负责美军枪炮火力表的测试。出于对冯·诺依曼的景仰，戈德斯坦上尉上前和他攀谈。数学大师和后起之秀在阿伯丁站台上的谈话非常融洽。当戈德斯坦告诉冯·诺依曼，目前他正从事一项科研，研制一台每秒能进行333次乘法运算的电脑时，冯·诺依曼顿时萌生兴趣，连连追问。刚才轻松的交谈气氛一扫而空，戈德斯坦被问得汗流浃背，用他后来的话说，“简直像一场数学博士论文答辩”。不久，也就是1944年8月，心有挂念的冯·诺依曼急匆匆赶往宾夕法尼亚大学的莫尔电子工程学院，去看戈德斯坦上尉所讲的那台机器。

这台机器被冯·诺依曼看出两大致命的缺陷：一是采用十进制运算，逻辑元件多，结构复杂，可靠性低；二是没有内部存储器，操纵运算的指令分散地存储在许多电路部件内，这些运算部件如同一副积木，解题时必须像搭积木一样用人工把大量运算部件搭配成各种解题的布局，每算一题都要搭配一次，非常麻烦且费时。

1945年，冯·诺依曼在ENIAC小组的工作有了突破性的进展，他们在共同讨论的基础上，发表了一个全新的“存储程序通用电子计算机方案”（Electronic Discrete Variable Automatic Computer，EDVAC）。在这个过程中，冯·诺依曼显示了他雄厚的数理基础知识，充分发挥了他的顾问作用及探索问题和综合分析的能力。EDVAC方案明确奠定了新机器由5个部分组成，包括运算器、逻辑控制装置、存储器、输入和输出设备，并描述了这5部分的职能和相互关系。EDVAC

机还有两个非常重大的改进：① 采用二进制，不仅数据采用二进制，指令也采用二进制；② 建立存储程序，指令和数据一起放在存储器里，并做同样处理。这大大简化了计算机的结构，提高了计算机的运算速度。

三个悬疑

“电脑三杰”参与第一代通用计算机研制的故事，既富有戏剧性又扑朔迷离。以此为起点叙述的计算机发展史，往往对这些离奇故事一带而过，并在日后计算机发展的进程中逐步“遗忘”。除了图灵自杀之谜、ENIAC 剽窃风波之外，最引人深思的，恐怕是以下三点：一个是作为科学家的维纳何以被遗忘？另一个是为何在计算能力尚处初级水平的 20 世纪五六十年代，人工智能率先成为计算机学界热捧的明星领域？再一个就是代表计算机工业发展标志的“摩尔定律”，在科学和技术的关系上，到底画出了一道怎样的边界？

第一个悬疑：维纳为何被遗忘

维纳作为两度参与阿伯丁实验场的顶级数学家，并且直接向总统科学顾问提出了建立电子数字计算机的项目建议，建议中明确提出几个关键概念：全数字、电子管、二进制、全自动、程序存储。奇怪的是，在后来美国军方确立的项目小组中，竟然没有维纳的身影，甚至根本没有采用维纳的核心建议，比如二进制和程序存储的概念，而是等到冯·诺依曼出现才“重新发现”这个问题。

科学界与公众传播的交叉点一般是“科学明星”。维纳不是这种科学明星，而冯·诺依曼则是。维纳不但是较传统的科学家，而且后来是颇具人文关怀的科学家。这是理解维纳的关键。

今天，控制论已有了许多重大发展，但维纳当年用吉布斯[①]统计力学处理某些数学模型的思想仍处于中心地位。他定义控制论为：“设有两个状态变量，其

① 吉布斯（Josiah Willard Gibbs，1839—1903），美国物理化学家，奠定了化学热力学的基础，提出了吉布斯自由能与吉布斯相律，创立了向量分析并将其引入数学物理中。

中一个是能由我们进行调节的，而另一个则不能控制。这时我们面临的问题是，如何根据那个不可控制变量从过去到现在的信息来适当地确定可以调节的变量的最优值，以达到对我们最合适、最有利的状态。”用“我们能调节的”变量去影响那个我们“不能控制”的变量，这就是控制论所做的。

凭借对动物界、人类社会、技术世界大量存在的控制、反馈现象的类比和思考，维纳深刻地揭示了一个重要概念——“熵”。热力学所说的“熵”，是用来表现系统的混乱度的。正是这个概念，把维纳引到了一种极度不安的境遇中，使他最终成为一个“技术的悲观主义者”。维纳在第二次世界大战后的许多著述，向知识界显示了他是一个忧心忡忡的悲观主义者。悲观主义者又为何得不到政府官员、媒体和工业界的喜欢，这需要慢慢领会才行。一个可能的解释是，悲观主义从消极的角度挑战了机器时代的某种信念或者法则。这种信念或法则是关于人与自然关系的刻画，是为人们普遍接受的“确定性的世界观”，这种世界观的科学依据来自牛顿。

在20世纪40年代维纳提出控制论之前，牛顿的机械宇宙论已经统治了科学思想界200余年。虽然爱因斯坦早在1905年就对牛顿的机械宇宙论提出了挑战，但从大众科学传播的角度说，牛顿的机械宇宙论依然占据绝对位置。

牛顿认为，宇宙是一种确定性的宇宙，在这个宇宙中，一切事物都是精确地依据数学规律运行着的。在启蒙运动学者的不断诠释之下，牛顿所认为的宇宙与古希腊“崇尚自然之数”的毕达哥拉斯所认为的宇宙，与按照欧几里得几何体系重构伦理学的斯宾诺莎所认为的宇宙，与数学家拉普拉斯的“精确地符合微分方程”所描述的宇宙，具有同样的禀赋。

牛顿宇宙观的要点在于，时间是“均匀流逝的，既不存在开端，也没有结束”，空间是“均匀分布的，既没有中心，也没有边界”。在这种静态的、确定的时空里，万事万物按照数学定律、微分方程给出的轨迹，毫无悬念地自如运转着。

然而，19世纪末20世纪初，全部科学与哲学的思考开始将人们渐渐带入一个完全不同的宇宙，尽管一开始了解这一点的人并不多。作为统计学家的吉布斯看到，我们无法回答关于我们生存宇宙的无穷范围内的所有问题，无从考察它的整体。我们只能考察一个有限的世界。这个观点立刻使人联想到古希腊哲学家普罗泰戈拉关于“人是万物的尺度”的论断。知道人并非“无所不能”，是19世纪末的科学家所能得到的关于科学的冷静的回答，尽管这个声音还十分弱小。对宇宙边界的狂热，终于在透过意大利物理学家伽利略的望远镜看得更远，透过荷兰制镜师汉斯·詹森的显微镜看得更清晰之后，冷却了下来。

其实，伴随牛顿宇宙观建功立业的进程，对这种“精确的、分毫不差”的宇宙的进一步观察表明，事情远没有期望的那样乐观。在维纳之前，有一种普遍的悲观论调来自热力学，准确地说来自热力学第二定律。这个定律是说，一个封闭系统总是无可挽回地从高能级状态走向低能级状态。热力学把衡量这种系统有序程度的量叫作“熵”。美国物理学家吉布斯认为，我们对宇宙所能给出的答案，在于范围更大的一组世界中的“可几”程度如何。这个概率是随着宇宙越来越老而自然地增大的。

在热力学家看来，熵是一定会增大的。随着熵的增大，宇宙中一切闭合系统将自然地趋向于均质，并丧失其活力，从有组织的、有序的状态，过渡到混乱、混沌和单调的状态。也就是说，任何封闭的系统的熵总是趋向于增加的。这个结论的确令人沮丧。发现热力学定律之后很长一段时间，这一结论令世人伤悲：高能级的状态最终注定会走向低级能量状态，炽热的太阳不会永远燃烧下去，一定会一点一点变得暗淡下来，成为白矮星那样的恒星，最后温度一再降低，变成像冰冷的石头一样的东西。

任何星体似乎都逃不脱这种命运。当时有一个名词叫“热寂”——宇宙将在耗尽自己的全部能量之后渐渐冷却，渐渐变成一个毫无任何生机的死寂的宇宙。关于宇宙将走向“热寂”的“科学”论断，曾使众多人对未来充满了恐惧。也许人们对“科学万能”的幻灭，跟这种令人恐惧的论断有关。当年的科学明白无误地告诉人们，一切的一切最后会归于“热寂”，归于消亡，这种科学的冰冷论断与无奈的确让人不安。

作为科学家的维纳的思考路径与此有关。

蚂蚁社会为什么显得有秩序？工蜂是如何向别的工蜂发送关于合适的采蜜场所的消息的？人的手是如何在眼睛的注视、肌肉的控制下拿到杯子的？这些问题显示了一个概念，即通过消息传递所实现的机体控制。通过将动物与机器的通信机制进行类比，维纳提出了“反馈”这一重要的机制。“一个控制系统不是一个孤立的系统，而是一个与周围环境密切联系的系统，特别是控制系统通过自身的反馈机构可以减少系统的‘无组织程度’，因此在控制系统中经常发生熵减少的过程。”这是出版于1948年的维纳的《控制论》一书中的一段话。

维纳提出的“反馈”概念，让热力学家感到振奋，因为这让热力学家受到“热寂”阴影压抑的情绪得到了安慰。控制论通过引入反馈的概念，通过构成闭合的负反馈系统，获得系统模式向有序方向演化的结果。同时，控制论将人与动物的神经控制机能、机器的通信模式加以比较，提出了全新的观念：有组织的系统进化的主要动力，就是克服体系内部固有的增熵趋势。

信息，在维纳那里，就是“我们对外界进行调节，并使我们的调节为外界所了解时，而与外界交换来的东西”。“接受信息和使用信息的过程，就是我们对外界环境中的种种偶然性进行调节，并在该环境中有效地生活的过程”。在这里，维纳区别了单向传播的“消息”和“与外界交换来的东西”——信息。消息，只是从消息的发出者抵达消息的接受者的单向过程；而信息，则是对一个消息刺激的反应的再提取。

但是，这个过程显然不应无限地夸大，即不能以为获得消息的过程会忠实地反映外界的确切知识。事实上，维纳的反馈理论的意义就在于此。维纳认为，消息有天然的“磨损”倾向，有天然的“增熵”趋势，有增加混乱的必然，反馈的作用就在于同这个“自然的增熵趋势做斗争”。

同时，有效地生活被明确地界定为“拥有足够的信息来生活”。熵是组织解体的度量，而消息表征组织抵抗解体的能力的度量，消息所具有的信息可以看作该消息的负熵。一个体系抵抗组织有序程度衰变的重要方法就是保持开放。这就是维纳的结论。不断地与外界交换信息（和能量），调节体系内部变量之间的综合，抗拒组织解体的自然趋势，是保持体系充满活力的重要途径。

然而，由于时代的局限，或者也可能是由于对精巧的机器被首先用来改进成杀人的武器，维纳对现代工业革命的前景不无忧虑。维纳认为，“第一次工业革命是革‘阴暗的魔鬼的磨坊的命’，是人手由于和机器竞争而贬值”，“现在的工业革命便在于人脑的贬值，至少人脑所起的较简单的、较具常规性质的判断作用将要贬值”。在维纳看来，第一次工业革命留下了熟练的木匠、熟练的机器匠、熟练的产业工人，而第二次工业革命则留下了“熟练的科学家和熟练的行政人员”。

维纳看到，由泰勒[①]改进了的生产流水线使大规模的工业化生产成为可能的同时，更多地贬抑了人的作用，而且在那个时代，机器宛如具备了“心领神会”的超能力，可以极好地完成人所赋予的任务，而且精度更高，定位更精确，速度更快，产量更多。

每一次工具的变革带来的赞叹，同时伴随下意识的恐慌，如同珍妮纺纱机、瓦特蒸汽机带来的尖叫声和敌视的目光一样。科学家们也许是过于兴奋或者过于偏执，他们总是希望在有生之年看到科学终结的盛大场面，能目睹“最后一个定理的证明宣告圆满完成”。

维纳的担心多少与此不同，他只是担心这些辉煌的发明和技术成果，会落到一些庸俗的工程师手里，从而改变其用途。除了这种担忧之外，维纳同时也预感了一种未来：“假如第二次工业革命已经完成，具有中等学术能力水平或更差一些的人将会没有任何值得别人花钱来买的可以卖出的东西了。”

所以说，维纳在其生命的后 15 年基本上是一个悲观主义者。这个悲观主义者需要从两个方面来看：一方面是他的理论基础仍然是古典的，即依然建立在吉布斯的统计理论和古典的热力学的基础之上，他的反馈观点也没有脱离机械反馈的原理，尽管维纳与匹茨、罗森布吕特等神经生理学家有广泛的合作，尽管维纳试图探讨人和动物对刺激的反应与调节器的反馈机制相比有哪些共同之处，但他的出发点依然是机械论的，古典主义的。另一方面是基于他对未来的道德前景的判断，及其直接导向对道德前景的一种期望——期望未来的技术专家和科学家，会以自己的良知来“控制”他的发明和发现被滥用的可能。这一点，他与他那个时代的一切正直的学者，如科学学者爱因斯坦、玻尔，历史学者汤因比的看法是一致的。

对于控制论这样一门新的学科，维纳多次表述过，“它有为善和作恶的巨大可能性”，因为 20 世纪的前半叶，留给他以及他那一代的科学家的是战火、集中营、蘑菇云和尸横遍野。

对这样一种境况，维纳表达了一种忧虑和忧虑之余孱弱的希望：“我们甚至

---

① 弗雷德里克·温斯洛·泰勒（Frederick Winslow Taylor，1856—1915），美国著名管理学家、经济学家，被后世称为“科学管理之父”，其代表作为《科学管理原理》。

无法制止这些新技术的发展。它们属于这个时代。我们中间任何人所能做到的最大限度，是制止这方面的发展被交到那些最不负责任和最唯利是图的工程师的手中去，把我们的个人努力限制在诸如生理学和心理学这样的远离战争和剥削的领域里。我们已经看到，有这样一些人，他们希望，从控制论得到对社会更深刻的理解这一好处，将能预料并胜过控制论对权力集中方面所起的偶然的作用（权力，由于其存在条件，常常集中在最鲁莽的人的手中）。我是在 1947 年写这些话的，不得不说，这是一个非常微小的希望。”

维纳的忧虑并非没有道理。图灵就是这样一个人，一个将自己的才华被迫用于战争的人。而人类引以为自豪的 20 世纪的伟大发明——电脑和网络，都具有战争的背景：热战催生了计算机，冷战孵化了阿帕网。

维纳不讨与商界结盟的知识界欢心的背景大致如此。

第二个悬疑：早期人工智能为何受到如此青睐，却并未成功

1956 年夏天，美国达特茅斯学院召开了一次影响深远的历史性会议。这次会议本来属于沙龙式的学术研讨，与会者也仅仅只有 10 人。主要发起人是该校青年助教麦卡锡，此外还有哈佛大学明斯基、贝尔实验室香农和 IBM 公司信息研究中心罗彻斯特，他们邀请了卡内基·梅隆大学纽厄尔和西蒙、麻省理工学院塞夫里奇和索罗门夫，以及 IBM 公司塞缪尔和莫尔。这些青年学者的研究领域包括数学、心理学、神经生理学、信息论和计算机科学，他们分别从不同的角度探讨人工智能的可能性。今天的人们对这些青年学者的名字并不陌生，例如，香农是“信息论”的创始人，塞缪尔编写了第一个电脑跳棋程序，麦卡锡、明斯基、纽厄尔和西蒙都是人工智能这一学科著名的学者，也是“图灵奖”的获奖者，其中西蒙还获得了 1978 年的诺贝尔经济学奖。

达特茅斯会议长达两个多月，学者们在充分讨论的基础上，首次提出了“人工智能”这一术语，这标志着人工智能作为一门新兴学科正式诞生。

自数字电子计算机发明之后，计算机界的第一个伟大创举，为什么是迫不及待地向“人工智能”发起冲击呢？与今天的电脑相比，当年电子计算机的计算能力，甚至不如今天最简单的学生计算器。是什么驱使这些青年学者，奋不顾身地投身于一个迄今为止都堪称“最硬的骨头”的领域？

20 世纪 50 年代末期，西蒙和纽厄尔宣称，“在可以预见的未来，计算机的能力将和人类智力并驾齐驱”。1970 年，明斯基甚至雄心勃勃地预测，“在 3 年到 8 年的时间里，我们将研制出具有普通人一般智力的计算机。这样的机器能读懂莎士比亚的著作，会给汽车上润滑油，会玩弄政治权术，能讲笑话，会争吵。到了这个程度后，计算机将以惊人的速度进行自我教育。几个月之后，它将具有天才的智力，再过几个月，它的智力将无与伦比”。

虽然麻省理工学院人工智能实验室明斯基的同事们都觉得这样的预测有点夸张，但他们还是一致同意，实现这个目标大约需要 15 年的时间，“终有一日，电脑将把人当宠物对待”。

人工智能和其后出现的认知科学，是 20 世纪 50—70 年代资金投入最多的领域，也是公众最关心的领域。这一领域以 1984 年美国的“星球大战计划”[①]达到顶峰。20 世纪 70 年代末到 80 年代初这一时段，电脑第一次创生的余波尚存，是电脑第二次创生的快速成长重叠的时期。史书上将计算机发展史的这一段，称为“第五代计算机”[②]时期。当年的“星球大战计划”，实际上就是以第五代计算机为核心的冷战狂想的产物。

有一个史实值得考证：美国科学界的科研经费来源。对此我第一手资料不足，但从众多与电脑有关的材料中至少可以得出一点感性认识：军方和企业捐助是科学家科研经费的主要来源。为了争取科研经费，科学家的表现有时候可能比企业的广告宣传还有过之而无不及。与此颇为合拍的，则是投资方对人工智能的狂热追捧。拜沃特在伦敦出版的《新观察》1985 年第 11 期上发表文章说，“美国国防部官员一听到‘人工智能’这几个字就会情不自禁地垂涎三尺”。

人工智能专家可以说是这种“垂涎三尺”心态的受益者。不光是美国国防部有大量支持人工智能研究的预算，IBM、美国数字设备公司（Digital Equipment Corporation，DEC）等也纷纷向人工智能领域投入巨资，用以研究包括专家系统、

① 星球大战计划（Strategic Defense Initiative，亦称 Star Wars Program，简称 SDI），是美国在 20 世纪 80 年代研议的一个反弹道导弹军事战略计划，该计划源自美国前总统罗纳德·里根在冷战后期（1983 年 3 月 23 日）的一次著名演说。其核心内容是：以各种手段攻击苏联的外太空的洲际战略导弹和外太空航天器，以防止敌对国家对美国及其盟国发动核打击。

② 第五代电脑是把信息采集、存储、处理、通信同人工智能结合在一起的智能电脑系统。它能进行数值计算或处理一般的信息，主要面向知识处理，具有形式化推理、联想、学习和解释的能力，能够帮助人们进行判断、决策、开拓未知领域和获得新的知识。人一机之间可以直接通过自然语言（声音、文字）或图形图像交换信息。

自然语言理解、语音识别、模式识别等课题。第一代电子管计算机就被计算机专家用来编制游戏程序，如跳棋、国际象棋。刚开始成绩还不错，比如1957年的国际象棋程序，经过几年的发展曾达到“大师”的水平。这些成绩令计算机科学家备受鼓舞，“计算机连如此困难的任务都能完成，其他任务自然不在话下”。

可以说，人工智能问题既是计算机学科中顶级的难题，也是对人的智慧的极大挑战，但它又是人的计算哲学思维的某种体现。与英国物理学家霍金在黑洞研究中深度合作的著名数学家彭罗斯[①]在其《皇帝新脑》一书中，将人工智能划分为两种：强人工智能和弱人工智能。

“强人工智能就只管算法。这个算法由头脑、电脑、轮子或齿轮执行，或是由一套水管系统来执行都是一样的。”换句话说，对强人工智能者来说，只有“算法”是有意义的，只要有共同的算法及其逻辑结构，就可以断言不同的物质之间，有着“共同的精神状态”。“弱人工智能”则秉持相对宽泛的“智能”定义，认为机器的所谓智能事实上需要人的帮助和干预；在关键问题上，机器仍然必须求助于人的选择和决策，才能“帮助”人获得所希望的结果。

但是，无论强弱，在1956年提出人工智能这个概念长达半个多世纪的时间里，虽然几经波折，人工智能依然停留在“玩具世界”的水平，科学界、工程界、政界和企业界，甚至包括社会公众与媒体，几乎遗忘了人工智能的存在，或者说普遍认为人工智能只是不切实际的幻想。直到2006年，计算机科学家、谷歌公司的辛顿发表了一篇关于深度学习的论文，才拉开了人工智能第三波狂潮的大幕。

特别是在10年后的2016年，谷歌公司的AlphaGo和后续的AlphaMaster、Alpha Zero三代人工智能算法，横扫全球围棋界高手，为这一波人工智能点燃了熊熊战火。过去的几年，人工智能纷纷成为世界各国国家战略的重要组成部分，成为数字经济的重要驱动力，也成为影响未来人类生存的重要因素，不过这是后话。

这里我们需要深思的是，第三波人工智能与此前长达50年的这一领域的徘徊、沉寂形成鲜明对比。为何会有长达50年的低谷？这种低落又是怎么形成的？是因为人工智能的豪言壮语迟迟无法兑现，以致人们失去了耐心和兴趣，还是人工智能思想走进了死胡同，沿着当年人工智能的模式走下去，最终的结果压根就不

---

① 罗杰·彭罗斯（Roger Penrose，1931—）英国数学物理学家，从1973年起担任牛津大学的罗斯·波勒数学教授，是全世界公认的最博学和最有创见的科学家、思想家、哲学家。代表作有《皇帝新脑》《通向实在之路》《时空本性》等，2020年获得诺贝尔物理学奖。

可能实现？

关于人工智能过往 50 年的遭遇，传统的计算机教科书往往避而不谈，或者顶多讲几句“人工智能遭遇了三起三落”之类的话，或者对过去人工智能的失败轻描淡写，并不去追问到底是什么原因导致了这种失败。

IBM 的一位前员工格罗什曾对当年人工智能夸大其词的宣传提出了尖刻的指责：“不论是第五代计算机还是人工智能，这位‘皇帝’两脚以上的部位都未挂一丝，他只穿了一双厚厚的镀着一层金粉的破靴，这双靴子叫作‘专家系统软件’。这套软件虽然有用，但 30 多年前早已有之。研制第五代计算机的好汉们所做的一切，只是给它重新贴上一个标签而已。”

长期以来，人们所认识到的人工智能的障碍有两个，正如彭罗斯指出的那样，一个是物理器件方面的局限，比如量子效应；另一个则是数学方面的局限，即哥德尔定理。这两个局限所涉及的物理学和数学知识远远超出了本人的能力，请有兴趣的读者诸君参看彭罗斯、霍夫斯塔特、西蒙等人的相关著作。这里特别推荐霍夫斯塔特的弟子米歇尔的《AI 3.0》一书，这本书很好地反映了人工智能领域最近 10 余年的进展和对其技术思想的深入思考。

其实，人工智能和认知科学并非没有值得重视的成果。其中，最有价值的成果即是它们证明了仅仅依靠数学逻辑是无法圆满解决现实中各类复杂问题的（对工程师来说，除非你放弃“圆满”，转而接受某种程度上的“满意解”，数学逻辑解决问题的本领，当然是无与伦比的）。于 2006 年兴起的第三波人工智能有何不同？通过 Alpha Go 可以知道，这一次与此前的最大不同就在于，这一波人工智能技术基于深度学习、知识网络，而此前的人工智能技术基于机械的还原论。[①]

思考这一问题的启示在于，审视计算技术和智能技术在发展演化中陷入的困境，不能只从狭义的技术层面反思，而是需要将智能技术与互联网所依赖的哲学基础连带起来思考，需要将技术放回到孕育技术的时代背景和文化土壤中思考。

第三个悬疑：摩尔定律到底预示着什么

摩尔定律作为大规模集成电路和微型机发展历程中，最广为人知、最振奋人

① 段永朝．人工智能思想渊源初论[J]．当代美国评论，2019（01）：97-109．

心的经验规律，为何在长达 50 余年的时间里只存在一种极度兴奋的声音，而类似维纳当年对“控制”的忧虑的反思与批判几乎听不到？信息时代也被称为“硅时代”，直到今天，“摩尔定律依然有效”仍是一些技术至上主义者见证 IT 速度的灯塔。

自 1965 年美国仙童半导体公司研发部主任摩尔提出“摩尔定律”以来，摩尔定律主宰半导体集成电路技术发展的步伐已经超过半个世纪了。这个关于集成电路集成度、价格和外观尺寸的经验定律，已经成为众多 IT 精英的精神支柱。这个支柱所携带的基因就是：IT 进步的步伐依然苍劲有力，未来不可限量。在过去的 50 多年里，从一个只具有简单计算器功能的英特尔 4004 芯片，演化为今天具有超级计算能力的多核 64 位芯片，摩尔速度赢得了业界的信服和敬仰，成为衡量 IT 时代步履矫健、健步如飞的标志，成为让大众领略信息时代飞速发展的最好、最通俗的解说词。

每当技术巨头声称“摩尔定律依然有效”的时候，全世界的 IT 人士仿佛听到了进军的号角，看到了冲锋的战旗。“只要‘摩尔定律依然有效’，我们就当之无愧地引领着时代的步伐！”

50 年，如果以一个普普通通的人的生命来衡量的话，它的生命、智慧、情感和体魄，无疑都处于最成熟和旺盛的时期；50 年，如果以历史上任何一个鼎盛时期来比较的话，无疑正处于最辉煌、最耀眼的时期。不过，细细品味之后发现，“摩尔定律依然有效”已经不仅是一种技术成就的里程碑式的宣言，也或多或少带有了一些忧心忡忡的味道。倘若用不了多长时间，集成电路再也无法续写往日的辉煌，在更小的硅片上塞满更多逻辑门、电子电路的时候，人们是否会陷入落寞和伤感？倘若有一天，“摩尔速度”在完成其历史使命之后，“摩尔定律”无法再重现往日的辉煌的时候，什么是 IT 的精神之所在？

IT 行业在“摩尔速度”“摩尔精神”的带领下所取得的辉煌成就当然有目共睹。虽然没有电脑就没有信息时代，但是并非更多的电脑就意味着更好的信息时代。在 50 余年里，18 个月淘汰的节律究竟让传统产业耗费了多少金钱？用机器、石油、船舶、纺织品、粮食等做代价，又得到了多少好处？

“摩尔速度”让 IT 产业脱离传统产业、传统经济模式、传统思想太远了。IT 的“摩尔速度”引发的“消化不良”“财富畸形分配”“畸形的知识产权策略”

等弊端，成为21世纪之初互联网泡沫迟迟不能散去的深刻根源。

“摩尔速度”演变为“摩尔心态”的时候，就成为难以避免的谬误。持有“摩尔心态”的IT巨子们认为，世界已经“非我莫属”，传统的一切都要按照“我”的法则、“我”的模式重新改写，一切都需要“格式化”，通向幸福的道路要通过“比特化”，所有的产业都“无一幸免”，这是一次彻底的革命！持有“摩尔心态”的IT业者们从此手中掌握了真理，掌握了“改变这个世界的权力”。他们不但领跑世界，而且是未来“跑道”的设计者、建造者。他们是引领人类奔向福地的“集体摩西”。

我必须声明的是，我并非抵触和反感“摩尔速度”，也并非将“奔腾的芯”视为一宗罪过。但是，我自己内心的感受告诉我，在每一颗“奔腾的芯”背后似乎蕴含着一种异化的力量，而这种异化的力量操持在某种优越的人手里，他们进步的速度乃至话语本身都以科学技术进步的名义，以创造人类福祉的名义，罩上了一层晕轮。

但如读者所知，事实并非如此。这种“进步”和“福祉”的名义，“创新”和“产权”的术语背后，只是通俗的不能再通俗的金钱（这几年被叫作“财富”）。而且这些金钱的计算方法、功用，其实都与传统产业、传统商人们所追求的毫无二致。

这是什么意思？一直以来我们没有注意这样一种细微的差异：在我们眼里，“科学技术”“进步”“创新”“知识”等，与“财富”之间总还是有一些不同，甚至在传统行业和企业中，在传统的政府中，在传统的学者中，也都有这样一种感觉，这个小小的硅芯片当然代表了“进步”的方向；但是我们忽略了，那些将“技术”“进步”“创新”“知识”的神圣性刻写在我们脑海里的任何一家IT巨头，却在将这些名词仅仅作为攫取“财富”的工具方面绝没有任何的“二心”。

这就是这个细微的差异。

在充斥以“解决方案”“全面”“高性能”“平台”“整合”概念的文章里，标价不菲的存储装备、服务器、路由器、光纤、交换机、操作系统、数据库、ERP（企业资源计划）、财务软件，一次又一次地“应消费者的要求”升级换代。IT先锋们一遍又一遍鼓噪“摩尔速度”的“时代大潮”，唬得传统企业的厂长经理们颇感自惭形秽，唬得几乎所有的人都认为自己的“死期”就要到了，于是拼命地向 IT 先锋看齐。

这还不算。互联网正在改变一切。在互联网的世界里，类似摩尔定律的是梅特卡夫定律。梅特卡夫定律提出，互联网上节点电脑的数量每增加一倍，互联网的价值就以平方速度递增。这个定律虽然模仿的是摩尔定律的风格，但内涵已经完全不同，它关心的是价值，是这些日益爆炸的节点连接起来之后，急速膨胀的虚拟空间将会对传统带来多大的冲击。

从这个角度反思摩尔定律，我们需要真正地坐下来把目光由外转向内。

我们需要思考，IT 的"摩尔心态"是否已经成为一种"趾高气扬"的神情，以致 IT 企业总是抱怨传统产业不够"开化"，总是希冀再有一个新的"亮点"或者"卖点"出现，续写光荣神话。

一些做 IT 的人和企业，在把"软件、硬件或者服务"看作传统意义的"产品"这一点上，其实相当僵化和死板。一方面，他们有异常优裕的先锋感觉，认为自己及自己所造的玩意儿，远远超前于这个时代；另一方面，他们又异常务实，恨不得向"一切链接"收费，向"一切软件的拷贝"收费，向"一切'眼球'"收费。他们总是把无穷无尽的 Bug（软件中存在的缺陷）、补丁、升级换代，解释成技术进步的必需，或者就是"进步"本身。如果这样一种"摩尔心态"不能扭转，互联网和电脑是无法从根本上承载新的生命的。

新经济与新命运

早期的人工智能，可以说是人们试图通过计算机逼近人的智慧的乐观尝试。这时候，人们对电脑的兴趣，在于这个东西能否具有"智能"。用现在的话说，就是"才智"如何。

这个尝试在 20 世纪 80 年代末，为另外一条更加务实的路线所取代。这条路线，后来在 1998 年被 IBM 命名为"电子商务"。电脑与互联网联手创造了这个叫作"电子商务"的时代，使人们对于"才智"的关心悄然变成了对"财智"的关心。

用计算机模拟人的智能，难度实在太大了，而且事实证明多半会出力不讨好。

微型电脑和互联网在20世纪80年代末逐步显现巨大的“商机”，引发了商人们的极大兴趣。在高度复杂的“智能”面前，人对“财富”的嗅觉显然要灵敏得多。电脑和互联网从此进入了一个更加务实且生动的领域：改造生活方式、生产方式和贸易方式。“信息社会的根本动力在于重新改写工业社会”的基本逻辑，从投资收益的角度看，显然比埋头研究难度极大的智能计算，要划算许多。

如果说传统人工智能还在延续工业时期“人是机器”的理念的话，那么电子商务的兴起，已经在用“商业”取代“思想”。在数字商业应用初期，电脑和网络并不需要那么复杂的智能，仅凭“蛮力计算”“蛮力搜索”，电脑就已经显示了足够令人兴奋的本领；网络更是将便捷的电子邮件、文件传输、语音电话、网络会议带到了寻常的商务活动中，并日益显现巨大的商业价值。

自20世纪90年代后，随着传统人工智能技术的式微——虽然仍有零星的投入和研究，但已经不是舞台的中央——随着信息社会浪潮的迅猛发展，电脑和网络的商业价值全速拓展。在商业领域展开的这一场革命，其内涵与传统人工智能已不可同日而语。“智能”仅仅成为漂亮的标签，“商业”才是最重要的角斗场。“10倍速的变化”，除了表达技术天才们试图急切地兑现技术财富之外，基本上没有更多的思想含量。一场更高级别的猎手与猎物之间的较量，在1995年之后的网络社会中展开。

如果用捕猎做比喻的话，世界上的生物可以分为两类：一类是猎物，一类是猎手。“全球化似乎无处不在，新技术像飓风一样，以迅雷不及掩耳之势向我们袭来，好像要把所有的东西都从它们原有的轨道上连根拔起”，在谈到基于新技术的现代管理对历史的割裂时，英国杂志《公司财务评论》的主编威策尔在其著作《管理的历史》中写道，“电子商务等做生意的新模式，突然不知从什么地方冒出来，迫使我们开始重新思考应该如何对待我们的顾客与供货商，应该如何处理彼此之间的关系”。

事实上，所有经历了1996—2000年电子商务“疯潮”的人，都对此有一个基本的疑惑——甚至在电子商务、互联网、B2B、B2C等术语如日中天的日子里，都彼此询问一个同样的问题：这东西到底怎么赚钱？甚至在今天，包括谷歌这样似乎已经寻得互联网财富门径的公司，仍然在反复追问几乎同样的问题。这个问题的解决，总是看上去像那么回事，实际上却南辕北辙，互联网日益发展的背后掩盖了一个巨大的问题：互联网到底是谁跟谁的博弈？是传统产业和新兴产业的博弈？是模拟与数字技术之间的博弈？还是古典、现代与后现代之间的博弈？

21 世纪之初这股席卷全球的信息社会浪潮，在世纪之交被称作“新经济”。新经济有三个主要的观点：一是宣判传统经济学的死刑，鼓吹传统产业的生产模式、商业模式、管理模式的消亡；二是认为传统产业是基于物质的、能量的，而新兴产业是基于知识的；三是新的知识经济几乎将改写全部传统的商业法则，比如，“边际效用递减”将变更为“边际效用递增”，“金字塔体制”将让位于“扁平化组织”。

传统产业乃至传统经济，用《数字化生存》的作者尼葛洛庞帝的话说，是基于“原子”的，而未来的世界是基于“比特”的。一切你能想到的东西，都可以“比特化”，一切最后归为数字，而且是二进制数字。“数字将不止与计算有关，而是事关人们的生存。”

数字化的商业社会，一切都是“扁平化”的，这里没有中心，没有控制者，没有哪个点是“独特”的，没有优越地位，过去的层级体系从此变得毫无道理。

正处于勃发期的互联网，借助这种兴奋异常的学说，立刻引起无数人的喜爱。这一点互联网与电脑是非常一致的，它们都是“自由”和“财富”的化身。在这种情形下，即便投资者有时候会思考某个互联网项目是不是被高估了，但整体趋势上他们不会看错。原因很简单，所有人都让自己的大脑听信这样一种逻辑：即便我的判断是错误的，那也不至于全世界那么多优秀的大脑都发了疯。

“火车头”心态

认真回顾20世纪90年代末期，美国高科技股票交易市场的风向标纳斯达克，如何在 160 天的时间里，以火箭般的速度蹿升至 5000 点，然后又在短短 1 个多月的时间里，像高空坠物一般落到地面，这是一项值得深入研究的课题。一般认为，纳斯达克第一波热潮有泡沫，是因为信息基础设施还不够坚实，“火候还不到”；这些检讨的话语中仍然有这种意味，即互联网的狂潮一定会来，只不过 2000 年的这次，来得早了些。

第一波互联网挫折之后，并没有多少严肃的学者在检讨这个问题。一个直接的证据就是：迄今为止每年市面上可以见到的IT市场报告，核心指标仍然是“增长率”——尽管增长的幅度在日益缩减。另一个直接的证据是：许多IT分析家和分析报告还在延续一贯的口吻，认为信息技术当仁不让地扮演引领经济发展的“火车头”。

公允地说，IT和互联网产业对传统产业的冲击与促进作用当然不可小觑。但问题在于，那些试图把大规模数据更多地装进手机APP里，把越来越多的控制算法装进芯片和应用程序里，把私有协议凌驾于知识产权之上的商家，依然在使用这样一种逻辑：卖出更多的产品，就是发展数字经济。这听上去只对了一半。要分析这个问题，需要深入思考伴随IT产业、数字经济繁荣进程，伴随技术创新、模式创新进程中，存在的“野蛮生长”“疯狂收割”“平台垄断”“数据滥用”等问题，需要深入思考这种“火车头”心态，到底是一种什么样的“新经济”语言。

对经济学的挑战

当20世纪90年代美国克林顿政府以“两低一高”[①]得到美名之后，信息经济成为美国经济的“火车头”。特别是美国商务部在1998—2000年发表的“数字经济白皮书系列”，以相似的分析框架描绘了一个长达8年的“新经济”的漂亮曲线。

需要看到的是，信息经济成为美国经济的“火车头”，并非美国的市场足够大，以致足够消化了IT产业的全部产出，而是基于全球市场的巨大需求。也就是说，美国信息产业的创新和增长，并非仅依靠本地市场循环就可以实现，而是得益于全球化背景下的信息经济大潮。

然而，我们在此看到的仅仅是IT装备“销售额”的增长。伴随数字化浪潮的发展，数字经济所带来的问题也层出不穷：IT投资黑洞、BPR（业务流程重组）、ERP项目失败、用户隐私信息泄露、平台垄断等。即便如此，那些兴奋的分析家们长期以来不遗余力地鼓吹“两高一低”的论调，并艳羡硅谷涌现的“独角兽”和财富新贵。这种论调，以1993年美国的“国家信息基础设施”（National Information Infrastructure，NII）计划、1996年的电信自由化、1998年的电子商

① “两低一高”即经济发展具有低失业、低通胀和高经济增长的特点。

务和注意力经济最突出，此后，被归纳为“互联网思维”的若干口号，比如：互联网只有第一、没有第二；重新定义一切；互联网唯快不败；快速迭代、极致体验等。这些口号有一定的合理性，但也有一定的迷惑性。

自2002年以后，IT和互联网业似乎开始了反思。IBM提出了“随需应变”的策略，宣布信息经济进入了“IT与业务整合”的时代。2004年，IBM又提出了“创新为要”的思想，宣布业务领域的创新将是消化IT效能、释放IT潜力的必由之路；互联网行业提出了Web 2.0的模式。这些“创新理论”似乎让IT和互联网获得了思想上的新生。金融行业率先开始了令人眼花缭乱的衍生品创新。由于具有全球化的网络，海量的存储和庞大的计算能力，分析师和银行家足以驾驭异常复杂的金融产品和金融市场，给这个飞速变化的世界，用海量交易渲染了一幅充满活力的新经济图景。

作为一个完整的产业链条，在新经济的版图中，IT 与互联网巨头已经显露要持久地占据产业链高端的欲望。但是，这个“火车头”似乎并不怎么在乎后边的车厢是否已经脱节（特别在.com时代）。而且，需要看到的是，这些“IT投资黑洞”、互联网项目失败和金融风险的原因，也被“火车头们”归结为传统行业“管理不善”和“模式陈旧”。

传统的企业家们，领受IT与互联网财富英雄们的训诫已经多年了。

在这种情形下，许多为“知识经济”“信息经济”所鼓舞的新经济学家，在用自己根本无法把握，也根本说不清楚的术语解构着传统经济学，嘲笑着传统产业“过于缓慢的财富积累模式”。这些术语包括无摩擦经济、扁平化、去中心化、边际收益递增、直接经济、注意力经济、眼球经济……

新经济的确让传统行业人士感到震惊。一方面是因为有人对经济学的基本理论提出了挑战，让它们首先感到自己的落伍和陈旧，其次被眼花缭乱的术语而迷惑；另一方面，更重要的是新经济似乎显示了巨大的扫荡一切的气势和敛聚财富的超常本领。于是华尔街的分析家发出了哀鸣：用销售额计算的收益将让位于用点击率计算的收益——一个多么快捷、简便的方式！股票成百上千倍地攀升，让所有分析师和经济学家瞠目结舌。“皇帝”穿上了一件新的“衣服”，“谁看不见它谁就是傻瓜！”

谁的新经济

但是，在泡沫褪去的时候，我们能看到裁缝的身影。这些裁缝正忙着用最传统的方式，开足马力生产套装软件、组装机器、压制硅芯片；正忙着用最传统的渠道，通过航空、轮船、火车，把成箱成箱的PC机、服务器、路由器运送到世界各地；正忙着用最传统的方式，注册著作权、专利权，游说政府向市场管制开战、为新经济的自由化创造更宽松的条件；正忙着花大价钱、大手笔，开动奢华的宣传工具，宣布一个又一个时代的到来。

我们还可以看到“裁缝”的身影，是在收取政府补贴、派发红利、提供千万美元年薪的CXO们，财务数据造假、业务数据注水、用P2P疯狂敛财的丑闻曝光的时候。

在这些现象一点一点随着高科技公司的财务丑闻（至今没有停息）、商业巨头的大规模用户隐私数据泄露、陡然增加的知识产权诉讼案件等事件显露在人们面前的时候，随着2007年年底爆发的美国次贷危机，导致美国5家大投资银行倒掉3家的时候，人们不禁要问：所谓的新经济究竟是“谁”的新经济？

“IT 和互联网是传统经济的火车头”和“IT 和互联网是改造传统产业的决定性因素”的说法，事实上可以翻译成这样一个“技术版本”的术语：让自己引领创新（永远），让所有传统企业成为技术的忠实客户（长期），让他们跟着自己——只有这样才能具备所谓的“核心能力”（通过知识产权、平台垄断、数据霸权，甚至私有协议）。

传统产业的企业家和传统的经济学家，终于通过无休止的“技术进步”、越来越繁杂的信息系统、日益紧张激烈的“知识产权”之争，看到了这样的现实：IT与互联网“脱离”传统已经太远了。这种脱离使高科技成为一个“孤芳自赏”的产业，从而只关注自己颠覆传统的能量、开疆拓土的速度、同行间白热化的竞争和重新定义未来的主导权。

威策尔在分析了管理学“忽视过去”、每每陷于“重新发明轮子”的境地之后指出，不向传统学习是现代管理学出现“自我迷恋”症状的重要根源。他举了这样一个我们十分熟悉的例子——电子商务零售商。

2007 年年底发生的次贷危机随着雷曼兄弟公司寻求破产保护，美林证券公司被收购而转化为美国经济的信用危机，至今仍深深地影响美国经济。金融学家的分析表明，美国华尔街风暴的根本诱因就在于金融创新的滥觞。仗着现代信息技术的支撑，众多金融机构对“风险的瞬间积聚与释放”缺乏必要的认识。他们感兴趣的只有“财富的瞬间集聚与释放”，并从中获得令人眩晕的快感。“已经没有人搞得懂复杂的金融衍生品的‘包裹’里到底是什么货色了”，不止一位华尔街的分析师这样讲。

可以说，人们将新经济形象地描述为“速度经济”是完全准确的。遗憾的是，这种“速度经济”完全抽掉了内在的实体经济存在的基础，完全扭曲了电脑和网络更有价值的一面：对传统的颠覆并非仅仅通过速度的提升就能实现。速度，仅仅是一个“物理变量”，然而真正的新经济，需要的则是“化学变化”。

第三章 互联网的创生

在传统的教科书里，互联网的创生与美国军方有很深的渊源。标准的讲法大致是这样的：20 世纪中叶，美苏两个超级大国彼此拥有了"能把世界毁灭 1000 次的核武器"，令全球笼罩在一片核阴影之下。美国军方假设的"第三次世界大战"，是毁灭性的核武大战。在这种情形下，任何一方的首脑机关被摧毁即意味着"游戏结束"。

据说，美国的军方和持冷战思维的政客为这个念头睡不着觉，不知道"斩首式攻击"是不是源于那个年代，但至少对"被斩首"的恐惧是真真切切的。特别是在 1957 年 10 月 4 日，苏联将一颗人造地球卫星送入太空的新闻，令美国朝野震动。这意味着"核武攻击"的可能性，将从传统的战略轰炸机转向弹道导弹。数月后，美国政府在军方的直接参与下设立了两个机构，一个叫作"美国航空航天局（NASA）"，另一个则是设在国防部下面的"高级研究计划署（DARPA）"。后一个机构就是催生互联网的摇篮。

军方和政客提出的应对措施十分简明，用一个成语说就是"狡兔三窟"。当首脑机关受到打击威胁时，如何确保指挥系统不中断？这里有两个关键：一个是不能把"首脑机关放在一个篮子里"，要分散部署并采取"移动指挥"；另一个就是确保通信线路在局部受到攻击后仍保持畅通无阻。这就是互联网诞生的背景。

美国国防部高级研究计划署设立并投资的这个项目，就是互联网的前身——阿帕网（ARPANET），于 1969 年在美国西部的 4 所大学联网成功，这 4 所大学是加利福尼亚大学洛杉矶分校、圣巴巴拉分校、斯坦福大学研究所和犹他大学。1970 年 6 月，麻省理工学院、哈佛大学、BBN 公司和加州圣达莫尼卡系统发展公司加入；1972 年 1 月，斯坦福大学、麻省理工学院的林肯实验室、卡内基梅隆大学加入。紧接着的几个月内，美国国家航空航天局（NASA）、兰德公司和伊利诺伊大学也相继加入。

从技术上说，20 世纪 60 年代末期和整个 20 世纪 70 年代，的确称得上是互联网的奠基时代。互联网的核心思想有两个：包交换和 TCP/IP 协议。这两个概念从根本上解决了互联网信息传输的基本原理，并富有深意。

面包片模式

包交换、TCP/IP 技术是互联网发展的核心技术。从阿帕网基础架构提出到今天，分布式一直是互联网的核心。“分布式”是信息交换的一种方式，在此之前通信领域有过两种信息交换方式，一种叫“线路交换”，另一种叫“分组交换”，都源于电话技术。

简单地说，线路交换指的是两个交换接点，直接通过一条物理线路连接，然后完成数据交换。这种方式效率极低。我们从老电影上看到的电话接线员手拿塞子不停转接的工作模式，就是线路交换。线路交换时，通信线路是完全被通话双方独占的，从建立连接到结束通话，线路一直处于占用状态。因此，这种交换方式既浪费资源，又很脆弱；一旦线路中断，通信即被终止。

第二种交换方式是所谓的“分组交换”。分组交换是通过中心交换局实现的。这种交换方式实际上仍然是线路交换，只不过交换双方需要经过若干个中心局转接。与语音通信不同的是，计算机网络采用的是存储转发技术。语音信号当时是模拟信号，模拟信号就好像电力传输一样，只能瞬时传输，不能存储。数字信号可以通过类似中心交换局的存储装置，先把信息接收下来，并存储起来，然后当最接近目的地的线路一旦出现空闲，就及时转发出去。分组交换最重要的特点，就是存储转发。

“存储转发”是理解“互联网碎片化和虚拟化”的一个关键技术概念。在之前的语音通信中，线路都只有两种状态，要么连通，要么空闲。分组交换技术引入“存储转发”之后，信息就出现了第三种状态，即“在路上”的状态，也就是说，信息在离开始发站，尚未到达目的地之前的那个状态。这个状态在线路交换时是不可能的。

打个比方，线路交换好比“通过语音交谈”；分组交换好比“通过书写交谈”。在即时通信中，语音是不可能存储的，只有或者听到，或者听不到；书写则不然，书写有 3 种状态，第一种是“发出且收到”，第二种是“发出但丢失”，第三种就是“发出但尚未收到（在途）”。

也许有人会说，“丢失”和“在途”严格来讲是一回事，某种书写在介质上的文本，在脱离发出者之后就转入了“在途”的状态；但是对接受者来说，只要尚未收到文本，“丢失”和“在途”实际上是等同的。但是，严格来说，“丢失”可能是一种无法断定的状态，倘若你能断定文本是“丢失”的，那你必定“知道”它已经灭失；否则它就没有灭失。其实，我们只是知道“迄今文本尚未收到”，而无法断定“文本业已灭失”。这个问题简直跟“图灵不可停机问题”有异曲同工之妙。

之所以讲“丢失”和“在途”是两个不同的状态，是因为对相对有限的通信空间来说，“丢失”意味着信息已经灭失，需要重新发送，而“在途”则意味着信息转发进程尚未结束。

分组交换之所以离大量数字信息的分布式应用还有差距，是因为分组交换只对小的数据包有效；大的数据包的“存储转发”将十分漫长，简直就相当于局部的线路交换模式。打个比方，兵站之间转移兵员，假设兵员要么全部转移，要么全部原地待命，在线路交换模式下，兵员转移就只能采用这种方式：一旦出发，必须马不停蹄地走到终点。这种转移方式显然非常粗陋，很容易受到攻击而中断。

如果采用分组交换方式，情况将会有很大改善。分组交换允许兵员出发之后，先到一个中间兵站集结并休整，等待下一个畅通转移的机会，就这样一个兵站一个兵站地向终点移动。但是，倘若兵员非常多怎么办？兵员非常多的时候，每次中转兵站的过程都将变得十分冗长。这样，兵员“在路上”的历时将长到足够受到攻击而无法完成转移。这显然不符合要求。因此，对大的数据包而言，分组交换的缺陷在局部就如同线路交换一样。

包交换

包交换提出了巧妙的解决方案：把队列兵员化整为零，允许原来属于一个整列的兵员，以个体为单位独自选择合适的转移路线，而不是整队转移。这种交换方式就是把信息划分为较小的数据包，然后再从起点发出去，就像撒豆子一样。被撒出去的数据包每个都很小，所以转发起来十分灵活。在一个足够复杂的大的交换网络里，每一条局部的线路其忙闲状态是非常不均匀的，就好比城市交通一样，动态瞬间总是有一些路段拥挤异常，又总是有一些路段非常清闲。这些数据包可以非常灵巧、聪明地“选择”最好走的路线，然后一站一站向前转发，一直转发到终点，并重新将这些数据包组装成初始的文本。这就是包交换模式。

这里还有一些疑点需要解释一下。这些数据包不会乱套吗？不会。待传输的文本在发出之前要“切分”成数据包，就像切面包片一样，只是切分出来的数据包都按照其原顺位编好了序号，以便重新拼接时用，这个叫数据包的“包头信息”。

数据信息在传输的过程中，还有一个风险是可能遭遇“窜改”，比如原来的“10010”可能变成“10011”，解决这个问题的一个办法，是增加校验机制。比如最简单的校验机制叫作“奇偶校验法”，刚才说的这 5 个字符组成的字符串，有 2 个“1”，即“偶数个 1”，这个信息被记录下来，加到数据包的“尾部”。当这个数据包送达目的地后，立刻校验一下，看是不是保持“偶数个 1”，如果不是的话，这个字符串就被判定为“被污染”的字符串，就得要求上一个发出者重新发送。这种校验方法，并不能保证一定能把错误的数码检查出来，比如字符串变成“10111”，也是偶数个 1，如果按照这种校验方法，往往不能奏效。

没关系，通信专家还有很多办法增加校验的可靠度。不过，你已经看出来了，不管这种校验方法有多复杂，想“彻底解决”校验问题，都是一个“图林停机问题”，不可能解决。确保数据包完整准确地传输，是数据通信中的一个关键问题。

包交换的思想非常好，它一下子让数据通信找到了十分有效的方法，既能快速传递很大的数据包，又解决了分布式传送的难题。

TCP/IP 协议

TCP/IP 协议又是什么呢？它的全称叫作“通信控制协议/网间协议”。解释这个技术名词非常麻烦，我只简要地说明。

两台通信设备之间要通信，最基本的要求是必须在同一个“频率”上，比如步话机就是这样。通信协议就是预先对通信设备之间必须遵守的任何“共同协议”做出规定，你可以把它想象成共同的语法、词法、句法，也可以想象成互连的管道对接时必须遵从的管道口径、尺寸，等等。只是这个协议更复杂，它得定义从连接线路的机械特性（比如是铜线还是光缆）、电气参数（比如电压、电流），还得定义网络的连接方式（专业术语叫拓扑结构），数据交换过程中包头的格式、尾部的格式、数据包的大小，以及如何编码、解码、校验等。总之，你可以把 **TCP/IP** 协议看成数据交换的“万能法典”，它必须对保障数据交换的“交通规则”给出定义。

这种“万能法典”严格说是不存在的。协议不可能定得那么完整。想象一本字典，假如你从任意一个词开始查字典，你都必须面临这样一个窘境：你得假设你“先天知道几个最基本的、无须字典解释的字”才行。你看，这又是一个“图灵停机问题”。

TCP/IP 协议实际上是两个协议：一个是 **TCP** 协议（传输控制协议），规定了传输过程中数据包需要遵从的共同规则；另一个是 **IP** 协议，规定了数据包的地址信息，即发出者和接受者的“地址与门牌号码”。

在互联网传输控制的基本规则确定之后，工程师开发了专用的网络传输装置，叫作“路由器”。路由器其实就是数据的中转站。每个数据中转站都必须完成最基本的 3 个动作：一是按照传输协议建立线路连接；二是接收并存储需要转发的数据，并按照校验规则校验接收的数据是否有“漏错”，如果有漏错则要求重发；三是根据存储在路由器中的路线连接状态，选择最合适的转发路径发送数据，这个叫“路由表”。

路由器其实就是一台存储转发设备，只不过它可以自动选择不同的路径，这一点与程控交换机类似，不同的只是程控交换机不具备存储转发功能。

顺便说下，就是这么一台非常重要的网络传输设备，成就了一系列著名的网络公司，如华为和思科。

最初用于战略防御的阿帕网，其实一直没有派上用场。不过，技术上的准备已经就绪，对真正的互联网革命来说，只欠“东风”了。

互联网的“东风”是 1993 年美国政府提出的“国家信息基础设施”计划。从 1969 年阿帕网联网成功到 1993 年，这中间隔了 24 年。如果不了解这 24 年间发生了什么，就很容易认为今天的互联网就是从 1969 年那样顺理成章、一步一步发展过来的，甚至会认为这只是技术上的事情。这一点与电脑的创生竟然惊人的相似。迄今为止，互联网的发展史基本上都是这种叙事方法：讲 1969 年的阿帕网，然后讲 1993 年美国参议员、当年克林顿的竞选搭档戈尔提出的“信息高速公路”，接下来就是美国硅谷奇才，24 岁的安得森创办网景公司，在硅谷掀起的商业化浪潮，以后就是席卷全球的互联网热潮。

这个讲法有两个弊病：一个弊端是让大多数年轻人，在了解互联网发展史的时候，仅仅把它看成“技术发生史”，从而脱离了时代背景。特别是发展中国家的年轻人，在听过苹果乔布斯车库创业故事、微软比尔·盖茨哈佛退学创富故事之后，又一次听到了类似的创富故事，于是对技术展现的魅力迷醉不已，并对技术创造转化为财富的故事心跳不已。

这虽然没有什么不好，但至少由于过滤了互联网诞生 50 年间美国乃至西方社会的政治、经济、社会、文化格局的演变历程，缩减为“技术至上”的“比特型思维”，恰恰背离了互联网创生的真谛。换句话说，认为技术改变世界的观念如果被强化为“技术至上主义”，造成的恶果可能是技术进步与经济发展、社会和谐之间巨大的脱节乃至鸿沟。

这么说可能会有一些误解。这种情形其实在欧洲也存在。比如于 1998 年出版《数字英雄》一书的作者——布洛克曼（Brookman），在欧洲游历时，就碰到很多人问：谁是互联网的主管？这个问题中国人也会问。分布式架构的互联网，让很多传统思维的人难以理解，这就说明新技术与传统观念之间存在“认知落差”，但这一“认知落差”却总是被互联网业界人士当作“颠覆传统”的堂皇理由。

另一个弊端是不交代这些背景，会令任何“接受”互联网的人，对“美国创造”增添过度迷信。很多人对来自美国的这些创新产物除了艳羡之外，简直再也找不到其他的解读路径。这种“仰视”的艳羡，还不只是美化，而是神化。包括美国人自己，也在用这种路径美化自己、神化自己。这很要命。一旦有朝一日异域文明的文化特质，要求更多地融入互联网世界，并对互联网的游戏规则提出不同的看法，这可能会演化为深层次的技术冲突和文化冲突。

解读互联网的美国基因，就不能不把视角深入那个时代非技术的层面，比如，美国青年对互联网的狂热与商人的狂热、政客的鼓噪，是一回事吗？为何会出现第一波纳斯达克狂涨暴跌的“过山车”？仅仅是商业上的幼稚和急功近利？为何美国硅谷长期以来流行“技术原教旨主义”文化，或者说“黑客精神”？今天的互联网继承了什么，又丢掉了什么？虚拟空间对未来到底意味着什么？

互联网是个大事情。要充分把握和驾驭这个“大事情”，需要从思想和文化深处做功课。

三个技术术语的通俗解释

互联网的技术背景前面已经简略介绍了，关键概念有两个：包交换和 TCP/IP 协议。不过，这两个概念基本上还属于工程师的范畴，是为了解决信息传输、交换问题的。互联网看待“信息交换”的思想，才是隐含在技术背后的真实驱动力。这个驱动力在于，它如何处理“连接”以及如何让这些“连接”产生“意义”。

仅仅把“节点”连接起来，这种做法毫无新鲜感。可以说，柳条编制、草席、篱笆、渔网都属于“连接物”，甚至高速公路、城市地下管网、铁路线、电话网也都只是“连接物”。网络从表面上看，似乎也不过如此。Web 这个词汇，实际上就是类似“渔网”的“连接物”。但是，互联网的“连接”更有深意。

互联网连接的节点，在今天看是电脑、手机等终端装置，在未来则是任何具备传感功能、计算功能的智能装置，比如，未来的智能冰箱、微波炉也可以连接到互联网上。2009 年 8 月，有一个叫作“物联网”的词进入了大众视野。“物联网”说的就是这种大量智能传感装置连接起来形成的下一代互联网。除了生活中能见到的物品，人们已经把越来越多的智能芯片植入动物甚至人的皮肤内，以便把他们也“连接”到网上。最近 10 年，一种叫作“脑机接口”的技术进入人们的视线，未来的“互联时代”，极有可能展现一幅类似《黑客帝国》《阿凡达》中人机互嵌的景象，出现类脑智能体，即所谓的“赛博格”。

2007年，由亚马逊公司率先倡导的“云计算”，就是这样一种面向未来的计算架构。今天我们能想得到的计算终端包括手机、笔记本、智能装备，只需要把自己的计算请求发到一团“云”上，让这团“云”给自己做出计算，然后传回结果。用户不再需要理会到底是什么机器参与了计算，使用了哪些数据资源，也不必理会这些计算资源存储在什么地方，一切的一切都在“云”端进行。这是本书初版在2008年写作时最时髦的互联网计算模式。

当这些移动的、不移动的，动态的、静态的生物和物理装置都能连接到网络上之后，未来学家和IT、互联网商家开始描述一种“充满神奇体验”的“快乐生活”。这种“快乐生活”是否真的快乐暂且放到一边，下面需要深入分析的是这些被分配好编码、给一个代号、在现实世界中照常使用、正常活着的“节点们”，将会比它们没有连接到网络中去之前增加了哪些“新属性”，这些新属性是深入了解“互联网到底改变了什么”的关键。

管理学大师德鲁克喜欢把信息社会表述为“新的部落”。与麦克卢汉“地球村”的隐喻类似，在他看来，充分连接的世界已经从物理空间上使这个世界像古时的部落一样，虽然远隔万水千山，实则仿佛咫尺比邻一般。这种诗意的场景，似乎佐证了技术商人所说的种种“快乐体验”：第一，人与事物、人与人的接触面有了爆发式的增长；第二，人似乎有了“分身术”，可以“同时处理”或“同时面对”多重场景，拥有多重身份，甚至多重人格。这两种“快乐体验”正是技术商人着力鼓吹的。第一种被表述为“多样性”；第二种被表述为“多元化”。时尚专栏作家和互联网专家不停地用这两种“好处”，对社区交友网站、视频分享、个性博客、内容聚集、圈子等“涂脂抹粉”。互联网似乎就是这样，就这么神奇！再往下追问，似乎没有必要，也没什么可说的了。

这正是本章的起点。

计算、速度和容量，是电脑和网络共同的优势。这个优势如此之大，以至于除了赞美这种优势，并积极在此基础上开动脑筋寻求尽情“享用”这些优势的衍生品之外，似乎没有什么好说的。

对电脑和互联网技术原理的分析，除了加深对这种优势的理解之外，无法让人看出更多的问题。社会学家也仅仅是从隐私、网瘾、网络犯罪等方面，去批评电脑和网络的“负效应”。对电脑和网络的“精神分析”，从来也没有深入到思想和文化的程度，没有对这样一个原理简单、构造简单，但迄今为止超乎想象的“人的造物”进行更加细致的考察。这很危险！

电脑和网络的技术原理是简单的：二进制、布尔代数、编码、算法、程序、硅芯片。最基本的东西就这些——或者至少在教科书上就只讲这些。这些繁杂术语的背后，有一个最基本的术语其实很好识别，就是“算法”。如同电脑一样，互联网其实也是各种“算法”云集的场所，如有专门处理数据交换的算法，专门处理建立链路的算法，专门压缩、解压缩的算法，专门负责数据过滤的算法、专门优化路径的算法，等等。

除了“算法”这一基础概念之外，还有两个词语很专业（虽然很专业，计算机专业的高年级课程会讲到），但在大众科技传播领域一般不会提及，研究计算机和网络的社会学家们、专家学者们也不会特别注意，这两个词分别叫“遍历”和“并发”。

这是埋藏在计算机原理和网络原理中最“诡异”的两个词语。下面的分析会枯燥一些，但为了对电脑和网络的认识再透彻一点，这两个词的含义必须明了。

算法+数据结构=程序

“算法”一词，在1957年之前的《韦氏新世界词典》中还没有出现。但现代数学史学者发现，这一名词的真实历史已超过1200年。

有关“算法”的定义不少，其内涵基本上是一致的。在计算机学科中，最著名的是计算机科学家克努特在其经典巨著《计算机程序设计的艺术》（*The Art of Computer Programming*）第一卷中对算法的定义。简单说，“一个算法，就是一个有穷规则的集合，其中之规则规定了一个解决某一特定类型问题的运算序列”。

别看这个定义简单，但里面有5处关键。

其一，有穷性。一个算法在执行有穷步骤之后必须结束。也就是说，一个算法所包含的计算步骤是有限的。

其二，确定性。算法的每一个步骤必须有确切的定义，即算法中所有有待执行的动作必须严格进行，规定不能有歧义。

其三，输入。算法有零个或多个的输入，即在算法开始之前，算法需要准备最初给出的需要计算的量值。

其四，输出。算法有一个或多个的输出，即与输入有某个特定关系的量，简单地说就是算法的最终结果。

其五，能行性。算法中有待执行的运算和操作，这些操作必须是基本操作或操作组合，换言之，它们都是能够进行的。算法执行者甚至不需要掌握算法的含义，即可根据该算法的每一步骤要求进行操作，并最终得出正确的结果。

这5条对熟悉计算机的人来说，简直没有什么好讲的。但对打算深入思考一下算法的“哲学意味”的人来说，这5条还是得说道说道。

这5条可以分为两类：第三条、第四条为一类，它们表达的是算法的“起止条件”，或者说是算法的“实体条件”。输入作为投入计算过程中的“质料”（亚里士多德的术语），是赋予计算以“意义”“主体”属性的基本原子；输入携带的是被计算对象的“数量”基因（要注意，仅仅是“数量”基因）。虽然刚才把输入作为计算对象的“数量质料”，但熟悉古典哲学的读者一下子就明白，这已经是一次“抽象”。也就是说，当把输入作为质料投入计算过程去之前，真正被计算的对象其实仍然没有进入“计算”，即被计算的对象在未计算之前，就已经历了一次“隔绝”。

从这个角度看，“输出”其实是这样一种结果：它是仅对“输入”而言的“输出”结果，并非针对“输入之前的被计算对象”的结果。严格地说，输出结果和被计算对象只有“拟像”的关系（鲍德里亚的术语），输出结果实际上与被计算对象毫无关联。它们之间如果有关联的话，也只是外在于被计算对象对这个结果的“诠释”。

计算机专家和熟知程序编制的工程师，对这个问题非常清楚。甚至一般的计算机使用者，对这个过程也能很好地理解。但是，司空见惯的情形往往是：人们经常把“输入”当作被计算对象本身，把“输出”当作被计算对象根据算法的计算过程所展现出来的结果的有机组成部分。

产生这种认识，要归于多年来“科学理性”概念在社会公众的传播以及高等教育的功劳。这其实也是古希腊以来的传统。人们经常引用的毕达哥拉斯学派的箴言：“世界是整数构成的”，就属于这种类型的认识。著名的法国数学家拉普拉斯有一句关于微分方程的名言：“只要给我初始条件，我将推演出整个宇宙（的运行方式）”。

从这个角度说，“算法”的概念已经完全不属于物理世界，而属于“逻辑世界”。计算机专家对此非常清楚。但是，问题出在非计算机专家不了解这一条；或者仅仅了解“算法世界是逻辑世界”，但对这句话的思想背景，是出于对“逻辑世界能够准确刻画物理世界”的信仰并不了解。相信“万物皆数”，是西方古希腊传统的重要特征，这一特征相当于提出了关于“世界本源”的某种认知假设，这种认知假设就这么轻易地通过“代码即法律、一切皆计算”的口号，深植人心。

这 5 条中的第一条、第二条和第五条属于另一类，这一类是对“计算过程”的约束性规定，这个约束性规定的核心是“有穷性”。“有穷性”其实排除了一大类问题，这类问题的计算过程由于太过复杂，以至于在图灵机的架构下根本无法完成。比如，现代计算理论中的 NP 问题[①]。

实际上，我们遭遇到的任何实际问题，并非真正的“有穷”的问题，而是“在一定满意度上”是有穷的。比如计算精度，我们一般只要求小数点后三位就可以了；再比如数据采样，我们可以根据需要切分数据的采样间隔（但要符合采样定理的约束），等等。这样的“计算逻辑”实际上假设了计算过程和计算结果的确定性。“确定性”当然是一个非常基本的要求。这要求算法本身是“白箱”，里面不能有任何含混不清的表述。“可行性”似乎就更加苛刻——算法必须是“傻”的算法，或者说是计算机“不需要理解”就只管能算下去的算法，这个要求非常形象地刻画了计算机的“笨”。

上面提到算法的这 5 条特征，还需要深挖一下。这里需要介绍两个概念：一个叫“离散化”，或者叫“比特化”；另一个叫“截断误差”。计算机采用二进制，是大家都知道的。

下面主要说“离散化”。一般物理世界人们接触的物理量都是“连续变化”的，连续变化的量叫“模拟量”。要把物理世界的模拟量转化为数字量，就需要使用一种叫作“采样”的技术（这是信号处理的术语），或者叫“编码”的技术

---

① P/NP 问题，通俗地说是描述某个计算问题的可解性的一类问题，是迄今为止计算理论尚未解决的著名难题。

（最初这也是通信理论的术语，后来成为计算机的基础术语）。

采样的方法如图 3-1 所示，一段连续的曲线，在坐标系上用竖长格切分成一小块一小块，然后就用这种“离散的量”，来代替刚才的“连续的量”。就这样，刚才代表一个函数的光滑曲线，现在就变成了一组用数字表达的“离散的量”。在粗略意义下可以认为，这两种“量”是等同的。

图 3-1 采样的方法

编码则处理的是另外一种东西，叫符号。比如 A 这个符号，怎么表达呢？就用一串数字定义这个符号。这种表达最开始是 ASCII 码（American Standard Code for Information Interchange，美国信息交换标准代码），后来出现了 1994 年正式发布的国际标准化组织确定的统一字符编码 Unicode（这个东西暂时不讲，不影响理解算法）。

离散化有一个最大的问题是原则性的：从连续曲线到离散数据的采样过程，与从离散数据组到连续曲线的反向映射过程，其实是不对等的。

这个问题非常重大——当然，对学这个东西的人感觉很平常——对喜欢深入思考的人来说，这种“不对等”似乎暗示着什么更深的道理。换句话说，当你把一个连续的物理量转化成计算机可以处理的离散量之后，你用计算机处理的自始至终就是“这个离散量”了。做这件事情时，你一般不会产生这样的疑问：“送进去的东西，是不是能完全代表刚才‘真实的’那个物理量？”特别是对一般人而言，他甚至会非常痛快地“相信”——不假思索地“相信”——这两个量是完全一样的。或者退一步说，即便对程序员来说，他从原理上完全清醒“这其实并非一回事”，但他的潜意识里往往会觉得“就算不是一回事，这又有什么关系？”

且不说关系重大，先说还有一个隐藏更深的“不一致”，这就是当你把“离散化”的计算结果试图重新复原到“光滑的连续曲线”时，你会发现可能有无数种“复原”的可能。简单说，一条连续曲线可以转化为一组确定的离散数据，如图 3-2 所示；反过来，这种对应关系则不是唯一的，即一组离散数据理论上对应着无数条连续曲线，如图 3-3 所示。这也就意味着，电脑的“输出”与计算对象之间的关系，通过计算之后实际上“根本无法复原”。

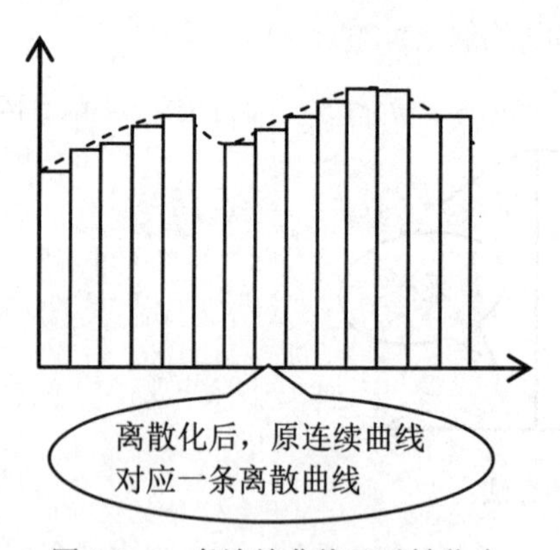

图 3-2　一条连续曲线可以转化为一组确定的离散数据

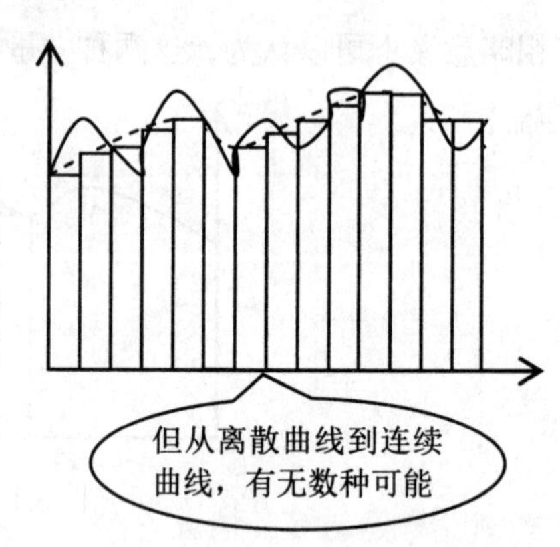

图 3-3　一组离散数据理论上对应着无数条连续曲线

第二个“截断误差”的问题，我后面会详细讲，这里暂时略过。不过，仅仅离散化或比特化就足够让我们剥开算法神秘的面纱，看清楚被我们视为“神奇的电脑”的机器在它的肚子里到底装了些什么。

如果说有一个人因为一句话而得到了图灵奖，那么这个人应该就是威茨①。让他获得图灵奖的这句话就是他提出的著名公式：

算法+数据结构=程序　　　　（3-1）

这个公式对电脑科学的影响程度足以与物理学中爱因斯坦的“$E=MC^2$”相媲美——一个公式展示了程序的本质。

李开复在一篇广为流传的文章《算法的力量》中写道：“算法是计算机科学领域最重要的基石之一，但却受到了国内一些程序员的冷落。许多学生看到一些公司在招聘时要求的编程语言五花八门就产生了一种误解，认为学计算机就是学各种编程语言，或者认为，学习最新的语言、技术、标准就是最好的铺路方法。其实，大家都被这些公司误导了。编程语言虽然该学，但是学习计算机算法和理

① 尼克劳斯 • 威茨（Nicklaus Wirth，1934—2024），瑞士计算机科学家，1984 年图灵奖获得者，创建与实现了 Pascal 语言。

论更重要，因为计算机语言和开发平台日新月异，但万变不离其宗的是那些算法和理论，例如数据结构、算法、编译原理、计算机体系结构、关系型数据库原理等。”

威茨用一个十分简洁的公式，表达了构成计算机程序的两大要素：一个就是刚才提到的算法；另一个则是数据结构。早期的计算机，主要以处理数值计算为使命，所以对算法的研究比较普遍。到了威茨创建 Pascal 语言，才让“数据结构”的重要性，以及“数据结构”与“算法”的关系，得到了广泛的重视。

关于“数据结构”，可以用一个通俗的例子来描述：比如有一家酒店，共 30 层，每层 20 个房间。假设每个房间都是两人的标准间。如果要查找这家酒店某个顾客所住的房间，可以有多种办法：一种是建立按姓氏笔画排列的入住顾客的花名册，这样只要按顾客姓名查询就可以了；另一种则是按照房间号查询，这样在不知道顾客姓名的情况下，可以很方便地找到这位顾客。

当计算机面对成组数据的时候，它需要了解这些数据是以何种规律（或者说特征），在计算机内部予以排列和存储的。这种存储数据的“规律”就是数据结构要解决的问题。

有了对数据存储结构的描述，计算机才能够根据对数据的处理要求，先快速“找出”计算所需要用到的数据，或者“指向”计算机需要处理的某类数据的“特征”，按照算法的约定，进行计算就可以了。

简单说，一个计算机程序就是这样构成的。但是，这样描述有可能对任何没有深入学习计算机原理的人，造成一个极大的误会，他们可能会以为，既然计算机是通过算法来解决问题的，那就什么问题都能解决——只要把公式写出来就可以了。

真实的情况与此相距甚远。至少有两个问题需要考虑：一个是很多问题写不出计算公式来；另外一个问题是即便写得出公式来，计算机也可能算不出来。

早先的计算机设计者们，花费了大量的时间考虑算法和数据结构的巧妙配合，那是因为当时的计算机存储空间都很小，能少写一行代码就能省出一点存储空间；现在不同了，计算机存储成本大幅度降低，一方面给图形处理和可视化设计提供了方便，另一方面让很多人不讲究精巧的算法设计。

也许有人会说：“今天计算机这么快，算法还重要吗？”其实永远不会有太快的计算机，因为我们总会面临新的应用。虽然在摩尔定律的作用下，计算机的计算能力每年都在飞快增长，价格也在不断下降，但我们不要忘记，需要处理的信息量更是呈指数级的增长的。如今，每人每天都会创造出大量数据（照片、视频、语音、文本等），日益先进的记录和存储手段使信息量都在爆炸式地增长，无论是三维图形、海量数据处理，还是机器学习、语音识别，都需要极大的计算量。

现在，人们对 Google 很熟悉，这里举一个网络搜索的例子。比如要搜索你所在城市所在区域附近的咖啡店，那么搜索引擎该怎么处理这个请求呢？最简单的办法就是，把整个城市的咖啡馆都找出来，计算它们所在位置与你之间的距离，再进行排序，然后返回最近的结果。这么做也许是最直观的，但绝对不是最快的。如果一个城市只有为数不多的咖啡馆，这么做应该没什么问题，反正计算量不大。但如果一个城市里有很多咖啡馆，又有很多用户都需要类似的搜索，那么服务器所承受的压力就大多了。在这种情况下，我们该怎样优化算法呢？

我们可以先把整个城市的咖啡馆做一次"预处理"。比如，把一个城市分成若干个"格子"，然后根据用户所在的位置把他放到某一个格子里，只对格子里的咖啡馆进行距离排序。然而，问题又来了，如果格子大小一样，绝大多数结果都可能出现在市中心的一个格子里，而郊区的格子里只有极少的结果。在这种情况下，我们应该把市中心多分出几个格子。更进一步讲，格子应该是一个"树状结构"，最顶层是一个大格——整个城市，然后逐层下降，格子越来越小，这样有利于用户进行精确搜索——如果在最底层的格子里搜索结果不多，用户可以逐级上升，放大搜索范围。

上述算法对咖啡馆的例子很实用，但是它具有通用性吗？答案是否定的。把咖啡馆抽象一下，它是一个"点"，如果要搜索一个"面"该怎么办呢？比如，用户想去一个水库玩，而这个水库有好几个入口，哪一个入口离用户最近呢？这个时候，上述"树结构"就要改成"r-tree"，因为树中间的每一个节点都是一个范围，一个有边界的范围。

通过这个小例子，我们看到，应用程序的要求千变万化，很多时候需要把一个复杂的问题分解成若干简单的小问题，然后再选用合适的算法和数据结构。

算法其实并不局限于计算机和网络。

举一个计算机领域外的例子。在高能物理和天体物理研究领域，很多实验和很多观测每秒钟都能产生几个 TB（1TB=1000GB）的数据量。但因为处理能力和存储能力的不足，科学家不得不把绝大部分未经处理的数据丢弃。大家要知道，新发现的信息很有可能就藏在我们来不及处理的数据里面。同样地，在其他领域里，算法可以改变人类的生活。例如，人类基因的研究，就可能因为算法而发现新的基因表达、新的药物模型。在气象领域，算法可以更好地预测未来灾害天气的发生等。所以，如果把电脑的发展放到应用和数据飞速增长的大环境下，你一定会发现：算法的重要性不是在日益减小，而是在日益加强。

算法和数据结构既然如此重要，那把它完全交给软件工程师去考虑不就可以了吗？从技术上来说是这样。但是，假如是一个社会学者，或者一个非电脑专业的人员，要深刻领会电脑与网络的"能"与"不能"，就必须深入了解里面更深一层的原理。如果要讲什么"电脑哲学"的时候，就更需要知晓电脑和网络到底是怎么"看待"和"处理"它所面临的问题的。

用电脑求解一个实际问题，首先要从问题中抽象出数学模型，然后设计解这个数学模型的算法，最后根据算法编写程序，经过一系列程序调试和运行，从而完成该问题的求解。从问题中抽象出数学模型，意味着用数学方法给出最能表达该问题实质的某种描述，换句话说，就是把"真实世界"的客观规律透射到"数学世界"。

作为对人脑和人际交往的模拟，电脑和网络使用了大量"拟人化"的思维方式，但是也使人陷入了一个巨大的假象："只要你告诉我算法，我一定能给出你答案。"

遍　历

很多人都熟悉搜索引擎，比如谷歌、百度。很多人也都了解，通过搜索引擎得到的东西大多数是重复信息，甚至是垃圾信息。不过，这已经是目前的技术水平所能达到的最佳状态了。搜索问题看起来简单，其实是计算科学中顶尖难题之一。

用专业的术语讲，搜索一般有两种，一种叫"深度优先"，另一种叫"广度优先”。拿在一座山上找一个人来打比方。假设你的起点在山顶，你有两种找法：一种是沿着山的纬度，一圈一圈地找，这样盘旋而下，一直找到山底，假设你不走运——你要找的人恰恰在山底，那你就会在几乎“遍历”完整个山峰后才能找到他。另一种找法是这样的：你按照山的经线搜索，也就是说按山顶到山底的经线从上向下找——生活中一般不会这样找，这样太累——顺时针或者逆时针都没有关系，一条线一条线转完整个山的经线方向。假如你要找的人在山底，你走运的话，会走几个来回，就可以在山底见到他；不走运的话，可能在走完最后一条经线后，才能发现他。

前一种方法就是“广度优先”，即先找同一数量级的，然后再扩大到下一个数量级。这种搜索方法的特点是，备选搜索的可能性会越来越多。后一种方法叫“深度优先”，即先“一竿子插到底”，然后再搜索另外一条“一竿子插到底”的路径，这样把每一种可能性都完整地搜索一遍。

讨论这两种搜索方法的优劣以及它们的使用场合，不是这本书的任务。这里需要告诉大家的是，“遍历”是电脑与网络基本原理中非常基础的一个概念。本书感兴趣的是这个概念中蕴含的哲学含义。

“遍历”的哲学含义与“无穷”“无限”的概念直接相关。所以下面的讨论是为了更好地了解为何电脑与网络在引入“遍历”这样的概念之后，变得有“哲学意味”了，它特别像人的生命的有限与宇宙的无限之间的辩证关系。

“遍历理论”又称各态历经理论，是研究保测变换的渐近形态的数学分支。它起源于为统计力学提供基础的“遍历假设”的研究，并与动力系统理论、概率论、信息论、泛函分析、数论等数学分支有着密切的联系。

举一个最通俗的例子，遍历理论就是说，在一个空无一人的大剧场，你走进去在每个座位上都坐一次，而且只能坐一次，这就叫“遍历”。至于你怎么开始，怎么结束，并没有什么特殊的规定，比如你可以从第一排最边上开始，左右蛇行，一排排遍历；你也可以按照 1、2、3、4 的顺序遍历。用剧场打比方说，就是剧场里某个时刻所有可能座位被人占据的状态，相当于让一个人按一定方式“遍历”所有可能座位的状态。

简单地说，遍历指这样一种状态：穷尽所有的可能性。这个概念和数学上的“无穷”有关。

无穷是自从有数学这门学科以来人类遇到的一个难题，数学史上也叫“第三次危机”[①]。

穷尽，说的是这样一种状态：就是用某种方法，把所有的（哪怕是“无穷”）的可能性都“指认”出来。假如一件事多得数不过来，那就叫“非常多”；这么说可能还不过瘾，因为人脑有一种“刹那”的跳跃思维能力。所以你讲“非常多”总是不能令人满意。你会觉得，那他就不能再快点数，再加上假如他活得足够长，理论上还是“数得过来”的——注意词语上的细微差别，“数得完”对应有限集合，“数得过来”对应无限集合，就是说这么一下一下地数，东西多不怕，数得过来。

这里区分两个概念，一个是数得完数不完；另一个是数得过来数不过来。这两个概念，在生活中可能犯不上较真。对有限多的东西，数得完，当然也是“数得过来”的。对“非常多”甚至“无限多”的东西，如果“数不完”，那就只能退而求其次，看看能不能“数得过来”。如果“数得过来”，即便无限多的东西也让人心里有底，可以确信地知道早晚能“数得过来”；如果数不过来的话，这个“无穷多”就是另外一回事了。数学上也叫作“更大的无穷”。

不过，这里要仔细区分这两个概念的差别。

科学家发现，“数数”这个问题需要深入思考。这里涉及对“无穷”的理解。举个例子，观察一个筐子，筐子是开口的，上面不断往筐子里掉果子，你数一个往外拿一下。“数得过来”的果子，一般人们认为都指“有限数目的果子”。其实“有限数目”根本就不是个问题。还有另一种情形，“数得过来”的果子，其实讨论的是无限多个的情况。即便在无限多个的情况下，有一种情况也还可以“数得过来”。比如你数一个正好上面往筐里掉一个，数一个掉一个，虽然你一直在数，虽然最后也还是数不完——数不完是因为你活得不够长。如果你活得足够长，你肯定能应付得过来——但筐子里剩下没数的果子不会再增加了，只会保持一个常量。这样数，你心里不慌，进一个数一个，虽然有无限个果子，也还是“数得过来”。总之，心里有谱。

另一种更狠的情况是，你数一个掉下来 2 个、3 个，甚至 N 个。或者更糟，数一个掉下来 2^X 个，X 是你随口说的一个数（只要大于 1），说完后你每数一个，

① 胡作玄．第三次数学危机[M]．成都：四川人民出版社，1985．

这个X增加1。完了！这时候很快你就发现，还没数几个，筐子立时爆满，满得你心里发慌——这怎么数得过来！

这种“能数得过来”的情形，在计算理论里叫多项式算法。那种“数不过来”的情形叫指数式算法。不管计算机多厉害，今天的计算理论对于这两种情形只能解决前一种，只能计算“数得过来”的那类问题，也就是所谓的“P类问题（多项式算法问题）”，算不了、数不过来的那类问题属于“NP类问题（非多项式算法问题）”。

当然，得补充一句话，计算机科学家猜想这两类问题是等价的，即P=NP，甚至还有人悬赏100万美元征求勇士解决这个问题。

遍历就是把一堆东西数清楚。假若每个苹果代表一种可能性，每数一个苹果就是枚举一种可能性，遍历就是在求解空间中穷尽这些可能。

你想不想去中国的省会城市？总路程（看你是哪条路线）大概是多少千米，你一天去一个地方，不歇脚，一两个月全部都走完，没问题。如果你要遍历2000多个城市，得费点劲，两天一个地方，大概得5年。

不用太啰唆你也知道“万水千山走遍”是一种浪漫的感觉。遍历就是这种浪漫感觉的一个电脑术语。

不过这里把遍历拣出来，是要说点别的。遍历是无法浪漫的，电脑也如此，它只能见好就收，只能适可而止。如果放在一次下棋比赛中，它不能无休止地进行下去，即使它心里明白，再多运行几十亿步，它就可以找到一种可能更好的应对招法，但它必须在有限时间完成比赛。于是，遍历的进程就被中止，思考程序暂时停下来，下一手棋；然后待对方再出一招后，电脑再开始新一轮的遍历。如果说电脑在哪一点上最像人的话，就在这一点上——遍历。

“数数”让人学会分辨“量的多少”，这是认知的巨大飞跃。这个飞跃，叫“抽象”。另一件认知飞跃的事情叫“命名”。这两件事都很重要，管“驴”叫“驴”，“马”叫“马”，是命名。起个名字就是贴个标签，这一路发展下来，是“分类法”，比如“林奈植物分类法”。

法国学者施特劳斯（Claude Levi Strauss，1908—2009）研究过，原住民命名事务，其实不含有我们讲的抽象之意。原住民识别“马”的时候，指的是具体的“马”，“约翰家的头上有黑斑的白马”或“哈里家的尾巴上有白毛的黑马”，这就够用了，他只把“这个”和“那个”分开就行。在原住民那里，玫瑰花可能就有数十种称谓，每个称谓都对应一种独特的玫瑰花。但是，在他们的词汇中，没有笼统的、抽象的“玫瑰花”这个词。这是一个伟大的发现，把“命名”与“数数”比较一下，很有趣。

“数数”这件事不简单，这其实是一次伟大的抽象。特别值得注意的是，在“识数问题”上，电脑与人在大多数情况下能力相同。这有什么意义吗？有。

人在“识数”问题上是有焦虑的。众所周知，数多则“贪”。“数不过来”的情形，让人不由得猜度那“未数之处”是什么玩意儿。如果“数得过来”就无趣了，只有不紧不慢，今日数明日数便了。电脑就是这样。所以它在这一点上最像人。电脑像人一样，似乎对“吃进”大量的“数字（比特）”有一种天然的“贪婪”。当然，电脑是无辜的。电脑如此贪婪，其实是人之“贪婪”的投照。不过，认知盲区也就此埋下。

回到遍历上来。从“数数”能力看，电脑的遍历水平与人脑一样，只是初级水平。

冲着当代人对电脑的迷信，遍历的局限性就被大大掩盖了。这是个非常糟糕的现象。把只会蛮力计算的电脑被描绘得神乎其神，无所不能，这是一个极大的误会。3D 设计、动漫渲染、DNA 折叠、方程求解、控制机械手，电脑似乎能力超强。但是，这一切都建立在简单的加法计算的基础上。电脑只会算加法，懂电脑原理的都知道。一切复杂运算都是在这个基础上，靠电脑蛮力的速度和巨量的存储能力换来的。因此，当智能技术专家认为电脑和网络是未来世界的（几乎是）主宰的时候，一定要理解在蛮力计算和丰富多彩的数字之间，存在某些未被察觉的思想。

并　发

电脑与互联网中，还有另一个基本术语，叫“并发”。与“遍历”一样，这个术语同样揭示了电脑与网络的内在机理，同时又表明了电脑和网络的“不能”与“局限”。下面试着把“并发”用比较通俗的语言讲清楚，作为后面解读其“技术哲学”的铺垫。

简单点说，“并发”就是“同时”。老师在课堂上叫同学回答问题，齐刷刷举起十几只手，老师就很难断定谁先举的。不过肉眼判断是有点粗糙，你可以采用技术装备，比如用类似抢答器的装置，取代举手，或者可以装摄像头，就跟网球比赛的鹰眼一样。司线员眼神再好，架不住球速 200 千米/秒，落在边线内外往往以厘米计。用鹰眼判定，大家都服气，至少能解除“肉眼”的负担。不过，从电子装置本身的技术原理看，从对信号的分辨率的角度看，可能仍然有问题。比如鹰眼放在电子靶上就根本失灵，因为分辨率仍然太粗。一束电子穿过一条狭缝，哪个先落在靶上，用鹰眼看就好比大象穿个针眼，没法过。这时候，得用一种叫隧道扫描的装置，才能看得清。这背后的原理，要用到量子的知识，大家都知道有个叫海森伯原理的东西，说你基本上无法看清楚一个电子，看都看不清，就别说断定两个电子谁先谁后了。

100 多年前爱因斯坦已经证明，“同时”只是一种心理错觉，物理上没有“同时”这回事。或者说你只能想象“同时”，但你不能知道“同时”是不是真的同时。用爱因斯坦的讲法，叫“你无法同时校准两只钟”。这是个非常有哲学意味的话题。从人的心理感觉上，说两件事情是“同时”发生的，你是可以想象的，但你根本无法捕捉这个“同时”的瞬间，你看不见“同时”。放在日常经验里，这没什么大不了，人们照说“同时”，不耽误事，也不会有误解，但一较真就不行了。“同时”原来是个虚幻的体验。这里得多说几句。“同时”的心理体验埋藏得太深，以致得念完大学才能明白。经济学里就不讲究这个了。社会科学更不讲究。电脑进入日常生活和社科文化领域之后，同样对“同时”不当回事。

正是这个虚幻的玩意儿，是网络技术的一个深有意味的词语，如同遍历的重要性一样。

先说简单的网络，叫局域网。用一根电缆把几台电脑连接在一起，这几台电脑就可以共享文件，互相发送信息。当然，就像公路上必须有交通规则一样，网络上也得有通信规则，否则乱成一锅粥。这种通信规则就叫“网络协议”，它的本质就是处理同时性的，或者叫“并发”。

想象一下，人们通过一台电脑给别的电脑发信息。一台电脑发信息，先得看一下网络线路忙不忙，好比电话占线不占线，不占线你才能用。线路不忙，你就可以利用这条线，把信息发给网上另一台电脑。万一占线你就得等待，等线路空出来你再发。当然准确地说是“信道”，一条物理线路上可以有多条逻辑信道。

如果只有少数几台设备，一般没有什么大的困难。困难在于网络中的电脑数量一多，就总会碰到恰好有两台电脑在网络不忙的时候同时想发信息。虽然“同时”严格来说你看不到，但会被你“遭遇”到。从物理上说两个电脑同时发信息，哪怕严格到量子级别，你还是无法断定它是不是真的“同时”，你只能讲“疑似”同时。但在真实的半导体器件尺度上，“同时”就是必须解决的真实的困难。这叫“信道争用”。信道一争用就比较麻烦。一个比较好玩的后果就是：A 电脑听到信道有忙音，其实并非信道忙，而是 B 电脑在抢线；但同时（又一个“疑似”同时），B 电脑也恰好听到信道有忙音，其实是 A 电脑在抢线。

再说一遍，在量子尺度上，两台电脑同时抢线是不可能被证实存在的，哪怕它们抢线的间隔非常接近（接近到量子水平）。道理很简单，因为在量子水平上无法准确地测量。但在微秒级（百万分之一秒）、纳秒级（十亿分之一秒），抢线的行为也是显而易见地存在的。如此说来，现在的电子器件的反应水平相对量子水平还是大尺度的。

早期的局域网技术采取一种有效的处理办法叫作 CSMA/CD（载波侦听多路存取/冲突检测），就是一旦发现信道占用，节点机器就自动等待一个延时，然后再看信道是否空闲。这好比司机在马路上自动礼让一下。这样就能很好地解决这个问题。

“并发”这件事非常重要，因为在网络世界里，“抢线”这种行为几乎司空见惯。甭管是哪种通信协议、什么网络结构、用来干什么，抢线导致的“并发”几乎随处可见。

“并发”这事的诡异之处在哪里呢？

首先，通过前面的叙述，你知道严格意义上“并发”并不存在；电子器件和网络通信存在的“并发”，只是在古典物理学、大尺度意义上的“资源争用”。

其次，通过设计对“并发”的通信协议、仲裁机制，电脑和网络虽然说“解决”了并发问题，其实是“规避”了并发问题，将“并发”屏蔽在电脑和网络之外。电脑和网络“一次只能干一件事情”的原则得到了严格确立（电脑“一次只能做一件事情”，这个准则与冯·诺依曼体系结构有关，也与通用图灵机模型有关。在冯·诺依曼架构或者图灵机里，所有的指令都是“顺次”执行的）。假如不是这样的话，电脑和网络将陷入无法预知的混乱状态。就像“算法”的概念一样，电脑和网络中使用的任何算法都要求有“确定性”和“能行性”，不能有任何的含混和歧义。

插一句话，电脑和网络在技术原理上，正如懂行的人解释的那样，属于“既笨又快”。任何使用电脑的人，都从根子上了解这一点：电脑只能做人告诉它做的事情（即你得有算法）；电脑一次只能做一件事（即一心不能二用）。

“并发”的诡异之处就在于：用其实不可能并发的电脑和网络，给我们营造了一个触手可及、瞬间抵达、“嗖”一下的“并发”感觉；这种美妙的感觉让如诗人般浪漫的麦克卢汉把地球叫“地球村”，让德鲁克大师把人际交流说是未来部落的方式，文明的浪漫情怀借技术再一次得到了强化，我们心满意足。

似是而非的迷雾

电脑的“遍历”和网络“并发”，从根本上说既无法遍历也不并发。换句话说，今天已经深刻影响人们日常生活与工作的电脑空间、网络世界，是建立在这样两个“诡异”的概念之上的。这两个概念并非如字面含义那样清晰、可靠。但扫码支付、直播带货、大数据分析、人工智能，还有数字货币、数字孪生等高科技景观，却毫无悬念地奠基于此。所谓的赛博空间，其实是一场从笛卡尔算起的科学革命的登峰造极之作，只是这次的演出场景是现代商业、工业专家、传媒大亨，再加上政治学、经济学、金融学的学者们，“合谋”着一个庞大无比的，看上去可操作、可计算、可传播的世界图景，这个世界的名字叫“信息社会”。

了解“遍历”“并发”在赛博空间中的真实含义，是解读赛博空间技术哲学的钥匙。对于电脑和网络营造的这个数字空间，除非你真的十分了解技术原理，否则只能一面对这个神奇空间一再赞叹，一面又不得不深陷这种技术营造出来的幻境中无法自拔。社会学者和大多数工程师、科学家们，都将自己的创造奠基于这种“伟大信息时代”的话语之上，他们无法对这种神奇的技术展开进一步的评判，更多的是跟着互联网巨头一起嚷嚷“去中心化”“颠覆式创新”“头部和长尾”

等术语，鲜有对人与智能机器的关系、未来的世界图景和秩序、技术伦理等问题更深入地探讨，只能依靠过时的旧知识，对日益强大的赛博空间，停留在空洞的道德说教上，停留在“乐观还是悲观”“好还是坏”的议论层面。

如果不看清“遍历”“并发”这种术语的诡异之处，就永远无法摆脱这种窘境，也无法在思想层面深度探究技术驱动下的巨变到底发生在哪里。

如前所述，遍历和并发是最能反映电脑与网络真实状况的两个术语。了解了这两个术语，人们就会对电脑和网络到底能做什么，以及它做事情的“界限”有相当的把握。真正的“遍历”和“并发”，可以说是两件或许“只有上帝才办得到”的事情。诡异的是，电脑和网络在这方面模拟的本领实在太高，以至于相对于传统工具和人的计算能力来说，电脑和网络的确能在太多的领域做得相当好，仿佛真的实现了“遍历”和“并发”一样。

再说得明白一点就是：在互联网深度介入工作、日常生活的今天，这两个貌不惊人的技术术语，对专业人士而言，他们心里非常明白，从严格意义上讲，电脑和网络根本不可能做到“并发”和“遍历”。任何算法只能在某种近似的程度上处理“并发”或者“遍历”。但是，从大众传播角度看，问题就很严重了。这两个技术术语所支撑的“绚丽网络空间”，充满了对“美好世界”的种种渲染和想象，给大众神奇、惊艳的感觉。

严格说，电脑和网络其实并不能“遍历”，也处理不了“并发”，一切都是在一定的工程条件下局部处理的结果。就像电脑特技一样，人们沉浸在这种特技效果带来的震撼中，以致很容易忽略这原本是假的——除非剧场的灯光亮起，幕布褪去。

不过，本书的目的并非挑战电脑或者网络的基础原理，而在于提醒这样一件事：今天电脑与互联网所营造出的多彩数字世界，奠基于这样两个并非严谨的概念之上，在智能技术日益深度改写世界秩序的当下，不能不令人深思。此外，这个问题的重要性还在于，未来的计算技术、网络架构的重大变革，或许有赖于冯·诺依曼体系架构的突破，有赖于量子计算的突破，有赖于生物芯片的突破，有赖于 TCP/IP 协议的突破——但无论如何，真正的突破，不但体现在技术上，更体现在计算思想和技术哲学上。

熟悉近现代技术发展史的，大都了解近现代技术在哲学上已经走入了死穴。

长期以来，技术被视为外在于主体的被动的工具，或者说是“人的延伸”。冷冰冰的技术毫无内在的精神，只能完全听命于人的需要、控制、编排。这种“技术哲学”是工业革命时期流行的版本，甚至走得更远，进而认为主体也必然服从确定的、精确的规律的支配，与机器毫无二致，比如法国思想家美特利于 1747 年出版的《人是机器》就是如此。

本书之所以牢牢抓住电脑和互联网技术原理的若干核心概念，就是试图探查这个死穴，并追踪这个死穴的来源。在互联网大爆发的 20 多年里，技术体系、技术伦理和技术哲学都呈现出暗流涌动的迹象。表面上看，智能技术依然在使用旧的技术术语，甚至沿用旧的技术解释，实际上却面临越来越多的尴尬和裂隙，比如，技术是中立的吗？技术是外在于主体的吗？技术世界是科学思想的完美再现吗？如果不是，那么差别在哪里？

探究这一问题的难度，一方面在于技术哲学的更新需要几代人的艰苦努力，需要在过去一百多年来技术思想家丰厚的思想沃土中继续前行，比如芒福德、海德格尔、本雅明、斯蒂格勒、凯利；另一方面，对大众而言，更需要深刻反思技术给大众留下的深刻烙印，这种烙印是十分有害的。

源自笛卡尔哲学传统的科学精神，经过数百年来毫无保留的接纳和传授，已经成功地制造了这样一种“科学的氛围”，即通过命名概念、切分对象、刻画模型、添加初始条件、求解变量、计算误差，人们完全可以把这个世界“拎得干干净净、彻彻底底”。即便计算的结果和实际的观察有偏差，也一定是因为有干扰、有噪声存在，一定是因为方程式还不够完美，初始条件还不够完整，计算精度还不够高。重要的是，我们坚信科学能解决一切问题。

基于笛卡尔主义的现代技术哲学已经死亡。以逻辑实证主义为代表的科学哲学，也不过是在假借哲学的名义，试图揭示“科学发现”的哲学原理，试图“科学地说明‘科学究竟是什么’的问题”，试图一劳永逸地奠定科学的哲学基础。

从电脑和网络所使用的上述两个基本技术术语来看，今天的科学家已经非常恭顺地学会了适应“公众”胃口。他们知道公众喜欢什么，知道“神奇魔力”对普通大众的情感诱惑。他们也许是无意略去了某个重要公式、重要概念的限定条件，也许是好心地担忧公众的“科技领悟能力”尚不能了解细腻计算背后的复杂关系。总之，他们将自己制造出来的“神奇玩意儿”简化到公众能接受的地步（一般就是忽略它成立的前提条件），并一再通过其技术表现强化这一思想。这一思想的本质，就是“确定性的崇拜”。

令人迷惑的是，他们总是能通过实实在在的实验装置、化学药剂、漂亮曲线博得公众的掌声和惊奇的目光，科学家们（也包括工程师们）对这种“成就感”如醉如痴。如果说他们一开始是为了“适应公众的理解力”，有意识通过打比方、简化术语的难度来接近公众，那么后来他们的所作所为就演变成自觉的“掩饰”和“辩解”。他们不希望在公众面前暴露自己的无能，他们害怕受到嘲笑，他们总是陶醉在光环之中，他们把这种行为看作“捍卫科学精神”。在这种情况下，他们迫切需要有一种言论，在比科学更高的层次确立科学的“科学地位”——这其实就是科学哲学背负的历史使命。

要真正认识电脑和互联网掀起的风暴，恐怕不能将思维的坐标限制在笛卡尔坐标系里。如果不能克服笛卡尔哲学的巨大惯性，我们就无法了解今天的互联网将向什么方向发展——即便我们已经拥有了互联网。

第四章
信息时代：就这么来了

美国第 42 任总统克林顿，属于战后“婴儿潮”成长起来的一代。在他之前，美国的高科技政策都有军方的影子，因而都带有冷战思维的痕迹。克林顿之后，美国的高科技政策转而走上了全新的自由商业时代。这种讲法在互联网发展史中基本上是定论。

“婴儿潮”一代有着鲜明的时代特征。克林顿的经济政策以及政治立场都明显带有美国 20 世纪六七十年代反叛一代的思想印记。克林顿上台之后，雷厉风行地办了 3 件事。

第一件是终止了“星球大战计划”，这个里根时代以苏联为假想敌的冷战残余，终于在“柏林墙”倒塌、东欧社会主义阵营瓦解声中，宣布了一个时代的结束。

第二件是美国政府暂停载人火星探测飞行计划，这标志着美国国家战略的重心将从广袤的太空（实质上是外太空的军备竞赛）收敛聚焦到这个已初现端倪、前景广阔的数字网络空间。

第三件是让广大科学家，特别是从事基础研究的科学家备感沮丧的是，政府大幅度削减高能电子对撞机的预算资金，象征着基础研究已经失去了往日的光彩①。不久后，美国政府便提出了让全世界猜测其真实意图的“信息高速公路”计划。

这个决定在世界范围内带来的反响，与里根的“星球大战计划”催生了欧洲

① 其中滋味，可阅读 20 世纪末《科学美国人》资深记者霍根的书《科学的终结》。

“尤里卡计划”极其类似。这一次，欧洲各国、日本、新加坡、加拿大等都积极跟进，纷纷宣布着自己版本的“信息高速公路计划”。

可以说，克林顿的举动让20世纪80年代初期托夫勒预言的“第三次浪潮”在国家层面迅猛展开。不过，对中国人来说，“第三次浪潮”引发的激动，可以用一句托夫勒式的箴言来描述：信息时代让穷国和富国站在了同一条起跑线上!

网通公司的创办人，一位中国互联网早期的先驱人物田溯宁先生回忆道：“就像革命的先辈一样，我们的使命注定是创造未来。”

当时，几乎所有听过这句宣言的人们，无不为这样一种快意、坚定、充满神奇色彩的话语所振奋，无不对这样一种煽情（20 世纪 80 年代还不流行这个词语）、蛊惑、不容置疑的口吻所折服。想一想，一个中产阶级出身的学者，一个浸淫在富足生活中的未来学家，用“启示录”的腔调宣布自己的感人发现，这简直就是一种关于美好未来的福音。

不过，托夫勒式的浪潮固然在国家战略层面惹人瞩目，离普罗大众尚有距离。20世纪90年代，取代托夫勒的却是另一个人。自打1996年10月，胡泳与范海燕合作，将美国麻省理工学院媒体实验室创始人之一尼葛洛庞帝的著作《数字化生存》翻译成中文之后，托夫勒的未来学泰斗地位就面临一场挑战。

信息时代真的来了！尼葛洛庞帝有一句名言，被印在了《数字化生存》第一版的封面上：“计算不再只和电脑有关，它决定我们的生存。”

世界经济驶向了一条叫作“信息经济”的康庄大道。

尼氏悖论

回忆这些过去20多年的历史镜头，我总在问自己一个非常简单——但迄今不得其解的问题：在21世纪已经被标记为“信息世纪”的今天，为何全球化遭到的质疑声一浪高过一浪？在IT与智能科技高歌猛进的时代，为何在2000年、2008 年两次遭遇寒冷的严冬？就在本书初稿修订的那段日子，一场更大的、席卷全球的金融风暴，将令人震撼的新闻一件又一件带到人们面前：美国的银行倒闭、保险公司危机、通用汽车破产、纳斯达克前主席麦道夫因经济犯罪被判刑

150 年，以及冰岛陷入危机、加利福尼亚州政府陷入“白条”财政、全球集装箱船运业 2/3 的船东和商家濒临大幅削减成本的压力……

今天，人们是否有足够的勇气，质疑这些曾经为人广为传诵、广为膜拜的未来学家的“箴言”？

这十余年间，倘若不是世纪之交的纳斯达克崩盘，信息时代将会“飞升”到怎样的高度？倘若不是巨量的财富被“知识英雄”套牢，一个被视为人类美好未来的信息时代，一个被誉为“革命”的信息时代，一个要彻底颠覆传统的一切，包括政治、军事、经济、文化、科学技术、社会生活等几乎所有的方面，锐不可当的信息时代，一个被赋予神圣使命、肩负远大理想的信息时代，一个胆敢怀疑信息时代就是历史的落伍者的时代，为何在短短不到 10 年的时间里（1992—2002 年）就遭遇了如此窘迫、如此难耐、几年都熬不过去的漫长的“冬天”？继而又在 2008 年凭借华尔街所谓的“金融创新”，拖累整个世界经济陷入巨大的倒退？

作为 20 世纪 90 年代中期最著名的未来学家，麻省理工学院媒体实验室的创始人尼葛洛庞帝还有一句传世的名言：预测未来的最好办法就是把它创造出来。出版者将这句话拎出来，作为《数字化生存》这本书印在封面醒目位置的一句话。

人们为何能够在短短的 25 年的时间里，伴随互联网技术的快速发展，毫无戒备、毫无保留、心悦诚服地接受这种宣言式的话语，的确值得再过几十年之后重新审视。我坦率地承认，当时读到这本《数字化生存》和这句被着重“拎出来”写在前面的句子的时候，我真的被震撼了。事实上，尼葛洛庞帝的宣言毋宁说是一种社会现象的总结。但不幸的是，这个总结不是批判，而是喝彩；不是反思，而是追逐；不是质疑，而是佐证。

尼葛洛庞帝预言出笼的年月，已经是互联网基础设施成为美国国家战略的年月，也是世界经合组织（OECD）宣布“知识经济”到来的年月；已经是 Wintel 联盟[①]高奏凯歌、所向披靡的年月，更是欧洲电信宣称要实现欧洲电信一体化经营、彻底开放电信市场的年月。

尼葛洛庞帝的预言，只是将这个时代的特征极其准确地概括了出来——但是，现在反过来看——这恰恰是需要反思和批判的地方：当尼葛洛庞帝宣称“计

① Wintel 联盟，即 Wintel 架构，由 Microsoft Windows 操作系统和 Intel CPU 所组成的个人电脑，实际上是微软与英特尔的商业联盟。

算不再只和电脑有关，它决定我们的生存”的时候，作为一个未来学家，他丝毫没有警惕这种“决定我们生存”的力量，并非他兴奋地宣称的“比特”本身，而是操纵“比特”的盖茨（微软公司创始人）的手、格鲁夫（英特尔公司创始人之一）的手、麦克尼利（Sun 公司创始人）的手、埃里森（甲骨文公司创始人）的手、佩奇和布林（谷歌公司创始人）的手。尼葛洛庞帝兴奋地与这些“手”搅在一起，为它们论证“合理性”和“普适性”。

因此，作为一名未来学家，尼葛洛庞帝没有尽到自己的责任，没有指出事实的真相：虽然从技术上看，计算的确不再只和电脑有关，并且在相当的程度上已经决定了我们的生存——但更要警惕的是，“未来制造代码的手将‘决定我们的生存’！”当今硅谷流行的“代码即法律、一切皆计算”就是这一真相的露骨表白。

尼葛洛庞帝在这个关键的问题上“失语”了。他转而去研究什么“1 美元的电脑”“可以吃的电子报纸”“未来 50 年的新媒体”等，这些怎么看怎么像 IBM 实验室、贝尔实验室里的“白大褂”们做的事情。

媒介与未来学家们在唱着工业家、商人们，甚至政客们喜欢让他们唱的调子；而质疑与批判的声音，则被大大掩盖在技术的繁华表面之下。人们需要追问的是，那些呼风唤雨，将世界玩弄于股掌之上的财富巨子、银行家、政治精英们，他们到底怎么看这个世界？

德国《明镜周刊》有两位编辑，一个叫汉斯·彼德·马丁，另一个叫哈拉尔特·舒曼。他们在信息时代风潮乍起的时候，跑了全世界很多地方。1992 年 3 月，他们在俄罗斯远东城市托木斯克；1993 年 4 月，他们在不丹，11 月在里斯本；1994 年 4 月，他们在中国成都；1995 年 1 月，他们在巴西圣保罗；1996 年 7 月，在美国亚特兰大，9 月在维也纳……

不过，最值得关注的是 1995 年 9 月，他们在旧金山做采访。

“靠喂奶生活”

1995 年是一个值得关注的年份。1 月，世界贸易组织（WTO）正式代替关税与贸易总协定（GATT），旨在促进贸易自由化的新世界体系宣告成立；11 月，以色列总理拉宾遇刺身亡，中东和平进程严重受阻；12 月，微软公司总裁比尔·盖茨宣布，全面进军互联网。还有一个重要的历史事件，几乎没有引起公众的任何关注，这就是 1995 年 9 月 27 日至 10 月 1 日，在美国旧金山费尔蒙特大饭店，戈尔巴乔夫——这位 1991 年 12 月 25 日宣布苏联解体的苏联领导人，与大会邀请的 500 余位世界级政治家、商界领袖和科学家，共同描绘人类“正在开启的新文明”。

这个“新文明”，用大会演讲者的通俗语言说，就是“20 比 80”这一对数字和“靠喂奶生活”的概念。

马丁和舒曼，作为大会允许的 3 名记者中的两名，旁听了所有工作小组的讨论。他们的现场感受加上过去 5 年内在世界各地采访的体验，最后写成了一本引发争议的书《全球化陷阱：对民主和福利的进攻》。

“靠喂奶生活”，据说是参加会议的美国资深政客布热津斯基发明的词。这个词讲的是：“在下个世纪（即 21 世纪），启用占有劳动能力居民的 20%就足以维持世界经济的繁荣。”这些精英们认为——联合国发展计划署 1994 年的报告、联合国发展研究所 1995 年的报告也给出了同样的解释——由于经济全球化的影响，世界上 1/5 最富有的国家决定着整个世界 3/4 的国民生产总值，并占有世界各国国内财富的 85.5%。自 1960 年以来，这些最富有的国家与世界上 20%的最贫困的国家之间的差距扩大了一倍。其余 80%的人，并非都将成为无所事事的人。他们还得忙碌，还得工作，还得在挣钱之后大肆消费，购买汽车，享用星巴克，环球旅行。不过，他们不需要思考，只需接受别人思考的结果。他们不需要创新，只需跟在别人的创新后面，消费创新成果。他们将成为“靠喂奶生活”的人。

全球化的理论是非常简明的，无论用哪个版本表述，基本讲法大同小异：分工已经跨越国界；欠发达国家需要“迎头赶上”，但不需要“重新发明轮子”；世界已经变成统一大市场；自由资本主义完全有能力自我发展；信息时代极大地提高了工作效率和产出水平；社会更加平等，鼓励个性张扬……

所有这些公开的表述，在极力渲染未来世纪的理念是“尊崇个性，鼓励创造，消费者主导，信息共享”的同时，对另一个关键问题避而不答：谁拥有这个世界的主导权？

很多激昂的演说家大量借用互联网的术语，信心满满地说：“这是一个无中心的网络，是一个你可以恣意而为的世界。”跟得上时代的社会学者，及时地将这种论调总结为“去中心化”和“扁平化”。他们指出，互联网当年设计的时候，就是为了应对冷战时假想的“斩首式攻击”的风险，有意地采用了“对等网络”的结构，让任何一个节点向别的节点传输信息，并不需要经过所谓“中央控制器”的操纵和控制，信息传输的路径甚至都不需要事先知晓，你只要把信息放在网上，网络就会“自动”寻找最佳的路线传送信息。

没有中心，没有威权，没有绝对的统治者，这不正是20世纪60年代靠喊政治口号，上街游行的反叛青年朝思暮想的吗？再也没有什么教条值得遵从，再也没有什么禁区令人不安，再也没有什么装腔作势的话语值得敬畏，这不正是自由资本主义在政治、社会、经济生活中一再渲染的吗？

被好莱坞、迪士尼、可口可乐灌大的一代，非常惬意地接受这种“喂奶式”的生活安排，同时又有更多的“美国新梦”，鼓励新的20%的人群，靠着自己的智慧、知识、才干，成为写字楼、高档商务区里的白领。或者说，这一代白领的“领”更“白”，他们远离生产线，但可以替不知身处何地的顾客的订单安排不知何地的生产；他们远离各式货币，却可以灵巧地操纵电脑，在全球金融一体化的氛围下演绎财富魔法。

这就是数字世界下的全球化。

马丁和舒曼的见解，被批评人士认为是“欧洲福利资本主义的辩护词”，这多少有点道理。他们来自欧洲。欧洲在美国的信息革命面前也乱了方寸。欧洲的政客们不愿意扮演跟随者的角色，不愿意看到只有美国是21世纪的核心。不过，这种解释似乎很难站得住脚。就连美国的中产阶级，也发现自己成为日益扩大的“靠喂奶生活”阶层的组成部分。

这群日益缩小的“中产阶级”，被哈佛大学教授加尔布雷斯称作“自满的多数”[①]。以这些中产阶级为主体构成的“自满的多数”，从20世纪70年代起就偏好短期利益，他们视政府为一种负担，鼓吹极端的自由市场经济。他们认为，“在现代大都市中，有许多单调乏味、没有社会尊严的工作，需要没有技能的廉价劳工去做。下层阶级对这些需求的贡献和回应，实现了许多富裕人士享有舒适生活的可能性”。

---

① 加尔布雷斯．自满的年代[M]．杨丽君，王嘉源，译．海口：海南出版社，2000．

从20世纪60年代职业经理人成为工商管理界追捧的对象以来，人们向往白领、追逐金领。这些成功的顶级商业人士，他们所享有的年薪是20世纪60年代以前家族企业创始人的数十倍甚至上百倍。大型企业的实际控制权掌握在职业经理人阶层手中。与家族企业领导人的风格迥然不同，职业经理人不喜欢长期计划，偏爱短期投资，甚至投机。年薪超过千万美元的管理层，在20世纪80年代之后更喜欢直截了当的并购手法，美化公司财务报表，取悦华尔街。就是这样一群“自满的多数”，他们顽强地形成了这样一种生存观念：“为了拯救穷人与中产阶级，我们必须减少富人的税赋。因为当马有足够的燕麦喂饱时，麻雀才可以拣食一些残渣”。

全球化中具备决断权的20%的人，就是这些“自满的多数”中的少数成功人士。在2011年9月的“占领华尔街”运动中，这个掌握世界话语权20%的人，缩减到1%，但却拥有了99%的财富。

克林顿政府显然是完全偏袒这种舆论的。当电子商务成为现实可能的时候，克林顿政府立刻推出网络交易免税法案，为美国新经济增添活力。不过，这些年轻的富人及梦想成为富人的年轻人，在2000年3月，终于冲破了财富的天花板，让纳斯达克发飙的激情一泻千丈。

不知从什么时候起，大凡有关互联网的话语，都带有宣示的口吻和启示的腔调。未来学家托夫勒在20世纪80年代自拍、自导、自演主角的《信息时代》，就是这样一种“口吻”的杰作。虽然这些预言和启示，看上去众口一词，但仍然有一个细微的差别：预言家和大亨们，在谈到传统的时候往往采纳末世论的调子。因为这个调子足够吓人，也足够有力道；在说到自己切身所处的这个时代的时候，则采取开创论的调子。在大亨们看来，美好的事情才刚刚开始。

这种先知姿态，为预言家博得光环，为大亨们赢得先机和大把的银子。

《数字化生存》被誉为“信息时代的生存法则”，尼葛洛庞帝用绘声绘色的笔调刻画了这个“事关未来生存”的“比特”时代。在解说“比特”替代“原子”的过程如此之快的时候，他打了一个比方，叫“最后三天”。他说，假设你工作一个月，第一天挣一分钱，此后每天挣的钱都比前一天增加一倍，最后能挣多少钱？“假如你从新年的第一天起开始实施这个美妙的挣钱方案，到了1月的最后一天，你挣的钱会超过1000万美元。”

这么算绝不是尼葛洛庞帝的本意。他想说的是，假如一个月少了 3 天（就好像 2 月的情况），到了月底的那一天你只能挣到 130 万美元。也就是说，少 3 天的一个月，你可以挣到大约 260 万美元，而满 31 天的一个月，你就能挣到 2100 万美元。

这时候，尼葛洛庞帝做了一个大胆的判断："当事物呈指数增长的时候，最后 3 天的意义非比寻常。"他的意思是说，在最后 3 天里你挣的钱，大大超过前 27 天的所得收入。由此，尼葛洛庞帝认为，"在电脑和数字通信的发展上，我们正在逐步接近这最后的 3 天！"

这个论证看上去十分在理，也颇能令人心动。不过，这里所表现出的"IT 腔调"暴露无遗。明眼人一下就可以看出，它的逻辑中大有经济学边际收益递减原理的味道：吃了 6 个馒头，发现吃饱了以后，暗自忖度，还不如直接吃第 6 个来得干脆！还不止于此，类似尼葛洛庞帝论调的"未来论断"，大多是这种版本。甚至比这个版本更世俗："预言未来最棒的方式就是把它造出来。"

数字化浪潮的宣示，于是有了"末世论"的意味。技术天才们太强调"完结""终结"传统世界了，这几乎是任何一种令人兴高采烈的"进步宣言"的格式化版本。对高科技背后的技术思想和技术哲学的辨析与批判，是数字时代最近紧迫的命题。

高科技：发展主义的延长线

1981 年，里根击败卡特，入主白宫。这个故事在当时的媒体上已经被讲过无数遍。不过，仅仅知道这段历史，然后就嫁接上 1993 年美国副总统戈尔提出的"信息高速公路"，用以描述信息社会的崛起，显然不够。

先花点时间简单回顾一下里根，看看到底是什么力量令"高科技"成为 20 世纪后 20 年美国乃至全球主流话语最耀眼的明星。

里根上台之后，立即召集了 30 多位著名科学家、经济学家、高级工程技术人员和军事战略家组成研究小组，对"高边疆"战略进行研究，并于 1982 年 3 月正式确认这一战略。所谓"高边疆"战略，是美国国防情报局前局长丹尼尔·格雷厄姆中将提出来的。他认为，美苏两个超级大国的战略核武器数量和质量处于均势，军备竞赛已经进入死胡同，真正的竞争优势已经不在常规空间，而在外层空间展开。这个战略演变为1983年里根政府提出的“星球大战计划”。1984年1月，里根签署了第116号国家安全指令，正式批准了这项计划，并编制了1984—1989年财政年度高达260多亿美元的研究预算。

后来，“星球大战计划”经美国军方自行解密，目的是“耗费”苏联的综合国力，试图让苏联在军备竞赛中继续跟随，这种说法姑妄听之。不过，“星球大战计划”的确启动了一场全新的“高科技热潮”，这场热潮以托夫勒的《第三次浪潮》为代表，席卷全球。

其实，“星球大战”是个俗名，准确的名字是“战略防御倡议”或“多手段、多层次、以天基武器为主的反导计划”。用当时联邦德国总理科尔的话说，“星球大战计划，10%是战略理论问题，90%是尖端技术问题”。

星球大战计划出笼，引起了一场“空间热”。1984—1989年，仅在方案论证上美国就花去了247亿美元（过去28年反导研究上只用了170亿美元），到完成时总投资近万亿美元。因此，该计划引起世界各国的关注，其政治、军事的影响极为深远。

但是，整个“星球大战计划”进展远不像所想的那样乐观：首先，在技术方面，“星球大战计划”主要依赖的武器难以在短期内取得重大突破；其次，在经济方面，该计划要花1万亿美元才能建成全面有效的防御系统，美国财政预算难以承受。

鉴于以上困难，到苏联解体时，该计划缩小为“智能卵石计划”。“智能卵石计划”又于1993年被克林顿正式撤销，代之以“弹道导弹防御计划（BMD）”。

这个BMD计划由两部分组成。

第一部分，规定射程超过3000千米以上的能打到美国本土的远程洲际导弹，属于“国家导弹防御计划（NMD）”的对象。所以，NMD又称为“小星球大战计划”，具体分3个阶段：第一阶段，到2005年，在阿拉斯加中部部署100枚拦截导弹、一个新雷达站，并对现有几个预警雷达站更新；第二阶段，到2010年，向近地轨道发射24颗卫星，用以对导弹发射情况进行昼夜监视；第三阶段，到2015年，在北达科他州部署150枚拦截导弹，同时研制太空飞行器并送入轨道。

第二部分，将射程在 3000 千米以下，对美国海外战区驻军、驻地和军事设施造成威胁的近程、中程或中远程导弹，划归“战区导弹防御计划（TMD）”。

TMD 与 NMD 其实是一回事，都是反导，只是地域和量级有别。

在美国一系列高科技计划的刺激下，为打破美国和苏联对高科技垄断的局面，欧洲各国由法国带头，于 1985 年 4 月 17 日，提出“工艺技术欧洲”主张，并于 7 月 17 日在巴黎成立“尤里卡”机构，即“欧洲研究协调机构”，明确声明旨在防止出现空间“雅尔塔”[①]。

紧接着，1985 年 11 月 18 日，欧洲各国又进一步制订“西欧高技术合作发展计划”，也就是“尤里卡”计划，包含 5 大计划（欧洲计算机、自动装置、通信联络、生物技术、新材料计划）与 24 个具体计划。

1984 年 11 月 27 日，日本科学技术会议向首相提出“振兴科技政策大纲”，包含 3 大部类和 96 项重大研究课题。1985 年 3 月 28 日，日本政府对大纲正式确认；同年 12 月，日本又发布了“人类新领域研究计划”，自认是“与美国 SDI、欧洲‘尤里卡’相匹敌的高科技发展规划”。

整个 20 世纪 80 年代的高科技浪潮，表面上看是美苏冷战思维的延续。但支撑冷战思维的，除了资本主义与社会主义两大阵营的较量之外，还有一个奠定全球化基础的“发展主义”。高科技成为发展主义的最佳引擎。发展主义是这样一种意识形态，即笼统地认为发展比不发展好，发展快比发展慢好。潜台词是发展中遭遇的种种问题，可以通过发展来解决。

这种意识形态乍一看好像没什么毛病，但它的致命缺陷在于，没有回答沃勒斯坦[②]提出的一系列问题：谁的发展？如何发展？发展什么？为什么需要发展？什么在发展？

在 1991 年发表的一篇题为《发展是指路明灯还是幻想？》的论文中，沃勒斯坦指出，“我们心目中的经济发展是 1945 年后的概念。当然，我们目前使用的术语，如政治家或知识分子所使用的，大部分是 1945 年后世界体系内地缘政治的产物。自 1945 年以来，作为信条教义，这个概念比以往任何时候更被广泛运

---

① 雅尔塔会议是在第二次世界大战接近尾声的 1944 年，美国、苏联、英国 3 个国家秘密会晤，瓜分战后世界版图的一次“分赃会议”。

② 沃勒斯坦（Immanuel Wallerstein，1930—2019），美国著名社会学家、历史学家，国际政治经济学家，世界体系理论的主要创始人。

用，带有更大的社会合法性”。

当社会发展以两个超级大国军备竞赛的面目出现的时候，制造和拥有核武器的目的就被堂皇地注解为“军事均势”，或者“发展的保障”。当社会发展以纯粹的经济增长目标呈现的时候，自动化、化学、摩天大楼、农药、电脑就是加速发展目标实现的最好途径。不同的社会形态和不同社会形态中的各个阶层，似乎都认同这样一种“发展”或“增长”的理论；即使1967年罗马俱乐部就有限资源约束的条件下提出了“增长的极限”，也被后来全球化发展理论的高调所淹没。

沃勒斯坦分析说，自1945年以来，世界在人口、产值、财富积累的绝对增长方面，可以与1500—1945年的增长总量相当；与此同时，反资本主义阵营和非资本主义阵营，特别是从殖民地统治中解放出来的主权国家，不约而同地把“发展”当作意识形态斗争的主题。联合国更是将20世纪70年代定义为“发展的10年”。

在这种发展竞赛的驱使下，资源在过度消耗，“赶上先进国家意味着竞争，竞争意味着一个国家的发展将以损害别的国家的利益为代价”，“创造或保持自己的垄断优势，或破坏别人的垄断优势”。发展的套路基本如此，无论18世纪的重商主义，19世纪的工业化，还是20世纪进口替代、出口导向、科技创新等，无不如此。

事实上，无论是发达国家还是发展中国家，在发展的过程中财富分配严重畸形的状况，不但没有随着发展而缩小，反而日益扩大。就美国而言，1950年占据人口20%的富有阶层，拥有美国家庭总收入的42.8%，而占人口20%的最贫穷的阶层，收入只占4.5%。经过近40年的发展，到1989年，这两个数字分别为46.5%和3.8%。20世纪70年代初期，美国最富有的1%的上层人士拥有国家财富的17.6%；而到20世纪80年代末，他们占有的财富总量翻了一番还多，达到了36.3%。

在这种日益席卷全球的发展主义浪潮下，似乎没有哪一个政府或者民族，敢于置身发展的洪流之外而保持自己的步伐，也没有哪一套国家理论或学界主流，敢于摈弃发展的主旋律而提出自己独立的见解——理由就是，强势的仍在发展，弱势的希冀通过发展铸造强势。这恰恰是“发展理论”巨大的时代局限性。这种局限性表现为：一方面渲染发展的种种“好处”，为“发展”的合理性正名；但另一方面却在暗地里把持着“优先发展”的绝对权力。在美国等发达国家眼里，发展中国家如果按照他们规定的方式发展，就是可以接受的；倘若发展中国家试图走自己的路来发展，就会被视为“威胁”。这背后“高科技”话语起到了重要的“助推”作用，某种意义也起到了“迷惑大众”的作用。

以电脑和网络技术为核心的现代科技，成为发展中国家梦寐以求的发展良方，也成为发达国家通过更快的发展固守优势的不二法门。于是，在当今主流话语中，无论是政治术语、经济名词，还是社会新闻报道，一时间都充塞了各式各样的“高科技”，主流话语已经演变为一种以微电子技术（电脑、通信和网络）为核心的“高科技”竞赛。国与国之间、经济体与经济体之间、企业与企业之间、人与人之间竞争的舞台，已经被毫无争议地定格在“高科技”领域，并且潜在地确定了这样一种“竞赛逻辑”：高科技将通过信息技术改写社会形态、经济模式、人的行为和未来发展。

这种“改写”运动，通过所谓“全球化”的浪潮，迅即在世界各主要经济体蔓延开来。这是20世纪后20年给21世纪的丰厚遗产，也是21世纪起步的初始条件。然而，真正困难的地方在于，自20世纪80年代以来，关于21世纪的未来远景在未来学家、政治家和新经济学家的眼里已经成为一种“蓝图绘就”的版本，剩下的事情就只有“速度”“容量”“带宽”等这样一些纯技术面的要素，等待用更快的芯片、更好的软件、更棒的模式去实现。

对“靠喂奶生活”的人而言，21 世纪已经完全被缩编成为一个毫无想象力的世纪。华尔街的分析师、媒体记者和高科技公司的CEO们，似乎共同相信一个神话：大显身手的日子已经到来，传统的一切法则都不堪一击，创造新世界的快感，就在今天！

通往全球化的信息高速公路

1993 年 9 月，美国政府宣布实施一项新的高科技计划——“国家信息基础设施”（NII）。NII旨在提供一个“硬件、软件和技术的集成环境，使人们能够通过电脑和大量的信息资源服务方便而经济地彼此交往”。NII 将是一个“由通信网络、电脑、电视、电话和卫星无缝连接起来的网络”，这一无缝网络将彻底改变美国人的生活、学习、工作和与国内外进行通信的方式，满足美国公民对信息的需要。这一宏伟计划被称作“信息高速公路”计划。

“信息高速公路”是20世纪90年代的全球热门话题，也可以说是经济全球化的登峰造极之作。据当时的报道称，美国计划用20年时间，耗资2000亿～4000亿美元，建设美国国家信息基础结构，作为美国发展政策的重点和产业发展的基础。倡议者认为，它将永远改变人们的生活、工作和相互沟通的方式，产生比工业革命更深刻的影响。而将NII寓意于信息高速公路，更令人联想到20世纪60年代欧美国家兴起的高速公路的建设，在振兴经济中的巨大作用和战略意义。

在富国、强国宣布了一个时代的开端之后，全球重量级媒体的聚光灯立刻将美国放在了舞台中央。1990年，美国在与之战斗了半个多世纪的老对手苏联轰然倒塌之后，它的所谓“历史责任感”便急剧膨胀，在扮演全球领袖的场合中，再也没有任何意识形态的羁绊和经济力量的钳制，它可以专注地奉行“单边主义”政治原则，专注地将全球化作为“美国化”的最佳外衣。

全球化其实是一个具有煽动性的词。拥护者憧憬它会给整个世界带来空前的进步和繁荣，批评者断言它会给发展中国家带来贫困、战争甚至文化灭绝。

日本学者三好将夫在题为《全球经济中的抵制场》一文的开篇，描绘了这样一幅“全球化”的景象：耐克承包商曾在韩国生产鞋子，但由于工资上涨而转移到印度尼西亚。在印度尼西亚，他们付给从早干到晚的年轻缝鞋女工每天1.35美元。她们没有工会保护，并经常被强迫加班加点。生产成本仅为5.6美元的一双耐克鞋，在美国卖到45～80美元。

这就是全球化中被视为“理所当然”的景象。

难怪当《纽约时报》的资深记者托马斯·弗里德曼漫步在印度班家罗尔，看到与曼哈顿类似的几幢建筑，看到与纽约街头类似的几处街景和行色匆匆的白领，就下了这样的结论：世界是平的。

这个世界就是这样被“搞”平了。到处是苹果的iPad、iPhone，谷歌的广告牌，微软的Office软件，辉瑞的药品，耐克的鞋子，壳牌的石油，可口可乐和麦当劳，以及美国大片、畅销书。被“搞”平之后的世界，用美国主流媒介的眼光，似乎可以非常“欣喜”地看到，哈里·波特上市的时间竟然全球同步，博客日志迅即在全球传播，无拘无束的全球竞争，完全没有管制的自由市场，更具流动性的资本——似乎让整个世界相信，自由资本主义加上电脑与互联网是拯救未来的唯一出路。“在不断受到高扬的技术应用的‘长足发展’和瞬间通信的‘神奇进步’的促进鼓动下，这种特定的资本主义证实和巩固了自身的存在。”[①]

在没有人发出命令，没有威权的20世纪80年代以后，在美国1973年兴起的后现代主义思潮面前，全球化浪潮比之工业化、后工业化，似乎以更加响亮的耳光打在所有抨击威权的知识分子的脸上。美国的知识界，已经鲜有保持清醒头脑的学者能在“胜利者”“成功者”的光环笼罩下（当美国人渴求的这个结果似乎近在咫尺时），冷静地审视整个世界的全貌。

在这个貌似开放的高科技社会里，没有谁能认出与冷战时期相仿的“假想敌”或者“意识形态对手”，没有谁能否认科技带来的巨大进步和可能性。但是，为什么这个世界依然冲突不断？

如果像法兰克福学派[②]过去常说的那样，资本主义理性确实通过嗅闻实证主义和魔法的混合味道而侥幸地维持生存，那么互联网的时代就将这种自由放任的资本主义又一次推向了理性荣光的顶点。一切虔信自由资本主义精神的技术商人们，都迫不及待地用“10倍速的变化”和“世界上唯一不变的就是变化”来证实高科技带来的救赎。从某种程度上说，他们真的成功了。

史密斯在《一个世界：全球性与总体性》的文章中写道：在启蒙的工具理性最彻底地渗透到管理世界的实践之中后，资本主义现在开始公开崇拜一个世界级的偶像。在这个世界上，时间和空间已经不再是资本流通的障碍，甚至为表现资本天生的流动性提供了绝佳的舞台，“所有人与物都服从一个制度”的普遍理想已经神话般地（和任意地）嵌入了这个世界。

然而，没有丧失独立思考能力的人们能够感觉到，仗着美国腔调的“全球化”版本，这个世界并未开放，甚至反而更加封闭，或者说以更加隐蔽、堂皇的方式

① 王逢振．全球化症候[M]．天津：天津社会科学院出版社，2001．

② 法兰克福学派是当代西方的一种社会哲学流派，也是“西方马克思主义”的一个流派，是以德国法兰克福大学的“社会研究中心”为中心的一群社会科学学者、哲学家、文化批评家所组成的学术社群。创建于1923年，由法兰克福社会研究所的领导成员在20世纪三四十年代发展起来，以批判的社会理论著称，其社会政治观点集中反映在M.霍克海默、T.W.阿多诺、H.马尔库塞、J.哈贝马斯等人的著作中。

封闭。正如法国思想家福柯指出的那样，18—20 世纪的社会组织是通过“将个人不停地从一个封闭带转入另一个封闭带，每一个封闭带都有自己的章法：先是家庭，继而是学校（‘你不再是在家里了’），然后是兵营（‘你不再是在学校了’），最后是工厂……我们处于包括监狱、医院、工厂、学校、家庭等一切封闭带的普遍危机中……人们不再是被圈了起来，而是背上债务”。[①]

与福柯同时代的另一位法国思想家德勒兹认为，“社会管制”在信息社会的称谓下，继承了早先电脑哲学的路径，无休止的数据计算、测量、评估，并最大限度地将管理、法律、会计、教育，甚至政治事务、宏观经济模型，都纳入“计算”的轨道，“集体道德义务和服务”也都顺势转变为经济术语，而这些都是可以计算、可以衡量、需要评估的，“债务”这个词活生生地刻画了电子世界中人的裸体状态。

在最时髦的现代美国版资本主义那里，表面上看追求“价值”，实际上没有价值，只有债务。“交换”是自由资本主义的基本活动，互联网资本主义无非是“快速交换”“飞速交换”。资本主义的交换是基于物的，而货币是等价物中最具有流动性的。但是，以互联网为载体的虚拟空间中，甚至“没有物的交换”更加适合网络的特性。在这个虚拟空间里，货币、期货、金融衍生品，都不必对应任何一种切实的东西，它只是符号，某种急速流动的符号而已。在网络的世界里，人们交换的仅仅是意念、感觉、期待，仅仅是“对未来的债务”。[②]

这种“债务神学”实际上是将资本主义当作永生的不竭源泉，写入普遍真理的法典中，对那些尚未计算的、不可预知的未来事物，电子资本主义通过“负债”的方式，将其纳入当今世界的版图。

虽然越来越多的知识分子通过各自的声音，质疑全球化的发展脉络及其呈现的种种弊端；但他们仅仅是用古典的类似“革命”的社会学理论，从道义、羞耻、罪恶等层面解析资本主义的魔鬼，仍然没有深度解剖在网络背景下科技资本主义可能引发的另一种可能：将这个世界透支干净。

科技资本主义发展的代价或者说背负的“债务”，通过全球的债务转移显然根本不是解决之道。在越来越多的资源被发展的冲动提前预支的时候，在所有的

---

① 德勒兹．哲学与权力的谈判：德勒兹访谈录[M]．刘汉全，译．北京：商务印书馆，2001：78.
② 在 2008 年 9 月，一个重要的名词席卷全球——“华尔街金融风暴”。

发展都具有正当性和合法性的前提下，科技资本主义理论本身没有提供任何“收支平衡”的可能。但是，互联网在加速这种“债务”的扩大化。倘若互联网的价值全部被自由资本主义表达为“天赐良机”，而质疑自由资本主义的学者又仅仅将互联网当作“舆论的战场”而不是“战斗的武器”，则胜负已经落定。

在互联网背景下，在全球化语境下，自由资本主义和任何别的主义已经不是在思辨的姿态下晤谈，而是在行动的意义下竞赛。问题的根源，已经不是孰优孰劣的选择题，而是一道需要重新提出的判断题，是对自由资本主义所仰仗的“科学理性”“进步法则”做深度解剖。

为此，我们还得再回头，看看 1968 年法国“五月风暴”①的号角，以及美国 20 世纪 60—70 年代的文化运动，到底在嚎叫什么。这种嚎叫已然消逝，不能再生。

“对着时代嚎叫”

如果按一般互联网发展史的写法，互联网的诞生很容易被认为是 20 世纪科技进步的自然延续，甚至是 18 世纪以来科技进步的自然延续。电脑与互联网在技术编年史家的叙述中，除了工程师攻克了一个又一个堡垒，在越来越小的硅芯片上集成越来越多的晶体管，用越来越恣意想象的代码构造越来越复杂的系统之外，电脑与互联网技术和蒸汽机、铁路、汽车、电报、电话、农药、塑料、杀虫剂、抗生素等发明毫无二致。它们都是科技的产物，也都是人“必须”接受的技术世界的组成部分。

人们自然相信，科技进步中存在的种种缺憾，乃至早期社会学、精神分析家描绘的“文明的缺憾和不满”（弗洛伊德语），都可以——也必须——通过科技的持续进步得到解决。没有人能够将批判的锋芒指向科学理性本身，没有人能够质疑“科学=理性=进步”这个等式的价值。即便是反思现代化陷阱、发展困境和技术至上主义偏执的非主流意见，也在说出“技术是一柄双刃剑”之后结束自己的论述。

对此，我们有必要再次回顾电脑和网络诞生的那个已经消逝了的年代，以及

① 五月风暴是 1968 年 5 月—6 月在法国爆发的一场学生罢课、工人罢工的群众运动。

20 世纪 60—70 年代金斯伯格[①]“对着时代嚎叫”的声音是如何一并消逝的。有必要再审视一下把互联网当作“下一个大事情”的年轻人，以及那些被称作“垮掉的一代”[②]的人，在冷战时期的“非主流文化”是如何表达他们对这个世界的独立意见的，这是理解互联网不可缺少的背景。顺便说一下，今天在网络中长大的一代新人，他们的独立思考空间虽然很大，但却包裹在一层厚厚的茧中。我们必须帮助他们冲破厚茧的束缚，帮助他们彻底清算和纠正这么多年“科技=理性=进步”的光环带给他们的毒害。

讨论“垮掉的一代”已经不是什么时髦举动，“垮掉”也不再如之前的某段时间那样，容易成为蛊惑无数德行青年的贬义招牌。时代的车轮从未停止，任何一种形式的放逐都已恢复正常（尽管未必合理）。

美国“垮掉的一代”的理论家李普顿曾指出“垮掉的一代”的特征：“坚持自发性，即兴创作，重视及时行乐，纵情声色……轻视神圣感，赤诚坦率。”“垮掉的一代”敢于经常冒荒诞可笑的危险，多用疯狂的非理性的主题，正如金斯伯格在《嚎叫》（*Howl*）的开头写道的：“心理困境是精神启蒙的必需前提”，人们“获得嬉皮感”，体验到三昧，就觉醒了。

第二次世界大战之后的 30 年，美国文化界已经通过“垮掉的一代”为金斯伯格等人贴上了标签。用现在的话说，他们只是一群“愤青”，出于对政治的绝望，对社会的绝望，他们无法与主流社会中控制、操纵、垄断的各方势力妥协或者结盟；他们厌倦说教，只听从自己内心意念的随意流淌，他们只欢迎刹那间的快感和满足，而不论这种快感来自何方。

值得注意的是，这一群反叛威权的青年，很快就在科技领域里找到了大显身手的疆场。20 世纪 60 年代的科技领域，是 IBM 大型机独霸天下的时代，是 AT&T 公司昂贵的长途电话费尽享超额利润的时代，反叛青年们在 20 世纪 70 年代遇到了令人流连忘返的“新武器”，这个新武器就是芯片、软件和电脑。

---

① 欧文・艾伦・金斯伯格（Irwin Allen Ginsberg，1926—1997），美国诗人，1956 年发表著名诗作《嚎叫及其他诗》，确立其在垮掉的一代中的领袖诗人地位。

② “垮掉的一代”，也称作“披头士”（Beat Generation），是美国第二次世界大战之后出生的一代人，他们生活简单、不修边幅，喜穿奇装异服，厌弃工作和学业，拒绝承担任何社会义务，以浪迹天涯为乐，蔑视社会的法纪秩序，反对一切世俗陈规和垄断资本统治，抵制对外侵略和种族隔离，讨厌机器文明，他们永远寻求新的刺激，寻求绝对自由，纵欲、吸毒、沉沦，以此向体面的传统价值标准进行挑战，因此被称作“垮掉的一代”。

与金斯伯格不同的是，新一代的电子青年们，从摆弄光怪陆离的电子元器件中获得了足够的兴奋感。更重要的是，他们仿佛能“主宰自己的命运”。在凯蒂·哈夫纳和马修·利昂 1997 年出版的《术士们熬夜的地方》一书中，人们可以真切地感受这样一帮找到放飞自我世界的年轻人，如何在硅谷创造奇迹的同时，让硅谷“彻夜不眠”。

但是很快，嗅觉灵敏的商人找到了他们，商业资本与技术的合谋，悄然改变了硅谷的文化走向。追逐商业利益的资本，发现了新大陆，在摩尔定律的作用下，源源不断的创新智力，通过电子信息产业转化为比汽车、石油、钢铁等夕阳产业更有前景的“富矿”。资本主义商业逻辑“格式化”了硅谷的年轻人，他们很快尝到了甜头，许多人一夜之间成为财富新贵。

“垮掉的一代”在 20 世纪 70—80 年代涌现出的“电脑一代”面前，显得既老派又不入流。对新生的电脑一代来说，抗击集权主义有比诗歌、摇滚、后现代更棒的工具：电脑。高科技与商业资本的联盟虽然开启了一个新的时代，但上一代人的反叛精神并未完全消退，这一反叛精神将在智能科技的更新迭代中，反复闯入舞台的中央。

再过 10 年，还有更酷的舞台在等着他们：互联网。

电脑与网络：引爆了什么

新千年前后，鲍德里亚成为大众瞩目的哲学明星。这同 2003 年全球热映的科幻电影《黑客帝国》有密切的关系。《黑客帝国》的导演沃卓斯基兄弟[①]是鲍德里亚的发烧友，在某种意义上，他们是在用《黑客帝国》向鲍德里亚及其学说致敬。在《黑客帝国》第一集中，一个电脑朋克带着他的小白兔文身女友来尼奥家做交易，尼奥从一本掏空的书中拿出一碟非法软件——注意，那本掏空的书就是鲍德里亚的名著《拟像与仿真》。

---

① 沃卓斯基兄弟（Wachowski Brothers），现被称为沃卓斯基姐妹（The Wachowskis），是人们对美国著名导演拉娜·沃卓斯基（Lana Wachowski，原名劳伦斯·沃卓斯基，Laurence Wachowski）与莉莉·沃卓斯基（Lilly Wachowski，原名安德鲁·保罗·沃卓斯基，Andrew Paul Wachowski）的称呼。她们共同导演的《黑客帝国》三部曲已经成为科幻电影的经典作品。

“掏空的书”是一个绝好的隐喻。“欢迎来到真实的荒漠”，这是一句听上去很拧巴的话，这句孟菲斯跟尼奥讲的台词，直接来自鲍德里亚的原文。鲍德里亚的符号哲学以及他借用麦克卢汉“内爆”概念讲述的“意义的消解”，让一切真实与虚幻的边界从此烟消云散，成为“真实的虚幻”。

鲍德里亚说，“信息将意义和社会消解为一种云雾弥漫、难以辨认的状态，由此导致的绝不是过量的创新，而是与此相反的全面的熵的增加”。信息越爆炸，混乱度就越高。真实与虚幻将无从分辨，也无从识别。正是在这种思想的主导下，鲍德里亚通过对 1991 年 1 月 4 日的海湾战争爆发前夕发表的离奇言论，让全世界的媒体一夜之间认识了他的“风采”。在他眼里，与其说发生了“真实的战争”，不如说这是一个“媒体事件”。

鲍德里亚显然并非从所谓正义与非正义的角度戏谑这场战争，他仅仅从“人们谈论战争的方式”入手，毫不客气地向电视评论员、直播卫星设施维护人员、战地记者，以及将这种“全景报道”作为一项职业工作恪尽职守的人们，提出了一个问题：到底发生了什么？

要跟着鲍德里亚的思路理解他的问题，需要遵从这样一个准则：不必用嘴说，也不必急于说，先放松呼吸，屏息凝神几分钟，然后让某种东西在心间流过……我们从电视屏幕上看到了什么？这是战争吗？这是谁跟谁的战争？我看见了什么？我在做什么？我在想什么？我在期待什么？我的心灵触碰了什么？那些摄像头到底摆放在哪里？记者扛着摄像机走过了一条怎样的路？镜头之外又发生了什么？谁在哭？谁在场？我到底看到了什么？红色的是谁的血？爆炸声从哪里传来？发言人……新闻通稿……说了什么？今夜纽约的天气怎么样？飞机能如期降落吗？剪辑……剪辑……不要这个镜头……不……调子不对……

在写这段文字的时候，我发现中文网络上关于鲍德里亚的文字基本上出自同一个母本，其余的都只不过是“克隆”。不管你是否真正看过《黑客帝国》，没有人能阻止你——你自己更不会阻止你——从网络上摘引你认为合适的语句，用作谈资，或者表达你想表达的意思。随着信息越来越爆炸，获得信息的门槛越来越低，你越来越不在意“信源”是什么，你只在意这条信息“触动”了什么。这种情况越来越常见。

同时，你想表达什么意思已经不重要了，重要的是“你表达”，重要的是你

“保持在线”。保持在线并不等于保持倾听，更不是保持关注。

这种状态，越来越接近鲍德里亚所说的“拟像的世界”。

自然的世界是真实的，这在今天已经很难领略了。正如生活在灯火通明的城市里，儿童无法感受繁密的星空一般。如今，城市的夜空是“满天的灯光”，而不是“满天的星光”——不过，这并不耽误人们使用“满天的星光”这个词语来表达他想象中的那个夜空。

自然的世界与人工的世界已经无法分别，任何一种所谓的自然印象都有足够多的内容可以指认出其中“刀劈斧凿的痕迹”。鲍德里亚借用麦克卢汉“内爆”的概念，认为后现代主义最核心的特质在于：拟像与真实之间的界限发生了“内爆”。今天的文化现实是“超真实”的，不仅真实本身在超真实中陷落了，而且真实与拟像之间的矛盾也被消解了。这个“超真实”有两种意味：一种是说，今天的“真实”，已经被大量悬浮在空中的文本、符号所填充、裹挟，厚厚的符号铠甲令人无法辨识“真实”何在以及“真实”何谓；另一种是说，源于“真实”、携带着“真实” 碎片和基因的“超真实”，充塞着人的感觉肌肤，变成另一种无法躲避的“真实”。

同时，“拟像”与大众之间的距离也被销蚀了，“拟像”已内化为大众自我经验的一部分，幻觉与现实混淆了起来。毫不夸张地说，生活在这种拟像所环绕包围的世界里，“我们的世界起码从文化上来说是没有任何现实感的，因为我们无法确定现实从哪里开始或结束”。在文化被高度“拟像化”的境遇中，大众只有在当下的直接经验里，体验时间的断裂感和无深度感，体验日常生活的虚拟化。

在电子产品日益成为生活必需品，数据、信息日益成为日用消费品，网络日益成为真实的生活空间的时候，“内爆”到底带来了什么？这是一个至关重要的问题。

鲍德里亚借用麦克卢汉的“内爆”概念，把“内爆”与“外爆”同时引入他的解释系统。简单地说，内爆对应着朝向人的自我探求的方向，而外爆则对应着对自然界探求的方向。外爆与内爆具有对偶的关联：社会的内爆被阻滞，外爆就发展；同样，社会的外爆被阻滞，内爆就发展。社会形态的变化与内爆和外爆的动力方向有关。原始社会的解体，是源自对内在神灵的探求（内爆）难以持续，从而转向对外界的认知（外爆）的结果；西方数个世纪以来占主导地位的对外扩张（外爆）的失败，则又成为寻求精神解放（内爆）的根本诱因。对现代来说，外爆是一种现代性的过程，是指商品生产、科学技术、国家疆界、资本等的不断扩张，以及社会、话语和价值的不断分化；而内爆则是消除所有的界限、地域区隔或差异的后现代性过程。今天，我们正在经历新一轮的内爆。

鲍德里亚指出，当今的内爆首先是真实与虚构之间界限的内爆，这就是“意义的内爆”。“意义问题”早在鲍德里亚之前就有众多的西方思想家关注，比如尼采的“虚无”、德里达的“解构”都从不同侧面揭示了意义消解的状况。在媒介时代，人们通常是在信息中获取必要的意义，形成人们的经验知识和某种看法，这就对信息内容的真实与否提出了要求。需要注意的是，媒介事件与人们亲历事件之间存在差异：媒介在信息传递的过程中不仅吞噬意义，而且在拼贴意义、制造意义。实际上，媒介总是在自觉或不自觉中把非真实的事件呈现在人们面前，这就是电子时代真实和意义被瓦解的基本方式。

鲍德里亚曾举过这样一个例子。在 1971 年，美国进行了一次电视直播的实验，对一个家庭进行了 7 个月不间断的录像，并连续播放 300 个小时。这一做法的初衷是，展示一个美国家庭逼真的日常生活。然而，鲍德里亚指出，这实质上是不真实的，或者说这一真实只能说是一种媒介真实，因为一切都是经过挑选出来的：家住加利福尼亚，有 3 个车库和 5 个孩子，精心打扮的家庭主妇，一个标准的上等之家。实际上，似乎在不经意之间，媒介已经颠覆了真实，意义也就无从谈起了。这就是对意义的真假界限进行内爆的典型一幕。

关于事件的真实和意义的内爆，其直接而严重的后果是整个社会的内爆，这是资本主义在媒介主导下内爆的最后形态。所谓整个社会的内爆，在鲍德里亚看来，就是当媒介在人与社会之间、人与人之间把任何互动通通内爆为一个平面，内爆为一个单向度的时空之际，整个社会交往和社会价值都将被瓦解。

哈贝马斯曾对媒介（电影、电视、电脑、电话、收音机等）提出质疑，认为它们事实上为交往理性顺利实现设置了障碍。民意测验就是一个例子。从表面上看来，民意测验是一种对社会公共意见的采集和分析方法，是建构社会公共空间的一种方式；但在鲍德里亚看来，民意测验恰恰是整个社会内爆的一种比较极端的表现形式。民意测验实际上以一种持续的“集体观淫癖”的方式凸显出社会本身是多余的。民意测验的直播屏幕和网络页面让公众每时每刻都想知晓整个社会何所想、何所需，它以一种自疑症的心态时刻注视统计的荧屏、变化的图表。也正是在这一意义上，社会不再拥有真实的自我空间，社会空间等同和混淆于电子屏幕上的统计数字与图表，媒介的超级膨胀最终导致了整个社会及其空间的内爆。

社会的内爆从某种意义上也是大众的内爆。美国加州大学教授、传媒学者凯尔纳指出："媒体信息和符号制造术四处播散，渗透到了社会领域，意义在中性化了的信息、娱乐、广告以及政治流中变得平淡无奇……面对信息的无休无止的狂轰滥炸，面对各种意图使人们去购买、消费、工作、选举、填写意见或参加社会活动的持续不断的鼓动和教唆，大众已经感到不堪其扰，并充满了厌恶之情。于是，冷漠的大众变成了忧郁而沉默的大多数，一切意义、信息和教唆蛊惑均内爆于其中，就好像被黑洞吞噬了一样。"

在媒介操控的网络，大众已经完全失去了历史曾赋予人的那种思想、意志和情感，他们不可能掌握自己的现实命运，而只能是服从于民意测验、统计学和电子媒介营造的公共事件。他们在刷屏、点击中只能沉默，把自我内爆为没有任何社会表达的"沉默的大多数"。大众内爆的可怕之处在于，整个社会在内爆之后没有了任何复兴的希望和可能，社会的沉沦也成为无法挽救的历史宿命。

内爆在鲍德里亚的后现代主义理论中已经成为一个负面的词语，将各种真实、意义和价值的界限进行摧毁的内爆，在社会内部首先成为一种破坏、一种颠覆，最终这种内爆又变成了对社会大众的控制。在这样的意义上，鲍德里亚使用的内爆已经远离了麦克卢汉制造和使用这一概念的初衷。

从真实到拟像

让我们继续讨论鲍德里亚的拟像理论。鲍德里亚认为，拟像有 3 种情形，这 3 种情形与价值规律的演变有关，并自文艺复兴时代以来依次递进。

第一种情形叫仿制，是从文艺复兴到工业革命的"古典"时期的主导模式。在此期间，工程师研制和使用机器的方法基本上是基于机器的机械原理的。随着热动力和电力的使用，虽然机械装置增添了蒸气动力和电力作为驱动，但基本原理仍然是机械式的。20 世纪前半叶的电脑，基本上也是这种状态。在仿制阶段，电脑的使用者往往将算法作为与电脑对接的主要工具。关于电脑的假设一般是：电脑只会做人指定要它做的事情。其实，工业革命时期自动机器所使用的机械控制原理，本质上也是如此。复杂精巧的机械装置，通过精密的齿轮啮合在一起，完成规定的机械动作。

在讲解电脑基本原理的教科书里，一般会对初学者这么说：电脑很神奇，第一它算得很快，第二海量存储，这是跟人相比而言的优势。但是，电脑也很笨，第一只会做加法，它把任何其他运算过程，甚至逻辑判断过程，都转化为最基本的运算——加法；第二它不会思考，没有独立判断能力，只会做人需要它做的、命令它做的事情。

模仿自然之力和大脑的思维过程，是文艺复兴之后“人的解放”的第一阶段，这一阶段主要集中在对机械原理、电磁原理的深刻认识和理解。只要能写出方程，就一定能找到答案。这基本上沿袭了法国数学家拉普拉斯的信条，或者更远一点说是继承了古希腊阿基米德的信条。

阿基米德有一句非常著名的豪言：“给我一个支点，我将撬动整个地球。”法国数学家拉普拉斯曾说：“只要给我初始条件，我可以推演出整个宇宙。”拉普拉斯所在的 18 世纪，是分析数学高度发达的年代。微分方程代表了一类描述物体动态过程的完美方法。算法，在 17—18 世纪数学大发展的年代，其实就是指能够写出解决实际问题的微分方程，并给出解方程的方法。比如描述生态种群变化的黎卡提方程、描述谐振子的振荡方程就是如此。

仿制时期的认识论，基本上是机械理性主义的认识论。机械理性主义认识论的集大成者在物理学界首推牛顿，而在数学界则有一大批人，包括欧拉、高斯、拉普拉斯等。他们不但继承了古希腊哲学家关于“自然是整数的和谐”的理念，而且将自然理性推到极致，认为完全可以通过写出数学方程，给出计算方法，来认识自然界的每一种现象和事物，甚至包括人的情感和心理活动。

仿制阶段其实是电脑第一次创生的主旋律。这一过程主要发生在 20 世纪 30 年代到 60 年代末。在今天的教科书里，仍然可以见到大量对仿制阶段科学理性精神的颂扬和传授。作为这一阶段的至关重要的科学理性精神，这么讲授也没什么大不了的。但问题的关键在于，这一类科学知识的假设条件，往往是连续的、平滑的、稳定的、有界的，虽然可以很好地描述绝大多数宏观、中观尺度的物理现象，却容易造成一种绝对化的倾向，使人误以为自然界就是如此。这种“科学理性精神”的局限性被大大掩盖了。

第二种情形叫生产，是工业时代的主导模式。这一阶段的实质是“大批量复制”。在工业革命借助机械、热力、电力，成功实现了机器化大生产之后，整个世界完全改变了面貌。机器所仰仗的背后的物理学、数学原理，为科学理性长了脸，撑了腰。反过来，科学理性通过大规模复制的新机器、新商品，迅速将过去还属于少数皇家宫廷御用的玩意儿（典型如钟表、纺织品）散布到民间，让大众通过工业产品认识科学的威力和能量。

大批量生产时期，科学技术通过商人的贸易、政客的游说和演说、科学家日益精细化的科学发现，用人们熟知的各式各样的工业品和消费品，如马达、纺织机、汽锤、化纤布料、维生素、肥皂，也包括滑膛枪、火炮和滑翔机，向人们宣示比机械原理更真切的声音，这种声音叫“进步”。在经济学家的话语里，所谓“进步”的一个含义，就是“丰饶”战胜了“稀缺”，大批量生产将越来越多的制造品奉献给人类，满足人们越来越多的消费需求，并通过“市场行为”调节生产与消费之间的关系，这就是“进步”。

大批量生产的过程，对电脑和网络而言，有两个要点：一个是大批量生产所需要的科学标准。在机械制造里叫作“标准件”。标准件与流水线的诞生，是大批量机械制造的象征。在信息社会里，这个标准叫作“知识产权”（或者通俗地称作“版权”）。关于信息社会大批量生产过程中，“知识产权”扮演的角色有一些耐人寻味的故事值得一讲，下一节的内容涉及。大批量生产的另一个要点，是社会公众对大批量复制的被迫接受，这其实是一次“格式化”的过程，也是延续到信息时代的一个重要特征。

在信息时代，“生产”意义上的拟像，不但是令生产线产出符合标准的产品，令软件工程师产出符合模型的软件，同时更是通过该产品（软件）对主体的一次“规约”。用电脑的术语说，就是“格式化”。

这种透过机器对人进行编码、诠释的过程，在机械时代或许看得还不是很清楚，但在电脑时代则可以看得十分明显。仿佛药物依赖一样，机械时代的工业品往往因为它仅仅是一种“可以被消耗掉”的物品，所以消费者对某个物品的依赖往往被现代商业教科书解释为“消费习惯的巨大惯性”，甚至被赞许为商家品牌战略的巨大成功。

但是，信息时代则完全不同。人们不但继承了工业时代产品消费习惯带来的巨大惯性，还继承了对某种品牌的依赖性。更可怕的是，这种依赖性比药物成瘾有过之而无不及。由于信息时代的人与机器的关系已经十分密切，被编码的人的多个“数字化摹本”已经散落在网络的各个角落，并具有多个版本。作为独立的个人，事实上已经“碎裂”为二进制代码，被强行编排进了受编码者掌控的代码和系统中（这种过程后面将详细论述）。这里的问题是，你还以为这是自然的世界吗？这就是鲍德里亚所说的“拟像”。

第三种情形叫仿真，是被代码所主宰的网络时代。仿真的现实其实是“反客为主”的现实。在数字化、格式化无所不在的时候，仿真已经成为“真实”的必要组成部分，或者说是真实无法分割的组成部分。这种景象令仿真取得了“僭越真实世界”的地位。人们不再为方程并不能纯粹表达自然界感到不安，反过来泰然接受算法和数据所呈现的虚拟世界，并将这种虚拟世界视为物理世界的“高阶形态”。

值得注意的是，鲍德里亚所称的“仿真”是当今理性思维的主要图式。大规模生产令智能技术成为替代工业化机器的新的技术哲学。生产已经不是问题，问题是能否按照个人所需做定制化、个性化的生产。从消费互联网到工业互联网，数字时代已明确告诉人们，“这没有问题”。但是，这句话所带来的“重新定义一切”的未来景象，令人越来越忧虑操控电脑和网络背后之手的声音，是否已经“失控”。这种仿真的世界，看起来越来越像真的一样，或者真假难辨的时候，这个世界的命运就只有两种：编码和被编码。

有观点认为——这种观点很常见——这 3 个阶段的“拟像”，主要用以描述现代社会所呈现的技术文化，以及这种技术文化提供给大众的“景观”，如无所不在的电视影像、直播小视频对大众文化的环绕和包裹就是如此。这种景观虽然能“反映现实”，但进而会“过滤、修饰和扭曲现实”，进而又会“遮蔽现实”，最后抵达“纯粹的虚拟世界”，不再依托真实世界。

这种观点从“拟像”的后果上来说无疑是刻画准确的，但是对这种“拟像”的世界缺乏必要的批判张力。人们认可甚至接受人造的虚拟世界，并不再对虚拟世界与物理世界的裂隙感到焦虑，这对绝大部分人来说或许是好消息，至少表明调和“主—客两分”的古典思维模式有了新的可能。但是，坏消息是这个“拟像”的世界日益具备“可任意编码”的特点，多少让人不踏实。

要命的是，这种“可任意编码”的可能不但存在，而且很难将“任意的”“非任意的”区别开来，或者说很难对“拟像”的世界进行道德判断。拒绝道德判断的拟像世界，对道德问题其实采取的是调侃的策略。如果从彻底的鲍德里亚哲学出发，任何“漂在现实中”的东西只是一种符码的话，“拟像”本身就不可能承载任何道德判断，也不接受道德判断。

可见，所谓“拟像”，就是游移和疏离于母体，或者说没有母体的摹本，它看起来已不是人工制品。拟像的“拟”，指的是对母体复制的相似性，但更是脱离母体的超越性。“拟像”创造的正是一种人造现实，并非仅是母体的模仿，而是母体的再造。大众沉溺其中看到的不是现实本身，而只是脱离现实的“拟像”世界。

这很好理解，当代都市大众就生活在这样的世界里，在大众的日常生活的“衣”“食”“住”“行”“用”当中，“拟像文化”无孔不入。传统商业社会所提供的还仅仅是“仿制品”，如动力机械、汽车飞机、酒店商场、电脑电视等，新商业社会则提供更多在现实中无法找到对应物的虚拟品，如梦境穿越、星球大战、城市折叠、人机合体。拟像文化是法兰克福学派创始人阿多诺所称“文化工业”的高级形态。传统商业形象需要经过“机械复制”链条的挤压，超真实的拟像世界则游离于摹本而趋于无限复制、无限生成、自由生长。

“拟像”是由“文化工业”所生产的，“文化工业”在生产消费品的同时，也在生产消费者。2004 年 CCTV 重点推出的《梦想中国》节目，在国内掀起了收视热潮，这个节目宣称能在短期内将“普通的您”打造成耀眼的明星。于是，在电视工业的商业运作下，《梦想中国》的直播现场就成了“明星制造秀场”，普通的参赛者被“深度包装”而赋予了“形象化”的灵光圈，并通过电视向千家万户的复制传播而成为“拟像”。与此同时，千千万万的电视观众也在通过手机短信的投票互动，从而同谋式地参与了这场铺张的“作秀选秀”，亦即在为电视工业所塑造。据说，最终的获胜者的手机短信支持人数高达 386 715 人，足见“拟像”与“大众”的文化力量。

在鲍德里亚的视野内，后现代主义文化最核心的特质在于：拟像与真实之间的界限得以“内爆”。今天的文化现实就是“超真实”的，不仅真实本身在超真实中得以陷落，而且，真实与想象之间的冲突也被消解了。

同时，“拟像”与大众之间的距离也被销蚀了，“拟像”已内化为观众自我经验的一部分，幻觉与现实混淆起来。毫不夸张地说，生活在这种拟像所环绕的世界内，“我们的世界起码从文化上来说是没有任何现实感的，因为我们无法确定现实从哪里开始或结束”。在文化被高度“拟像化”的境遇中，大众只有在当下的直接经验里，体验时间的断裂感和无深度感，实现日常生活的虚拟化。

鲍德里亚的《海湾战争并没有发生》一文中就试图表明这样的观点：1991年的海湾战争其实大众看到的只是虚拟的“媒介之战”。大众夜以继日地通过电视屏幕观看美军与伊拉克抵抗力量交火的时候，实际上与观看美国大片并无两样。因为他们看到的电视影像，只是由持某一政治倾向的摄影师捕捉、剪辑和发布的结果，大众看到已远非是真实的伊拉克，而是被具有实时转播功能的媒体所“虚拟化”的纪实叙事作品。更何况对摄影师和交战双方而言，他们虽然置身于真实的战争现场，而对于歪在沙发里、吃着零食、瞥眼看电视的大众而言，这场战争倒似乎更像一场影像游戏。

在数字时代，内爆和外爆同时发生，只是我们看待它的眼睛，尚没有发生本质的变化。鲍德里亚的分析指出，“表征”与“现实”的关系已经被倒置了。以前，人们相信媒介是忠实再现、反映现实的；而现在，数字媒介正在构造（超）现实。一个新的媒介现实——“比现实更现实”——现实已经从属于表征，物理世界从属于数码世界——导致现实的最终消融。另外，在《媒介意义的内爆》一文中，鲍德里亚宣称媒介中符号和信息的激增通过抵消和分解所有的内容消除了意义——这是一个引向意义瓦解以及媒介与现实之间差别消弭的过程。

鲍德里亚在这里把媒介看作一个符号和信息的黑洞，而黑洞将所有的内容吸入的后果是，再也难以分辨传统意义上的信号与噪声。所有的内容都“内爆”为形式，都彻底比特化了，信号与噪声共处一个虚拟空间，意义只能涌现，无法表现。我们由此可以看到，鲍德里亚是如何最终将麦克卢汉的媒介理论为已所用，并认为：“媒介即讯息，指代的不仅是讯息的终结，而且也是媒介的终结。”

所以，按这种观点，数字媒介不但在迎合大众，同时还在批量生产大众的消费口味，生产并引发消费者对景观和娱乐的兴趣，生产并指引他们的幻想和生活方式。用这种方法，鲍德里亚简化了维纳的控制理论——准确地说，是以控制原理为基础的社会控制论。这种社会控制理论既不是关于能量的控制理论，也不是关于系统动力学的控制理论，而是关于瓦解控制对象存在意义的控制理论。控制对象的行为，并非是按照某种预想的模式通过反馈循环加以调节的。控制对象的行为可以通过控制系统本身“制造出来”，它并不“先于”控制系统而存在，没有预先设想的控制目标，没有“意义”的设定。

但是，鲍德里亚的“拟像”也并不是“出乎意料”，或者“突发奇想”之余即兴表演的产物。“拟像”这个词语还不够好，因为按照字面意思，似乎还是存在一个“可拟之像”，才有后面跟随的“拟像”之谓。但事实上不是这样。鲍德里亚的拟像完全是取消主义。原本可能存在一个“初像”——这是探究事物本原的各种哲学喜欢假设的源头——通过多次（也可能是冗长的）反复的临摹、转译、再生和表达之后，已经不可能循着一条可逆的路径，让“初像”得以完美复现。这时候“拟像”就是一切，甚至你都不需要使用“拟像”这个术语，或者仅仅使用“像”这个术语，所表观的一切就是“是”，而不是“像”。所以，拟像是取消主义，并不是试图证明“像”的存在。

信息时代的工业逻辑：工程化与版权化

上一节提到，当用鲍德里亚的“拟像理论”理解信息时代演进过程中真实与拟像的关系时，有一个值得注意的阶段叫“生产”。鲍德里亚细致地分析了工业化的情形。工业化时代的“生产”由于标准件和流水线的大肆使用，大批量复制成为工业化的标准生产模式。

信息时代的“生产”模式虽然被学者、商人和媒体记者描绘为“个性化定制”的模式，但工业化“大批量复制”的基本形态其实没有发生根本的改变。导致这种“一脉相承”局面的，是信息时代的发展逻辑依然是典型的“工业化逻辑”，这种逻辑在信息时代有两个典型范式，一个叫“软件工程”，另一个叫“软件版权”。

20世纪70年代的阿尔塔电脑发明迅速点燃了一批有眼光的电脑发烧友的激情。作为铁杆的电脑迷，这帮年轻人被神奇的微型电脑击中了神经。他们深刻地认识到“这是一件大事”，从而果敢并迅速地将这个“玩具电脑”兜售给跟他们同样饱含激情的年轻人。年轻人对这种时尚的发明感兴趣，有两大理由：第一个理由是，这种“智能”的机器与以往任何机器都不同，它具备“可编程”的属性。想想过去所有的机器，无论是汽动的还是电动的，除了带给人足够的震撼和惊奇之外，大约就是冗长繁杂的操作手册，保养指南。倘若操作者对这个机器无法掌控的话，他丝毫也奈何不得，因为这一切都是既定的，无法改变的。

机器的世界只能被接受，这似乎又让接受现代工业文明的年轻人回到了他们的祖辈，必须接受王室的训令、神甫的布道一样。微电子技术带来了“可编程”电脑，对极度厌恶威权的20世纪60年代的大学生来说，还有什么比这个玩意儿更能符合他们的心意呢！只要你有足够的想象力，就可以编写任何软件，想写什么就写什么，想怎么写就怎么写，哪怕这个算法毫无意义，在现实中完全找不到它对应的“物理模型”也不要紧。

电脑好像“忠实而又聪明的仆人”，既善解人意，又奥妙无穷。

年轻人对这个时尚“玩具”倍感兴趣的第二个理由非常好理解：聪明如比尔·盖茨这样的天才小子，不但发现了这个“玩具”的好玩之处，而且发现了这种火爆异常的“玩具”有很大的市场空间，甚至大得你都无法想象。苹果、微软公司的故事，极大地激发了年轻人的创富梦想，也惊动了像IBM这样的老牌电脑帝国。他们立刻将天才的创造与快速商业复制组合在一起，从而迅速掀起了一波又一波创新狂潮。自20世纪80年代之后的40年里，电脑、互联网、智能手机、机器人，依次成为一浪高过一浪的颠覆力量，所掀起的涟漪效应席卷着交易、支付、物流、生产、工作、教育等各个行业和领域，并日益成为重塑社会的革命性力量。这在托夫勒的《第三次浪潮》一书中有非常富有煽动性的表述：一个伟大的时代开始了，这是硅的时代。

20世纪80年代，当个人电脑被纳入大规模生产的时候，互联网仍处于美国军方的管制之下，这项管制要等到1991年才能解除。不过，发生在这个年代的两件事情，对理解本书提出的“碎片化和虚拟化生存”时代具有特别重要的象征意义。这两件事情，显示了传统技术哲学背景下的科学家、工程师和商人，浑然不觉地仍然坚持在传统的科学理性的轨迹上发展这个全新的事业。他们只是将这个伟大时代的内在逻辑完全纳入自己早已习惯了的笛卡尔主义的范畴下思考问题，全然没有注意到全新的事业需要全新的技术哲学。在这两件事情已经反复揭示了传统逻辑的种种悖谬的情况下，他们依然固执己见，冥冥之中让笛卡尔主义牵着自己的鼻子走。这两件事情：一件是软件工程思想的演化；另一件是关于软件的版权问题。

在1968年一次北约会议上，有电脑科学家提出了“软件危机”的概念，即电脑程序的编制速度已经远远不能满足对电脑软件的需求。人们希望找到一种高效率的软件开发方法，能大幅度地提高软件编制的劳动生产率，以便可以生产越来越多的优秀软件。针对这个问题，一门叫作“软件工程”的学科诞生了。之所以软件开发被理所当然地嫁接到“工程”的概念下，是因为解决这个问题的科学家们第一反应就是认为“软件的快速生产，非常类似工厂里快速、大批量的产品生产”。于是，模仿工程方法，软件工程的一般步骤是：第一步作需求分析，即通过回答“你想要什么？你希望软件帮你干什么”之类的问题，描述用户对软件的需求；第二步根据需求分析的结论，构造能满足用户需求的数学模型；第三步针对这个数学模型，提炼编制软件所需要的算法，并就算法所涉及的大量数据提炼必要的数据结构；第四步编制软件，按照编程语言的约定将算法与控制算法的逻辑写成程序代码；第五步进行软件测试与调试，并对算法和数据结构进一步优化；最后一步，就是交付使用。

将软件研发的整个过程用“工程”的观点予以调整和控制，表面上看没什么问题，似乎顺理成章，而且从技术角度讲，用工程方法组织、计划、协调、控制软件的开发过程，总体上没有大错。但是，有一个关键问题被忽略了，这就是软件尽管表现形式是代码，是数据结构，是算法，但骨子里是关乎“思想”的，是关乎应用场景和应用对象的“知识”的。

与建造工程不同，软件的标的物是“知识”而非“实物”。仅此一点就将软件与建造工程完全区别开来。一般建造工程是“资源消耗”式的，而软件开发过程则充满了“认知与构建”。

软件工程与软件研发的发展史，感兴趣的读者可以参阅专门的著作。这里要提出的一种观点是，迄今为止无论软件开发的思想和方法有了哪些重大变化，结构化程序开发方法的基本思路并没有被完全丢弃，只是变得更加隐蔽了。顺便说下，这种方法现在更多地被称作“软件生命周期模型”“敏捷过程”“开发运营一体化”。

第二件事情是软件的版权问题。

20 世纪五六十年代时期的大型计算机，软件与硬件是放在一起卖给用户的。这种软件完全是“个性化”的，是按照用户的要求和不同机器的特性“定制”的。60 年代中期，当时的电脑巨头 IBM 打破了这种格局，让软件成为独立的工业品。软件作为工业品销售从商业上说的确获得了巨大成功，也符合工业品销售的套路。但是，软件作为工业品销售，从技术角度掩盖了软件独具一格的特质：知识的开放式分享。

早期的软件开发方法具有浓厚的“个人色彩”，比如 UNIX 系统[①]和 DOS 操作系统[②]；现今的软件开发与生产走的是标准的工业化套路。特别是比尔·盖茨等人力促将版权纳入软件的保护轨道之后，软件研发与销售总体上走的是工业化的路子，而不是丹尼尔·贝尔所谓后工业化的路子。

据知识产权学者研究，将软件纳入“著作权”范畴加以保护，是 20 世纪 60 年代自由主义软件工程师与秉持工业逻辑的电脑公司博弈的结果。在软件与硬件分离之后，作为一件“商品”，将软件纳入何种框架予以保护，在法学界其实有过多种研究和尝试。最终妥协的结果就是，将软件产品纳入已有的著作权框架最便捷。将软件作为“著作权”，保护作者的署名、修改、出版、发布、改编等权益，看上去没什么问题。但是，深究之下，你会发现一大堆二进制代码组成的文本，与小说、戏剧、音乐、绘画等传统文化产品的著作权，其实有很大的差异。

一是传统文化作品的著作权在发表时，并没有“版本”问题，而软件作品有版本问题。不断的版本升级带来的滚滚利润以及对消费者的“锁定效应”，是软件的一大特色。

二是传统作品在发表时是“完整发表”，而软件则被划分为“源代码”和“目

① UNIX 操作系统，是一个强大的多用户、多任务操作系统，支持多种处理器架构，按照操作系统的分类，属于分时操作系统，最早由 Ken Thompson、Dennis Ritchie 和 Douglas McIlroy 于 1969 年在 AT&T 的贝尔实验室开发。

② DOS 是 Disk Operation System（磁盘操作系统）的简称，是在 1981—1995 年的个人电脑上使用的一种主要的操作系统。

标代码”，消费者拿到手里的仅仅是经过编译处理的“目标代码”。这更是软件巨头垄断市场、将消费者设定为“靠喂奶生存”的法宝。自20世纪90年代伊始，一股继承美国20世纪60年代黑客价值观的“开放源代码运动”日益发展壮大，其根本就是对这种工业时代的版权法则表示不满。

互联网之所以是一件“大事”，很大程度上源于两个认识：一个是高科技巨大的造富能力。这种快速造就青年富翁的魅力，除了令技术天才兴奋不已之外，还为一切以此为“创新原动力”的青年人提供了各种可能。再一个就是互联网对日常生活、传统行业的深度冲击，在短短二三十年里已经大大改变了世界的面貌。但是，在互联网已经将全球超过 60%的人口裹挟其中的时代，如果网络社会的思想基础依然是传统工业社会的版本，那么信息时代最有价值的部分可能已经被弃之脑后了。

当然，10年前开启的移动社交时代，掀起了一场“草根革命”，网民用自己独特的方式发出了自己的声音。博客作者和手机用户作为真正意义上的“第一现场目击者、感知者”，将自己的所见所闻所思所想，不必通过繁复的新闻审查，直接挂在了网上；“业余专家”兴致勃勃地为百科全书添加条目，编辑文本，分文不取；推特爱好者仅仅通过140个字母，就可以参与到任何意见表达中，或者仅仅是“嘟囔”几句，也成为散落在赛博空间中“活着的片段”。

在计算不成为问题的时候，新的行为模式诞生了。陌生人之间的偶遇与协作，大量貌似无意义的废话和“小作品”吸引越来越多的人热衷其间，一个又一个圈子通过连线的方式生成、变异、湮灭、复生；完全虚拟的场景和体验，通过游戏、视频分享、恶搞，在互联网上四处弥漫。这些东西的行事风格与传统工业时代的“交易”有很大的不同，它们是“交流”“交往”，是相互渗透、相互感知和体验。

那种“麦当劳式”的传统工业标准化生产当然还会继续存在下去，就像《连线》杂志主编安德森在《长尾理论》一文中提到的“强壮的、少数的头部”一样。但是，互联网时代值得关注的是这些零散的、个别的、独特的，却是海量的“长尾”。

2004年10月，安德森在一篇文章中，首次提出了“长尾理论”来解释这一现象：只要渠道足够大，非主流的、需求量小的商品销量也能够和主流的、需求量大的商品销量相匹敌。这是对传统的“二八法则”的彻底叛逆。

尽管听上去有些学术的味道，但事实上这不难理解——人类在经验层面使用“二八法则”来抽取主流的“大多数”，计算“关键因子”和“核心顾客”，这种做法十分常见。它贯穿了整个工业社会的商业发展史。这是1897年意大利经济学家帕累托归纳的一个统计结论：诸多成对相关变量，都具备单边下降的数学曲线形式，如同泊松分布曲线。粗略地说，20%的总量即对应（或占有）80%的相关变量的总和。当然，这并不是一个准确的比例数字，但却表现了一种特定的关系，即少数主流的人（或事物）可以造成主要的、重大的影响。在市场营销中，商家根据这个法则总是习惯于把精力放在那些能带来80%收入的20%的主流商品或者主流顾客上。

在传统的“二八法则”中，无论是工厂主还是商店老板，心里都很清楚堆在仓库里和柜台上的商品中有80%的东西少人问津，但他还是得这么做，否则会令人感到货柜空空。事实上有80%的货品很少受到光顾，或者交易额很低，成了“压舱货”。这种“少人问津，却大量存在”的货品，就是所谓的“长尾”。安德森说：“我们一直在忍受这些最小公分母的专制统治……我们的思维被阻塞在由主流需求驱动的经济模式下。”但是人们看到，在互联网的促力下，被奉为传统商业圣经的“二八法则”开始有了被改变的可能性。

安德森的“长尾模式”摒弃“头部”所秉持的工业化逻辑，转向数字化的逻辑。这两种逻辑的关键词人们已经找到：前一种是标准化的、大批量生产的、专业主义的、精英意识的，后一种则是个性化的、少量定制的、业余者/志愿者的、草根思维的。在今天，人们也已经看到，“巨大的尾部”并非要将“强大的头部”剔除出去，或者替换。它们是并存的关系。但是，需要看到的除了这种“并存”的事实之外，还得小心辨识这种“并存”所依赖的技术哲学。这种技术哲学绝不是以往人们潜意识里的笛卡尔主义，应该有新的什么“主义”成为这股新思想的概括。

“新鞋”与“老路”

电脑与网络，无疑是一双“新鞋子”。虽然这双“新鞋子”看上去是几乎“弱智”到极点的电子装置与连线。理应说，这双“新鞋”当迈向一条截然不同的“新路”——很多专栏作家、畅销书作者对此不乏连篇累牍的论述——但遗憾的是，制作“新鞋”的“模具”与“手法”还是旧的，这就让所谓“新路”总有拐到“老路”上的可能。

按照各类互联网、电脑报刊和未来学家的一致意见，这双“新鞋”所指向的未来是正在发生的、愈演愈烈的“下一个大事”。对此的解释有多个版本：一种是把社会进步的历程划分为农业社会、工业社会和信息社会的阶梯，这个解释比较常见；一种是从人类文明进程的角度，讲部落文明、生态文明和信息文明；还有一种，从极端的技术至上主义出发，畅想未来以“类人机器”登台所创造的全新的世界格局；等等。但是，仔细研究和体悟这些解释，可以看到一个共同特征，就是将“单向度的路径”视为必然，将技术导向进步视为必然，将人类科技理性的至善视为必然——而这一点，恰恰是貌似“新路”之下制作“新鞋”的老套手法，难免会拐到“老路”上去。

这些解释有一个共同的缺陷，即“为何”的问题，其实是被转义为了“如何”，对问题的“思考”被替换成“行动的创意”。诸多分析电脑与网络对经济社会影响的文章，基本上是沿用技术编年史提供的素材，加上“科技=理性=进步”的所谓人类共有知识所进行的畅快淋漓的想象。在这本书里，我认为这种“老套的解释逻辑”其自身就是个大问题。问题的要害在于，当这么一桩“天大的事”摆在人们面前的时候，人们从表面上看到的是眼花缭乱的“新鞋狂舞”，以及那条被命名的“未来新路”，或者用行话说，叫“解决方案”，这个解决方案总的名字叫作“信息化”。

信息化的解决之道

“信息化”是一个颇难翻译的词语，据中国社会科学院语言翻译方面的专家黄长著先生研究，英文一共有 4 种译法：informationalization；informationization；informatization；information technology。第一种是较早的用法，第二种和第三种是晚近时期的用法，第四种则是中规中矩的“信息技术”。其中，informatization 一词借自法语，目前似有普及的趋势；而 informationization 和 informationalization

则都是自造词。

“XX 化”是过去 100 年里中国文化的一种情结，迄今已成为东西方文化共同的情结。《纽约时报》记者弗里德曼写的畅销书《世界是平的》，就是这种“化”思维的典型代表。说“XX 化”，一般有 3 层意思：一是用 XX 取代现行的比如说 YY；二是认为 XX 比 YY 好，值得追崇；三是存在某种办法，让 YY 转化成 XX。

这种“更替说”通过一个 IT 人常用的术语把这种心态揭露无疑，这个术语叫“解决方案”。20 世纪 80 年代早期的“解决方案”，基本上是较纯粹的技术上的“部署方案”，也就是“预算/采购方案”。技术商人们一般许诺这样的前景：一旦使用了某种解决方案，用户的某个问题就能得到解决，或者至少是改善。当今这种“纯粹花钱的解决方案”逐步被“更花钱的方案”所取代，即不但需要部署机器、开发系统，还得调整流程（业务流程重组）、改造组织（扁平化）。

“解决方案”大约是 IT 行业发明的最诡异的词之一。一般非 IT 行业的人，听到这个词的感觉，第一就是搞不懂说的是什么，第二是很明白要花一大笔钱。懂行的人深谙其中的道理：所谓解决方案，其实就是类似“盖大楼”那样的建设项目。

自 2001 年以后，这种“信息化就是盖大楼”的局面陆续受到质疑。2001 年 10 月 17 日，麦肯锡发表了《IT 与生产力》的报告，指出“在绝大部分经济领域中，对 IT 方面的大幅投资没有起到任何帮助生产力增长的作用”。当时，深受网络泡沫破灭之辱的 IT 业怒不可遏，对这个很不中听的观点群起而攻之。就是宽容一点的人也认为，麦肯锡的观点没有考虑到 IT 还是一个年轻的行业，IT 投资需要一个“消化”周期才能看出对生产力的贡献。然而，就连这些“宽容的人”也不得不承认，这个借助互联网实现快速起飞的行业，现在正在经受前所未有的强劲逆风的考验。

当衡量信息系统的价值，评估 IT 在企业中的绩效的话题，在近年的媒体上接二连三地出现的时候，人们可以读到的似乎不仅仅是对“价值”的质疑或者佐证，更有一种期待：期待找到 IT 价值的“显性表达”，把间接的投资收益用一目了然的数字折算成现金利润，把效率的提升与效果的实现直接挂起钩来——以此来证明 IT 存在的理由——更重要的是，重新唤起人们对 IT 的热情。

不过，这里还是需要回顾一下 IT 激情高涨时期 IT 人的价值观及其“价值表情”，以便更好地理解 IT 到底带来了什么。

IT 的用处到底在哪里

当 IT 人高谈阔论“整体解决方案”“高性能”“关键成功要素”的时候，“利润”在他们眼里并非无关紧要的，而是“不言而喻的”。就是说，信息系统的价值由于其深远的“革命意义”，使追问眼前那点可见的、有形的资本回报显得非常“小家子气”和“目光短浅”。

与传统的工程项目不同，信息技术项目的建设的初衷就是“改造传统”，其默认的前提就是“传统的东西不够好”。在这个前提下，“这件事值不值得做”就已经被跳过去了，被省略了；剩下的问题只有一个——“需要花多少钱？”此外，对企业决策者来说，传统的工程项目至少有这样的好处：它是看得见摸得着的，它的目的十分明确，就是为了“创造利润”（而不是抽象的“价值”），所以“值不值得做”的评判标准就是投资回报率（ROI），简单明了。而正是这个 ROI，曾经一度成为 IT 人士不屑一顾的概念。

因此，看待信息系统的价值的问题，最好从价值的基本含义出发：它能带来什么好处，或者说如何衡量 ROI？

IT 巨头们提出了一个很动听的说法——TCO，即用户的“总体拥有成本”。其要点是：IT 系统的价值主要从间接收益方面体现，所以它的产出不好直截了当地计算；但是我们可以计算拥有 IT 系统的成本，并把这个整体的拥有成本降到最低。另外还有一些方法，比如总体经济影响（TEI）、价值增值法（VA），等等。毫无例外，这些方法都源自 IT 厂商，比如 IBM 旗下的咨询公司 Giga，或者微软公司。

信息技术为人们带来了种种便利，给企业带来了深刻的变革。这都是毋庸置疑的。但问题是，就一个具体的 IT 项目而言，一笔投资到底“值不值”需要细致的分析和计算。

传统的价值评估方法，比如现金流折现方法（DCF），最关注的是企业经营业绩的货币表现。通过预测未来产生的现金流量，然后按照一定的折现率折现，得出一个项目的投资价值，是会计师常用的评估方法。然而，IT 投资的复杂性使得估计当前投资对未来收益贡献十分困难。比如，我们如何折算组织绩效提高对收益的贡献？如何衡量客户满意度对收益的贡献？

“解决方案”的提供者和鼓吹者，成功地将隐藏在电脑与互联网背后的哲学隐藏起来，并悄悄地安置在不起眼的位置，甚至将其列入“不假思索”的范畴。技术专家们早已顾不上考虑“比特之刃”到底有多锋利，也顾不上探究被切碎的、数字化的信息到底还能不能重新拼装起来，更顾不上玩味通过网络急速扩张、扩散开来的比特流对营造出来的虚拟空间到底意味着什么。

经过40年的普及，IT产业已经成功地把自身诡异的一面隐藏了起来。或者说把诡异的一面替换成完全是工程意义上的“解决方案”，然后让企业家、工程师、经济学家和媒体记者们围绕貌似合理的话题争论不休，比如如何看待某某技术的先进性之类。

冷战与热战：IT的血脉根源

通过前面的讲述可以看到，教科书里关于电脑和互联网的正统解释是“热战催生了电脑，冷战哺育了阿帕网”。这里把前面说过的话头翻出来再提，只是想指出IT技术的发展并非在真空中进行的，但教科书体系将这个过程大大“纯化”了。精确的算法、明晰的逻辑，加上漂亮的方程和严谨的步骤，非但没有给“历史背景”一类史料留下位置，反而将这个神奇的产业安置到了“开启未来之路”的高位，这种认识是危险的，理由如下。

其一，电脑和网络都是以军方投入为推动力，以战争需要为背景的。迄今，战争本质上都是更加激烈的竞争，是控制反控制与你死我活。这种特质使得科技工具与战争有了天然的亲和力。科技发明被率先用来服务于军事目的，从长矛、兵刃、火药，到毛瑟枪、山炮、潜艇、战斗机，再到电脑与阿帕网。

其二，战争是政治，科技也是政治，并且是日益重要的政治。冷兵器时代的战争，往往是群体的对面厮杀，伴随谋略家与政治家的合纵连横、结盟与背叛。热兵器时代的战争，电脑出现之前与之后有了标志性的变化，日益演变为“超距作用”和“精确打击”，大规模杀伤性的武器已经不具备战略优势，而是首脑机关、指挥系统、通信系统、能源供给系统、金融系统的重要性日益凸显。将战争与电脑和网络联系在一起，其实是在提醒这样一种政治功能：电脑与网络，事关国家战略与安全。

其三，战争在某种程度上又是文化的，特别是商业文化的。文艺复兴时期的科技本身就是文化的组成部分。比如著名的艺术家达·芬奇，同时还是非常专业的数学家和机械学家。数字世界将未来战争与电脑和网络联系在一起，通过在虚拟空间创造新的游戏规则，创造新的金融秩序、交易规则和消费景观，事实上已经将这些高科技的产物深度嵌入文化的核心地带。

以上 3 个层面的内容，在纯粹的技术专家那里好像没有多少讨论的空间。对这一点也不奇怪，用英国学者斯诺（C. P. Snow）的话说，“技术专家”与替社会治理、政治秩序操心的人文学者不同，他们压根就属于“两种文化”。在斯诺 1959 年出版的那本名字叫作《两种文化》的著作里，他发现只有那些人文学者喜欢将自己看作“知识分子”，而对于那些摆弄公式、仪器的科学家们，人文学者往往认为他们仅仅是“知道分子”而对之大加排斥。这种科学与人文的背离现象，其实伴随科学技术发展的全部历程。

在斯诺和他以前的西方世界，科学技术、社会民主与城市的现代化是伴随工业文明而来的共生物，科学家们对自己从事的事业必然导致社会进步抱着坚定不移的信念；而另一方面，被称为“波希米亚人”的人文知识分子从一开始就对资本主义抱着抵制和批判的态度，这种文化上的尖锐冲突在欧洲历史上浪漫主义和功利主义的争论中从来没有停歇。虽然说两次世界大战以后的知识界对“科学进步论”这一主题进行了大量深刻的反省，并试图将这种思考与工业社会对人的异化结合起来，但不幸的是，现代科学技术的蓬勃发展以及在发展的过程中大量依赖商业机构、政府权力和军事组织的事实，使科学技术始终没有在批判地反思科学的人文基础方面占据主动。换句话说就是，科技与人文精神的背离，使太多的专业人士丧失了知识分子应有的“批判精神”。

在这种大的背景下，电脑和网络技术的迅猛发展，在商人成功的营销和媒体的推波助澜下，只是将其色彩斑斓、精彩纷呈的一面呈现（准确说是“秀”）给了大众，却丝毫没有撼动那个诡异的哲学基础，即“科学=理性=进步”。这是非常奇怪的事情。

18—19 世纪多次参加普法战争的德国著名军事家克劳塞维茨，在探讨战争的属性问题时认为，战争的目的就是战胜敌人、打败敌人。透过战争的全部现象，就其本身的主要倾向来看，战争是个“奇怪的三位一体”：战争的暴烈性，使战争体现为剧烈的冲突；战争的偶然性，使战争成为自由意志的体现；战争的政治性，又使战争成为计谋与韬略的理智活动。这三个方面，分别与人民、统帅、军队及政府有关。他说：“这三种倾向像三条不同的规律，深藏在战争的性质之中，同时起着不同的作用。”①

如果做一个硬性的类比就可以看到，对数字技术而言也存在这样一个“奇怪的三位一体”：逻辑的必然与实证的验证，使技术有了理性的美誉和声望；数字技术的神奇魅力，又令科技成为膜拜的对象；作为政治和商业的附庸，科技又沦为工具。

需要思考的就是，科学是如何与军事产生如此紧密的关联的？想了解这个问题的答案，从考据的角度去论显然不够。考据只能解决史料之间的逻辑重组，但无法穿透错综复杂的、已经潜藏在集体意识底层的科技认知——这种认知通过文艺复兴对科学理性的高度颂扬，通过启蒙运动以科学理性精神对人的彻底解放，通过资本主义工业革命对机器的高度崇拜，一路沉淀为一个充满光环色彩的“硬核”。

科技在接近500年的历史中，已经与理性、文明、进步、善紧密地联系在了一起。一代一代人通过教育机构、科学院、公众传播，对科学技术已经形成了如此牢固的认识。这种认识是以取代“上帝的位置”的形式嵌入人的意识中的，成为人们熟悉、接受甚至是下意识利用技术的思维框架。

人们对科技的反思，只是最近数十年间的事情。反思的焦点仍然停留在科技伦理的层面。讨论科技伦理的基石却依然是“价值中立”。也就是说，人们依然坚持认为，“科技是中性的，只是被动的工具，本身是无所谓善恶的”，科技需要透过人起作用，人是主动的，科技仅仅是一大堆观念、工具、方法的集合。在后现代语境下，社会学者对科学的质疑与批判，也并非瞄准“技术中立”这一假设，而是针对科学精神与人文精神的背离这一现象，只是从侧面表达对技术的伦理困境的忧虑。更要命的是，双方彼此并没有把对方当回事情。

为什么会这样？

① 克劳塞维茨．战争论（卷一）[M]．中国人民解放军军事科学院，译．北京：商务印书馆，1982：46.

从军事联姻到商业联姻

过去的20世纪，被前半叶的军事战争和后半叶的经济竞争分为两截，但共享一个主题——科技与进步的关系问题。在中文语境下“科学技术”被简称为“科技”，在某种程度上就很好地暗示了“科学”与“技术”这两个术语是如何不假思索地“板结”在一起的，并服从于军事的需要和经济增长的需要，蜕化为工具性的存在；科学和技术的分流，却似乎被定格和凝固在了1900年之前。这一年，瑞典创设了以化学家诺贝尔的名字命名的诺贝尔奖。

1900 年之后的科学大师，基本上被诺贝尔奖奖了个遍。但是，仍须追问的是，究竟是什么力量，在长达数百年的磨砺之后使科学日益笼罩在耀眼的“光环”之下，成为“进步”的符号，成为“正确”的代名词？究竟是什么力量，让过去几百年来每一个与主流科技思想不配合、不晓事的思潮或其鼓吹者沦为边缘人，只能在若干代之后遭遇重新发现的命运？过去的100年、300年、500年，到底割断了什么纽带？这可能是研读电脑历史和互联网历史的巨大历史背景。

回到正版史料中可以看到，文明的“格式化”的进程日益加速，不过这次“格式化”的程度太深，人们似乎第一次感受到人的造物的神奇和魔力。电脑和互联网以前所未有的速度激活、释放人的想象力，并反过来吞噬人的眼球、肉身和灵魂。

第二次世界大战结束后，围绕“重建”“复兴”的主题，现代商业登场了。20世纪60年代由斯诺引发的“两种文化”的大论战很快平息下来，社会主流话语为现代科学技术的加冕继续进行。这里需要讲一个意味深长的插曲，这个插曲关乎控制论——一个现代工业技术中典型的门类。

控制论，是20世纪前半叶伟大的“三论”之一。我在1980年读《控制论》一书的时候，毫不怀疑这一伟大学问背后的进步意义。自动化既代表了人类科技文明的进步，同时又是工业效率大幅提升的必要手段，其目的自然指向人的共同福祉。

然而读者诸君恐怕怎么也不会想到，自动化、控制论在第二次世界大战期间乃至在战后美国从工业革命向信息革命转型期间所扮演的角色竟然是商人对抗工会、掌控车间的法宝。

美国麻省理工学院技术史教授戴维·诺布尔在1984年出版的《生产力：工业自动化的社会史》一书中写道："如果说备战以及战争本身将这个国家从萧条中拯救出来，那么它也为科学家和工程师提供了日益增长的就业机会，使他们再一次有机会显示科技的威力，并让公众恢复对科学和技术进步的信仰。"美国20世纪40年代出现并迅速发扬光大的，被艾森豪威尔命名的"军事工业联合体"，在社会学家米尔斯眼里，就是某种"军事统治"。米尔斯注意到，"这是现代美国资本主义朝着一种永久的战争经济演进的巨大结构变迁"。在1945—1970年的25年期间，美国政府在军事上的开支达到1.1万亿美元，这一数字超过1967年在所有产业的住宅上投资的总和，也吸纳了大批优秀的科学家和产业界的技术人才，空气动力学、化学、冶金和电子学专家尤其受到青睐。产业经济学家斯宾塞（Frank A. Spencer）曾将这段时间描述为"对于空中运输的前景抱有无限乐观的时代"。大学教授也乐于见到，或者说迅速习惯了这种工业企业和军方买单的科研开发模式。

在此期间，劳工阶层的数量也急剧增长。1940年，美国工会会员是900万人，到了1945年就增长到1500万人。但是，与科技界大把花钱的情况形成鲜明对比的是，产业工人的劳动条件之恶劣，工资收入之微薄，即便战争期间罢工也接连不断。诺布尔提供了这样一组数字：1940—1945年，美国共有88 000名工人死于事故，110多万名工人受工伤——这是美国战争期间人员伤亡的11倍。战争期间共发生14 471起罢工，参与者多达700万人，超过此前任何一个时期的罢工数量。

拯救美国经济的罗斯福新政，通过威胁工会、扬言派军队占领工厂、通过罢工管制法案等手段极力阻止罢工的发生和蔓延。在这种情况下，"自动化技术"作为当时时髦的新型技术，耐人寻味地参与到了工厂主、管理阶层与产业工人"争夺车间控制权"的斗争中。

第二次世界大战期间以及战后的五六十年代，高精度车床的使用大大提高了工件的加工精度和质量，但同时也诞生了一大批"熟练技师"。与"工头"一样，这些"熟练技师"后来成为工会和工厂主极力争夺的对象。掌握精密加工技术，对铣床、刨床、车床了如指掌的技师们，通过多年的磨炼和经验积累，对劳动生产率、工件质量，甚至周围工人的工作积极性，都有举足轻重的影响。车间的管理者只能通过观察和了解熟练技师的工作流程、相关资料，来推断工厂的生产效率，这其实就是泰勒的做法，但是很被动。车间现场的真实情况，实际上被以熟练技师为核心的工人们巧妙地隐藏起来，以期在罢工或者劳资谈判中争取主动。

工厂主们为彻底解决这个十分棘手的“车间控制权”问题，转而去寻求科学家的帮助。自动化生产技术装置在这一时期的大量使用，特别是有自动编程功能的装置的引进，除了与提高效率、降低成本有关系外，其实更真实的目的是从熟练工人手中“夺回控制权”。

当时有两类自动控制技术，一种叫作数值控制技术，另一种叫作“纪录—回放”技术，都是当时可编程机床自动化的备选方案。这两类方案的命运，生动揭示了自动化技术在管理层和车间工人之间争夺“控制权”的变化轨迹。

设计数值控制装置或者“纪录—回放”装置的最初动机——按照工程师的说法——是为了减少人工差错，降低废品率。研制者认为，只要模仿熟练技工的操作步骤，准备好控制带（类似穿孔纸带那样的可编程组件），操作工的干预就可以减少到最低程度，自然降低了差错出现的概率。但是，管理层和车间的工人们很快就发现了这两种装置微妙的差别：数值控制技术的编程工作，可以在行政办公楼里进行，操作者完全不必到现场；而“纪录—回放”装置的编程与操作，则自始至终要在车间现场进行。

通用电气公司在 1947 年就进行了这种“纪录—回放”装置的试验并取得了成功。但是，“制作控制带的方法是一个重大的缺陷”，通用电气公司的工程师和销售部门很多人都这么看。在管理层看来，这种“纪录—回放”装置把“做什么”“怎么做”的权力过多地下放给了现场的工人，“机器的控制，包括进给、速度、进刀次数和产出仍然保留在机械工手里。这样，管理层依然依赖于操作工，无法达到全部利用机器的生产能力。”通用技术小组的顾问做出了这样的结论。结果就是，“纪录—回放”装置在通用电气公司被永久搁置起来。“管理层更青睐数值控制”，一位叫作利文斯通的技术顾问坦率地说，“这意味着他们能够坐在办公室里，写下他们希望的东西，然后把它交给某人说：‘照这个去做’……有了数值控制技术，根本就不需要把你的手弄脏，也不必跟人去争论。”

有一个技术细节特别值得注意，数值控制技术在后来的发展中属于“数字编程技术”；而“纪录—回放”装置则一直采用模拟电子技术。这两者的优劣对比，用工程师的语言解释说，数值控制技术可以实现与工作对象的分离（即远离车间现场），只要将控制对象、操作过程的数学模型（也就是算法）提取出来，工程师们自己就可以完全自如地进行加工工艺的编程设计，现场的操作工只要按照简单的操作步骤，扳动开关或者按下合适的按钮，一切都可以自动进行。

但采用模拟技术的“纪录—回放”装置，由于使用的是“一边做一边编程的方式”，除了必须在现场进行之外，它的要害在于“大大降低了编程的复杂性”，熟练技工通过简单的培训自己就可以编制“控制带”，有助于“撕开编程所蒙上的神秘面纱。”

诺布尔的《生产力：工业自动化的社会史》一书，令我这个学自动控制专业的人感慨万千。也是啊，为什么模拟计算技术早早地败在了数值计算技术手下？这个问题真的是过去从来没有想过。在大学的实验室里，我曾经见过用滑动变阻器一类的模拟开关手动控制模拟电脑进行模型计算的装置，这种装置的仪表盘非常简单，控制起来也十分方便，唯一的诀窍就在于掌握这些开关旋钮的“寸劲”。

数值控制计算的编程需要大量有关生产过程、工件、工艺、材料、刀具、量具的知识，简直可以说是在“图纸上重构物理生产过程”，它的复杂性可想而知，但早期计算技术和控制技术的发展路径过早地向“数值计算”一边倒，否定了“模拟计算”。这背后的复杂根由，原来在这里。

所谓技术—经济的可行性，其实在很大程度上要听命于政治—社会的可行性。但是，在课堂上或者技术专家的讲座中，他们对这种话题讳莫如深、避而不谈，或者干脆视而不见。相反，他们与媒体一道，在极力营造一种“技术万能”论方面合作得颇为默契。

诺布尔仔细考察了那个年代英美主流报刊在报道工业自动装置方面的表现，他发现，政府的合同政策、项目资助以及推广宣传，再加上企业家的热情——所有这些都激起了人们对未来自动工厂的恐惧、梦想和渴望，并进一步推动了数值控制技术的扩散。但是，数值控制技术毕竟是一项成本不菲、经济上尚不能确定的创新，“预言过无数遍的金属加工业革命从未‘真正起飞’。自数值控制技术第一次演示证明它的可行性之后的数十年，一直缺乏其他的替代技术”。

对于这种“争夺车间控制权”的斗争，诺布尔评论道：“有关技术进步的达尔文主义对适者生存原则赞扬备至，事实上，它所鼓吹的与其说是技术或经济上的优越性，毋宁说是社会权力的强大……它蒙蔽了整个社会，让人们看不到多种可供选择的技术路径，也看不清社会自身的历史、结构以及文化内涵的现实。”

这一次的自动化革命全然不是媒介所声称的那样，是一种进步的福祉，而是将熟练工人的知识沉淀在穿孔卡片上，沉淀在自动机器上之后，就可以把他们一脚踢开的工厂主的福祉。这的确是一种不为公众所知，但发人深省的“技术的真实”。

在今天，以人工智能、区块链、物联网、云计算、大数据、脑机接口和虚拟现实为代表的智能技术，其本领已经远超当年的自动化装置。以色列学者赫拉利在《未来简史》一书中将这种智能技术席卷全球的未来景象，描绘为“99%的人将成为无用之人”。这是一个令人瞠目结舌的预言，也发人深省。智能技术是如何一步步走到这样的程度的，以至于善良的人们原本以为“美好生活”指日可期，迎来的却可能是人的彻底“沦落”。

下一个版本的世界

不管怎么说，比数值控制更先进的技术毕竟遍地开花了。这个实际上疑点重重的现代计算科学，又一次被工业界、商业界和传媒界共同梳妆成新的淑女，维系现代科学的话语权和无上荣光。

然而，真正的格局之变已悄然发生。但真正的格局之变，却并非媒体所表述的那样“兴高采烈”，而是有待于“数字化生存”的思想基础发生真正的迁移。电脑与互联网，仿佛土著人的飞去来器，已经一再击中人类的后脑勺。当全世界的网民数量已经超过自然人口的2/3的时候，这股力量在互联网上同样演绎了一场事关“控制权”的没有硝烟的“战争”。

传统媒体和新闻出版业、娱乐业、零售商业，甚至总统选举，越来越多地领教了互联网上芸芸众生的能量和意志。广播电视等传统媒体的记者已经难以在如此宽阔的网络空间下占据“第一现场”的好点，许多重大新闻的报道由网民通过手机、博客发出；家长们很难理解为何孩子们会长久地迷恋于虚拟空间，并在构建自己的领地、玩虚拟游戏、与陌生人畅谈时，充满激情。但是，如果不认真分辨这个令人陶醉的数字世界的思想背景的话，未来的发展很有可能只是前述“数值控制技术”的另一个版本。这个世界已经被电脑格式化，被网络虚拟化——但数字化生存的逻辑法则一点儿都没有发生变化，甚至还没有更多的话语空间，让这个问题摆上桌面。

这个问题就是，这种技术变革与创新的思想基础，依然停留在工业化时代，甚至早期不同阶层与阶级、不同利益集团之间矛盾斗争的阶段。更重要的是，由于技术专家和管理学者在解释这种矛盾的过程中，屁股从来都是坐在“出资人”的角度，他们所得出的结论总体上有利于他们的雇用者和出资人，而不利于弱势群体。著名的管理学大师德鲁克曾对此分析说，“当代所谓的‘自动化’理论上是泰勒科学管理的逻辑扩展……泰勒宣称，生产所要求的是‘做’必须从‘计划’中分离出来……一旦操作过程被解析成如同机器的操作环节，并如此组织起来，那么就能够让机器而不是人手来执行这些操作”。车间里的工人，在工厂主眼里永远都是“生产工具”，假如能够既让这些“生产工具”贡献最大的效率，又让“生产成本”最低化，那雇主自然是喜不自禁的。

从这个意义上说，今天资本主义高技术驱动下的发展格局发生根本性的变化了吗？答案很简单，没有。采用瓦特蒸汽机，还是采用爱迪生的电动机，还是采用自动数值控制装置，只要社会生产关系依然存在，这种社会矛盾就必然存在。技术，无论它有多么“高新”，非但不是政客、商人和浅薄的媒体记者宣称的那样，只是人类进步的伟大动力，反倒可能是日益狡黠的统治阶层和势力集团的帮凶。

不过，微弱的曙光已然出现在地平线上。在争夺互联网“控制权”的斗争中，草根群体已经日益成为无法忽视的群体。这个群体不再像局限在工厂里、农田上的一小群人那样，只能依赖“身边为数不多”的熟人之间相互团结，形成自己的话语权。互联网已经为广大“陌生人”聚集成群提供了客观上可行的虚拟空间，这个公共空间既不同于罗马广场，也不同于美国产业工人联合会，它是无边界的、无中心的、无层级的，是完全虚拟的。在这个虚拟的空间里，任何威权试图通过命令与管控来确立自己的霸权地位，它所能得到的只能是哄堂大笑。

下一个版本的世界，正在孕育中。

本书的一个使命，就是提出这样一个深藏在斑斓世界背后的问题，这个问题就是：“什么是未来世界赖以立足的技术哲学？”

这下一个版本的世界，器具已经造好，就是电脑和网络；但灵魂依然陈旧，依然停留在100年前。承载电脑和网络的机器原理，固然来自100年前的科学思想和100年后的技术发明，但技术哲学却丝毫没有变化。

孕育中的新世界，如果要突破赫胥黎《美丽新世界》对机器世界的恐惧，就必得放慢脚步，找回灵魂。

这是一场艰难的跋涉。一切有关科技文明的话语，都定格在了1900年以前。学术界、工业界的划分在100年的时间里迅速凝固，主流和正统已然板结成型，除此之外的任何论证，无论是尼采的，还是福柯的，都沦为在野学术。这些被笛卡尔的二元论搞得身心皆疲的活着的人，明白地、真切地反抗着主流意见，但无一不是边缘化，在野化。究竟是什么力量使每一个时代与主流不配合不晓事的人，只能在野化，并在若干代后被重新发现？

主流和在野，到底哪一个更真实？这是思考电脑和网络式生存的一个大的背景。

法国社会学家施特劳斯的贡献在于，他发现过去描绘的阶梯式文明进程其实很难成立，原住民与现时代的人共享同一个生态，本不存在什么递进之说。

欧洲人通过“十字军”和中亚文明的再输入重新发现古希腊与古罗马，西班牙的入侵者和近现代考古学家一次又一次地重新发现玛雅，这似乎表明萦绕在人内心深处的时间之矢顽强地表现了一种对文明进程寻源问祖的焦灼和惶惑。

这一版本的互联网和电脑，是工业文明的再一次登峰造极之作。不过，物极必反，真正的爆发正在孕育中，工业时代带着统治阶层意志，早已被政治、军事、商业俘获的现代科技，在资本意志的指挥下创造的商业文明，用200年的时间打造了一堵高高的墙，将文明和文明的交流阻断在这里——这种局面正在瓦解中。

所有该发生过的似乎都已经发生，所有该见过的、该出现的都已经出现，主流话语已经无法继续霸占自己的主流地位，岌岌可危。

真正的格局之变，悄然发生。

电脑在格式化世界，网络在虚拟化世界。

下一个版本的世界，正在孕育。

第三部分

碎片的哲学

- 第五章　制造碎片
- 第六章　漂浮的碎片
- 第七章　我是谁
- 第八章　距离革命

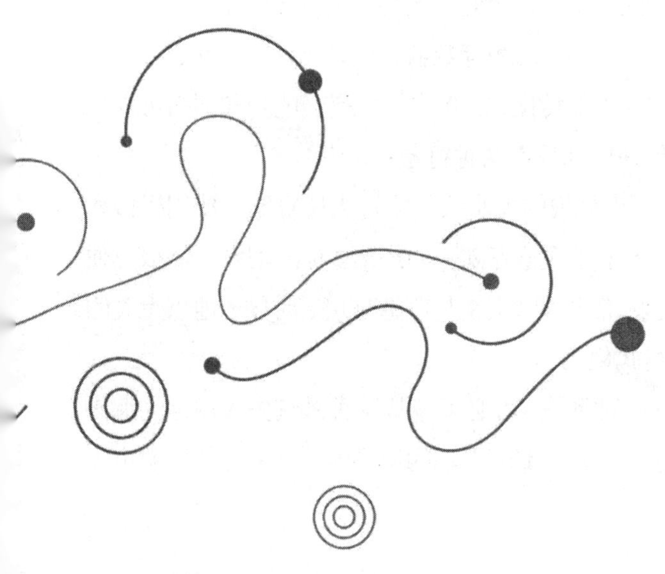

第五章
制造碎片

引用海德格尔的说法，现代技术所引致的“新时代”是对整个世界的重新构造。

这种“重新构造”有 5 个步骤。

一是“物化”。物化，就是把这个世界里的一切东西都视为“原子构成”的、可分割的客体。虽然这种思想可以追溯到古希腊德谟克利特的“原子论”，但最能体现“化”这个字眼的还是工业资本主义的大机器生产。大机器生产让机器有了制造新产品的能力，有了反过来将人“绑”在机器上成为附庸的能力，也就是“人的客体化”，或者说“人的异化”。

在电脑和网络世界里，物化的直接类比就是“比特化”。“比特化”让所有进入数字世界的对象（无论是温度、压力、面积等数值，还是男性、女性、红色等属性，还是张三、李四等具体的人）都转化成“0、1”代码。电脑和网络可以呈现异常丰富多彩的世界画面，但在内部只有两种符号：0 和 1。

二是“齐一化”，即标准化、大规模的流水线。通过大量复制，使用机械和动力，不但能生产得更多，而且便于实现整齐划一的统治。标准配件可以很方便地实现工件、工具之间的互换，标准化可以实现与制造环境、时间、地点无关的生产。在信息时代，这叫作“格式化”。

在比特世界里，只要使用同一种系统，就必须遵从这种系统先天规定的编码方法和文本存储、信息交换体系。用大众都能理解的语言说，就是必须按照事先约定好的位置、规则、外观表现、内在逻辑，表达所有的“0、1”字符串。在正式开始做任何计算、符号处理、信息传递之前，必须先“统一号令”。这个过程，就叫作（对系统）“格式化”。

三是“功能化”。海德格尔对此有生动的描述，人们“限定空气，使之交付氮；使土地交付矿石，使矿石交付铀，使铀交付原子能，而原子能可以生产出来用于破坏或和平利用。”海德格尔使用拟人的语言指出，在人彻底客体化自然对象并进而异化自身的进程中，唯一使人怡然自得的是客体仿佛“听命于人的召唤一般”俯首帖耳。“土地现在自身展现为煤区，地自身展现为矿床。”这种特性在数字世界里叫作“赋值”。

最能体现人是机器主宰的术语，大约就是这个“赋值”了。学过程序设计的人，一开始理解电脑语言中的“=”号的时候，会觉得很新奇。在电脑里，“=”号并非通常意义上的“等号”，而是“赋值”的意思。当你按照一般数学上的习惯，写“X=5”的时候，你的意思是，变量 X 的值是 5；或者说，变量 X 这个时候“等于”5。在电脑里这个表达式的意思，则必须解读为“把 5 这个数值‘赋予’变量 X”。

四是“谋算”。海德格尔认为，“自然的可预测性，被冒充为世界秘密的唯一钥匙……可预测的自然被认作是真的世界，夺取了人的全部努力，并把人的想象僵化成单纯估计的思想。”“这样，算定就意味着预测出，被指望和被估计的一切应该在何处被接受。”

这种特性在信息时代表现为“算法”。编制算法的人被广泛地称作“专家”；或者更准确地说，叫作“程序专家”。在程序专家眼里，这个世界最真实的部分，就是那些可以被计算的部分。就算这种计算过程很复杂，程序专家也可以找到某种近似算法，作为这个世界的模型。

五是“生产和加工”。海德格尔用这样一句拗口的话说，叫作“人使世界朝向自身，并为自身而生产自然”。这种特性在信息时代，叫作“编程”。

在数字世界里，生产与加工的过程被编程取代。编程规定着数字世界的运转逻辑和呈现形态，编程让数字世界“看上去”更加逼近实体世界，并超越实体世界，提供更多的可能性。

以上 5 个步骤，唯有“程序专家”说出了事情的真相。比特化、格式化、赋值、算法乃至编程，都是程序专家所为。数字世界的行事风格还告诉人们，你自己可以成为那个“程序专家”。事实上，你已经参与到了数字世界的构建中，只不过你已经被碎片化为比特。

因此，只要你使用任何一种被算法赋值的智能工具比如手机，你就只能处于程序专家设计的游戏规则的“规约”之下。这种“规约”状态，所有熟悉数字世界的人都以为很正常，没什么大不了的。对公众而言，这种“规约”背后可能存在的“控制意味”被大大淡化了、忽略了，没有人提起，也似乎没有人介意。对智能技术的使用者来说，由于你已经是解决方案的享用者或消费者，而且似乎也被授予足够的自由，成为驾驭自己命运的“游戏玩家”，所以即便普通用户了解这一点，也会很快被新奇电子玩意儿花里胡哨的界面、惊心动魄的情节、多媒介劲爆表现形式所攫取，丝毫感觉不到其乐融融的快感背后实际上充满了程序的编排和控制。

不过，一旦消费者清醒过来，清楚地了解自己面对的比特世界只不过是一台台智能终端，以及智能终端背后深不可测的虚拟空间的时候，仿佛被一个巨大的黑洞吸引，或者被巨大的、炽热的火球消融。“我到底是谁”，这将成为数字世界的新问题。

数码技术通过背后程序专家编制而成的算法，与日常生活交织缠绕在一起形成新的“人造世界”。人们通过这个人造世界，享用信息社会的种种便利，同时也将自己的世界观折算成一串又一串的“0、1”代码。静静地想一想，这有什么问题吗?

本书的思想之旅将在此开始。请系好安全带。

会计算的汉斯

电脑的创生应从编码算起，这是“碎片化”的一个重要概念。

普通人刚开始接触“编码”的时候，总会认为“编码”就是给一个东西指定一个代码，就像球衣号码是对足球运动员的“编码”一样。这种看法大体上是对的，但仍有一点细微差别：足球运动员球衣号码准确地说是“命名”，而不仅仅是“编码”。对一个事物的“命名”如果投射到数字上，表面上看这个数字是一种“编码”，实际上是对这个事物的一种“命名”。这种编码其实是事物的数字化“指代”。

给事物命名，是人独特的本领。追溯命名的起源，是大学问家的事情。对一般人而言，了解这是一种约定就够用了。用庄子的话说，“万物无非一指也”。用某种名词指称一种事物，并且约定俗成，大约就是“命名”了。“编码”多少与此不同：如果有一群马，你可以完全独立地给每匹马起一个“个性”的名字，也可以给它们编上序号。从广义上来说，命名也是一种编码，只不过命名可以用“非数字符号”做编码。

如果把“编码”限定在数字上，这种编码就非常有意义，因为数字是可以计算的。比如在数理逻辑里就有一种计算方法，先把一切符号都转化为数字，然后按照一定的规则对这些数字进行计算（数学家哥德尔证明其著名的“不完备性定理”，就引入了一种叫作“哥德尔数”的编码方法）。

这里特意分辨“命名”与“编码”，是想提出一个问题：对人类而言，到底“命名”在先，还是“数字”在先？即人类能开口说话的时候，是先会起名字，还是先会数数字？命名和数字有一个共同之处，就是“抽象”，这一抽象所对应的概念叫作“类型”。

这个问题似乎有点矫情，我没有查阅专门的学术著作，不知道大学问家的思考是什么。这里我猜想的，命名的出现可能要早于数字的出现。也就是说，给事物起个名字，在人类语言起源中可能要比会数数来得早。这么猜测是有原因的。倘若狭义地把“编码”限定在“数字”上，那么我试图提出这样一种观点：在电脑原理中，用给事物编码的处置方法来代替给事物的命名，是导致“主体破碎”的根源。

命名的历史和数数的历史共同构筑了人类的历史，前者让人可以“识别”这个世界中的每一个个体，每一个异类的种属；后者则让人学会进行“量的比较”。命名仅仅是给人所遭遇到的事物一个名称，以便让这些事物“彼此相区别”，并且在人们彼此谈论这个事物的时候——即便这个事物本身可能并不在现场——人们也可以对所指事物有一个“共同的投射”。给事物命名，其实是人类抽象思维的一次飞跃。据人类学家研究，原始人类对事物的命名，总是从具象入手，比如“约翰家头部带杂色毛的奶牛”。抽象的命名方法出现得很晚。

数数的情形可能多少与命名不同。人一旦学会了数数，就意味着“抽象思维业已形成”，“类”的概念业已形成。抽象的“名”，即概念的形成，大约要拜“数数”所赐。或者说，或许人类首先学会了对每一个他所见到的事物给予一个名字，然后学会了“数数”，再然后学会了给予大致同类、有共同属性的事物一个抽象的“命名”。

因此说，命名与数数的关系，大约是“具体的名——数字——抽象的名”这么一个顺序。“具体的名”只是区分形态各异的事物，即那些具有独特特征、可以彼此区分开来的事物。数数则不同，这个“动作”应该比“具体的名”来得晚些，又比“抽象的名”来得早些。关于“数”这个概念，其实有两个：一个是“数”，一个是“量”。古希腊的数学家受惠于古埃及的数学。古埃及的数学侧重“度量”（或者说“测量”）。测量的要害在于获得所需要的那个“量”。到了古希腊毕达哥拉斯这里，诸多的“量”的所指成分被剥除，剩下抽象的“数”，以至于毕达哥拉斯学派认为，世界是由“数”构成的。“数”这个词，里面已经包含了一层抽象，这层抽象就是“分类”。“抽象”是人进化的一个标志。

比如，小狗抬起一条后腿，搭在宝马车后轮胎上溃尿；这其实是命名的动作。据有学问的专家说，这个动作是古老的“地盘标志”。但说小狗会数数，就有点离谱了。

15 世纪文艺复兴时期的德国枢密主教、哲学家库萨曾说，“野兽不能数数，不能量度”，他说得没错。人具备抽象思维能力的显著标志，大约就是人“识数”。据学者研究，数字已经被人类连续使用长达 6000 多年，而在史前，数是神的独占权力，叫圣数，是神灵的符号和标志。与神灵打交道的原始知识分子，实际上是懂天条、会占卜、善算数的僧侣巫师。

古希腊哲学传统有一个著名的说法，也是毕达哥拉斯学派的精髓，即是将整数看作宇宙奥秘的全部。或许，翻开任何一个民族的早期历史，都能看见数与术之间神秘的关联——而且，数还是权力的象征。中国的周易即可佐证这一说法。其实数字不只是权力的象征，更是理性的标志。数字、权力与理性之间似乎有了一种隐秘的纽带，通过数字显示的神灵异数让人感受和领教了某种超自然的魔力；接近这种魔力的过程，则需要运用理性、逻辑和思辨。在数学家的思维里，揭示大自然奥秘的途径，就是通过了解和认识“数字之间隐藏的某种神奇关联”而达到的。

文艺复兴之后300年数学的发展，更是展示了异彩纷呈的神秘数字背后，似乎蕴含了无穷的自然规律。按理说，对数字以及数字之间关系的深入研究是“打开自然之门的钥匙”，是人类理性的标志。以此视角来看人类“聪明起来”的历程，似乎是“数字让我们获得理性”。当一架架机器飞快地转起来，发出隆隆的轰鸣的时候，发明家可以自豪地宣布：“我成功了！”这种快感和成就感，与当年阿基米德称出王冠黄金的重量之后的狂喜如出一辙，没有什么把这架机器摆在你面前更真实地表明数字与计算的力量了。

同理，当一台电脑神奇地计算、唱歌、绘画、操纵灵巧的机械手的时候，带给人的满足感是无以言表的。这种感觉几乎相当于对这堆聚酯塑料、金属合金、有机玻璃组成的毫无生机的玩意儿而言，人成了机器的缔造者。说白了，就是“上帝”。

到电脑和互联网发明之时，主流的文明已经根深蒂固了，这个文明的版本就是西方的版本，而且这个版本目前看是“正版”。西方文明“正版”最重要的特征就是，它从根底上认为世界是数字化的。西方讲求数字精神，以致历史学家黄仁宇在讲述中国大历史时，多次提到中国之所以没有诞生现代文明，盖因总体上不是“数目字管理”的。

对西方人而言，数字是理性基础的思想大概源于德谟克利特的原子论。原子论，试图把这个世界还原成水、火、气、土4种基本元素，万事万物无非是这4种元素不同比例的混合而已。这种企图一路发展下来，诞生了古希腊的数学、逻辑学。到了中世纪，再一路到文艺复兴，就诞生了科学。这么简单地讲，一定会被严肃的科学家和史学家痛扁的。好在这个粗线条大致不差。

不过，这个标准版里有一小点奇怪的事情：为什么会在文艺复兴这段重新发现古希腊？那些没有被发现的古希腊的部分，到底如何？以及这种重新发现希腊的过程，到底有没有走样、跑调？谁也说不好，标准版的史书写成后，也没有人问。

可以看到的是这么一件事：文艺复兴最终确立了人的主体地位。这是西方自打数字化之后日益清晰的一个过程。可以说，西方文明史关于主体地位的确立，其实是整个文明史中被嵌进来的一个片段。这个片段迄今或许接近尾声，但肯定没有结束，这个片段大约持续了 500 年左右。也就是说，西方文明史并非标准版所给出的印象，仿佛人的主体地位天经地义，文艺复兴只是让这种主体地位“归位”而已。

文艺复兴之后，一切事情都有一个鲜明的标签：进步。这种步履轻快、信仰坚定的人的姿态，一直走到今天。

因此说，准确看电脑思想史恰当尺度，不是几十年，而是几百年，比如 500 年。

主体破碎的先兆

19 世纪伟大的数学家希尔伯特，在 1900 年数学大会上提出了 23 个问题，其中有一个就是“如何将物理学公理化”。追求数学统一、物理学统一，以及将心理学归之于物理学，将生物学归之于物理学，再将物理学归之于数学等，几乎成为过去 100 多年来最令科学家为之兴奋，甚至疯狂的“理性”冲动。

科学家显然受到这样一个简单问题的诱惑：既然数学家发现了一个又一个定理，为什么不能一下子发现全部定理？既然一个又一个公式，能通过工程师的技术杰作得到印证，那么人类为什么不能从整体上拿出一个伟大的公式，让整个世界握在自己的手心？

100 多年前，科学家围绕数学的基础问题展开了一系列著名的争论、讨论，大致归纳出来的流派有 3 个：罗素的逻辑主义、希尔伯特的形式主义、布劳维尔的直觉主义。当然，史书上已经说得很清楚了，截至 1931 年，这 3 个流派哪一个也没能完成任务，都没有建立预想中统一的数学大厦。自 1931 年之后，数学家们倾向于认为：这件事情不可能。

1931 年，哥德尔证明了形式数论（即算术逻辑）系统的“不完全性定理”：即使把初等数论形式化之后，在这个形式的演绎系统中也总可以找出一个合理的命题来，该命题在该系统中既无法证明它为真，也无法证明它为假。

哥德尔定理彻底粉碎了希尔伯特的形式主义理想。该定理揭示在多数情况下，例如在数论或者实证分析中，永远不能找出公理的完备集合。你可以在公理体系不断加入新的公理，甚至构成无穷的公理集合，但是这样的公理列表不再是递归的，不存在机械的判断方法判断加入的公理是否是该公理系统的一条公理。

在电脑系统中，一阶逻辑的定理是递归可枚举的，然而哥德尔第一不完备定理表明，无法编制这样的程序，通过递归的定理证明，可在有限时间内判断命题真假。英国物理学家彭罗斯的著作《皇帝新脑》用停机问题描述了这一点，他甚至认为由此可知电脑永远不能超越人脑，甚至不可能达到人脑的水平。当然这点还不是定论，存在很大争议。

哥德尔的重要结论，远没有相对论和量子力学那么幸运。相对论、量子力学出现后，种种与直觉相抵牾的概念、现象、思想，在哥本哈根学派的充分讨论下，在爱因斯坦、玻尔的论战中，得到了较深入的延展。人们认识到，牛顿体系原来只表明人"以自身为尺度"衡量世界的局限性，就像阿基米德的几何学一样，只是简单地将世界看作光滑的几何形状。倘若用更深邃、精微的尺度看问题——这个尺度超越了人自身尺度的界限——牛顿的体系就完全不对劲了。

于是，确定性、因果论、可观测量、波粒二象性、反物质、黑洞等，一系列颠覆性的、新的概念为这个世界建立了新的图景。

正当哥德尔伟大的论文发表之时，纳粹党在德国掌权，世界笼罩在战争边缘，排犹运动甚嚣尘上，原本可能出现的一次伟大的思想激荡被战争中断。战争本身没什么好说的。从隐喻的角度看，战争之前被用来加足马力、开动工厂的能量，被用来继承科学精神、思辨文化的年轻人的躯体，全部投到了战火之中。此后的30 年间，制造快速杀人、毁灭更强的装置的使命，将科学家、政客和商人紧密结合在一起。对哥德尔思想（这个思想丝毫不亚于爱因斯坦颠覆牛顿、玻尔颠覆因果性）的深度挖掘和诠释不幸被搁置起来，或者仅仅属于学院派的小学术圈子了。

从另一个角度看，对哥德尔思想的深入消化被战争遮蔽、终止后，这种思潮并未消退，而是以另外的形式迸发出来。这就是第二次世界大战之后美国的披头士运动和法兰克福学派昭示的20世纪70年代蓬勃兴起的后现代主义思潮。或者，还可以这么说，第二次世界大战的炮火、毒气室和原子弹，以极端的方式诠释哥德尔的思想：一个体系，倘若是完备的，则内在一定有矛盾；倘若内部是一致的，没有任何矛盾，它就一定不完备。

笛卡尔之后的学术传统和科学精神，一直以一种无所不能、所向披靡的姿态面对它所指的世界。理性几乎是战无不胜的上帝钦赐的魔杖，让人类自文艺复兴之后做起了这样的伟大迷梦：人类通过理性——不需要任何其他东西——就可以获得安宁的美好生活。

在对理性的预期方面，如同对数目字一样，人类显露了前所未有的贪婪，这种贪婪一再转化为对机器、能量、速度、精确、逻辑的迷恋和偏执。倘若在战争期间再加上点爱国主义、正义之战、拯救人类的内容，电脑的发明倒也是恰逢其时。

以电脑为代表的数码技术是人造器物的巅峰之作。电脑和互联网之后，世界的格局将发生重大变化，人有可能在无知无觉中葬送自己通过500年努力获得的主体资格，走向主体爆裂之路，这就是主体的碎片化之路——哥德尔定理，恰恰是这种对主体资格彻底反思的先兆。

碎片化之一：编码

作为一个技术术语，“碎片”最早出现在电脑的磁盘管理工具中（好多早期的电脑用户，对磁盘操作系统中有一个叫作“碎片整理”的功能非常熟悉）。它指的是在电脑中存放的文件，无论在硬盘还是软盘中，刚开始是以一定的顺序存放，但随着电脑使用中文件的增加删除操作，一些文件就不能确保按原来的顺序存放，而是被切割成大大小小的文件块，分散排放在磁盘介质的空余空间里。时间一长，磁盘上就形成了许多像剧场中的空余座位一样的“空位”，这个就叫“磁盘碎片”。

有碎片的磁盘，文件访问效率会大大降低。所以有经验的电脑使用者，会隔一段时间用专门的工具整理一下碎片，让相关的文件尽可能摆放在同一个区域，这样可以提高文件的访问速度。这种碎片是物理层面的。如果把属于同一个逻辑整体，原本有序的某类对象，分散摆放在不同的位置，叫作“碎片”的话，电脑的“碎片”倒是不少。

再举个键盘的例子。电脑键盘现在的样子叫QWERTY键盘，沿用的是早年打字机键盘的布局。打字机是 1868 年由美国人肖尔斯取得专利权的。当初，他设计的打字机键盘，完全是按“ABC”键这种排列。很快，肖尔斯便发现一个问题：在打字员快速击键的时候，常常引起键堵塞。肖尔斯请求他的内兄重排键盘，不让最常用的字母靠得太近，要让铅字连动杆能够朝相反的方向运动，这样它们就不会碰撞在一起堵塞机器。新的排列便是打字员今天使用的 QWERTY 排列。

以现在的目光看，肖尔斯发明的键盘实在不怎么样，它的字母排列方式缺点太多。例如，英文中 10 个最常用的字母就有 8 个离规定的手指位置太远，不利于提高打字速度；此外，键盘上需要用左手打入的字母排放过多，因为一般人都是“右撇子”，英语里有 3000 来个单词要用左手打，所以用起来十分别扭。

1986 年，伯里文爵士曾在《奇妙的书写机器》一文中表示：“QWERTY 的安排方式非常没效率。”比如：大多数打字员惯用右手，但使用 QWERTY，左手却负担了 57%的工作。两小指及左无名指是最没力气的指头，却要频频使用它们。排在中列的字母，其使用率仅占整个打字工作的 30%左右，因此，为了打一个字，时常要上上下下移动手指头。有人曾做过统计，使用 QWERTY 键盘，一个熟练的打字员 8 小时内手指移动的距离长达 25.7 千米，一天下来疲惫不堪。

奇怪的是，习惯成自然，QWERTY 键盘今天仍是电脑输入模式的首选，虽然有人早就设计出更科学的键位排列，却始终成不了气候。现代电脑键盘根本不存在打字机时代金属棒之类的累赘，但没办法，改不了了。

肖尔斯打破字母排列创造的 QWERTY 键盘，如今已经习惯成自然，再也不会有人试图改变这种布局，历史上的努力也统统宣告失败。这是一个另类的编码故事。习惯也能成为一股不能忽略的“编码力量”。

编码

说到编码，就不得不提到 ASCII 编码，英文是 American Standard Code for Information Interchange，即“美国标准信息交换码”。早年美国人搞的这个编码可以说目光短浅到了极点，他们就编入了常用的 127 个符号。这对英语当然是够用了，26 个字母，加上标点符号、运算符号，还有一些特殊符号，足够了。这种字符编码的设置，处理拼音文字还马马虎虎，但根本无法处理更多的非拼音文字，比如中文。

尽管 ASCII 码是电脑世界的主要标准，但当年在许多 IBM 大型机系统上却没有采用。如在 20 世纪 60 年代卖得很火的 IBM System/360 电脑中，IBM 研制了自己的 8 位字符编码——EBCDIC 码（Extended Binary Coded Decimal Interchange Code，扩展的二/十进制交换码）。该编码是对早期的 BCDIC 6 位编码的扩展，其中一个字符的 EBCDIC 码占用一个字节，用 8 位二进制码表示信息，一共可以表示 256 种字符。

随着电脑越来越普及，多语言文字的编码问题越来越尖锐了。当时有两个组织，一个叫 OSI（开放系统互联模型），一个叫 Unicode 组织，联合主流电脑厂商着手解决这个问题。Unicode 的办法比较简单，过去是一个字节代表一个符号，现在用两个字节代表一个符号，这就是 Unicode 1.0 版。所以，鉴于 ASCII 码是 8 位编码，Unicode 采用 16 位编码，每一个字符需要 2 个字节。对于一般的国际贸易、通信和多文种文字处理来说，这种编码方式基本可以满足要求。

这里讲编码的事情，是想为一个概念做点准备，这个概念叫“字节（Byte）”。对有电脑基础的人而言，这个概念再简单不过了。在电脑里，表达一个符号的编码长度，其最小单位就是“字节”。一个字节有 8 个二进制位，每个二进制位叫一个“比特（bit）”，比如 11010110，这就是由 8 个二进制组成的一个字节。字节的长度与中央处理器（CPU）的数据位数直接相关。20 世纪 80 年代早期的第一代 PC 机，就是 8 位机；后来出现了 16 位，市场当年俗称“286”（准确地说，“286”还不是完全的 16 位机，“386”才是）。

比特化的哲学原理：绝对离散化

对字母、符号进行编码，是比特化最基础的一步。编码是数据采集的前提。所有外部世界的数据采集，最终都转化成“0、1”二进制编码。最简单的数据输入方式，就是直接通过键盘输入数据。其他应用领域有更多的数据输入方式，比如工业设计领域，大量采用数字化仪对工程图纸进行数字化扫描；地理信息系统，采用栅格技术处理卫星地理照片，得到地形地貌的数字影像；数字 CT 通过完全数字化的横断扫描技术，得到全数字的人体扫描图像；数字摄像机可以直接得到能数字编辑的视频信息流……

在我们日常生活和工作中，似乎已经感觉不到"数字化"有多么神秘。虽然最近这些年，数字化的说法再次流行起来，本书仍然采用"比特化"这一说法，主要是想时刻提醒读者，所谓"数字化"，首先就是将物理世界存在的"模拟信息"转换成"0、1"字符串所表达的"比特信息"。"数字化"的最终结果，就是在虚拟的代码、数据世界里，重新构建物理世界的一切。这是一个雄心勃勃的构想。近年来由美国开始流行的"数字孪生（digital twin）"这个概念，表达的就是这个意思。

通过对编码、比特的了解可以看到，我们的数字世界、网络世界，就是建立在这样一种非常简单，且已经非常深入人心的基础结构之上。

将物理世界转化成比特世界的进程已经深入人心，并且天天都在以爆炸式的速度加速比特化的范围与深度。对比特化，需要认清的一点就是：如果说这个数字世界的建构进程已经不可逆转，那么数字世界与物理世界的关系是怎样的？这才是问题的关键。用黄仁宇的话说，资本主义最大的特色就是"在数目字上管理"。这下好了，一切的一切都"数字化"是不是就可以了呢？在数字世界里，是不是就可以很好地解决物理世界难以解决的问题？或者说，有了数字世界，人们在物理世界里是不是能更和谐地好好相处？这些问题看上去很直白，真要回答起来，很难。这背后暗藏一个颇有深意的议题，就是流行于世的那句话——"代码即法律、一切皆计算"是否真的是未来世界的基本法则呢？对坚信"算法统治世界"的技术偏执者来说，当然如此。但对更多的人来说，这个问题值得深思。

事实上，把人类的全部问题转化成计算问题的努力，从古希腊开始就一直没有消停过。毕达格拉斯认为，整数是上帝的语言，一切自然的现象都可以归之为整数的加加减减；意大利物理学家伽利略心目中的世界是用数学描述的；数学家希尔伯特和罗素则致力用形式化的数学给出所有问题的完备解；此外，还有爱因斯坦，倾其 30 多年的后半生，都试图努力找到完美的统一场论的"场方程"。

如果说以往的大师对这一信念都还只是一种思想探索的话，那么 20 世纪发明的电脑则真正开启了将这个世界数字化的"行动历程"。数码科学家和工程师们对用数字重建物理世界的伟大壮举兴奋不已，与传统科学家不同的是，他们不再靠想象和纸币演算来"理解"这个世界，而是先跳过这个问题，径直以"编码"

的方式开始了对世界的重新“建构”。

用数目字的方式认识世界，不是数码专家的终极目的；数码专家的终极目的是“创造一个新世界”。与这种思想巧合的是，一些激进的数学家如法国布尔巴基学派，早在20世纪二三十年代就直言不承认“存在性的数学证明”，而钟情“构造性证明”。对布尔巴基学派来说，证明“*n*次方程有*n*个根存在”，并不能使人们从这个证明中获得更多的收益；重要的是构造出“解*n*次方程的方法”。

热衷于编码这个世界，继而透过编码创造新的数字世界，意味着20世纪的思想已经悄然转变。20世纪是“行动”的世纪，而不是纠缠“何谓存在”的世纪。

数码专家们制造CPU和软件的目的是将世界比特化，这个产业获得了巨大的成功，数码专家们由此得到了对这个世界“升级换代”的权利。那些自称未来学家们的预言家们，则把这个制造事件转换成不容置疑的关于未来的种种见解，诸如“未来已来，只是分布不均”，“唯一不变的是变化”等。由于未来学家的身份和地位，也由于在这个急速“制造”的时代里，如果不紧跟就意味着淘汰和出局，所以“关于存在”的思考和“关于本体论”的冥思苦想，就被比特化成功地“屏蔽在系统之外”，成为多余的事情了。

由于数码专家和未来学家的“联袂出场”，比特化的进程可谓“浩浩荡荡，狂飙突进”。但是，有两个重大问题被有意无意地淡忘了：一是这个世界的实质（从数学和哲学的观点上）究竟是连续的还是离散的？二是有限的字节到底能在多大程度上逼近连续的物理世界？

对这两个问题的思考贯穿本书，下面简说一二。无论是早年中国的哲学家还是外国的哲学家，对“无限”问题已经有诸多哲学思考。无限与有限、整体与部分、连续与离散的关系令人着迷。从人的知觉而言，物理世界是连续变化的，可以从运动、温度、色彩的感知中得到印证。但是，1900年普朗克提出的“量子”概念，彻底改变了这种观念。这个问题迄今仍是物理学前沿问题。比如美国理论物理学家惠勒（John Archibald Wheeler，1911—2008）就认为，“万物源于比特”。不过，对今天的日常生活而言，“量子”的概念依然太过玄虚，就算不理会量子，似乎也没什么影响。但比特则不然，假若量子比特在未来几十年成为现实，人的宇宙观就面临重大挑战。

比特化已经开启了这样一种进程：一种毫无节制的“离散化”进程。在比特化的哲学中，世界毫无疑问必须是离散的、不连续的、跳跃的。电脑已经替人给出了这个古老哲学问题的答案。绝对离散化，这就是现代电脑和网络的技术原理，也是哲学原理。

但是，与“有限字节”的问题联系起来看，离散和连续的差异似乎还不是问题的关键。“有限的字节”可能更是问题的焦点。在电脑内部，所有关于“无限”“连续”的想象都必须摈弃，而代之以可以计算的有限的字节长度，比如色彩的种类就是 65 536 种、通信的速度就是 56kbps、2Mbps，或者计算字节的长度就是 64 位。对无限的想象力，在电脑里往往被置换成对“人的感知阈值的欺骗”。

在经典物理世界里，把握“无限”的概念需要使用抽象思维；但在比特世界里，“无限”的概念根本不可能存在。哪怕接近“无限”的精细化表达，比如分辨率、像素，都可以很轻易地达到人的感知阈值而得到“满意解”。

在这种情况下，在电脑创造的比特世界里，完全规避和解决了“无限”这一古老的哲学问题，而代之以“精度”，或者说“截断”问题。由于计算位数的限制，电脑中表达任何数字都按一个或者多个“字节”来组合表达。碰到非常大的数字和非常小的数字，电脑内部采用科学记数法，比如 0.278×10^{-15} 是一个非常小的数字，电脑将它分成两部分：一部分用 2 个字节表达小数部分（0.278）；另一部分用一个字节表达指数的幂的部分（−15），这样的话，三个字节就可以了。但不管怎么样，电脑表达数字的大小，是有明确的范围的。

在这种情况下，电脑就像严谨的工程师一样，只从计算的精度出发来决定采用多少字节表达一个数字。当这么做的时候，带来一个电脑运算特有的问题，叫“截断”，即按照一定字节的长度，把某个实际数字“装”进一定长度的二进制字节时，超出字节长度的部分，往往按照一定规则被“舍去”（与四舍五入很像）。

不过，我认为“截断误差”影响计算精度，这只是个纯粹的工程观点——但我主要关注“截断的意味”。比如，“千年虫问题”就是一个典型的“字节截断”带来的问题。仅仅是技术问题倒还可以理解，但问题远比“截断”本身要严重得多。

截断意味着某种原本连续的进程不再是连续的、可持续的，截断意味着时间的流逝不再是“绵延”的，空间不再是广袤的，无限不再是可延伸的。想象一下，假如所有的数据都在服务器里面，假如全部关于生活的记忆都在无论是大容量的磁盘还是云存储里，那么比特化带来的“截断”与“溢出”早晚会成为遗忘的充足理由。

那些兴高采烈地为这个比特化世界加油添彩的人们，已经成功地把这个世界的丰富性转换成了字节的丰富性，转换成了算术问题的一个子集。更要命的是，这个子集是从一开始就抛弃了问题本身丰富多彩的特征，遗漏了大量的“碎屑”而不自知；此外，还扬扬得意地把这样的解决方案称作“全面的”！

在 21 世纪千年钟声响起的时候，人们除了欢呼之外，或许该意识到这是一次永久的告别，与连续变化的、绵延的、无限可能的历史观和世界观告别，与那个“外在于我们存在的世界”（爱因斯坦语）告别①。

比特化的真相：舍弃真实

比特化，就是使用“0、1”序列将一切可以表述的事物表达成二进制代码。无论是声音、图像、文本，还是逻辑的状态，都可以采用这种方法比特化。这是将现实世界“翻译”成比特世界，进而在“0、1”逻辑的圈子里完成全部运算的基础和前提。

前面提到，理论物理学和哲学关于世界是连续的还是离散的争论依然未果；但比特化之后，就立刻冒出来另一个重要问题，即“比特化之后的世界是否与比特化之前的世界相互重合？”

比特化的理论基础是信息学的采样理论。采样理论告诉我们，对连续曲线的采样所获得的离散点，其还原出来的折线与原来的曲线之间已经不存在“一一对应”的关系，而是“一多对应”的关系。也就是说，同样的离散点集合，其平滑后的曲线有无限多种可能，而其“母线”只是这无限中可能的一条。这就是说，比特化事实上造就了差异。比特化创造了一个新的数字世界，同时也创造了与真实世界之间无可弥补的间隙。无论采样的间隔多么细密（但必须遵守香农采样定理），差异永远存在。这只是“真实（Reality）”遭到舍弃的第一步。

第二步是字节化。字节是最基本的电脑术语。众所周知，表示任何一个比特化数据，都有长度的限制，这个限制来自 CPU 内部寄存器的位数。于是，有限的字长，无论是 8 位、16 位，还是 64 位，都将数据“安置”在有限的二进制“格

① 段永朝．比特的碎屑[M]．北京：北京大学出版社，2004．

子”里。所以，严格地讲，电脑内部不存在精确的数字。无论电脑给出的是什么结果，都只是一种数据的近似。这个过程叫作“截断”。“截断”产生了第二种差异。

这第三种差异的来源，就属于“窗口法”了。所谓“窗口法”，即设计电脑和编制软件时，为系统所设定的基本取值范围和模式，比如单精度双精度、浮点位数、显示分辨率、图像帧数、数据结构、数据关系、存储结构等。按照“窗口法”限定的技术参数，加上技术更新迭代时有限度的向下兼容，那些跨越几十年甚至上百年的数据就可以被肢解为不同的“片断”，正像《康熙字典》的汉字并未全部进入比特世界一样，随着时间的推移，将会有成堆的数据被移动到“窗口”之外，屏蔽在比特世界之外，湮灭在磁盘表面或者栅格中。“历史”的尺度将取决于“窗口”的大小，而不是人们的记忆或者树的年轮。

“窗口法”在电脑中已经成为一种象征，电脑屏幕的大小、单精度或者双精度数值的表示范围、程序嵌套的层数、对象属性继承的可传递深度，等等，都成为“模拟”或“创造”新的数字世界的基本限制。就像电影胶片一秒 24 帧一样，这些原本断续的数值片断，成为打造丰富的可能世界的素材。

也许，这舍弃是一种必然的代价，用放弃寻求连续的、唯一的真实，来换取无限可能的比特组合，换取可计算的数字世界，换取全新的视听感受。难怪研究“虚拟现实（VR）”技术的人们，仿佛忽地发现，究竟是“现实”被“虚拟”了，还是“虚拟的”才是真正“现实的”呢？

容忍、理解和接受这种“舍弃”，看样子需要“灵魂深处”的革命。这不是仅仅知道技术原理就可以释然的，而是关乎世界的立足点在哪里的问题。

“窗口法”似乎成了未来生活的一种隐喻：所有的偏差、结果、意义、初衷都必须也只能符合比特化编码的基本要求，这是“0、1”世界的构成法则。

如同宇宙创生的“第一推动”永远是一个谜一样，电脑与人构成的数字世界的“第一推动”恐怕也是个“谜”。

为灵魂编码

创作，是电脑赋予人的权利；成就感，则是它的恩赐。

就像歌德《浮士德》中的隐喻一样，想要获得创作的权利和成就感，有一个条件：交出你的灵魂。

电脑不需要灵魂，只有逻辑。面对电脑的创作，是逻辑值的匹配过程，是算子的演算过程，是符号的编码解码过程。

物理学家盖莫夫曾经设想一种机器，在这种机器里只有 26 个英文字母和必要的符号，外加一个摇把儿。用摇把不停地摇，这机器便不停地吐出一串串由 26 个字母组合出来的单词、句子或篇章。当然，绝大多数是无意义的或语无伦次的。然而，只要时间足够长，盖莫夫相信，“总有一天，会摇出莎士比亚的全部剧作!”如果用量子电脑来“摇”，特别是高速、超高速量子电脑，估计时间会短得多。莎士比亚的剧作估计不容易读到，不过我记得读过这样一首诗：

曾有一个来自斯特劳斯的废物
在那玫瑰花上建起字节小屋
编造一个字节是一个头的谎言
然后接通那个棚子的电源
斑鸠从人造革鼻子里飞出

曾有一个来自内德的水手
在那头上跑着一只猎狗
将一个词转页刊登
然后激起一阵笑声
试图越过这个古怪的雪橇溜走

这是一首电脑创造的诗歌。20 世纪 80 年代，马萨诸塞州阿默斯特汉普郡学院电脑科学系学生里茨，在他的毕业论文中用 LISP 语言编制了一套程序，只要在各行中填入符合音节数的词，即可创作滔滔不绝的五行打油诗。今天的人工智能系统，已经可以轻松创作长篇小说、音乐剧和绘画作品，并达到相当的水平。

这样的创作，当然来自冷冰冰的机器和二进制代码的逻辑计算，哪里有灵魂的影子？

当然，问题的焦点恐怕还不是电脑创作过程有没有灵魂的问题，而是作品中有没有灵魂的问题。将人脑与电脑对接在一起的时候，循环在这个联合体内的“灵气”是什么？是情感？还是逻辑？

圆周率是π，然而没有一台电脑在画圆的时候，能准确地算出这个π。它画的依然是“仿真圆”，跟人一样。这里没有情感，只有逻辑。“三段论式”在电脑里更是循规蹈矩，更是逻辑。

如果说电脑创作的“灵气”是情感，显然不可能。在以字节和比特为“细胞”的电脑里，可以呈现DNA图像，却不会产生DNA。然而，不得不说，数字世界已经来了，数字世界已经让人们花费了太多的时间、金钱，乃至生命。人们在数字世界里肆意汪洋地消费比特、生成比特，透过厚厚的“数字铠甲”感知生命、感知意义。

那么，有朝一日，灵魂是否可以编码?

碎片化之二：语言

碎片化的第二个表现是语言。

语言的起源有一种叫“叮咚理论（ding dong theory）”，这是丹麦语言学家叶斯柏森（Otto Jesperson，1860—1943）创立的。他认为人类语言最初是模仿自然的声音，如水滴、山泉、瀑布与海涛。这种理论很朴素，也有一定的解释力。还有一种“呸呸理论”，即人类表达情感或叹息（poon-pooh）的时候所使用的象声词，比如“唷—嗨—呵（yo-he-ho）”之类。

经过很长的时间，大约几千年，语言进入了语言学家所说的“语音”时代，并开始经历索绪尔①所说的“能指（Signifier）”与“所指（Signified）”的分离。当我们说出“马”这个字的时候，包含两个意思：一个是“能指”，即“马”这个词所发出的声音；另一个是“所指”，即特定的“这匹马”。索绪尔发现，所指和能指之间的对应关系，其实是很随便的。很多小孩子都会问的一个问题是：为啥“猫”不叫“狗”？父母的回答一般是：古时候就这么叫啊！这背后的道理，就是这种能指、所指之间对应关系的约定，其实是随意的。

虽然语言的这种分化很早就发生了，但对语言的这种精致分析还是最近100

① 费尔迪南·德·索绪尔（Ferdinand de Saussure，1857—1913），瑞士作家、语言学家，结构主义的创始人，现代语言学理论的奠基者。代表作有《普通语言学教程》等。

年的事情。近100年的哲学发生了语言学转向，其关键问题在于，人们“言说”了2000年的文学、哲学、艺术之后，忽然对自己表意传达所使用的“语言”产生了浓厚的兴趣，并日益对“你到底在说什么”感到迷惑。语言似乎越来越不牢靠，越来越不能令人放心。

电脑专家把编写“程序”的符号规则叫作“编程语言”，这个叫法有撩人的想象力：这个能使用语言的机器，被悄然拟人化了。

不过，对电脑编程语言进行逻辑层面的分析，结果很乏味。前面从编码角度已经讲过，电脑的编码能力非常有限；计算语言的表现力也非常有限。今天的计算语言，还处于算术运算、一阶逻辑演算的初等数学水平。但是，人的语言不也如此吗？简单的几个符号或者音节，就可以构成伟大的诗篇。这种类比很容易让人有某种奢望：电脑语言是对人的语言的非常接近的“模拟”。这种奢望有很强的麻痹作用，很容易让人以为机器无所不能，但实际的情况要复杂得多，让我们先简略了解一下哲学的语言学转向。

柏拉图对语言的观点据说是“扬声抑文”的。这种观点也叫作“声音中心论”，即人们对语音的膜拜盛于符号。可能原始部落就是这种情况。从起源上看，语音交流大大早于书写符号的交流，是可以想象的。这背后的一个隐喻，就是“声入心通”（朱熹与张载都有此言）妙境的体悟。一些古老民族的习俗，包括原始的祭祀崇拜仪式，都有各自特色的“唱念”活动，这种“口诵声心”相连相通的信念，其存在的漫长时期，是远远大过数千年农耕定居以来，书写符号文化兴起阶段的。因此，语言从历史渊源上说，更久远、更本质的精髓当是指“声音”，而非文本。

自农耕定居以来，刻写在岩壁、泥板、器物上的符号和文本及图像，逐渐取代了声音的中心地位。哲学家分析说，“文本的出现使声音中心转向文本中心”，朗读转向默读。文本和符号的出现，实际上导致了“人”与“语音所携信息”的分离。在语音时代，口耳相传是唯一的“信息承载方式”。文化的携带者就是人本身。语音是完全个性的、鲜活的、生动的，也是因人而异的。用互联网的术语说，语音时代，人际交流是“实时在线”的。每一个声音都有聆听者，都有“入耳入心”的回响和激荡。这是一种天然的万物互联的状态。

在文本时代，无声的文本脱离了人的肉体，独立于个体的人而存在，这一点非常重要。由于文本必须脱离“肉身”，面对可能“完全陌生”的另一个“肉身”，语言文本就必须具备独立“锁定”意义，并存储消息的作用。人与人之间交流的方式，从必须面对面（语音中心）转换为“不一定”面对面（文本中心），交流的“意义”可以脱离交流媒介独立存在。用互联网的术语，这个就叫“离线”状态了。离线之后，文本取代语音，句法取代韵律，同步转为异步，意义的传递出现了“文本介质”充当中介。这是一次巨大的变化。

脱离了“肉身”而存在的文本，再重新通过阅读“注入”到“肉身”之后，是否还是“原来的那个样子”，是大可怀疑的。用中国话讲，就是“书不尽言，言不尽意”。这种“多义的文本”，使文本在他者眼里并不一定对应“书者”的原意，这或许是“碎片化”呈现方式无法绕开的困境。

抽象的符号化语言诞生之后，人类实际上是“隔着符号”进行交流的。这种通过符号交流的状态，在近100年学者发现语言和逻辑的局限性之后，实际上彻底摧毁了“构建完美本体论哲学体系”的奢望。哲学不得不退回到“现象”层面，驻足于“表象世界”中，经受“狡黠的语言”的折磨。

值得注意的是，哲学的语言学转向，除了发现宏大叙事的虚伪、确定性思维的破绽、语言习题的千疮百孔之外，始终没有将现代科学技术带出笛卡尔主义的大屋顶，始终没有在大众认知层面克服牛顿体系的巨大惯性，人的思维模式依然顽固地处在“两分法”的思想控制之下。

笛卡尔认为，“来自纯粹知性的思想或观念是知识的唯一可靠的引导，而语言不会为思想已经提供的东西增加什么派生的、依赖性的现象”。或者更直白地说，虽然人与动物的重要区别在于语言，但这点区别在笛卡尔看来远不是那么要命。语言只不过是一种标记，在笛卡尔的哲学中当然更无一席之地，人们关心的是对本体的苦思冥想，以及如何用艰涩的语言表示出来，传达出去，记述下来而已。古典传统中的人们不大相信，语言作为中介会“吞”掉所传达的意思。不过，这里的“人们”暂时先得限定在秉持西学的“西方人”那里，东方人秉持的则是另一种完全不同的观念。

传统知识论认为语言是中性的，像电线传导电流一样，只是一种中介。发生在电线上的电流损耗与发生在语言中“意义”损耗可以类比，但要认识到这一点却不容易。科学上意识到空气阻力、摩擦力、电阻、磁阻等消耗能量的事实，分别经历了伽利略、高斯、欧姆等人前后300多年的努力。只是到了热力学第二定律，科学家才发现系统的秩序和混乱度的关系：对于一个封闭的系统，它的混乱度（熵）注定要增加，即从高能量状态走向低能量状态，并且不可逆。对于开放系统，倘若能从外界获得能量，局部有可能违反这一定律，但整体不会。

语言在传递过程中存在消息磨损，这一点到维纳时才有深刻的认识。当然，从信号保真度的角度，磨损是机械传导意义上的，这还只是声音上的磨损，或变声、变形。而事实上，比物理磨损更加严重的是消息语言在传递的过程中的“歧义”与“退化”。

很多人可以从社会变迁、文化发展的角度写出一大批文章来说明这一点。德国语言学家洪堡在1836年说：“在语言中从来都没有真正静止的法则，就好像人类思想之火永远不停一样，……它永远处于不断的发展之中。”1858年，一位叫穆赛尔的牧师，曾为他的牧区内渐渐流行这样一些短语大为光火，这些词现在是如此流行，比如“hard up（短缺）”“make oneself scarce（逃之夭夭）”“shut up（闭嘴）”。格林兄弟说：“600年以前，每个乡巴佬每天都在用德语中最十全十美的表达法，而这些表达法却是今天连最好的语法学家连想象都想象不出来的。”

语言不够“干净”，作为交流和沟通的中介，它自己却无法保证清爽和明白，经常陷入莫名其妙的悖谬和陷阱，甚至可能会让事情本身变得更扑朔迷离。这对于好争辩的西方人而言，无疑是非常致命的一击。实质的问题是，语言本身也许就是无法传达意义的，或说语言的传达必然遭遇意义的磨损和衰减。

古典时期，词与物就是一回事，以致我们无法反思词与物之间的裂隙。要么就是这个词对应这个物，要么就不是。在古希腊之后，词语可以脱离主体独立存在，这是人类的一件大事。在电脑语言出现之前，哲学已经发生了所谓的“语言学转向”，也就是说，在语言哲学家看来，试图通过语言来指认客体、刻画主体已变成某种权宜之计。但是，从公共传播和科学普及的层面看，这种“语言学转向”的深邃话题似乎太过学术，在大众生活和工程实践中，并未引发太多的不适。喜欢干净、简洁、可量化、公式化的科学家和工程师们，一般不大理会算法与公式背后的“语言学”甚至“哲学含义”，在他们眼里，大自然是完全不依赖人的意识而“独立”存在的，认识和描绘自然的客观规律与人类使用何种语言没有任何关系。相反，他们认为，这种“与人无关”的信念，恰恰是“大自然独立存在”

的主要特质，是“普遍存在的科学规律”应该具备的特征。

这样说来，电脑出现之后的科学界和工程界依然没有把“语言”这个问题看作某种意味深长的“根本问题”，在他们眼里，这种描绘自然与事物的“形式化语言”是如此的干净利落，科学家们只要把全部注意力都集中在认识“对象本身”上就足够了。然而不得不说，“形式化的语言”其实是“死的”语言，作为表征的透明化工具，形式语言已经被概念化、工具化了，真实的语言在文本之后死亡了、消失了。

然而，哲学的语言转向毕竟是值得关注的大事。即便电脑语言将它所刻画的世界用纯粹的形式语言划定了一个十分清晰、单纯、内在一致的篱笆墙，但那些被语言所刻画的“对象的复杂性”毕竟没有自然消亡，而是游离在电脑系统之外，伺机“作祟”。从这一点上说，正是“语言”的“形式化”和“去功能化”，导致了通过这种“死的语言”所表述的哲学思想整体上是“坏”的哲学。

笛卡尔的哲学就是这样一种很“坏”的哲学，莱布尼茨也一样。他们试图发现一种通用的，无论是哲学家还是农夫，都能借以判断事物真相的“哲学语言”。这种哲学语言作为万能手段、普遍符号，镶嵌在莱布尼茨的哲学计划、康德的先天律令、狄德罗的百科全书中，甚至胡塞尔，仍然期望为语言构造一种普遍的语法。

“规定性”，这种令科学至上主义者百试不爽的法宝，被用来规定他们所想到和希望见到的一切东西。电脑的技术哲学基本如此。电脑是数学、逻辑、机械、电子等几大学科几乎完美的结合，是规定性的完美体现。在这里，规定性是通过编码来实现的，并且这种规定性被上升为“编程语言”。

电脑哲学的世界图景将一切过程浓缩为最基本的运算，这种运算只涉及两个符号——0 和 1。在心理学家、电脑科学家泽农·派利夏恩（Zenon W. Pylyshyn）看来，这种“计算隐喻”，是计算哲学的核心命题(《计算与认知—认知科学的基础》)。在他看来，对心理状态的语义内容加以编码，通常类似对计算表征的编码。派利夏恩认为，人类以及其他智能体实际上就是一种认知生灵，就是电脑。派利夏恩甚至不把这种“计算隐喻”叫作假设，而是直接称之为科学。

文艺复兴在艺术上的一个标志，就是“如实地揭示世界”。意大利“米兰三杰”的辉煌，正是从宫廷壁画的阿谀、萎靡、臃肿之外，努力呈现逼真的皮肤、血管、造型和神态——无论这造型的原型来自哪里。当这种逼真造型引发人对自然和人的完美再现惊叹不已的时候，透视学、色彩学从科学的一面，帮助大师们坚信，上帝通过数学的语言和艺术的语言，终于向人类掀开了神秘的面纱。虽然，500年艺术史的历程一再表明，那个外在的客观的世界虽然可以临摹，可以亲近，但也可以一再从艺术家的指尖溜走。

电脑语言在计算学科中占有特殊的地位，它是计算学科中最富有智慧的成果之一。它深刻地影响了计算学科各个领域的发展。不仅如此，电脑语言还是程序员与电脑交流的主要工具。因此，可以说，不了解电脑语言就谈不上对计算学科的真正了解。科学思维是通过可感知的语言符号文字等来完善，并得以显示的。否则，人们将无法使自己的思想清晰化，更无法进行交流和沟通。

随着所谓的计算科学的发展，人们在自然语言符号系统的基础上逐步建立了人工语言符号系统，也称科学语言系统，即各学科的专门术语符号，使语言符号保持其单一性、无歧义性和明晰性。

人工语言符号系统发展的第二阶段叫形式化语言，简称形式语言。形式语言是进行形式化工作的元语言，是以数理逻辑为基础的科学语言。形式语言的基本特点有：一组初始的专门的符号集，一组精确定义的符号串，以及符号串的演算规则。形式语言中的符号演算规则被称为形式语言的语法。这种语法并不包含语义，它们是两个完全不同的概念。在一个给定的形式语言中，可以根据需要通过赋值或算法逻辑与意义世界打交道，但符号演算自身是“意义无涉”的。

20世纪50年代，美国语言学家乔姆斯基（Noam Chomsky）关于语言分层的理论，以及巴科斯（J. Backus）、瑙尔（P. Naur）关于上下文无关方法表示形式的研究成果，推动了语法形式化的研究。其结果是在Algol60[①]的文本设计中第一次使用了BNF范式[②]来表示语法，并且第一次在语言文本中明确提出应将语法和语义区分开来。20世纪五六十年代，面向语法的编译自动化理论得到了很大发展，从而使语法形式化研究的成果达到了实用化的水平。

语法形式化问题基本解决以后，人们逐步把注意力集中到语义形式化的研究

① Algo160语言是电脑高级语言的重要先驱和原型，首创面向算法和计算过程的电脑语言描述规范。这种形式化的语法规则，被称作“BNF范式”，是由巴科斯和瑙尔等一批计算科学家在1960年前后发展起来的。

② 同上。

方面。20世纪60年代相继诞生了操作语义学、指称语义学、公理语义学、代数语义学等语义学理论。这些理论与乔姆斯基等人关于语法形式化的形式语言、自动机理论一起为高级语言的发展奠定了基础。

通过以上简单的回顾，可以看到电脑语言虽然在20世纪60年代试图解决所谓的“自然语言理解”的问题，并区分了语法、语义、语用等范畴，但实质上仍然脱离不了将语言问题归结为“逻辑问题”，或者“数理逻辑演算问题”的窠臼。

之所以出现这种结局，说到底是因为电脑是一种基于逻辑的计算工具。这种“形式语言系统”与主体的关系是什么呢？简单说，是一种“逻辑映射”关系，是“编码”的关系。这种“映射”和“编码”的结果导致了主体的“碎片化”，或者说主体被“强行摊在了逻辑的平面”上。

当然，作为电脑之外的主体，并非遭遇了直接的“破碎”，而是透过纳入计算逻辑的实体模型，实现这一点的。也就是说，在这里需要注意到主体通过电脑载入对象的规约，实现了映照式转换，这种转换间接地导致了主体的破碎。

主体破碎，实际上讲的是主体世界被完全规约在经过编码和比特化的数字世界中，而且这种规约本身是建立在“比特世界是物理世界的逻辑模型”的认知基础上的。但是，随着电脑应用和网络的极大普及，这种逻辑基础只有技术人员了解，一般公众或非技术知识分子往往不了解这个重要的逻辑基础，甚至专业技术人员也在有意无意地略过这一点。在专业人员看来，这简直是理所当然、毋庸置疑的。

这种当然的逻辑基础，在电脑与网络日益渗透到社会、生活、经济的各个层面，甚至在未来学家的描绘中成为未来的组成部分的时候，就出现了某种无法消除的背景假象：电脑和网络赖以成立的逻辑基础被完全遗忘了，物理世界就是逻辑世界本身。借用鲍德里亚的术语“内爆”来说，电脑和网络实现了对一切主体、客体的完全内爆。所有主体与客体的分别，在逻辑构造面前完全一致。通过数学模型不但可以构造机械设计图，还可以构造手术方案，甚至编写诗歌、剧目——对人而言，已经无法分辨哪些是人的独立活动，哪些是“编排”的结果。

碎片化的一个含义就是“意义的销蚀”，一切浮现于文本。文本成为显性的唯一的存在，任何穿越文本的努力，都将面临“再度文本化”，或者“文本嵌套”的结局，从而归之于文本。这种“自我缠绕”“自我嵌套”的状况，与艾舍尔著名的版画《左手和右手》《莫比乌斯带》的意趣颇为相合。

人机对话：对电脑的沉思

电脑是一种工具，给人用的工具，所以电脑数十年的发展动力之一就是怎样让人用得更舒服、更方便。图形用户界面（Graphics User Interface，GUI）就是一个很好的例子。因为图形化的界面比线性的字符界面能调动更多的人的感受细胞和感官机能。多媒体（Multi Media）则是另一个好的例子，它进一步将听觉包括了进来，并且加上了更真实的动感和三维实体与造型。在不远的将来，虚拟现实（Virtual Reality）会更好地让电脑与人亲近，让电脑更具有某种温存、实在的感觉。

这种进步，在某种意义上是对图灵试验的挑战。

在电脑被发明之后，许多人对这种激动人心的装置产生了各种各样的奇思妙想。其中最让人觉得神秘莫测的就是“电脑能否思维”“电脑有朝一日会不会超过它的主人——人类”一类的话题。

对此，图灵提出了一个著名的实验，后来被称作图灵试验：让一个人和一台机器在互相分隔的情况下回答第三方所提的问题，如果第三方不能区分答问者是人还是机器的时候，这台电脑就可以称作智能的机智。遗憾的是，至今尚未听到在较“强”的意义下，有哪一台电脑有幸通过了“图灵试验”。

20 世纪 60 年代，兴起了制造智能机器的热情，出现了人工智能（AI）学科。一时间，关于人工智能的种种研究方兴未艾，如通用问题求解系统（GPS）、机器翻译、机器学习等。21 世纪之前的人工智能，虽然取得了繁多的成果，但似乎仍然是一个“积木世界”的玩偶，在重大问题上并未有突破性的进展，比如自然语言理解。自然语言理解可以说是一个令人神往的梦。试想，人与机器如果能通过自然语言（即人的语言）而不是人工语言来直接对话，那该是一种什么情景啊！

有观点认为，在机器尚未突破冯·诺依曼体系结构之前，在量子芯片、生物芯片尚未取得重大进展之前，在进一步地搞清楚大脑的神经机理之前，真正意义上自然语言理解的实现，无论采取什么算法，最终都不得不被压缩到较低维的求解空间中去。这个“较低维的求解空间”，即是指对电脑编码的形式化符号体系。

这也许是现代智能技术的最后堡垒，是“音障”。

人机对话

尽管有诸多的局限性，现代电脑的逻辑能力依然是非凡的。所谓逻辑表现，是说电脑拥有快速的计算能力，而这一能力对解决诸多“可计算”问题来说，是足够的。对于那些“可计算”问题，电脑在某些方面还表现出了超越人类的潜能。比如 2016 年谷歌公司的 AlphaGo 横扫全球顶级的围棋高手，让世人为之惊叹。

现代智能装置在营造声形并茂的数码景观方面，可谓得心应手、神采飞扬。用电脑涂抹先锋派、前卫派、后现代派风格的艺术作品，可以精细到最小的画笔也自叹不如的像素；用电脑创作仿古典的、现代的、RAP 的、滚石的音乐，可以制造“肉耳”也无法分辨的和弦与效果；用数字头盔领略虚拟的太空幻境、史前文明、自然景观，可以逼真到“引人入胜”的细腻；用电脑购物、聊天、交易、问诊、求学、选举、出版、游戏乃至战争，可以便捷到只需“轻轻一按”的地步……

这是数码时代新的繁荣景观。

然而，这种新世纪的繁荣景观，其思想底座却是传统的。19 世纪末期，科学界四处洋溢着乐观的情绪，认为无论是数学还是物理学，该发现的真理已经被发现得差不多了，剩下的就是修修补补、“打扫战场”的琐事。德国数学家希尔伯特著名的“现代数学的 23 个问题”，将“建立统一物理学的数学基础”列为 20 世纪的重要使命。然而，100 年过去了，这一使命依然遥远。19 世纪末 20 世纪初理论物理关于相对论、量子力学的重大发现，结束了牛顿时代，为物理学、哲学的思考提供了新的向度，但理解和消化“量子思想”的任务，远未完结。

就在 20 世纪的哲学思想经历分裂、焦灼、反叛、重构的种种阵痛时，电脑和网络改变了 21 世纪的模样。在尽情体验数码世界超凡魅力的同时，在技术与财富紧密联盟的今天，人们又不约而同地竖起耳朵，渴望聆听预言家对未来的科学占卜。但是，在这些技术卜师宣告关于未来的数字化存在、赛博格生存，指点通向未来的巨变之路的时候，人们不由得担忧：数码世界大行其道的日子，是否真的如赫拉利在《未来简史》一书中说的那样，99%的人将沦为“无用之人”？

电脑，是硅芯片与二进制代码完美联合的产物，是“人的造物”。这样一个工具性的“人的造物”获得了其他“人的造物”所没有的荣耀，那就是与人对话的“权力”。对话，原本仅存在人与人之间。对话的开启、延展，对话的内容、形式、逻辑、语境、情感等，体现了人类活动的基本特征。当人们赋予电脑以“对话者”的身份时，或者我们尚未意识到，电脑事实上已经拥有了“对话者”的身份时，我们必须思考的是，面对这个“人的造物”，人与机器的对话到底意味着什么？当你的手机通过 Siri 告诉你“请像我这样提问题”的时候，你有没有感到一丝怪异？

人与电脑的对话，其内容、其方式、其逻辑，或可作为探究“电脑之魂”的一点线索。

“人语”与“物语”

说到“对话”，或许有两种形态：一为“人语”的对话，一为“物语”的对话。

人语，泛泛而言，或交谈，或手势，或笔墨，或音符，或画卷，是人所独有的。工具论者将“人语”仅仅视为工具，就少了几分“渔歌问答”式的温馨，少了几分“天人感悟”式的直见，少了诗意。

物语，从最基本的意义上来说，或可理解为斗转星移、空谷回声、秋虫戏水、电闪雷鸣。理性主义者将“物语”视为茫茫天穹洪荒宇宙间的“自然律令”，而这一“律令”式的解注又多了几分“笔削斧凿”式的牵强，多了几分“逻各斯”式的严整，多了“法器”。

用人语刻画物语，以及将物语拟人化为人语，这大约是“人—物各异”的本来吧！当然，上面对于人语、物语的划分，也还是有“硬分”之嫌。然而，从电脑这个端“坐”在人的面前，可以与人尽情地“攀谈”的物件来说，要想真的搞清楚“人与电脑之关系”这个权且名之的问题，还是得费一番脑筋，并且得“硬说之”才行。

那些历史上极富洞见的人，早已将“人语”以“不言之言”说到了极致，比如“道可道非常道也，名可名非常名也”。早在两汉时期，就有众多的方家对祖先留下的以阴阳爻排列而成的太极两仪四象八卦冥冥而思，企图上可识天、下可知地、中可解人。然而曹魏时期英年早逝的王弼，独具慧眼地提出了“得意弃象”的学说，对那些沉醉于术数推演的方士，无疑是当头一棒。更有禅家，以无情的棒喝，叫众生开口不得。人语，是必须扬弃方有可能获得真知的青睐，或者从交流的“至佳境界”而论，人语的妙境反倒是：免开尊口。这不免使人落入了尴尬的境地：如果你说，你必不得真意；如果你得真意，你必不能说。

这更使期望靠“自然语言理解”来登顶电脑巅峰境界的工程师们有一点失落。让电脑说“人语”，领“人意”，这恐怕只能是一个乌托邦式的神话。更有甚者，将如此的境界描述为人所追求的关于电脑的“最后一站”，或许只是高度发达的机械论思想的倒退。

此外，用电脑讲“人语”来规约人语的丰富性，淡化人语的丰富内涵，是人语退化的最严重的方式，是对人语的毒害。而且也正是这样一种既不诚实又不真实的期望，夸大了电脑这一“人的造物”的神通，渲染了一种不恰当的未来图景。于是才有所谓“电脑可不可以和人一样思维”的问题，才有“电脑有朝一日会不会超过人脑”的恐惧。

技术专家们、产业巨头们津津乐道于此，只是在其乖张的想象力上涂抹着神秘，以便使人们误读电脑的真谛，并将其由“人的造物”演变为“人造的神物”，而将幕后的操纵杆永远握在自己手中。

那么，用“物语”交谈呢？是不是可以用“物语”作为人与机器对话的“语境”？

这倒是个正面的问题。然而遗憾的是，以符号化为主要指征的“物语”，其自身的存在本来就是“物语”所蕴含的一个内在的问题。“在人之外存在一个独立于人的自然世界，并且人的理智能够从根本上认识这个自然世界的内在规律”，这是人类认识自然过程中所达成的一种较普遍的见解。在这个见解背后，事实上暗含两个前提，即本体论假设和认识论假设。

自然科学和哲学的发展，从来没有停止过对这一基本问题的追问。面对电脑这样一个新的“人的造物”，存在这样一种见解，即人与电脑能够在更深的层次上交流、对话。最近几年人工智能领域在机器翻译、图像识别、语音合成、虚拟现实及机器人等领域，有了长足的进展，但这种进展并非意味着对话的问题“得以完美解决”，而是对话的空间被大大扩展，以至于其惊喜含义远超肉身分辨率。

比如，智能机器可以很容易地辨认复杂的图形、可以创作足以媲美人的艺术品，从而让“对话焦虑”暂时得到缓解，让人这种“低分辨率物种”，可以借助更强大的数码计算能力，依托大数据延展人的感受器官。

电脑——人的造物

关于自然的历史，其实是以人的历史为线索渐次展开的，对自然的种种表述不可避免地带有人的痕迹，所以纯粹的“物语”，说到底也必然异化为“人语”。按照通常的理解，我们所谓“客观知识”应当是关于“物语”的表述，然而如何辨认这一表述中所掺杂的“人语”的痕迹？或者是否可能做出这样的“发现”，以发现“人语”的踪迹？或者我们需要接受掺有“人语”的“物语”才是真的“世界”？如果这样，那么容许哪些“人语”的存在才是合理的？这些都是问题，如西方文脉中的逻辑就是如此。按照休谟的说法，逻辑是“人语”，而非“物语”，不能也不可能接受基于逻辑的全部判断。因为这样的逻辑链条将附加太多的假设，诸如“先天”“存在”之类。即便在较狭义的数学领域内，逻辑的地位问题也同样是一个令人不安的问题。逻辑是物语还是人语？这是个问题。

为了能继续讨论下去，我们暂且认为逻辑是“物语”。在这个前提下，事实上我们承认了更多的前提，诸如物语和人语的“相通性”“可相通性”。这种承认，毋宁说是人与电脑对话的前提。现实中电脑技术的发展轨迹也正是这样递进的。然而需要注意的是，我们仅仅是“姑且”假设了“人与电脑的相通性”这一前提，事实上并没有什么更有效的证据，说明这样的对话具有唯一的、可靠的、可接受的终极判据。如果忽视了这样一点，就会导致提出进一步的质问，即电脑的“思维”问题，电脑的“智能”问题，与人的关系问题等。

事实上，逻辑学家们和数学家们已经注意到了这一问题，即逻辑的表达限度问题；哲学家们也已经注意到了更宽泛一些的问题，即知识的限度问题。

如果说这些思考有助于深化对电脑思维的质疑，并且为电脑作为“人的造物”划定更清晰的边界，未尝不是一件好事。一方面，这些结论可以使电脑使用者们减免几分“电脑恐惧症”，使电脑技术更多回归工具属性；另一方面，也可以让工程师们放心大胆地编码这个世界，而不必担心电脑有朝一日会脱离人的掌控。

退一步说，即便有朝一日电脑被赋予了“灵魂”，我们也不必担心这灵魂的“失控”了。

人机对话的“苟且”状态

信息时代的一个特征是信息爆炸。爆炸即意味着信息的指数式增长。当我们亲手打开“舱门”，跃入信息之海的时候，一个不可避免的问题出现了，那就是什么是信息?

在人与机器的对话未建立之前，信息是无意义的，只有数据——中性的海量数据。然而，在人与机器的对话建立起来之后，“信息”一词也未见得一定可以获得明确的含义。信息，从人的角度来说，完全是人的主观的目的性对数据的规约，或说具有主观感受的数据，才会被视为信息，才能获得“被释读”的机会，“对话”才真正得以展开。也就是说，信息的存在必须具备以下几个条件。

（1）在人与机器间建立（物理）对话。

（2）在人这一端存在一种合目的性的主观判据。

（3）在对话中，人必须完成某种含义不可缺损的阅读行为。

也就是说，通信、阅读、判断是信息从海量数据中得以“提取”的 3 个要素。

通信，即建立管道。在人与机器之间建立一种可靠的通信连接的前提是存在定义好的协议。也就是说，必须“先天地”规定一种机制，一种公共语言，使人机间的数据流动是无歧义地进行的。之所以要求这样一种“文本”，是因为在通信的过程中存在消息的磨损与歧变。

阅读，除了按照协议的机制进行一定的文本转换之外，事实上是一次主观复原的过程，也就是说，对于“比特化”的数据进行“意义重建”。这种重建的上下文将从机器转移到人，或者用上面“硬分”的“物语”转向“人语”。这里悬而未决的困难可能是，阅读过程可否完成？重建是否完备？所阅读的素材是否提供了足够的语境?

阅读的主观判定，这是完全脱离机器的过程。然而，这一脱离并不彻底，因为对阅读结果的任何解释和重构都不能超越文本的数字化特征。所以，这里的最大隐患是，存在用“添枝加叶”的主观活动对比特化的内容做下意识的外推，即

“脑补”。

这就是人与电脑对话的真实。这真实即是说对话过程的“漏斗性”。人机对话的过程,像一个巨大的认知漏斗,将比特化的素材与人的个体经验和主观感受,一并“放入”了“释读”的再加工过程。

今天的数码装置，以其高速、大容量、强音效和炫酷的色彩表现，掩盖了数码技术本身简单、脆弱的一面。它靠速度和数量取胜，有人期望这样的“海量和高速”，可以催生某种“质”的变化。我以为，这与其说有赖于机器，不如说更取决于人本身。

不过，还是有一个令人费解的疑问：数码技术的符号语言虽然是离散的，但它却能很好地在人造世界中呈现连续性，而人的语言和思维固然看上去“缜密又连贯”，却在许多地方存在断裂。

这也许正是图灵试验迄今无法取得更大成功的奥妙。

事实表明，人与电脑的对话只在实用层级进行。这一层面的对话被不适当地夸大，从而掩盖了另一种可能的存在：人与电脑的对接，比如脑机接口、虚拟头盔，事实上是一种“屈从”，这“屈从”表明了真实的对接将大大降低人的思维空间。

用于对话的符号，如果在逻辑的齿轮下良好地运转，除了炫酷体验，并不能带来更多的新东西，更何况还有太多的截断、遗忘和舍弃；对于对话的判定，只是依赖逻辑的一再外推，加快人退化为物的步伐。

在这样的意义下，数码技术存在的理由目前看依然是浅层次的、世俗的，这种存在只是表现为人人都可以上网，都可以通过电脑工作，人人都可以交流，这种“对话”或者“交流”由于其内在逻辑的限定，可以说“毫无新意”，但有一处例外值得警惕，这就是当如此多的人脑和电脑交织在一起之后，当人机对接借助神经网络、类脑链接，将人作为一种新的“族群”创生出来之后，人的行为将发生什么巨大的变化，人的存在将向何处演化？这些问题仅凭借数码的逻辑是无法回答的。

不过，从现在来看，基于形式逻辑的数字生存状态，如果说在电脑、手机上或说网络上发现了某种价值，莫不如说发现了人的缺陷。

碎片化之三：遭遇他者

碎片化的第三个表现是他者的再发现。这个与互联网相关。

主流科学的两分法在笛卡尔那里牢不可破，遂影响后世几百年。自互联网出现之后，这个世界发生了巨大的变化，世界不再是物我两极，而是紧密连线的“自我—数码—他者”三点。物理世界的自我，在数字世界里以账号、数据的形态存在。虽然商家极力主张通过数据、轨行为的精准画像，但这个数码身份依然不是肉身的完全替代品。在这种情况下，传统意义的“他者”就有了新的含义：他者是多重的、碎片化的、多维度的混搭。

数码他者的发现，使关于“主体即此在肉身”的假设再次告破。更重要的是，数码他者的出现越来越规定着、约束着实体世界。纷繁复杂的数码个体，通过连线瞬间遭遇的时候，一切都转化为数码符号的交流，这种交流也是实体世界的“模仿”和替代品。这就是说，过去对主体而言封闭的“他者”只不过是他者的某种侧影，同样，主体自身也包裹着厚厚的数码“皮肤”。在网络世界里，主体和他者都只能在“数码符号”的重重包裹、混搭下，进一步稀释、碎裂。

列维纳斯[①]说，“他人并非首先是理解的对象，然后才是对话者，这两种关系混杂在一起；换言之，对他人理解与他人的祈求不可分割”。他人，另一个主体，原本是语言存在的前提，但是传统的语言仅仅将“他者”当作“自身之外”的“灵性之物”。虽然列维纳斯说“对他人的理解与他人的祈求不可分割”，但传统的语言依然要将其“分割”开来，用类似“静物写生”的手法“白描他者”。也就是说，列维纳斯认为，那种语言有两个特点：一是从共同的自然之声传递的那部分自然的语言；二是“我”的语言。

前一个特点在人类的文化史中可谓绚烂多彩。古典的诗歌、戏剧与小说，之所以是“自我”的，就是因为“自我认知”是一切情感的生发源点。在这种情况

① 埃马纽埃尔·列维纳斯（Emmanuel Levinas，1906—1995），法国当代著名哲学家，他是继胡塞尔、海德格尔之后影响最大的哲学家。其代表作有《从存在到存在者》《和胡塞尔、海德格尔一起发现存在》《困难的自由：论犹太教文集》等。

下，人们无形中“以我为中心”使用语言，遂使列维纳斯所说的关于语言的后一个特点多少被忽略。人们不以为“语言”是有个性的，觉得根本就不存在“我的”“你的”语言，语言一诞生就是社会的，至少是部落的，是群体的。这里把一个非常重要的过程跳过去了，就是语言的发生过程。事实上，语言不可能是“一下子”出现的，而是逐渐出现的。

语言出现的过程是专门的研究领域。这里只是想指出，完全个性的、属于“我的”语言原本是存在的。也就是说，不管语言发生有多少种不同的假设、理论，有一点需要认真对待：完全术语个体的发声、表意是存在的，好比婴儿的啼哭一样自然。但是，在漫长的现实演化中，人们往往将“我在‘使用’的语言”，误当作“我的语言”。这种为我所用的语言，其实无法与使用者剥离开来独立存在。这个跟衣服不一样，一件衣服没有穿在你身上之前，它的确是可以穿在别人身上的。而语言不能。哪怕语言的可模仿性很强，一个人所使用的语言一定有自己的痕迹。

列维纳斯说的是，关注语言问题不是关注“说”，尤其不是关注在心里“说”（内心独白），而是要去“听”，去“倾听”，在1991年，他写道：“话语的本质是祈求，它把针对一种对象的思想同与他人的关联区别开来，因为这种对话以呼唤语表述出来，被命名者同时就是被呼唤者。”所谓主体，应该是一个倾听的主体，即听从他人呼唤的主体。这即是说，语言虽然与生存有关，但不仅仅是关于自身的生存，而是关注他人的生存。

关注自身，关注自在与关注外在，其实都是通过语言着力描绘的。这里有另外一种观点，认为语言体现的是身体的意向性，而不只是意识的意向性，这点可以从弗洛伊德对梦、口吃的分析中看到，“语言深埋于欲望，生命的本能冲动里”（利科，Ricoeur）。所以说，仅仅将语言视为“交流的工具”，从互联网的实践来看，的确是过分简单了。在互联网上，年轻人热衷的“火星文”“表情包”，其实已经充分说明那种传统的“交流说”对理解语言来说是多么贫乏。交流只是一种表面现象，语言交流可以传递绝大多数内容。但是，从日益增多的互联网语言现象，如“调侃”“自嘲”“混搭”中可以看出，网民挣脱捉襟见肘的语言束缚的倾向。人们已经不是通过语言的论辩力、感染力来彼此接近，人们通过“会意”而不是“同意”来彼此接近。“会意”的语言完全不理会语法、词法、句法，完全漠视既定的表意逻辑；恣意肢解词语，拼贴画面。这种超越线性语法逻辑的语言，在互联网上比比皆是。数字世界似乎有一种动向：新的赛博语言，行走在“说”与“非说”的边缘。

多姿多彩的生活已经告诉人们，需要放弃“语言清澈透明”的奢望。“词不达意”“言不由衷”，说的都是这种生活体验。语言有自身的维度，它表面上看是交流，其实更是“沉默的身体之间的交融”。网络空间中的语言交流，比鲜活的生活语言要少很多难以言传的趣味，更不必说无声的肢体语言和眼神的交流了。看看朋友圈里的聊天，就可以明白今天数字世界里的交往方式，是多么的令人乏味。红包、广告（其实发文章也是另一种广告），外加各种表情包，基本就是社交圈所谓“聊天”的常态。其实根本谈不上“聊天”，只不过是把一堆堆信息“喷”在网上。即便是说人话的“交流”，也是传统语言文本遣词造句的“浅交流”，不是人与人之间的“真对话”。人与人之间的对话，是两个身体、两个肉体之间的对话，它不是词语搜索，不是句法分析，或者语法、语义匹配，而是感觉。

但是，十分遗憾的是，形式化语言和格式化逻辑在赛博空间里占据统治地位。这种形式化的语言叫文本，对电脑软件而言叫程序。我们目前的“笛卡尔式”的认知结构，只能理解到这种程度，即结构主义者所说的，“科学知识本身就是一种话语”。尖端科技都以形式语言为支撑，如信息学、通信与控制、电脑语言、机器翻译、数据库、智能终端。在这里，知识被转译和切割成大量“符号化的信息”，然后一股脑装进了一个全新的连线世界。然而，那些非语言的、生动的、属于肉体的部分，从此无缘进入这个世界了。

互联网让他者的存在第一次以比特化、碎片化的方式出现：海量的“数码他者”。这是一种怪异的版图：传统语境下颇为自如的“主体”，在浩瀚的互联网中遭遇到海量的“数码他者”。在海量的“数码他者”面前，过去优越的“主体”，傲慢的“主体”，有阶级、等级、财富阶层分割的“主体”，矜持的王后、傲慢的王子、狡黠的船东、贪婪的守财奴、自负的教授……在遭遇“海量的数码他者”之后，无一不显露干涩、枯萎、微妙的一面。

海量的数码他者，通过海量的“符号语言”将孤独的“主体”淹没。

这时候，人们通过不中用的“符号语言”发现，使用传统的表达方式进行交流，远远不能招架这种海量的“数码他者”。然而，仅仅认识到这一点是不够的，值得反思的是，在互联网中倍感孤独的“笛卡尔式”的个体，被碎片化的符号语言压缩成毫无生机的个体，或者说只是肉体的“画像”，没有灵魂。笛卡尔的“人物两分”的结果，其实是“灵肉两分”。这种“灵肉两分”的认识论，导致科学得以大肆解剖这个肉体，并把世界放在砧板上横切竖砍，科学的认识论由是成为“拆解世界”的方法论。今天，这种认识论和方法论早已被正统化为科学，依然在这个即将爆发的虚拟世界背后，散发着威权的冷光。

顺着笛卡尔的“人物两分”，可以看到“身体的再发现”。“身体的再发现”不但有关主体自己，还有关他者的存在。“身体发现”的要旨是：笛卡尔之前的哲学家，根本无视身体的存在，身体仅仅是伟大思想的空洞载体，仅此而已；自笛卡尔之后，特别是在解剖学、医学发展的成果下，科学家对肉身的认识大开眼界，主流的、非主流的科学家一起扑向这个“臭皮囊”，一直研究到尼采发疯。

尼采的癫狂在肉身意义凸显中有重要价值。当“臭皮囊”里闪光的、深邃的、富有哲理的思想千百代传承、光大的时候，快感、悲伤，以及就在“臭皮囊”里面真真切切发生的事情，似乎从来没有人过问。与其说尼采宣布上帝死了，不如说尼采宣布锁在“臭皮囊”里的那个吞噬肉身、剥夺肉身的“上帝”从肉身中被驱逐了出去。

发现肉身之后，抽象的、无面孔的主体便碎裂开来，不再那么无坚不摧，刀枪不入，唯我独尊了。这里所说的“身体的再发现”，用梅洛·庞蒂的语言说，是非常具体的“肉身”，而不是被笛卡尔抽象化后的“普遍的躯身”。笛卡尔所言的“肉身”，是毫无生机的身躯的空壳，或者说只有物理的肉体，但没有灵魂。这种逻辑导致的后果就是，在将客体数码化之后，下一个动作就是对主体的编码，以及对主体编码的结果任意编程、任意组合。

认识到“肉身”的存在，但并非堕入笛卡尔之前的“凡夫俗子的肉身”，对互联网上的生灵有重大意义。因为碎片化的主体只能重回“肉身”方得安宁——但绝非回到“笛卡尔式的二元世界”。

第六章
漂浮的碎片

统碎主体的四个“齿轮”

从技术上讲，导致碎片化有四个“齿轮”。

“比特化”

前面已经讨论过，比特化有两个明显的“技术缺陷”，一是“有限长度”，二是“截断误差”。其实，比特化的玄机还不只这些。用电脑迭代算法来说明这个问题会更加有趣。电脑使用一种叫作“离散数学”的工具，“离散化”是电脑的基本原理。比如，真实世界中的一个物理方程，如果要在电脑中进行计算，就得采用“采样方法”，将它“离散化”。举个例子说，一条抛物线，在平面上是用一条光滑曲线来表示的，可以写出这个抛物线的方程。但是在电脑里，一条抛物线并不是连续的、光滑的，而是“锯齿状”的、“散点状”的。只是电脑内部把这种“锯齿”“台阶”做得非常细小，人的肉眼根本分辨不出来。

说离散化是基本原理，是因为这个原理往往不会跟非专业人士讲，倒不是有啥需要藏着掖着的，是专业人士觉得这个原理“天经地义”，就这么回事，不值得大惊小怪。

这里有个问题（这个问题前面已经提到过了，这里需要再重复提一下）：通过编码、比特化的方法，把物理世界“塞”进电脑之后，这两个世界是否等同？电脑专家们内心深知这一点：这种表达物理世界的逻辑模型，只是在“一定程度上”模拟了物理世界，其实并不是物理世界的全部；这个模型也只在“一定程度上”能很好地与物理世界相一致，一旦超出这个界限，电脑世界与物理世界就根本上不是一码事了。

但是，这种区分有一个细微的误区，需要立刻澄清。

非电脑专业人士听到这种区分，会觉得“没什么大不了的”，不就是“计算误差”嘛！问题没这么简单。

假设你手上有两个球，一个是主球，另一个是附属球。规则是这样的：只要在主球上记一个记号，一定要在附属球上也记一个类似的记号。在这种场景下，主球代表物理世界，附属球代表电脑世界。如果主球上写个 X，你也可以在附属球上写一个大小差不多的 X。这两个世界的对应关系，看上去很清楚。但是，电脑世界和物理世界的对应关系却要复杂得多。至少有 3 种情形，导致上面这个例子的复杂程度大大增加。

第一种情形：主球是光滑的球面，而附属球则是类似高尔夫球那样的麻面。主球上给出的任意图形，与附属球上给出的将差异很大，麻面越“麻”，差异越大。

第二种情形：将主球上的图形复制到附属球上，可以有一种办法；但反过来，从附属球上指定一个图形，要找回它的“原本”，可能就很麻烦，甚至不可能。

第三种情形：多个主球和多个附属球的情形，将使局面变得更加复杂。

进一步说，电脑世界和物理世界之间的这种差异，一直以来并没有被当作什么“大不了”的事情。人们只是将其作为一个平常的“转换问题”。在讲清楚基本原理之后，无论是电脑专家还是普通老百姓，就都忙着投身于“五彩斑斓”的信息世界中，对此“见怪不怪”了。

这种“见怪不怪”十分可疑，因为它建立在“物理世界与电脑世界同构”这个并不确凿的假设之上。用“机器世界”取代“人的世界”，将“人造的机器世界”美化为“人认识自然，改造自然”，是过去几百年来科学主义大行其道、屡建奇功的真实写照。这在信息时代，有“大局落定”的迹象。

这种“定局”，将人造世界与物理世界之间的界限一笔勾销，或者视而不见。

忽略物理世界和人造世界之间的重大差异，这也就是麦克卢汉所说的“内爆”。这个“定局”造成两方面的后果：一个是，它造成某种未来的“不可能”，即进一步区分机器世界与人的世界之分别将成为“不可能”；另一个是，它让机器世界的主宰，即技术原教旨主义者，获得了这个“机器世界+物理世界”的最高裁定权（编码权）。前一个后果，可能被各类技术主义者和传媒大亨鼓噪为关于未来世界走向的标准版；而后一个后果，则成为各类技术天才和传媒大亨们极力维系的关乎未来的权力架构。

不过，指认这种“定局”的玄机，并非如以往技术批判的一贯做法，与这种“定局”采取“抗争”“抗辩”的态度。在没有充分认清这种“定局”背后潜藏的逻辑之前，任何“抗争”与“抗辩”都是徒劳的。这种“定局”几乎100%，都是众多网民不得不接受的进路。但是这里面的精细的差异，需要认真审视。

导致这种定局的底层逻辑，首先是完全的数码技术语言，如编码、比特，其次是完全的社会语言，如进步、发展、幸福，最后是完全的霸权语言，如不可逆转、不可抗拒等。背后的潜台词是完全的技术至上主义，是“科技=理性=进步”的公式。

回到比特化上来，总之，物理世界被比特之刃切割成标准件，打磨得光溜溜的，这是主题破碎的第一步。

符号化

数码化之后，一切都是计算，一切都只需要计算，“符号化”是计算的重要基石。

符号化是电脑非常重要的一个特性，这个特性导致了电脑诸多稀奇古怪的后果，比如电脑病毒的科恩理论，图灵不可停机理论。这些理论的一个共同点，就是证明了符号演算有本质的缺陷。

美国电脑学家科恩博士，在1983年提出了电脑病毒的概念。与生物病毒类似，虽然电脑病毒本身也是一段程序，但包含恶意代码的这段程序将有可能伺机侵入电脑系统，将自身代码复制到系统内，在时间条件具备时，自动进行破坏性的操作。科恩1990年证明了这样一条定理：不可能编制一个电脑程序，用来识别任意的电脑代码是不是病毒代码。这条定理从理论上完全堵死了识别“病毒程序”的可能性，与图灵不可停机定理异曲同工。图灵定理简单地说，就是你不可能编制一个程序，由这个程序来判定正在运行的电脑系统能否停止下来。

图灵不可停机定理和科恩关于病毒不可判定定理，都是从“否证性”角度揭示这个机器世界的本质特征。这一特征对了解电脑的“能耐到底有多大”，以及揭示这个人造的机器世界到底有何种功能至关重要。

这种“否证”并非“从反对的角度”去证明一个事实，而是从悖论的角度说明这样一种境况：肯定陈述与否定陈述，在内在一致的电脑体系中是种什么关系。

关于悖论最精彩的论述，我所见到的，当属《科学美国人》专栏作家侯世达（Douglas R. Hofstadter）于 1979 年出版的 *Godel*，*Escher*，*Bach*（《哥德尔，埃舍尔，巴赫》），1984 年这部书的中文简版以《GEB：一条永恒的金带》为名出版，震撼了整整一代中国知识分子。

《GEB：一条永恒的金带》里最迷人的部分当属“自我指涉”，或者叫“怪圈”。比如，在埃舍尔著名的版画《凸与凹》《上和下》《观景楼》《瀑布》等，用看上去荒谬的视觉效果表达了相互缠绕、自我指涉的“怪圈”。

自我指涉和符号化是什么关系？简单地说，符号系统是对某个对象体系的系统描述，就好比平面几何通过点、面、线之间的相互关系，对各类平面图形进行描述的体系。欧几里得几何，就是对平面图形的符号化结果。符号化结果往往给普通人带来某种期待：期待这个体系是完备的，即所有关于这个体系的知识都已经被涵盖在其中了，无一漏网；此外，期待这个体系是内部一致的，即体系内部不存在相互矛盾、相互抵牾的地方。

格式化

图灵机的“纸带”隐喻，将任何一条无限长的“纸带”上面“画上格子”的工作，就是“格式化”的形象表述。电脑和一切数码产品，都具有这个“格式化”的存在形态。“格式化”规定了数据、程序存储的线性结构，规定了编码世界的基本状态。

格式化已经超越了电脑概念，成为一种文化理念。当某种文化被格式化的时候，一般说的是，这种文化的基本词语、思想、观念、方法已经被先行固化。在电脑中，格式化是彻底摧毁以往任何数据记录的动作，它把系统中以往存在的全部内容完全消除，这种消除是无条件的。

格式化之后的系统，将完全成为一个全新的系统，仿佛什么也没有发生一样，重新在这个系统中写入任何你想写的东西。一旦电脑中的格式化指令得以启动，是不允许中止的。也就是说，指令一旦开始执行，系统是无法停止下来的，直到系统被全部刷新完毕。当然，从技术上讲，你可以恢复到原来的系统，假如你有后备数据的话。不过，后备这个技术操作，并不会改变格式化的含义。

格式化背后的文化含义令人警觉。格式化在电脑中只是一种指令，这种指令有一个重要的特征：它完全知晓运行格式化指令后，可能会带来的后果。与数据可能存储在磁盘上的任何空间的相对"自由"相比，格式化是一种令人恐怖的"绝对命令"。执行格式化命令的后果意味着"完全服从于操作系统"的绝对控制权，使用操作系统对编码体系的绝对定义权。

格式化的文化含义非常令人恐怖，它往往意味着灭绝，彻底的灭绝。在记忆中擦掉任何与历史有关的信息，完全把对象变成"新的"毫无历史联系的"空白品"，这就是格式化。

编程

软件程序员喜欢这样的工作状态：按照自己的想象和喜好，将脑子里灵光闪现的奇思妙想，用电脑语言编制成符合规则的软件——属于程序员的天地，就此诞生。

软件程序员有这样一种哲学：只要给我算法，我就可以写出程序代码。从某种程度上说，这是合理的。当然，也不是所有的程序员都会这么想，比如著名的软件思想家温伯格[①]（Weinberg）。1971 年，温伯格出版了《程序开发心理学》一书，该书被认为是研究软件工程作为"人的行为"的开端。温伯格是一个通过不同的视角来看待"电脑编程"的大师。贯穿这本书的一个最重要的思想就是："电脑编程是一项人类活动（Human Activity）"。它不再是依靠某个人的技能就可以

① 杰拉尔德·温伯格（GeraldM.Weinberg，1933—2018）是软件领域最著名的专家之一，美国计算机名人堂代表人物，是从个体心理、组织行为和企业文化角度研究软件管理和软件工程的权威与代表人物。代表作有《程序开发心理学》《咨询的奥秘》《系统化思维导论》等。

完成的行为，需要人类的集体合作，因此绝不等同于我们通常所说的“程序设计”或者“掌握编程工具和技巧”。

正因为在这个合作的过程中，人性已经成为至关重要的一个因素，所以每个程序员的个性、人格与其独特的问题求解模式都得到充分的展现。为了使这种合作的绩效达到最佳，需要借助正确的选拔、培训、组织与管理方法，消除程序员与其主管之间的误解与偏见，并帮助他们从“人之个体性的最后堡垒（the Last Bastion of Individuality）”中走出来。

时至今日，有很多的程序员和主管依然坚信“编程能力”是与生俱来的；而更可悲的是，仅仅将其视为一门手艺，甚至饭碗的还大有人在。面对在软件业界依然十分流行的此类神话，温伯格的话值得我们每一个人深思：“优秀的程序员是培养出来的，而不是天生的”。

温伯格对“电脑编程”的理解与界定也与大学教授们很不一样。由于自认为能够站在电脑科学的前沿来分析和解决问题，后者总是会不由自主地流露一种相对的优越感。的确，在电脑科学中所讨论的都是一些有关电脑的本质与一般性规律的问题，其中有些问题甚至已经近乎玄妙了。因此，在教授们的词典里，“电脑编程”往往被解释为“电脑程序在时间与空间上的效率、复杂度和可行性”等。然而温伯格却明确地表示，他并不认为“电脑科学”是一门科学。一旦将电脑科学奉若神明，人也就成了它的奴隶，在不知不觉之中，它成为人与人之间的一座壁垒，将人与人之间的关系简单而生硬地切断开来。

不过，粗粗看一下图灵定义的所谓“有限自动机”——电脑的核心原理，就不难理解为什么电脑编程在很多人那里都只是“一系列操作步骤的组合”，因为图灵机就是这么讲的。

图灵的机器异常简单：按照少数几条规则，移动图灵机上的那个读写头把代表指令和数据的“0、1”字符串写在纸带子上，然后移动读写头，“让它干什么它就开始干什么”。电脑就这样造成了。

这样一台符合图灵原理的电脑，包含以下三条结论。

进入电脑的一切玩意儿，都比进入之前要少。

进入电脑的一切玩意儿，本质上无差别。

从电脑里出来的玩意儿，终归是一堆二进制代码。

根据第一条，电脑把世界分成两部分——“进入的”和“未进入的”，即“得到编码的世界”和“未得到编码的世界”。这特别像生物进化中被淘汰的物种，我们现在看到的是保留在系统中的一部分。你只能看见你看得见的东西。需要注意的是，当“进入电脑的”东西越来越多的时候，人们将面对“两个世界”：一个是原子世界，一个是比特世界。但是，由于前面反复讲过的“截断”“残余”概念，比特化总是“省略”很多“无法比特化”的内容，于是进去的永远是“干净的部分”，即通过数学方法构造出来的现实世界的“降维”的版本。

电脑总是丢掉信息。从电脑原理上说，这种比特化还是“单向度”的，这件事情让电脑更像是时间机器。电脑中“进入”的东西越多，被它丢掉的东西就越多，而且找不回来。

以上三条结论非同小可，简述如下。

第一条要特别引起重视。换句话说，不存在整个儿“进入”电脑的可能。你永远“进不去”电脑，电脑能进去的只是你的一个版本，电脑所做的仅仅是符号化。

第二条，“凡进入电脑的比特，本质上无差别”。这个很要命。在形态各异的大千世界里，个体差异都有鲜明的不同。但是，经过编码之后，个体的实质显现为“0、1”代码。在这种情况下，被比特化的实体，与它的“摹本”之间毫无必然联系。不是说“（电脑中的）你”非得是“（现实中的）你”，在电脑中的你已经不属于你，你所占有的这些比特本质上毫无意义。电脑所做的一切，无非是编排、发送、呈现，再编排、再发送、再呈现。

第三条也很可怕，“从电脑里出来的玩意儿，终归是一堆二进制代码”。在冯·诺依曼体系架构中，指令与数据的存放处于同一存储空间，理论上是没有区隔、没有差异的。这种安排使得逻辑上“自我复制”“自我指涉”有了现实可能性，一段代码（可能是指令，也可能是数据）可能覆盖另一段代码。比特在电脑里存在“乱窜的可能性”。这种局面造成了电脑软件里存在大量的“自我嵌套”。“嵌套”是“自我指涉”的一种形式。在任何软件中，都存在这种“嵌套”。一段程序调用另一段程序，叫“调用”；但有可能它会调用它自己，这样就构成了标准的“自我嵌套”。电脑世界内的自我嵌套，与物理世界中的自我嵌套有本质的区别。电脑世界里可以套得很“紧”，随时可能陷入死循环、死机；物理世界一般自我嵌套不大可能出现，即使出现也被视为“病态”“错乱”，或者生物体自身的耗尽。

这三条结论看似简单，实则将物理世界和比特世界的鸿沟表达得很清楚。物理世界的原子、肉身，必须“占据”位置、“消耗”能量；比特世界中的代码，理论上无须“占据”位置、“消耗”能量（除了消耗电力）。当奉行二值逻辑、两分法的物理世界的人，在比特世界中，竟然发现这种二值逻辑、两分法的完美表现，乍一看令人兴奋，或许还是前所未有的“解放”，但最终得到的却是前所未有的“恐惧”。

在电脑极客眼里，“解放”的时代已经到来。挥洒自如的创意、颠覆传统商业法则的游戏，在这个时代叫作“创新”。于是，极客和商人们发现“颠覆传统”是一个大生意。让不懂电脑的人学习电脑，可以做生意；让没有电脑的人买电脑、消耗电脑，可以做生意；让旧电脑升级换代，可以做生意；把电脑的快捷、海量的优势发挥到极致，代替人做人不擅长的事情，如打字、记账等，可以做生意；建造复杂的控制系统、信息系统，利用电脑设计服装、舞美、大型机床，都可以做生意。

其次，商人们还发现“改写游戏规则”更是一个大生意。让钱币数字化，在网络上流动；让数字商品的稀缺性本身变成“商品”，通过网络交易各种私密消息。

但是，倘若不能丢弃比特世界的笛卡尔主义，那么真正“恐惧”的时代即将到来。

丢失在网络中

与上述相仿，在网络世界中碎片化的意蕴可以总结如下，或者按网络技术的属性，把“碎片化”分为两步。

第一步是将数据打包。打包是一种较系统的比特化，它不是符号级的，而是组件级的；不是原子级的，而是实体级的。

前面已经概略说明了网络的两个特性：数据包、TCP/IP 协议。其中数据包是网络中最基本的“原料”，是后面将要讨论的“碎片”的基石。想象一下网络上大量传送的这些数据流。这些被切割完整、打包整齐的数据，可能是一个文件，也可能是一段音乐、一幅图片，还可能是一段秘密谈话、一封重要信件、一段煽情视频。成千上万的数据包，脱离了发送者在网络上川流不息，熙熙攘攘。这里碎片化的特征表面上不明显，实际上是弥漫、充塞于虚拟空间的“另类实体”。

一般而言，数据包表示数据的关键，在包头、包尾的标识所携带的关于“这个数据包”的完整信息。但是，由于所有的代码在网络中都只是代码，所以掐头去尾替换数据包中的一些片段，虽然并不影响数据包的传递，只是内容已经大相径庭。这种潜在的危险，在后面谈论“远程数据灵异交互”时十分有用。没有可靠办法控制数据包的完整性，是网络不得不面对的一个现实难题。

第二步叫争用。这个概念前面已有交代。试图在网络中传递的数据包，存在路径选择、优化，而且有线路竞争。包交换规则采用存储转发机制。这种存储转发的机制，使选择“恰当的”路线变得非常关键。不过，仍然可能有漏洞：对恰当节点的筛选，原则上又是一个可能复杂到极致的难题：对于异常复杂的网络，路径选择算法可能是低效率的，甚至极端情况下无法在合理的时间内，判定路径选择的优劣。

从上面的简要分析可以看出，网络导致的碎片化，是“意义的丢失”或者“数据污染”。

由此可见网络传输的三种结果：发出去的和收到的，无法确保始终一致；走在路上的数据，随时可能被污染；最终得到的，可能比最初发出去的要多。

这三种结果，导致任何离开发送方的信息，将游离于发送方而独立存在；并且对这种独立存在并没有任何可靠的方法来确认与“原初”的数据完全一致。

这种情形一般不会在关于网络的技术丛书或者关于网络革命的普及读物上谈起。一般的教科书或者网络图书，所提到的都是“正常的”网络传输情形。这就好比所有的收音机，在使用说明书或者原理教程中都只会讲“收音机接收有效频率信号”的功能，都不会讲“收音机实际上可以接收任意频率信号”。

弥散在大气中的无线电信号，从理论上讲是连续谱。从理论上说，电磁波是可以连续变化的。接收器所能接收到的“有用的信号”，只是对某种特别约定的频率信号的再调制。这种特别约定的频率只是几乎无穷的频率中，“我们认为有用”的很少的一部分信号。实际上收音机在一定的频道波段范围内，可以接收任何频率的信号——只要这个信号在这个频率被发射出来。

收音机是定向性非常好的电子装置。网络与之相比则差劲得多。虽然电子信号也有可能被侦听、截获，但与数据包相比，电子信号被侦听和截获往往不会对信号本身造成损害。当然，如维纳指出的，电子信号在线路上也有物理磨损，这种磨损是以信号失真、受到干扰的状态存在的。与收音机相比，网络上数据包的抗电子干扰的能力似乎要大得多，但是抗“有意识”的数据截获的能力却很差劲。这多半是由于网络上的数据包一般是“公开”发送的，而不像音频信号是按频率“分别发送”的。理论上数据包对任何一个节点都是可以“看到的”，除非目的地址不对，节点拒绝接受。由斯诺登事件爆出的美国“海底光缆”窃听事件，是这种风险的具体表现。

这种“公开发送”的情形，使每个连接在网络上的终端和用户都变成一种信息的“接插件”，经受海量信息的轰炸。连接到网络上的节点，已经丧失了“定向频谱接受”的自由，而变成了海量信息的“卷入”。换句话说，对连接在互联网上的网民而言，已经不存在“自主的意愿”了，我们已经深深地卷入了信息的海洋中。

被卷入的主体

电脑与互联网显露的能耐，就是把这个物理世界编码为一个二进制世界，从而改写一切。事实上这种“改写”已经很多了，如数码印刷、电子货币、电子商务等。在自动化机器、智能化仪表方面的“改写”就更加明显。还有 DNA 测序，高性能电脑对卫星导航的快速处理，更快的石油勘探程序，更精细的加工过程，分子级的材料学和制造技术。这一切都雄辩地说明了，机器的能力远比 100 年前用汽锤、马达等电力的时候要能干得多。

令人自豪的互联网应用几乎都产生在网络游戏、音乐下载和数码影像方面，这更增加了人们对数码时代的参与度和接受度。数码世界背后的神奇力量是通过软件、多媒体和想象力释放的，互联网进入公众视野之后，更加放大了这种想象力。

然而，从另一个角度，似乎更能看到数字化、比特化、信息化的实质。

互联网上发生的一切首先是一种数值变换。把一切需要表达的东西放进数码世界的过程，无论放进去之后它有多么令人惊奇，多么令人陶醉。放进去，就意味着接受一种编码。这种编码，就像物品编码一样，本质上已经将“所指”与“能指”割裂开来了。

电脑的建模理论一开始就承认有两个世界，一个是物理世界，另一个是用算法、数据结构来刻画的逻辑世界。后者只是前者的一个近似。理解这个过程原本不存在任何困难，其实任何我们打过交道的工业品都有这种特点，比如交流电，理论上是正弦波，但真正测量出来的总不是那么光滑的正弦波形，不过不影响使用。但数码技术改造物理世界的进程和结果与此有两点不同。

一是速度极快，波及面极广，几乎没有什么东西不能塞到数码产品里，然后再扔到互联网上。一旦网络上的“比特”积累成为巨大的数据“海洋”之后，一旦丰富的外部应用构筑成“孪生的数字世界”之后，真实世界与数字世界的差异可能就模糊不清了。

二是实质性的，数码产品是全数字的，这与过去的所有传统机械装置都不同，数码产品是可编程的。作为数字网络的物理节点，数码产品具有深度学习能力、灵巧的多媒体展现能力、海量的记忆能力的东西，这点与过去的机械装置大不一样。数码产品超强的记忆、运算、存储和传输能力，显示了强大的“超人”能力，而且准确度极高、体验极好。可编程的机器，似乎一下子提高了人对世界的“操控能力”，但这可能是个假象。

互联网是以此伟大的变革。但互联网的出现也不幸中断了一个文化进程，这个进程就是对传统科学的反思和对技术的批判。自英国哲学家波普尔以来，科学的哲学功能就被提出来诘问，科学到底是什么？技术到底是什么？科学和技术的社会功能，日益添加了太多“进步”的光环；互联网出现后，极大地解放了人们的想象力，转移了年轻人的政治热情，与连接在智能机器另一端的陌生人打交道，远比与身边熟知的人打交道要容易得多，而且要好玩得多。商人，则发现了赚钱的工具。

互联网的碎片化，有以下两个层面的含义。

一是互联网导致了世界图景的分化。世界被分为两部分，一部分已经被数字化、被赋值，进入演算系统，另一部分则没有进入。世界也被分成两种人：一种人决定何种东西要进入电脑、进入网络以及如何进入；另一种人接受这种安排。碎片化在这个意义上其实是分裂化。一种实体可能遭遇多次编码、重复编码、混合编码，任何实体都不能免除被编码的命运，但同时又是不完全编码的，总有一些未进入系统的内容。

二是从事物呈现的角度看，由于编码的部分参与运算几乎是不可控制的，事物的不同碎片被如何处置有多种可能，事物的面目有多种呈现与解读方法，主体的唯一性将被彻底粉碎。

这两种碎片化导致一个术语是：版本。主体在特定的时刻，只能对应一个暂时的版本。今天的你将不同于昨天的你。一旦讲到版本的时候，言外之意就是不完美、不理想，但更主要的是“未完成”。

第七章
我是谁

人的主体意识的觉醒需要有个标志。什么叫主体意识？一般的回答是意识到“物我两分”，或者“主客两分”的状态，主体意识就觉醒了；还有一种回答，是说主体深刻地意识到“终极存在”的可能，也就是“世界本原”的可能。不管哪种回答，“两分法”都是共同的特征。

其实，主体意识中更加重要的是自我意识的出现。普罗泰戈拉的“人是万物的尺度”，被黑格尔称作是一个伟大的命题。伟大之处就在于，人从动物本能状态进入了自我意识状态。这么说来，“物我两分”只是区分了物，即自己（而非自我）与别物之间的差别，“主客两分”则有了自我意识的味道。

对主体的描述，一直以来有一个标准的版本，表述如下：按照历史唯物主义的观点，人并非抽象的个体存在，人的本质是由社会关系决定的，其本质力量不是脱离社会，而是在具体历史的社会中形成和发展的。人既是主体又是客体，人在实践上和理论上都把类——自身的类以及其他物的类——当作自己的对象。

通过哲学家的描述，我们知道，事实上“主体觉醒”是伴随对感觉经验的质疑重新确立的，并且这一确立过程在哲学上占有重要的位置。比如，笛卡尔的深思，通过对自己梦的分析发现，把握自我这个概念更需要追问本源，即“我是谁？”笛卡尔说：“想到这里，我就明显地看到没有什么确定不移的标记，也没有什么相当可靠的迹象，使人能够从这上面清清楚楚地分辨出清醒和睡梦来。这不禁使我大吃一惊，吃惊到几乎能让我相信我现在是在睡觉的程度……”笛卡尔认真地分析了感觉经验，发现了感官是靠不住的，人的感官的局限性导致人总会受到欺骗。唯一踏实的就剩下“我思”，用理智、用逻辑是最可靠的。

简略地说，可以把笛卡尔口号式的语录“我思故我在”作为主体精神觉醒的象征。为什么笛卡尔时代会萌发对“自我意识”的认知呢？要了解这一点，需要将思路和视野从文艺复兴时代上溯至古希腊时期。

讲到文艺复兴，都会提到意大利著名诗人但丁的名句——“走自己的路，让别人说去吧”，这句话是典型的对中世纪宗教表达不满的说法。彼特拉克认为，古希腊、罗马时代是人性最完善的时代，而中世纪压抑人性，文艺复兴的领袖们都将古希腊作为值得仿效的时代精神，要求回到古希腊去。其间，艺术家发现了人体的自然美，强调人体比例之美，认为人体是世界上最和谐的比例，并将之广泛用于对建筑的修饰。人文学者则用普通人看得懂的语言，肯定人是现世生活的创造者和享受者。

迄今，关于主体确立的叙事逻辑与术语一直是沿古希腊、中世纪、文艺复兴的路线图行走的。正版的西方历史教科书基本遵循这个路线；描绘科学理性的发展史也基本遵循这条路线。了解这一过程何以将人放在至尊的位置，对理解今天科学中包含的所谓“理性精神”很有帮助。

主体确立的古希腊之旅

人的主体意识，长期以来有3种寄托方式。

第一种是远古的神灵。这么讲，已经是西学的套路了。远古的神灵即原始宗教，只是一种猜测，这个没有十分可靠的原始文献，是“后解释学”在已有文献基础上对口传文化的补充。这种补充大多假设了远古社会的基本形态及其变迁，比如，基本形态一般是部落，氏族社会，变迁一般有大洪水、大冰期的记录。图腾在远古初民那里投射到祖先崇拜、自然崇拜或者动物崇拜，如太阳神、山神、鹰神。超自然的神秘现象，一般是这个阶段的特点。自然神论虽然神秘，但冥冥之中有所依附，倒也安然。

第二种是人造的高级宗教，是指如汤因比所说的宗教对世俗事务的侵入，并且制度化、规范化、程式化，从语言上说就是文本化。这种教义、教皇、教堂的结构，成为一种可识别的符号系统，借此传达一种似乎不再神秘，更显理性判断与伦理约束的制度安排。信仰就是一种说教体系的认同。在真正将其作为神学理论之后，建造起来的秩序也可以给人一个安宁的精神家园。

第三种就是科学的理性精神，发现自然有道，且道中有数，是古希腊传统和东方传统的共同特征。

最早的数字与神秘现象有缘，东西方皆然。然而在剥离数字的抽象意义时，东西方走了不同的路径。虽然流派众多，古希腊关于“数”的思想最终是柏拉图和毕达哥拉斯的结合，即抽象的“理念”“罗格斯”，这种理念论与雅典的政治、城邦、公民的概念相融合，侧重回应“终极世界本原的关切”。

古希腊哲人似乎在寻找“家园”，东方人开始就已经居于“天地之间”，未有“与世界本原的割裂”之感。虽然世道沧桑，东西方皆然，但有一点是非常类似的，就是安宁，东西方对“确定性”的追寻。

确定性是人类活动长期的内在动因。然而今天这种确定性的信念，可能面临被彻底颠覆之厄运。这不是件小事。在这场确定性的光环丧失的“大戏”中，最典型的有 3 个领域：一个是数学，一个是物理学，还有一个就是艺术。过去 100 年来这 3 个领域出现的种种思潮，共同指向了“确定性的丧失”，这是深刻的变化，需要认真考察。

早期的古希腊科学包含四门学科——天文、音乐、算术和几何，这四大学科都成为洞悉上帝与宇宙奥秘的灯塔。亚里士多德在《形而上学》一书中写道，毕达哥拉斯学派“似乎察觉到了存在的以及将要形成的事务在数方面的共性，而不仅仅表现在火、土和水上，又因为音阶的修正和比例可用数字表示，还由于其他事物在本质上都能用数字来模式化，数字似乎是整个自然界的先驱，他们认为所有事物里都含有数的成分，整个太空就是一个音阶或一个数字”。古希腊早期的学者也知道这种抽象的数字实质上很难与现实完全契合，但是他们还是坚定地认为，数字及其关系揭示的是现象背后的东西。

公元前 580 年，毕达哥拉斯出生在米里都附近的萨摩斯岛（今希腊东部的小岛）——爱奥尼亚群岛的主要岛屿城市之一，此时群岛正处于极盛时期，在经济、文化等各方面都远远领先于希腊本土的各个城邦。公元前 551 年，毕达哥拉斯来到米利都、得洛斯等地，拜访了泰勒斯、阿那克西曼德和菲尔库德斯，并成为他们的学生。在此之前，他已经在萨摩斯的诗人克莱非洛斯那里学习了诗歌和音乐。

毕达哥拉斯在 49 岁时返回家乡萨摩斯，开始讲学并开办学校，但好像并没有达到他预期的成效。公元前 520 年左右，他离开萨摩斯移居西西里岛，在那里广收门徒，建立了一个宗教、政治、学术合一的团体。

毕达哥拉斯所在的秘密社团里有男有女，地位一律平等，一切财产都归公有。社团的组织纪律很严密，甚至带有浓厚的宗教色彩。每个学员都要在学术上达到一定的水平，加入组织还要经历一系列神秘的仪式，以求达到“心灵的净化”。他们要接受长期的训练和考核，遵守很多的规范和戒律，并且宣誓永不泄露学派的秘密和学说。他们相信依靠数学可使灵魂升华，与上帝融为一体，万物都包含数，甚至万物都是数，上帝通过数来统治宇宙。这是毕达哥拉斯学派和其他教派的主要区别。

最早把数的概念提到突出地位的是毕达哥拉斯学派。他们很重视数学，企图用数来解释一切。宣称数是宇宙万物的本原，研究数学的目的并不在于使用，而是为了探索自然的奥秘。自毕达哥拉斯之后，“世界的秩序是数字的”这一思想由柏拉图学派继承和发扬，这一思想统治西方达 2000 年之久。除了毕达哥拉斯关于数的理念，柏拉图还有一句名言，“上帝终究要将世界几何化”。继承古希腊抽象的数学意念的亚里士多德，发展了推理和演绎的方法，现在人们一般公认是亚里士多德建立了推理的形式逻辑体系。

古希腊逻辑思想有 3 个特征。

第一个特征是抽象。抽象是对世间事物的概括和提升，是对“类”的把握。这种处置方法迄今影响深远。一方面它有相当的合理性，几乎所有知识谱系都证明了抽象的有效性，并形成知识的“树状结构”。然而过去半个世纪复杂性科学的研究，发现知识其实是“网状结构”，那些被抽象手法甩在“类”以外的“碎屑”，并非不重要，而是另有玄机。

第二个特征是演绎与推理。这些抽象出来的要素，彼此可以参与演算，并且可以进行逻辑上的推演，可以纳入公式体系。逻辑推理并不产生新知识，哲学家们很晚才发现这一点。

第三个特征是体系化，这是希腊后期欧几里得（Euclid of Alexandria）、阿基米德、托勒密等人留下的辉煌宝库。《几何原本》就是体系化的光辉典范。

生活在亚历山大城的欧几里得（约前 330—约前 275 年）是古希腊最享有盛名的数学家，以其所著的《几何原本》闻名于世。据说欧几里得早年是柏拉图的学生。托勒密王曾经问欧几里得，除了他的《几何原本》之外，还有没有其他学习几何的捷径。欧几里得回答说："几何无王者之路。"

欧几里得建立起来的几何学体系之严谨和完整，就连大科学家爱因斯坦也不能不另眼相看。爱因斯坦说："一个人当他最初接触欧几里得几何学时，如果不曾为它的明晰性和可靠性所感动，那么他是不会成为一个科学家的。"

数学的古希腊传统在后来 2000 年的数学史上有 3 次危机。前两次，其实算不上是危机，因为一次是关于无理数的出现，另一次是虚数的出现。不过，第三次发生在 100 年，由"无穷"引发的关于数字基础的论战，让数学大厦陷入前所未有的危机之中。

简略地回顾一下这段历史，对了解确定性——这个数学引以为豪的事情，是如何陷入语无伦次、方寸大乱的窘境的，理解主体碎片化是一场热身。

理性：让人直立行走

文艺复兴最大的历史贡献，在于重新发现古希腊确立了理性的中心位置。大略看一下笛卡尔之后数学的发展，就可以知道这个"主客两分法"的奠基人，在发明了直角坐标系之后，在思想上也给人类划定了一种科学的言说空间。

自 17 世纪以来，原有的古典几何和代数方法，已难以解决生产和自然科学所提出的许多新问题，如动力学问题、极大极小值问题等。尽管牛顿以前已有对数、解析几何、无穷级数等成就，但还不能普遍解决这些问题。当时，笛卡尔的《几何学》和瓦里斯的《无穷算术》对牛顿的影响最大。

艾萨克·牛顿（Isaac Newton，1643—1727）是英格兰物理学家、数学家、天文学家、自然哲学家，也被誉为"最后一位炼金术士"。他在 1687 年发表的论文《自然哲学的数学原理》里，对万有引力和三大运动定律进行了描述。这些描述奠定了此后 3 个世纪物理世界的科学观点，并与微积分方法一道奠定了现代工程学的动力学基础。

微积分的出现，成就了数学分析这一重要的学科分支（牛顿称之为“借助于无限多项方程的分析”），并进一步发展为微分几何、微分方程、变分法、泛函分析等，这些又反过来促进了理论物理学、工程学的发展。

经过牛顿体系的教化和熏陶，众多普通人不假思索地认为关于力的分析、动力机制的揭示，牛顿的解释就是真相。甚至在相对论、量子力学颠覆了牛顿图景之后，人们对物理学的经典理解并未发生实质的改变，比如仍然不可能想象“超距作用”，一个人不可能“既在场又不在场”，每个物体运动的轨迹依然是“连续的”等。虽然量子理论彻底改变了这种认识，但主流物理学家从骨子里依然执着地相信，“那个不依赖人的客观实在”就在那里，就像当年伽利略说的一句话，“地球毕竟在动啊”。

18 世纪进入了数学分析的时代，这要拜微积分的发明所赐，“上帝是一个数学家和物理学家”，牛顿在 1692 年 12 月 10 日给理查德 · 本特利的信中这样宣称。伯努利家族、欧拉、达朗贝尔、拉格朗日、拉普拉斯这些伟大的名字，与微分方程、变分法、无穷级数、函数论相关。与此同时，机械光学、波的理论、天文学都得到了长足的发展。

数字支配一切的狂喜，感染了 18 世纪的所有智者，狄德罗在编纂《法国大百科全书》中说：“世界的真正体系已经被确认，发展和完善了。”

进入 19 世纪之后，数字大厦日益走向精细化和抽象化，“数学王子”高斯登场了，发表了数论的里程碑《算术研究》。16—19 世纪的数学家、物理学家在口口声声把上帝、宇宙和真理放在一起讲的时候，容易给后世一个误会，即认为这帮数学家都是自然神论的鼓吹者。这种理性的高扬，在哲学界仍然有怀疑的声音。比如英国的培根，在 1626 年的《新工具》一书中写道：“推理建立起来的公理，不足以产生新的发现，因为自然界的奥秘远胜过推理的奥秘。”

16—17 世纪的数学家，倾向于赞叹上帝的伟大与万能，他们刚刚从宗教的桎梏中获得一点解放，倍加珍惜这种思想的自由。但从情感上，他们依然相信万能的上帝。伽利略、牛顿等人，只是无意识地促成了数学和神学的分离。17—18 世纪的数学家要大胆得多，比如拉普拉斯断然否定上帝是世界的数学设计者。据说，拉普拉斯写了一本《天体力学》呈现给拿破仑时，拿破仑问：“拉普拉斯先生，他们告诉我，你写了本关于宇宙的书，但却根本没有提到它的创造者上帝。”拉普拉斯回答说：“我不需要这种假说。”

在数学家、物理学家的努力下，文艺复兴时期科学界的风尚是“自然代替了上帝”，从此人独立行走了。

然而伴随启蒙运动的深入，“自然是上帝的数学设计”这一信念正在削弱。有点耐人寻味的是，这种信念的削弱，似乎只是从相信宗教意义上的上帝到相信一个无神论的上帝，上帝只是一个代名词，最后其实是相信人类自己，相信人类的理性，相信科学。德国数学家克莱因在《数学：确定性的丧失》一书中写道：“如果为了正当的理性要去捍卫它们，为什么不能将推理用于评判流行的宗教与伦理的信条呢？幸或不幸的是，将推理运用于宗教信仰的基础损害了许多正统观念的根基。”

尼采所言的“上帝死了”，确颇有深意。上帝之死是因为人类完全站立起来了，不需要上帝了，上帝是被“逼”死的。人不但从几百万年前实现了直立行走，又从思想上站立起来，主体就是如此建立起来的。

其实这是文艺复兴和启蒙运动最大的差别。文艺复兴时期的科学家尚未完全走出中世纪教会威权的阴影；但在启蒙运动狂飙突进之际“上帝”已经显得多余了。

后来数学的发展非但没有证明上帝的存在，事实上越来越证明了上帝不存在，这真是一个天大的玩笑——数学之剑让知识分子拿来首先“谋杀”了上帝。比如，狄德罗说“让我相信上帝，必须让我能摸到他”。令人惊奇的是，18 世纪的数学家，整体上认为数学开启了理性时代；然而 18 世纪的哲学家似乎并非如此，比如霍布斯、洛克、贝克莱和休谟。在《人性论》一书中，休谟说：“我们既不了解精神，也不了解物质，两者都是虚幻的。”怀疑论者休谟甚至否认真理的存在。

大名鼎鼎的康德，这个从来没有迈出家乡哥尼斯堡 65 千米以外的哲学家，看来站在数学家一边，他确信所有的数学定理都是真理，确信有一种外在于我们的优美的秩序存在，也相信理性可以发现并把握这些真理。然而他疑惑的是，这些被叫作真理的东西到底是从哪里来的呢？康德给出的一个答案可能被科学家忽视了。他说源于“先验”这个与上帝极其相似的东西，实际上是说数学家所推崇的那种所谓规律、真理，事实上与物质所固有的东西并非重合，甚至断言人根本不可能知晓所谓事物的本原。那是物自体，是彼岸的东西，人去不了；人只是发现了先验地存在于人的头脑意识中的精神层面的东西，这些东西在此岸。

这听上去多少有点柏拉图洞穴理论的影子。

不过，康德解放人的地方在于，他没有为神留下位置。18 世纪数学的精细化，进一步引发了对数学威权的挑战。令人感兴趣的进程逐步展开了。这一进程的主线条，逐渐揭示了这样一种真实：数学并不是一堆天然钻石，而不过是人工宝石。这种景象让那些飘飘然的数学家难以接受。数学是“发现”还是“发明”的争论为这种景象做出了极佳的脚注。不过，这个问题是如此重要，事关人类理性的尊严，甚而可以说事关主体的存亡。

这一过程的真正起始，应从非欧几何说起。

数学家的“好”日子

在数学的所有分支当中，欧氏几何最受推崇。350 年前荷兰思想家斯宾诺莎曾模仿《几何原本》的风格写作的《伦理学》即是例证。千百年来，在欧氏几何完美的体系之中，有一条公理一直令数学家耿耿于怀，这就是五大公理的第五条，即平行公理：如果一条直线与两条直线相交，使得一侧的内角不都是直角，如果将这两条直线延长，则它们在内角不都是直角的直线一侧相交。数学家们觉得这条公理显得十分别扭，但又苦于找不出任何证据，要么把这条公理降格为定理，从其他 4 条公理中推导出来；要么就看样子用更明白简洁的表达，来替代欧氏第五公理。

人们觉得第五公理别扭的直觉非常准确，就算第五公理假设了无限长的直线结果也一定如此。其实欧几里得非常聪明，他意识到了这一点，但无法回避“无限直线”的说法。欧氏几何其他公理都与直觉经验非常贴切，唯独第五公理假设了无限直线的存在，这一点很怪异。

这里稍微岔开一下，谈一谈确定性与有限性之间的关系。前面提到对待“数得过来”和“数不过来”的数字的问题时，曾经提到有两种“数不完”：一种是虽然数不完，但可以想象数得过来，只要你活得足够长，这种无限并不可怕；可怕的是另一种无限，不但数不完，并且越数越多，这很恐惧。倘若碰到的是越数越多的情形，以人的生命而言，基本上叫作跌入“数数的黑洞”了。在这种吞噬生命的“数不完”面前，不但毫无确定性可言，而且毫无“生还”的希望。

回到欧氏几何。2000 多年过去了，“要么证明，要么改写”的僵局一直无法突破。法国数学家达朗贝尔在 1759 年曾评论说，平行公设是“几何原理中的家丑”。

突破欧氏几何第五公理，需要等到非欧几何的创立。俄罗斯数学家罗巴切夫斯基和匈牙利数学家鲍耶尔是非欧几何的创立者。其实，德国数学家高斯曾提出非欧几何的构想。1824 年 11 月 8 日，高斯在写给友人的信中说，假定三角形内角之和小于 180 度将导出一种奇怪的几何，它与我们平常的几何迥然不同，然而却是完全相容的。

非欧几何这件事说明人的经验和直觉靠不住。但真正有价值的是：这两种几何从数学上说无懈可击，都成立而且有效。数学家们发现，假如承认第五公理，欧氏几何与非欧几何就水火不容，假如放弃第五公理，这两种几何倒是可以捏鼓到一起了，但捏鼓到一起之后，内部一定有某些定理相互矛盾，比如三角形内角和定理，不能既等于 180 度，又不等于 180 度。

这件事很要命，要命在数学的完美形象遭遇动摇。要是美妙的数学大厦自身都出现了“裂隙”，那种认为“人为自然立法”的理性斗志，就遭到了根本性的挑战。克莱因在《数学：确定性的丧失》一书中写道：“人的精神支柱，推理框架以及所有建立的思想权威都随真理的丧失而失去。”人类推理的骄傲随数学大厦的动摇而瓦解。如果连数学都靠不住的话，还奢谈什么主体性？主体在哪里，指给我看？

数学定理是自然真理的强力背书。但欧氏几何中发生的事情，让严谨的数学家开始思考数学思维中，看上去完备实际上暗藏的“硬伤”。特别是，那些数学中依赖“直觉”的地方，比如欧氏几何第一公理，“等同于同一事物的事物彼此相等”。如果这个事物是线段，则线段相等；如果是面积，则面积相等。但什么叫“事物”？“相等”又是什么意思？

从数学思想史中可以看到，不只是几何学，代数、集合、数学分析和数理逻辑，都存在令人瞠目的“硬伤”。

18 世纪的数学偏爱代数，即通过算术—代数—符号构建数学的演算体系。这个体系的核心是微积分。不过，早期牛顿和莱布尼茨的微积分方法是兼顾图形的，比如从微分中求导数，等于曲线点上的斜率，积分是曲线覆盖下的面积。计算斜率和面积，自古以来采用几何图形无限逼近的方法，比如我国南北朝时期的数学家祖冲之（429—500）提出的“割圆法”。

微积分的发明，其实就是对这种无限细分的大胆思考。无限细分阐释的“无穷小量”突破了知觉，也不接受形象思维，数学由此进入了纯粹逻辑、想象的较劲，考验数学思维的硬骨头显身了。

1786 年，在法国数学家、物理学家拉格朗日（1736—1813）的提议下，柏林科学院数学分部设立了一个奖项，征集对无穷问题的解答。拉格朗日说，“数学的功用，它所受到的尊重，精确科学这一极为贴切的桂冠，源于其原理的清晰、证明的严密及定理的准确。为了确保知识体系中这一精致部分这些富有价值的优势，需要对所谓的极限问题有一个清晰、精确的理论。”

在收到的 23 篇应征论文中，柏林科学院最终经过评判宣布，“没有得到满意的答复”。有趣的是，他们发现最接近目标的一位参赛者的法语论文，题目叫作《高等微积分的基本评论》。这篇出自瑞士数学家惠利尔的文章除了使用了 Lim 作为极限的符号外毫无新意，不过，也许打动评委的是论文题记中的一句格言：“无穷，是吞没我们思想的深渊。”

进入 19 世纪，困境更加艰难，被无穷问题、无理数折磨得筋疲力尽的数学家，遭遇了 $\sqrt{-1}$，一个更难理解的符号。

关于 $\sqrt{-1}$ 这个符号的争执，涉及的东西太过复杂。不过，只要想想直到 18、19 世纪，还有一些大名鼎鼎的数学家，甚至连负数都不情愿承认，就能理解为什么这个符号如此令人伤神了。这些大名鼎鼎的数学家的名字包括创立复变函数论的柯西，在他 1821 年写的《分析教程》中仍认为 $a+b\sqrt{-1}$ 根本就不是数；英国数理逻辑学家德·摩根，在 1831 年出版的《论数学的研究和困难》一书中，明确对负数和虚数表示反对。

爱尔兰物理学家、数学家哈密尔顿（Hamilton，William Rowan，1805—1865）也不愿接受负数和复数。他在 1837 年的一篇文章中写道：“毋庸置疑，当它从以下的原理出发时，复数和负数学说，很值得怀疑，甚至是不可相信的，小数可以减大数，其结果小于零。两个负数，或者说两个代表的量小于零的数，可以相乘，其结果将是一个正数，即一个代表的量大于零的数……在这样一种基础上，哪里有什么科学可言。”

英国数学家及逻辑学家布尔（George Boole，1815—1864），在 1854 年出版的《思维规律研究》一书中说：“$\sqrt{-1}$ 是一个令人费解的符号，但是如果在三角学中运用它，我们就可以从可解释的表达式经过不可解释的表达式，得到可解释的表达式。”

这句绕口令样的话，通过高斯等人的工作呈现出来，复数让人接受的不是靠逻辑，而是靠几何。1811 年，高斯在写给贝塞尔的一封信中，首次提出用复平面表示 a+bi 这样的数。20 年后，他更加坚信这种表示方法，将数学意义上的数，转换成图形意义上的数的妙用。这种方法现如今大量用于电子学、通信原理和波的理论分析中。

15—18 世纪的数学家们，在经历了非欧几何对直觉的调侃之后，不大敢过分相信自己的直觉，他们转而寻求一种牢靠的演算方法，这种演算方法的基础就是代数学和微积分。这里面已经没有多少跟直觉相对应的东西了，剩下的就是冗长的公式推导过程。这种公式推导的过程叫“证明”。证明是获得踏实结论的唯一途径。

18 世纪、19 世纪数学界热衷于“证明”，学者们争先恐后地把定理的证明献给国王。除了对证明的兴趣与日俱增外，数学家似乎远离了真实的世界，对自己所“证明”的事物本身毫不在意。法国数学家达朗贝尔在 1743 年就指出：“直到现在……人们总是热衷于扩充数学的范畴，却很少阐明其来源，注重向高层次发展，而很少考虑加固其基础。”

经历 200 年之久的耕耘，数学可谓枝繁叶茂、盘根错节，就连当年报考苏黎世工学院时，曾想念数学系的爱因斯坦，在了解数学如此庞杂的体系后感叹：“哪怕是一个小小的分支，也会耗尽一个人毕生的精力。”于是他转向了物理学。

19 世纪之后，数学家证明的很多，但对证明本身考虑的非常少。比如，英国著名的数学家凯莱提出了凯莱—哈密顿定理，他证明了对 2×2 阶矩阵正确，在 1858 年的一篇论文中写道：“我认为没必要对一般 $n\times n$ 阶矩阵费力去证明这个定理。”

在这种“浮夸风”的影响下，特别是在证明论出现之后，数学和直观经验之间再也不能建立一种直截了当的联系，数学和直觉经验之间不再是简单的映射关系，而是一种通过符号想象的关系。数学本身越来越复杂，数学家们越来越醉心于这种智力游戏。尤其值得我们反思的是，他们依然坚持认为这是理性精神的延续。

这份繁杂的数学遗产，迄今仍在发挥作用，仍在约束大学生、教师和工程师的头脑，仍有一大批通过高等教育的人，认为这个世界就是这样被“证明”和“演算”出来的。那些在工程上、物理上获得成功的经验公式和定律，一再给科学家“壮胆”，似乎明白无误地告诉数学家们，他们一直行进在一条正确的理性之路上。对此，克莱因写道：“他们用成功来安抚民心，的确，成功是如此令人陶醉，以致人们在多数时间里忘记了理论和严密性。”

然而，追求缜密分析的数学，在 19 世纪就危机四伏。英年早逝的挪威数学家阿贝尔，在 1826 年给汉森教授的信中写道：“人们可以在分析中轻易地找到大量模糊不清的东西，你也许很奇怪会有那么多人去研究分析，那是因为它完全没有计划性、系统性，最糟糕的是它从来就没有使人信服过。即使在高等分析中，也少有用逻辑上站得住脚的方式证明过的定理，人们可以到处发现这种从特殊到一般而得出结论的蹩脚方式，罕见的是这种方式很少得出矛盾。”

好景不长，在阿贝尔做出预言的 70 年后，19 世纪末 20 世纪初爆发了更严重的数学危机，这种无法调和的内在矛盾以排山倒海之势袭来。

数学分析中大量存在的含糊与弊端，让数学家们在发展了代数学之后又得补上逻辑学这门课。日益精细的数学大厦，需要日益复杂的逻辑符号体系，这是 19 世纪的主要内容。这一过程通过把几何学方法融入代数学的方式展开。为了做到这一点，数学家们有必要用新的符号重新表达亚里士多德时代的逻辑学。这一进程是由美国数学家布尔·皮尔斯、英国数学家德·摩根、德国数学家弗雷格、意大利数学家皮亚诺等人推动的，在把逻辑推理转换成符号演算的过程中引入了逻辑代数。

修补和审视逻辑推理的过程，再一次将逻辑纳入演算系统的过程，成为补救数学大厦的急迫之举。这一过程后来有一个名称，叫公理化运动。公理化运动是逻辑学家和数学家走到一起的公共语言，倘若算术、代数和逻辑都变成了演算系统，并且可以用《几何原本》一样的风格，构造由公理而定理的庞大体系，数学的大厦将完美地耸立在人们面前。希尔伯特于 1918 年发表了一篇有关公理化的文章，他说，“任何可以成为数学思维对象的东西，其理论的建立一旦成熟，就会成为公理化的方法，并由此直接进入数学。通过探索公理的每一更深的层次……我们可以洞悉科学思想的精髓，获得我们知识的统一，特别是借助公理的方法，数学应该在所有认识中起到主导作用。”

通过公理化，数学家将一劳永逸地建立数学定理的证明系统。在这个系统中，任何数学公式都有出处，都可以确保正确无误。这里所说的正确，是毫无悬念的。

19 世纪末，数学的公理化向世人展现了这一辉煌前景。

1900 年 8 月，功成名就的 38 岁的希尔伯特，在巴黎国际数学家大会上，向代表们作了一个特邀报告，提出了 23 个问题，作为对 20 世纪数学家的挑战。被数学家称为“希尔伯特问题”的背后，是一种对纯粹理性的乐观信仰。希尔伯特在演讲中说：“每一个明确的数学问题都必定可以完全得到解决，这一信念是对我们工作的巨大鼓舞。我们在心中听到了这样的永恒召唤：这里有一个问题——去找出它的答案，你能够通过纯理性找到它。”

但是，一贯以严谨、科学，处处透露着真理光芒而著称的数学，在公理化热潮之后，迎来了自身的致命一击。数学家的好日子就此终结。

确定性的丧失

最牢靠的数学，给思维着的主体留下了一个烂摊子。100 年前数学并未完成对主体的确证，反倒印证了这一确证无法完成。纯粹论证逻辑的失效，指出了罗格斯思想的根本缺憾。奠基于形式逻辑底座的西方科学，试图将人的思维装配在逻辑演算之中，却丢掉了把握现实的最初的期望：确定性。

在数码时代，确定性的丧失不但是人们朦胧的感受，而且在底层有其思想渊源。其实现实已经反复提醒人们，过度依赖计算并不能获得对“真实”的完美洞察。比如 2000 年的美国总统选举，人们以超高的热情把张张选票投入计算装置，用统计数学方法预测大选结果的时候就意识到，即使能算出在佛罗里达州每一个候选人的得票，人们依然不可能客观地测量投票人的意愿。

“一个爱算计的人就是一个对鼻尖以外的世界漠不关心的人”，美国学者博伊尔在《为什么数学使我们失去理性》中讲道。18 世纪的天才巴克斯顿第一次到伦敦剧院观看莎士比亚的《理查德三世》，当事后有人问他怎么样时，他的回答是演员共跳了 5202 个舞步，讲了 12 445 个词的台词。至于这些台词是什么意思，他讲不出来。巴克斯顿的数学听上去令人可笑，但却有一点恐怖。现代资讯发达的年份，真实生活中像巴克斯顿这样精于计算、长于记忆，已经不必劳驾人来做了，电脑就可以轻松搞定。

博伊尔在讲述完这个故事后评论道：“与其说这个故事是肯定一个人的计算能力，不如说是暴露了那种对事物本原无动于衷，非人性的品质。”他说：“问题是数学已经像毒瘤那样在扩散，以致有时已经达到使人窒息的程度，但仍然说不清楚，这一统计数学与那一统计数学之间的区别，区别不出孰好孰坏，它几乎足以使人变成一部冰冷的‘电脑器’。”

100 年前数学公理化的历程，数学史有很好的诠释，但有一点似乎又语焉不详，就是为何众多的顶尖数学家，都在拼命向一个方向忙乎，这个方向就是试图打造完备的数学体系，为什么？

我的揣测是，或许数学家脑子里有这样一个“三合一”的信念：一揽子，一步到位，一劳永逸。“一揽子”是说范围，上至天文，下至地理，举凡人的理性所至，算计图形所至，数学都希望包括在内。“一步到位”是说完备性，数学领域不再留下“未解之谜”“待解之谜”。“一劳永逸”则代表千秋万代的大事，数学公理化完成之后，人类未知的数学知识，也会毫无遗漏地囊括在这个宏大的体系中来。

在数学家看来，关于人与自然的规律的认识，哪怕迄今最后一条定理尚未写出，也只是早晚之事，数学的整个命题都已在公理体系的掌握之下，宇宙、人、天文地理都不出此右，只是假以时日把它推衍出来就行了。

不幸的是，1931 年数学家哥德尔证明了一个伟大的定理：不完备性定理。通俗地说，哥德尔定理证明了一个数学体系的“完备性”与“一致性”不可兼得。也就是说，如果一个数学体系中的命题“包罗万象”（完备），则这个体系中一定有命题相互矛盾（不一致）；反之，如果这个数学体系所有命题都彼此没有冲突（一致性），则这个体系一定是不完备的。

哥德尔之后，公理化体系非但没有完成，或许还会成为注定不可能完成的任务。虽然数学家们依然在寻求突破哥德尔思想的可能，但20世纪的数学已经有了一个重要的特征，就是“黯然神伤”。数学仿佛已然完成了其历史使命，数学已然从真理的探求，沦为寻常的计算工具。

几百年来数学代表理性的那种神秘感，似乎消失不见了。今天的数码世界，正是这种“回归基本计算功用”的数学载体。不仅如此，赛博空间还提供了比演算数学更多的东西，即通过仿真、模拟，赛博空间可以直接跳过“证明”步骤，将公理体系做不到、推不出来的结果“呈现在世人的面前”。这个结果就是对人的感官重塑。自哥德尔之后，数码世界的来临宣告了一个大时代的终结。这个大时代曾经属于理性推理、逻辑演算；今天的赛博空间则属于感官重塑。感官重塑意味着，一个用“感受”而不是“道理”来表达自我的时代，正在来临。

这是我们不得不面对的全新的生活。

当然，几百年延续下来对“确定性”的痴迷，很难仅用几十年就打破。赛博空间、数码世界带来的还只是“眩晕感”。笛卡尔主义之梦依然顽强，科学精神依然埋藏在公式、定理之间，人性依然禁锢在规则、法则之下。这或许是全新的文明前夜的紧张和惶惑。主体破碎并不意味着人的死亡，人仍然要活下去，只是要换个活法。

第八章
距离革命

互联网的发生与距离有关。

前面已多次提到，互联网的前身是 20 世纪 60 年代美国军方的项目阿帕网。阿帕网诞生的大致要点包括：军方出钱、科学家出力，确立包交换技术，奠定 TCP/IP 协议。

自 20 世纪 80 年代之后，美国军方设立独立的网络，将阿帕网的管理权移交给美国国家科学基金会，若干独立的局域网通过网关形成广域网。1991 年，欧洲粒子物理研究中心的伯纳斯·李确立了万维网（WWW）的架构，并开发了第一代浏览器。1993 年，美国政府提出“信息高速公路计划”，互联网从此进入大众视野。

在经历半个多世纪的飞速发展之后，如今的互联网已成为承载新文明的重要基石。尤其是过去的 10 年，智能手机和社交网络极大地改变了人们的日常生活和工作形态，“扫码刷屏”成为生活中的常态。然而，倘若仅从技术和商业应用的角度审视互联网，总感觉欠缺点什么。本书的目的是希望从思想层面，理解技术，理解互联网。

自 1993 年互联网商业化以来，对互联网的诠释大致都围绕“距离”做文章。电子商务如此，门户网站如此，云计算如此，近年来流行的数字货币、区块链也是如此。把克服距离作为互联网的某种本质，有一定道理，但流于表面了。

“克服距离”是文明进程中非常显著的一个特征。从轮子的发明、马的驯化，到现代社会的铁路汽车飞机，克服距离带来的是生产力的进步，人的迁徙和移动范围的不断扩张，流动性不断增强。进入电报电话与网络时代，克服距离的努力已经延展到虚拟空间，麦克卢汉还为此发明了“地球村”的术语。“举例”的含义已经不仅仅指空间意义上的距离，更多指的是看不见但能感受到的情感空间、心理空间、虚拟科技。

数码科技带来一个有趣的新词，叫作浸入（immersion）。这个名词的意思大概是说，赛博空间将营造一种氛围，这种氛围营造了“亦幻亦真，难分真伪”的沉浸体验。

在沉浸的环境下，主体将发生什么深刻的变化？互联网上的各种“数码存在物”将形成何种关系？如何关联？这些问题是思考“虚拟化”的基本出发点。如果说碎片化是物理世界“肢解”的过程，那么虚拟化就是数码世界“重构”的过程。很多人对网络世界带来的虚拟化有一种误解，认为虚拟化只不过是实体世界的“映射”，或者只不过是实体世界的“克隆版”，把网络世界看作实体世界的自然延伸，这是不够的。

深度嵌入人类文明与社会结构的网络技术，极大地改变了个体之间的关系或关联，这种改变是异常深刻的。距离的变化仅是表象的变化，人与智能机器的关系、人与人的关系、人与实体世界的关系，以及实体世界与网络世界的关系，都大不同了。

对于一个由两分法构造起来的实体世界，“关系”往往与主体性连在一起。置于“主体与主体”“主体与客体”之间的“关系”，往往在经济学、社会学、伦理学、政治学等社会科学层面有其丰富的意义：在物理世界中，这种“关系”却仅仅体现为某种“连接”“关联”，没有什么实质性的意义；网络连线之后，这种格局不复存在。“主体”被比特化了，进入网络世界的所谓“主体”，其实是物理世界的“数字版本”。这种“数字版本”与“物理世界中的母本”之间，是“多一对应”关系，即一个物理母本对应多个数字摹本。

在网络空间里，多个数字摹本之间的关系并非简单的“连接”（准确说是“链接”）关系，更多的是“缠绕”“嵌入”“堆积”的关系。数字化摹本的片段，在目前的互联网上，以上传的博客、视频短片、注册号码、笔名、昵称、游戏世界里的角色等形式表现出来，这些主体的片段以无穷种方式相互嵌套、顶与踩、跟随、被跟随、拍砖、灌水、PS，与众多的其他的“主体的片段”交织在一起。

在虚拟的世界里，真正有价值的概念是“关系”，特别是“虚拟化之后”的关系。这里只能考察3对紧要的关系：第一对是我们与机器、工具、技术的关系，第二对是我与我的关系，第三对是我与你的关系。在做如此枯燥、繁难的心灵之旅之前，先让我们做一下热身运动，以便将以往种种科学认知的“思维定式”尽量抛在一边。

热身序曲：自负的科学家

有两大类科学家的文笔和才思俱佳：一类是数学家，在关于“碎片化”的问题中，我引用的大量是数学家；另一类是物理学家，关于“虚拟化”这部分恐怕要更多地引用物理学家。这两门学问离数码科技都挺近的，当然离哲学也不远。

随便问一些物理学的在校研究生，什么是当今最热门的理论物理前沿课题之一？他一定会告诉你一个名词——弦论。卡库教授是美国最优秀的弦论物理学家之一，他喜欢科普，写过《超越爱因斯坦》《超弦理论》等书。《远景——21世纪的科技演变》（以下简称《远景》）是卡库在10年内与100多位活跃于当今科技前沿的科学家广泛讨论的基础上，于1997年写成的一本科普著作，虽然这本书难以体现近20年理论物理最新前沿，但了解基本的思想脉络还是够用的。这部讨论2020年乃至2050—2100年的科技前景的书，被誉为“在西方知识界产生巨大影响的著作”。这本书的内容只是我感兴趣的一个方面。除此之外，还有这些所谓站在世界科技前沿的科学家们，是如何看待他们所掌握的知识，以及如何看待未来演化的。我觉得，他们对未来的看法是什么固然重要，但他们看待未来的方式更重要。

他们看待未来的方式，一方面反映了他们在多大程度上继承了100年前的爱因斯坦、300年前的牛顿、400年前的笛卡尔、2500年前的亚里士多德的思维传统；并且这些继承下来的东西，哪些是已经渗透到血液、基因、文化传统里的东西，甚至连他们自己也不以为然，或者觉得天经地义，没什么值得大惊小怪的。另一方面反映了他们在多大程度上修正了先贤的思想和观念，与前辈科学家相比，有哪些东西被果断地丢掉了，而且丢得很彻底、很干脆。

他们看待未来的方式，将通过他们谈论未来的方式体现出来，也通过他们谈论过去的方式体现出来。这种谈论过去与纵论未来的话语方式，是体现这一代科学家的“集体认知”的一种例证。

除此之外，还得注意，他们看待未来的方式在很大程度上决定了他们的行事准则和价值观。在科学日益“普及化”的今天，“借用科学的名义”已经变得十分容易，且良莠不齐，很难甄别。科学家与非科学家、伪科学家，盗用科学之名，特别是借人们对科学普遍存在的敬畏和信仰之情“寻租”的事情也时有发生。

卡库这本书大概分 3 部分。第一部分，讨论了电脑革命以及未来的非凡发展。他的主要观点是，“电脑革命已经形成改变商业、通信和我的生活方式”。这一点几乎无可争辩地成了现实，呈愈演愈烈之势。他的下一句话值得思考。“我相信某一天它能够使我们把地球的每一部分都智能化。”这句话要认真对待，深入思考。一则是这句断言出自著名物理学家之口，正统感极强，可信度很高，传播力很强；二则这句断言说的是“地球的每一部分”，这不管你愿不愿意，都包括在内，你至少得意识到这件事的严重性和严肃性；三则是这种断言背后显现的自信的科学情怀。

在第二部分，卡库转而讨论分子生物革命。相比电脑和网络，对分子生物学我很外行，不过卡库的结论把我拽进来，不由得我不关心。他说：“这种革命最终能使我们改造、合成新的生命形式，并且创造新的药物和新的治疗方法。”生物学家，当然也包括像卡库这样伟大的非生物学家，几乎都认为我们制造生命具有相当的科学上的可能性和可行性，并且都有一个非常得体的理由，“寻求新的药物和新的治疗方法”。这一点生物学家比任何他们的前辈学者都更有远见。他们要干什么事情的理由，非常堂皇。是为了治疗人类现在还无法治疗的某种疾病，这个理由非常不好评论，更不能反对，你总不能反对别人寻求药物吧。不过，我仍然顽固地持 1%保留意见。

我对第二部分的评论是：科学家，特别是有成就的科学家仍然相当的自负。

这部书的第三部分“集中讨论量子革命”，这是卡库的本行，自然他的话显得更加专业，他紧接着断言：“也许它是三大革命中意义最深远的革命，能使我们控制物质本身。”

与卡库这种类型的科学家对话其实是困难的，因为几百年的科学发现依然威猛，或者说更加威猛，这在很大程度上让今天的人类生活受到恩惠，所以跟他们倘若不合拍，很容易被指认为反科学主义者，或者科学悲观主义者。这显然不是本书的主调。本书也不打算借用“冷静的客观”这个词来表白立场，因为当今的科技热情越来越高涨的同时，已经宣示了更多“客观的冷静”，他们宣示未来的自信从来没有这么充足过。

在卡库的论调里，“牛顿时代人们的生活是短暂的、残酷的和没有理性的”，大多数都是文盲。从未拥有一本书，也从未进入教室，几乎没有“冒险”走出他们出生地几千米以外的地方。这听上去似乎不是讲牛顿的时代，甚至蛮荒时代顶多也不过如此。在卡库眼里，“15 世纪一段深刻的科学发现，科学及医学的突出进步，帮助人们摆脱了可怜的贫穷和无知，使他们的生活富足，带给他们知识，使他们看到新的世界，并最终宣泄了一种复杂的力量，这种力量推翻了欧洲的封建王朝、采邑和君主。”

按照这种非常直白、简单的逻辑，科学简直是人类进步的福音书，而且是纯粹的福音书。这是正统科学的史观。他们认为，现如今经历了蒸汽时代、铁路时代、电力时代，抵达电子时代、电脑时代和网络时代的科学，已经步入了一个更加辉煌的道路的新起点。这个新起点，还是用卡库的语言说，“下一个科学时代一定比上一个科学时代更深刻、更彻底、更敏锐”。这种更深刻、更彻底、更敏锐的“下一个科学时代，让人类处于一个时代变革的开端”，即从自然界的被动观察者变为自然界舞蹈动作的“主动设计者”。卡库声称，《远景》一书的中心思想就是这种信念，即“我们第一次有可能按照自己的意愿管理，利用这些自然界的力量”。

科学家扮演现代卜师的角色是 20 世纪的一大特色。在希尔伯特、爱因斯坦、玻尔、海森伯、哥德尔之后，科学史已经半个多世纪未出现重量级的思想大师了，取而代之的是另外一些大师，诸如有自然科学知识背景的预测大师，如卡库等人。他们的激情论证从此不再依赖逻辑的缜密和抽象思辨的痛楚。他们完全摒弃了那些烦琐抽象的“世纪论战”，比如“爱因斯坦—玻尔论战”，或者完全无法接续这些论战的伟大思想，甚至也不能循着前辈的足迹再作更艰难的探索，而是摇身一变，成为工程技术所向披靡的吹鼓手和预言家。

从卡库身上，我们可以见到的倒真的是一个时代的结束和另一个时代的开启，即科学家时代的结束和工程师时代的开启。在卡库那里，这种历程被豪迈地表达为科学的发现时代即将结束，掌控时代则刚刚开始。

费这么多笔墨剖析卡库的活思想，其实就是为了指出这样一点，即倘若科学家们日益为“掌控时代”的亢奋所占据，他们将日益成为现代商业的俘虏。这方面的例证不胜枚举[①]。

我们先看第一种关系的变迁，即人与机器、工具与技术关系的变迁。

人与机器

《亨利·亚当斯的教育》是一部美国经典著作。这部书非常好地记述了 19 世纪面对机器时代的人的神秘情感。亚当斯是一位历史学家，出生于波士顿一个婆罗门家族，这个家族的祖先据说是波斯人，相当富有。据书中记载，在他刚过花甲之年的 1900 年，他被他的老师兼好友朗勒带去参观巴黎博物馆中的一个最新技术展厅——发动机大厅。

这些 12.2 米高的巨大家伙，是给这个世界带来光明的神奇玩意儿。在过时绝望的年轮交替中，似乎地球本身给人们留下的印象，还不如这巨轮在一臂长的空间飞速转动给人们留下的印象深刻，它几乎没有‘隆隆’声——在跟前欣赏时，也听不到警铃声——不会吵醒躺在机器防护栏外的婴儿，在参观结束前，有人开始祈祷，在无声无限的力量面前，人类的本能在向发动机自然流露着，在成千上万个终极能量的象征中，发动机不如有些东西那么有人性，但是它最能表达人类的心声。”

什么心声？看一看亚当斯这段文字的标题就可以明白，它的标题是“发动机与童贞圣母”。62 岁的亚当斯的确不明白，他惧怕发动机，这种能带来光明的神奇的机器，在他眼里是巨大的充满离心力的飞轮，是可以把一切都甩出去的怪兽。爱尔兰诗人、剧作家，著名的神秘主义者叶芝曾这样写道：“一切都四分五裂：中心已无法控制。”

① 段永朝．比特的碎屑[M]．北京：北京大学出版社，2004．

“中心无法控制”，多么富有洞察力的预言！这简直就是当今信息社会最本质的特征。机器值得敬重，然而对机器的畏惧以及潜藏在这畏惧背后的那么一丝可怜的“困惑”，会被科学的教化轻易地攻克。那些对科学感到困惑的人文主义知识分子，往往对科学原理本身感到难以理解；但是这似乎丝毫不耽误他们透过聆听内心的召唤，对缔造机器神学的科学技术做出正确的判断。

不过，人文知识分子往往因为欠缺“原理”层面阐释的力量，他们干涩、学舌般地解读工程机器，往往被工程师、科学家耻笑。这还不算，人文知识分子对机器的任何质疑、慨叹，都不如来自另外一群人跟风似的鼓噪，让科学家、工程师听过之后舒坦，这就是商业知识分子；或者用现代术语说，叫市场营销策划师。在策划大师们的妙笔之下，现代科技不但很容易与商业结盟，而且容易成为时尚的象征。年轻人不像他们的父辈。父辈对科技的困惑、忧虑，甚至抗拒，往往被年轻人讥讽为落伍，被演说者指为墨守成规；而对商人而言，他们根本就不是目标客户。

下面要讲述的，是人面对机器时两种截然相反的态度。一种是“科学的乐观主义”；另一种则可以称作“科学的反思主义”。这两种态度有一个共同点，就是“兴奋”，即对科学可能带给人们巨大的变革感到“兴奋”，至于它们的不同点，下面将细说。

科学的乐观主义

1910 年，意大利未来主义画家乌姆伯托·波菊尼的一幅著名的油画《城市在上升》，十分贴切地表达了以科技进步为灵魂的“现代精神”是如何改造一座城市，改造人类的栖息地的。浙江大学艺术史教授河清博士表达第一次在纽约现代艺术博物馆二楼，迎面看到这幅画时的惊叹时这样写道：“这幅画与纽约高楼耸立的氛围是再合拍不过了。城市在上升，人的造物在上升，再上升！高了还要再高，大了还要再大！”

未来主义者偏爱脚手架。画面上的脚手架如同轰鸣的机器，象征着建造，上升，象征着人类正在开启一个新的世界，上升于理想的新社会。河清认为，艺术的未来主义者创立了某种“速度的宗教”或“速度的美学”，一切运动皆美，一切速度都值得用绘画去表现。波菊尼等人创作的《未来主义画家的宣言》中声称，“我们想画在画布上的，将不再是宇宙动能的某一个固定的瞬间，而只是动能的感觉本身”。人们怀着这样的信仰：旧世界将在动能和速度中解体崩溃，新世界将在动能和速度中诞生。

如果说掌握了电脑和互联网的新一代科学家们，仍然在秉持 100 年前发动机、汽车轮子的激情，他们可能心里不太服气，他们会强调电脑和互联网激发的知识爆炸，决不能等同于炸矿山、修水坝、建流水线、造大机器的豪情。但他们只对了一半，而且是表面的一半。知识与石头相比，当然属于两个完全不同的类型，但关键的问题并不在于知识与石头的差别是什么，关键的问题是：操控知识与把玩石头的手，乃至背后的脑，所秉持的思维模式其实并无不同。

文艺复兴与启蒙运动传承至今，在西方文化血脉中占据主流的仍然是那种孜孜以求地以人性取代神性，以对人的崇拜取代对上帝的崇拜。莎士比亚的《哈姆雷特》唱响了一曲空前绝后的“人类颂”：“人是一件多么了不起的杰作！多么高贵的理性！多么伟大的力量！多么优美的仪表！多么文雅的举止！行动多么像天使！智慧多么像一个天神！宇宙的精华！万物的灵长！……”

在今天科技发明已经喷涌不止的日子里，在科学家如果不借助科幻写作就无法满足更狂放的想象力，更无拘无束的大脑冲动的时候，随便翻开一本描述物理时代、信息时代、网络时代的未来福音书，都可以读到以下字句：随着量子、DNA 和电脑的基本规律的发现，我们正在进行一次距离更远的旅行，把我们最终带到恒星上去。随着我们对第四支柱时空了解的越来越多，我们有可能在遥远的未来成为时空的主人。①

这些写在当代的豪言，对比一下笛卡尔的豪言壮语“人是自然的主人和占有者”，以及不胜枚举的征服故事，人与机器、人与科技的关系，不是一目了然吗？

不过，这种局面，这种人与机器的关系，正在日益受两种思潮的侵蚀：一种是属于大众传播话语范畴的，在这个话语空间里，高科技与商业及时尚紧密结盟，商人与技术天才策划推手联合，借着几百年科技与人类豪情四溢的亲缘关系，大行财富创造并攫取和独占之道，借着科技代表进步的通俗理解深入人心之际大肆兜售这样的货色：消费主义、版本更迭、数字内容控制、通信垄断，在高科技的

① 卡库．远景：二十一世纪的科技演变[M]．徐建，等译．海口：海南出版社，2000．

商场上，使最新的武器贴最流行标签的新权贵与首富，他们的追求与标的物与英国卢德的工厂主、底特律的汽车商毫无二致。所不同的是，他们的对象由有形物转为无形物，由材料转为知识。

这种人与机器的关系，为改头换面的重商主义精神所电镀，成为充斥于市的正统解释。帝国主义、资本家向别国输出这样的贸易规则，版权法案所使用的包装物是技术进步与创新，是知识财富与分享。我们不但得擦亮眼睛，而且得看清CPU背后的家族史，看懂互联网背后的财富观。

关于科学的另一种思考则显得有些“疯狂”，它试图将“科学之刃”推向极致，不但要瞄准看得见的“物”，还要瞄准看不见的“我”。

矛头刺向“主体”

这第二种科学思潮是一种批判性的思潮，目前尚不占主流，但比较“疯狂”，需要从两方面来说。一方面从一本关于“虚拟现实”的读物说起，另一方面则从网络世界的36员“好汉”说起。先说第一方面。中山大学哲学系任教的翟振明教授，1998年在美国出版了一本充满奇思妙想的书，叫《有无之间：虚拟实在的哲学探险》。

这本书开宗明义表达了一个值得思考的观点。技术已经在很大程度上帮助我们创造了历史，我们制造了强有力的工具来操纵自然和社会过程：锤子和螺丝刀、汽车和飞机、电话和电视以及其他东西。之所以它们是“工具”，是因为它们是独立于我们的，对它们的使用通常不会影响我们感知世界的基本方式。无论是否被使用，一个锤子始终是客观世界中的一个锤子。当我们捡起它来并挥动它时，它不会消失或者变成我们的一部分。当然，在这个被工具影响了的环境中，作为制造和使用这些工具的结果，我们这些工具的主人在社会—心理层面上也改变了我们的自我感知方式，以及对我们的同类伙伴的感知方式。就像一个投入自设陷阱中的猎熊者一样，我们有时甚至成为我们自己的工具的“牺牲品”。

翟振明的观点其实有一位人工智能大师讨论过，这位大师的名字叫西蒙（见其著作《人工科学：复杂性面面观》）。电脑与网络技术深度介入我们之前，技术的造物确如翟振明所描述的那样，总体上形成了一个外在的世界，任我们驱使、拆解、重组。新的工具出现后，情形大不一样了。

由于虚拟实在的出现，我们与技术的关系发生了剧烈的转变。同先前的所有技术相似，虚拟实在颠覆了整个过程的逻辑。一旦我们进入虚拟实在的世界，虚拟实在技术将重新配置整个经验世界的框架，我们把技术当成一个独立物体（或“工具”）的感觉就消失了。这样一个浸入状态，使我们第一次能够在本体层次上直接重构我们自己的存在。仅当此后，我们才能在这一创新世界里将自己投身于这种制造和使用工具的令人心醉的方式中。

翟振明的论断很清晰，人与技术的关系将陷入一种互相浸入的状态，“使我们第一次能够在本体层面上直接重构我们自己的存在”。这是一个大胆的判断。不过且慢，在这一点上，千万别以为翟振明的观点与前述卡库关于“改造、重组生命”的豪情没什么区别，相反区别很大。翟振明所说的“重构对象”，是作为“主体的存在”，而卡库所言的量子力学、生命科学的目的，则在于“增强人对这个世界的掌控能力。一个将‘自我’作为标靶，而另一个则依然把‘自我’当作控制万物的中心”。

卡库的观点展现出的豪情，其骨子里的逻辑是笛卡尔式的，他们虔信科学至上主义，并虔信科学是“人作为自然的主人”的最有效、最直接的证据。现代高科技商人们最喜欢的就是卡库的这种情态，因为这个版本以科学的正当性和有效性强力地支援了新经济、新财富的正当性和合法性，简直是神谕。翟振明的观点则不同，他只是看到了这样一种交融的势头在加剧，这种主体与客体之间无可阻挡的交融，就像当年德布罗意发现波粒二象性一样，完全击碎了几百年来的波动与粒子各居一隅的情态，非把这两样势同水火的状态搅在一起，让人心烦一样。

人与人的造物，彼此浸入、渗透，高扬着现代科技代表文明进步的、几百年的庞大基石开始软化、移动，甚至显露冰融迹象。

再说第二方面，这里有美国当代数字英雄中的 36 员“好汉”。

美国有一位著名的书商，叫布洛克曼。这个书商不是简单的编选题、找作者、攒图书、布渠道、收银子的掮客，而是一个编书、著书、懂书的书客，著名的畅销书《情商》就是他运作的杰作。

1995 年 8 月—1996 年 4 月，布洛克曼扛着摄像机，揣着录音机，走南闯北遍访美国数字时代先锋人物计 36 人，他将他们统称为“未来英雄”，这个词后来成了布洛克曼著作权代理公司的一个著名品牌。这 36 位数字英雄都非等闲之辈，如有“北美土狼”约翰·佩里·巴洛，“侦察员”斯图尔特·布兰德，“牛虻”约翰·德沃夏克，“模式识别高手”埃瑟·戴森，“哲人”保罗·沙弗等，还有大名鼎鼎的“软件开发大师”比尔·盖茨和神一般存在的乔布斯。

单从这 36 人的绰号看，就仿佛《水浒传》中 36 位天罡下凡，颇有趣味。而值得关注的是这些天生不安分的未来英雄对数字时代独到的诠释。电脑和网络展现的未来世界图景，无论这 36 位英雄见解如何，如布洛克曼总结的：“我们已经抓住了一头电子兽的尾巴，但是它太巨大了，我们竟无从想象它究竟多大，将会造成什么影响。目前各种研究方向只不过各显巨兽的某一面，但所有的研究一致认为：它是一桩大事。”

1990 年 7 月，在互联网尚未商业化运营之际，电子边疆基金会（EFF）[①]成立了。它的创始人就是被称为“北美土狼”的约翰·佩里·巴洛。EEF 的宗旨是，争取电子媒体上的言论自由，并探讨隐私权及新媒体的责任问题。这一年，英特尔公司刚推出“386”芯片，微软公司尚未上市，刚推出模仿苹果公司麦金托什操作系统的玩具软件 Windows，而 IBM 则顽固坚持独霸市场的 MCA 总线标准，正往死胡同里猛钻。这一年距网景诞生还有 5 年，距雅虎诞生还有 6 年，距 Google 诞生则有 8 年，距新浪、搜狐的诞生也大致如此。

这位老兄当年有三个观点很独到，但又很不招人喜欢。这三个观点是：第一，人们对信息的态度根本就是错误的，错在“把容器当内容”。这些比特组合的一串串的二进制流，被人们习惯地称作“信息”，巴洛很不以为然。他认为，这一串串二进制流只是“容器”，即用来承载真正的内容（即信息）的前身——数据。那信息是什么呢？在什么地方呢？有一段后来为众人引用，但源头在巴洛这里的著名的话：“假设我有一匹马，你把马牵走了，我无法再骑它，它的价值就从我这里消失。但假如我有一个创意点子，你偷了去，不仅我仍拥有该点子，而由于现在有两个人拥有同一个点子，该点子就更有价值。你偷了它，使它增加价值。”

巴洛坚定地认为，除非增值，否则信息就不存在。增值最关键的力量是人的智慧，而不是“盛数据”的比特流。这种清醒异常的思想，与后来搅得微软心神

① 电子边疆基金会（Electronic Frontier Foundation，或译电子前锋基金会、电子前线基金会、电子前沿基金会）是一个国际知名的民权组织，旨在维护互联网上的公民自由、提供法律援助、监督执法机构，总部设在美国。

不宁的开源软件异常相似，不过那时开源操作系统 Linux 尚未问世。

第二个观点与上一个观点有内在关联，是关于知识产权的。巴洛使劲嘲笑知识产权是一种“矛盾形容法”。乐团表演优美的曲目，就是给观众欣赏并享受的，这其中的信息交换关系“不是物质上的交换，倒更像是朋友关系”。

传统的知识产权是基于物质形态的，甚至传统的著作权也是基于以图书介质等物质载体为存在形态的。但以软件为代表的新型知识产权，出于纯粹商业利益的考虑，借知识产权之名，实际上在扼杀更多的创新自由。巴洛说：“著作权概念的目的在于增进言论和营销的自由，反观我们现在的状况，著作权概念却压抑了言论自由。”

第三个观点，巴洛更极端，认为电脑“本质上是反主权的”。“欲控制电脑空间的政府，所凭的理由全是他们自己文化里的怪异”，“可怜我们陷入双重的束缚。一方面我们被影像轰炸，另一方面被文化道德劝诫，认知失调巨矣！”

听听这些不招人待见的言论，按时下的标准，巴洛一定是一个没财运的人，他总想着“人际关系”“自由与开放”“反对主权”之类。不过，巴洛的言论倒非常贴合数码文化里“技术原教旨主义”冲动的内涵。“技术原教旨主义”者的基本特征是：电脑和网络首先不是用来控制什么的，更不是用来达到什么目的的。这玩意儿简直就是上帝对“人造事物”的最高奖赏，这个物件就是让人用来玩的，用来开心的，用来传递友情、爱情的，而不是用来发财的，更不是变着法儿发财的。比如让你的电脑系统和我的不兼容，这叫“兼容性之争”；让你的电脑才用一年就落伍，这叫更新换代，或升级；用一款“完美产品”口号标示下的价格卖给你一款产品，隔天向你收下一版的钱，是因为下一版比这一版更好……这些在巴洛看来，统统没道理。

巴洛的观点道出了一种真情：玩了这么多电子的玩意儿，人类总算发明了一个多少带点“人味儿”的机器，这机器正把人变成“真的人”，以印证自己技艺之高超。相反，商业天才们则仅仅从中看到了巨大的商机，忙不迭地把这个物件裹满科技缩写词，唬得一批又一批人在科技进步、人类智慧的光环下，腿肚子转筋打战，然后自己乐得嘴都合不拢——巴洛忧郁了，“难道我们又造了一件反过来折磨自己的冷冰机器？”

人与物的关系除了笛卡尔的“主客二分法”，难道就没有别的“关系”？电脑的哲学思考，必须从这里开始。电脑和网络原来是非常棒的一组绝配，电脑隐喻主体，但通过编程走向碎片化，暗合鲍德里亚之内爆，主体消亡；网络隐喻关系，通过连线和虚拟空间走向虚拟化，暗合鲍德里亚之外爆。按西学传统，科学总算在驱逐了宗教的神之后，用几百年的功力培育了人在脑子里独立行走的能力，不幸在最后一刻，科学精神成了当年那个万能的、无所不知、无所不能、无所不晓的神，甚至是造物神。

有一个有趣的类比可以证明，科学精神变成人类脑子里无所不能的神的灵光有多么顽固。在物理学上，有众多的公式是所谓的经验公式，比如著名的万有引力公式 $F = r \times \frac{G_1 \times G_2}{R^2}$。与数学不同，这个公式不是从哪里推导出来的，而是硬生生从牛顿脑子里“想”出来的。后来，再也没有任何线索表明，这个公式能从别的什么公式中推导出来。科学界还因此就这些公式是发明还是发现有过很热闹的争论，比如英国哲学家波普尔就有一个非常有价值的观点，即科学发现要变成站得住脚的理论，非得靠否定的力量，而不是肯定的力量，他把这个叫可证伪性。波普尔发现，那些漂亮的自然定律，即物理公式，简洁得令人赞叹，试一下又似乎无可挑剔（也是在人的认知尺度下无可挑剔）。但是，波普尔又指出，“理论自然科学不是自然界的图景，只是逻辑建构。决定这种建构的不是世界的性质，相反正是这种建构决定一个人工世界性质：一个概念的世界，这些概念由我们选择的自然定律隐含地给予定义。科学所谈论的只是这个世界”。

科学的这种诡异之处被一种叫科学哲学的思潮所发现，20 世纪前半叶在美国乃至哲学界，掀起了一股探寻科学到底是什么，科学真理与真实之间的间隙是否存在，科学发现背后到底隐含多少好玩的东西的热潮。这原来也是爱因斯坦和哥本哈根学派在物理领域争论的话题，也是直觉主义、逻辑主义和形式主义在数学领域中争论的话题。本来，这么一场立于“科学究竟是什么”的争论的好戏，如果再上演一段时间，极有可能剥掉披在科学身上那层类似宗教的神秘外衣，或者至少推翻那些将科学与理性直接画等号，并拥戴科学到人性的核心王座上称王的人。

不幸的是，科学哲学思潮在 20 世纪 70 年代之后，渐渐让位于后现代话语，在大众知识分子和科学家之间扮演沟通桥梁的一整套“规训”的话语空间刚刚形成，就被后现代话语所冲断——而为后现代话语壮胆和添力的，恰恰有诸多科学哲学的成果，波普尔的可证伪性是最重要的之一。

科学错过了严肃审视的一次宝贵机会。

我们仍然停留在笛卡尔时代

与少数清醒地将批判的矛头指向“主体自身”不同，“科学的乐观主义”迄今为止都属于主流。公共知识界关于“科学”的标准读本中，大量“客观”“乐观”的叙述，教育了一代又一代人。

科学定理连同经验公式在牛顿时代投在人们（特别是普通人）心目中的印记，是这些定理和公式都是真理的化身，是客观实在的完美呈现。这种印记很深，已经不容置疑了。进一步说，科学定理有众多的实证支撑，也是靠得住的。科学的公众认知水平，实际上仍然停留在牛顿时代，甚至更早。

现如今的年轻人，很少有人会觉得一条经验公式，比如普朗克的黑体辐射公式，背后还有什么更深的意味。科学哲学的冷清收场，意味着针对科学的反思进程草草落幕。课堂上仍得按牛顿时代、笛卡尔时代的科学观，讲解微积分、电磁力学、万有引力和量子力学。科学史上存在的任何对科学的反思，都未能进入无论是大学还是中学的教科书，来展现科学史中纷繁复杂的思想争论。现时代火热的高新科技，步履矫健、飞速发展，脑机接口、基因编辑、深度学习、数字货币，一切最新出现的科学成果不停地冒出来，出现在实验室里，进入家庭。但是，教科书中、讲台上、黑板上、论文集里的科学精神的诠释，依然停留在牛顿时代，停留在“确定性崇拜”的年代。

对科学精神思考的中断，热战、冷战要承担责任，科学哲学思潮的消退留下巨大遗憾，后现代思潮风行又搅得心烦意乱。过去的 100 年，两种力量交替上场，主宰了这 100 年人类的思想：一种是日益快速的消费主义和享乐主义，一种是日益膨胀的财富哲学。科学，这个当初扮演思想解放角色的产物，披上长袍袈裟，开始扮演商业社会、政治角逐里的新神。

从摩尔定律、梅特卡夫定律这种辞藻中散发出的味道就可以见到，科学是如何被拿来唬人并弱化人的心智的。

跟巴洛一样，另一个被布洛克曼称作“侦察员”的叫斯图尔特·布兰德的人，

EFF的荣誉董事。他和一些天才小子们在20世纪90年代初期就在搞一个叫“全球电子链接”的玩意儿。他们想做的事情很简单，就是把任何喜欢胡思乱想、胡吹乱侃的人连在一起，24小时连在一起，“他们自称‘死脑子’，群体之间相互吐露生活内容，结婚、出生、死亡、自杀等事件。”这是“电子社区”最早的雏形。

可以理解，25年前互联网刚一露头，方便、痛快、零成本、零距离、没人管、自由、没规矩，比20世纪60年代的披头士还要惬意自在。难怪这群浑小子乐不可支！这36个浑小子中，只有比尔·盖茨发了大财。原因很简单，除盖茨认为互联网大具商业价值外，其他35个浑小子无一不认为互联网就是让人发疯的地方、裸奔的地方。挣钱？歇了吧。

这跟科学精神什么关系？

从清醒、务实的角度讲，盖茨比其他浑小子都清醒；但从更贴近科学精神原始冲动上来讲，浑小子们的直觉不可小视。比如人称“圣人”的凯文·凯利，曾任著名的《连线》杂志的主编，1994年出版的《失控》一书，迄今都是互联网思想的经典。《连线》称得上是互联网思想启蒙的先驱之一。他说：“有一种乌托邦式的理想，认为未来互联网会给社会变革带来正面影响，我对这一点非常怀疑，因为它一定会给社会带来变迁，绝不会是正面的。”凯文·凯利并非是互联网的反对者，相反他是看到互联网社会将更多元、更扁平、去中心化的为数不多的人。他的继任者安德森，更是以《长尾理论》《免费》等畅销书名噪业界的大家，这是后话。

互联网让人和机器粘得很紧，以往独立存在的“主体”和“客体”在比特化的切割之下已经七零八落。下一步的难题将是人与智能机器如何“分工”的问题，这并非图灵提出的那个“能不能造一个机器，让它像人一样”的问题。也就是说，未来的难题将不是“虚拟化的类人存在”造不造得出来的问题，而是“能不能分辨得出来”的问题，以及“人与智能机器如何共享未来世界”的问题。人们不禁要问，“那个在互联网上跟你打招呼的‘人’是人吗？”

再啰唆一句，科学哲学为何消退是我一直感兴趣的话题。我只看到这样一种现象：科学哲学这套斯文的思想方式衰微了以后，科学界那些憋坏了的浑小子们开启了一系列狂之又狂的科幻创作，比如《黑客帝国》《西部世界》《阿凡达》之类。这一次，他们又被商人抓个正着，好莱坞又逮住一个好脚本。在西方，有时候科学家也不过是金钱的奴仆，大致如此。

人与自我

作为一门学问，西方心理学出现得比较晚。心理学一诞生，就与实验室紧密结合了起来。被称为“现代心理学之父”的冯特的实验室就配备了各式各样的科学仪器，以测量的方式研究人的心理。著名心理学家彭迈克曾说：“心理学不幸是由西方人创建的，结果西方的心理学研究了太多的变态心理和个性行为，如果心理学是由中国人创建的，那么它一定是一门强调社会心理的基础学科。”

19 世纪的科技已经高明到无所不能的地步，于是科学家自然想着可以把电极绑在人身上，把探针插进人脑里，用手摇钻和柳叶刀切开大脑，寻找那个神秘的自我，探究“意识和情绪到底是什么”。100 年之后，当科学更加高明的时候，科学家和技术天才们再一次把想象力伸向人的内心和大脑。这次不是行为主义心理学的版本，而是叫“现代通灵术”。这种“现代通灵术”到底在多大意义上，对互联网哲学提出了重大挑战？它舍弃了什么？继承了什么？利用了什么？这些问题值得花较多的笔墨来做一番艰难的探究。

下面打算分 10 个小标题渐次展开一场思辨之旅。在这个旅程中，读者诸君将要忍受从今天的虚拟现实技术到 100 年前的行为主义心理学，从“人造自然界”到创造这个人工世界的工程师群体的兴起，从悖谬横生的景观再到行为主义对“人脑”的偏执想象，从利用和欺骗人的“感受阈值”到“远程超距作用”“远程生殖”，从虚拟空间的急速旅行到再回到现实的“肉身”世界，静默地反刍这 10 个片段构筑出的数码世界里可能存在的错综复杂的纠缠关系。

这是本书的一个重点，也是颇艰难、晦涩的一部分内容。在此，我想先用较通俗流畅的语言，交代一下我脑子里萦绕的这些“凌乱的关键词之间”到底扭结成一幅什么样的画面。

人，从物理层面说，最基本的组成是“一堆肉”；从心理层面说，是“一团乱麻”；从社会层面说，是“一组行为”。在这个“认识自己”的旅程中，到底凭什么对自己“是什么或者不是什么”做出判断？可能有两种办法：一种是靠器官感知，这是眼睛向外的功夫；另一种是靠大脑思考，这是眼睛向内的本领。

无论哲学史上有过多少流派、学说，“器官的感知”总是无法舍弃的认知源泉。但是，对“感知”的思考与行动，加在一起为我们勾画了一幅令人眼花缭乱的画面：人们的经验就可以告诉自己，人的感觉经验是靠不住的。如果通过像黑箱试验那样，试图从外面观察人的行为，进而洞察内心的真实，这种行为主义实验心理学也就宣告破产。但无论如何，“感官”依然是认识的起点。不过，对数码世界来说，这个“感官”已经不那么简单了。

科学家们把心理学变成一门实验科学的时代，恰恰是工程师大行其道的年代，是“制造世界”的热情高于一切的年代。但是，也有一些孤独的思想者坚持认为，“如果你看到了它，抓住了它，它就已经不在了”，“想象到”的东西，人类永远没有办法触摸得到，这就是“悖论”存在的价值。悖论，时时提醒狂妄自大的人们，不要过于自满。

不过值得重视的是，这种提醒可能正遭遇 21 世纪最严重的“数码世界”的挑战。在虚拟的空间里，制造“幻觉”，重塑“感知”，已经轻而易举。有一句苦涩的网络流行语：“只要能骗过你的眼睛，那就是真实的。”虽然这种场面尚未大面积出现；但是，跟随下面的内容一起想象这种场景可能对传统意义上的“人”“自我”“主体”造成多大的颠覆，是一件虽然艰难但颇有意义的事情。

一旦当你清醒过来，像被火烫了一下似的清醒过来，开始重新审视置身于数码世界的“肉身”的时候，互联网思想意味着什么，相信你会有自己的感悟。

挑战人的“感受阈值”

前面提到的翟振明就是这样一位寻找“现代通灵术”的学者，虽然他不是心理学家。他畅想，“假如我们进一步将机器人技术与数字化感知界面相结合，我们将能在虚拟世界内部向外操纵自然世界的所有过程”。这样，如果我们愿意，“我们可以终生在虚拟世界中生活，并一代代繁衍下去”。翟振明设想的虚拟生存虽不新鲜，但论断极为大胆。

在不远的将来，你戴上头盔（或眼镜），穿上数字紧身衣，就可以进入虚拟世界。这个场景比尔·盖茨在1995年出版的《未来之路》一书中就描述过。这不光看上去是一场游戏，实际上就是一场游戏。对现在的游戏玩家来说，游戏意味着手里拿个铁盒子，眼睛盯着屏幕，或者顶多加上一点虚拟现实技术。对未来的游戏玩家来说，全身的五官可能都被数字转换器、感应器包裹得严严实实，你可以完全“沉浸”在游戏的场景中，甚至你根本无法分辨到底哪些是游戏场景，哪些是现实场景。这种状态叫沉浸。

比如一个战斗场面，你能感觉到自动武器的后坐力和枪弹射击时的火舌和声响，能看到射中岩石的火星。当有人中弹后，你会听到真的惨叫，鲜血直流，一命呜呼。如果是你自己中弹，你会体验到真实的令人心悸的剧烈痛苦和晕眩——别担心，那只是心理上的——卸下电子行头，你自己回到自然世界，你还好好地活着。这种奇妙体验，死而复生，生生死死，竟然可以随意把控，这已经从很大程度上突破了肉身所能感知的经验。就算你再木讷愚顽，也会赞叹这玩意儿的刺激，它让你实现了现实中无法实现的梦想，带给你现实中无法达成的梦境，让你随心所欲，在多重空间、多次生死、多重人格间，遍历多重体验。

其实，我们知道所有的游戏都在利用人的弱点，比如人的“感受阈值”。举“视觉”的例子：初中物理告诉我们，家里的电灯发出的光实际上是闪烁的，闪烁的频率是50赫兹。由于视觉暂留的缘故，人的眼睛无法分辨这个频率，所以我们看到的灯光是柔和的，“稳定的”。电影院里也是如此，每秒播放24帧图片，就可以让肉眼感觉到流畅的连续画面。以这样的“视觉分辨率”，现在的电脑则可以将色彩之美用数万像素表达出来，足够令人惊叹高度亮丽的色泽与丰满。人的感觉阈限其实很低，骗过人的感官其实很容易，很简单。

感官并不牢靠的结论，当然用不着电脑时代才得出。欧洲理性主义哲学在与经验主义者学对垒中，已经系统地考察了感觉经验不牢靠的全部哲学基础。不过以往哲学层面的思辨与今天互联网上的体验截然不同，思辨的哲学一点也不好玩，主要是因为太晦涩难懂，也勾不起人的欲望，远不如“人的切身体验”这种虽然不牢靠但真真切切的享受来得爽快。

充分利用人的感知阈值，这就是虚拟现实、赛博空间的真相。哲学、感觉、经验、自我、物自体等枯燥乏味的概念，第一次可以让一个不读康德、不懂斯宾诺莎的人，穿上头套、戴上眼罩，扎扎实实地深刻体验一把。这种局面需要认真看待，认真思考。但是，仅仅注意到这种“利用人的感受阈值”是远远不够的。值得警惕的是，这种感官重构带来的强大“驱动力”。比如翟振明说：那些浸入式的体验娱乐，其重大意义在于“自人类历史以来，我们有可能第一次在人类文明根基处进行一场本体上的转换”，“我们可能已经开始了这一最激动人心的历程，即在本体层面上为我们的未来子孙创造一种全新的栖居环境”。

翟振明的观点我并非全然赞同，尤其需要商榷的是，他丰富的想象力（与绝大多数技术狂人一样）固然令人耳目一新，但一上升到思想层面，他的阐述似乎充满了科学决定论、确定论、心物二元论的味道。这种认为自己抓住了、摆脱了什么的兴奋宣言，以科学的名义来宣示的东西，与其说离真理近一些，不如说离商业的秀场更近一些。

下面希望通过另外的例子来说明，行为主义心理学用机器科学对待自我发现所遭遇的惨败，以及现代电子商业用机器科学的语言，对待自我幻境所显露的幼稚和荒唐，会让人多少有点感悟的，且论于下。

科学例证：“斯金纳箱子”

斯金纳是美国新行为主义心理学的代表人物。这位毕业于哈佛大学的“遭人厌恶”的人，不但给后世留下了一个“斯金纳箱子”的恐怖名词，更因他竟然把自己的女儿德博拉关在里头做实验而恶名昭著。哈佛心理学硕士、波士顿教育学博士的劳伦·斯莱特在《20 世纪最伟大的心理学实验》一书里留下了这样的记述：“婴儿德博拉在树脂、玻璃做成的箱子里笑容天真，双手扶着隔板。……小德博拉每天待在里头几个小时，箱子里温度恒定，无须担心过热导致尿布疹，着凉引起鼻塞等问题。由于温度调节精准，婴孩无须盖被，没有窒息的危险，这样的生活环境，让所有母亲放下心头顾虑。”

斯金纳把这项发明命名为“子女制约机”。他想营造关爱友善的环境，“利用这种只提供奖赏的环境训练孩童，培养自信自负的态度，相信自己能操控周遭环境，并以此探索世界。”斯金纳的好心肠结果如何很难考证，不过有一种说法，这个被父亲出于“友善关爱”关在“子女制约机”里不知多久的孩子，后来在蒙大拿州自杀身亡。斯莱特遍寻美国也未能找到德博拉的下落。

虔信巴甫洛夫条件反射理论的斯金纳，在他那个时代科学精神的驱使下，坚定地相信“行为与某些神经递质关系密切”。他通过把老鼠放在自己制造的“斯金纳箱子”里，通过一次又一次的奖赏训练发现，“间歇给予食物奖赏的方式反而会让这些老鼠像染上毒瘾一样，不断压杆，无论能否得到奖赏”。这项发现简直与巴甫洛夫发现狗流哈喇子对应听到铃声一样伟大。不幸的是，斯金纳并未就此止步。他对这项实验出乎意料的上瘾：他训练鸽子打击桌球，训练鸟儿叨盘子，训练兔子把硬币投入钱筒，教猫咪弹钢琴，教小猪使用吸尘器……最后上瘾到把自己的女儿锁进箱子，教给她友善和爱。

斯金纳认为，“绝对服从造就极端自由”。斯莱特评论道：“根据他的构想，人类若能放空思想，全然接受机械式的训练，就能逾越所有生理的限制，学会原本不属于人类的行为。”这种狂想似乎与印度苦修隐士的观点类似，他们相信只要彻底放逐任何肉体的束缚，就定能达到辉煌的彼岸。

在斯莱特的记述中，有这样一个颇值得玩味的细节。在寻找德博拉未果的时候，斯莱特意外找到了斯金纳的另一个女儿朱莉（Julie Vargas），她在西弗吉尼亚大学教育学系任教。在与朱莉谈到斯金纳和她妹妹德博拉时，朱莉的话令人深思。

她在电话里对斯莱特说：“我父亲就是用错词了。每个人听到‘控制（control）’，就认定他是法西斯分子，他要是说，人类受环境暗示（informed）或刺激（inspire），没有人会有意见。”

她还说：“事实上我父亲爱好和平，也鼓吹儿童人权，他不相信任何惩罚，因为他从动物实验中知道，惩罚没有用。”朱莉对外人对她父亲的误读和曲解异常气愤，并坚持她妹妹德博拉还活着。

人们的确很难把斯金纳的“斯金纳箱子”与朱莉所说的“他不相信惩罚”调和起来。这种“被关在箱子里”的行为，不被认为是某种“惩罚”，并且坚信这样做是“爱好和平”。斯金纳的大女儿朱莉对他父亲的辩护词，不能简单看作女儿对父亲难免偏袒的辩护词。朱莉的说法实际上指出了西方知识分子从来不认为是问题的问题：知识分子有权力“发现”真相，有权力“发现”真理——无论这种“发现”是否对被发现的对象造成了“伤害”“骚扰”。

斯金纳自己也有一番辩解，他的辩解可能更准确地表述了他内心的动机。

在斯金纳1971年的著作《超越自由与尊严》中，有这样一句话："行为科学认为，个体无法自主施展控制，且举证指出环境对个体施加的控制连带否定了个体尊严与价值。"这段话容易让人误以为斯金纳只是想提醒个体自强坚韧，对外部环境的控制保持警觉乃至抵抗，才有可能取得尊严和价值。其实不然，斯金纳只是想尽力戳穿那些形上思辨的空泛议论，而是让人类真切地，更清醒地回到一件事情上来——行为。

只有行为是可以触摸的，心灵永远躲在后面。既然如此，摆在我们面前的"斯金纳箱子"，就简直成为一个可以按照道德准则塑造任何人的完美"教学设备"。行为主义者的主张，只不过是说，行为是唯一看得见的、牢靠的，其他统统靠不住。

倘若斯金纳从文学的角度这样宣示自己的观点，倒是充满了科幻色彩和浪漫的想象。然而他的教授头衔，以及"斯金纳箱子"作为实验装置的符号隐喻，都让斯金纳并非作为"科幻作家"，而是在用"科学家"的口吻在讲话。

按照斯金纳自己的设计，他早期的志向是成为小说家。进入哈佛之后，在参加完一场爱默森举行的心理研讨会上，他看到各式各样的仪器、锡片、锯子，以及钉子、螺帽。那一年（或许是1928年），成为斯金纳一生的转折。

斯金纳用"废弃的电线，生锈的铁钉，发黑的金属片，打造了那个家喻户晓的箱子"。他要用科学的方法，透过实验操作来洞悉甚至掌控人的行为。灵魂在他眼里靠边站了，思想根本就是纠缠不清的呓语，永远在说车轱辘话，只有看得见的东西才能被思考，才有意义——非常巧合的是，量子力学哥本哈根的主将海森伯也这么想：物理学只承认可观测变量。

于1904年出生，1990年去世，活了86岁高龄的斯金纳，可以说是20世纪科学意象的一个缩影。19世纪末到20世纪初，科学界的若干重大发现：放射性、量子效应、电子技术等，根本来不及消化吸收，就被两次世界大战所打断（或说"科技被迫上战场"）。20世纪中叶冷战思维，又让一代年轻人的梦想破灭，法国1968年爆发"蔷薇革命"，美国20世纪60年代兴起披头士，信仰被重金属唱片、摇滚、性解放、牛仔裤所表象化、具体化。巨大的社会动荡和变革，让思想难以停下脚步，消化这个世界的巨变。行为，只有行为。

科学思想的批判精神、反思意识不幸被搁置起来，而科学的威权却被聪明的商业力量一次次借用。这大约是斯金纳埋头于自己的箱子的可悲处境。

斯金纳的箱子终于被后来的学术界贴上了“歹毒”的标签，很难翻身。然而专注于行为刻画的科学方法并未就此止步，反倒更深地挺进到脑分区、神经元、DNA 的深层，其目的依然在于用行为揭示心灵。日益精巧的机器在琳琅满目的商品社会中，可以让人得到优裕的物产和幸福的满足感，但在“纠正和训练行为”方面乏善可陈，更无法获得斯金纳所期待的“道德完满的正强化”。斯金纳在 1971 年近 70 岁高龄时写道：“情况持续恶化，眼见科技衍生越来越多的后遗症，令人忧心。公共卫生与医药发展让人口控制问题越发急迫，由于核武器的发明，未来若再发生战争，伤亡损害难以结算，只顾追求幸福的心态，会让污染问题日趋严重。”

忧虑而又背负“恶名”的斯金纳，至死也认为他自己是“为了人类福祉”的科学家。但是，他，以及无数与他情怀相当的科学家，其实是旧的科学传统的“俘虏”，他们相信科学是进步唯一的钥匙，如同他的“子女制约机”是唯一的正道一样。用机器倘若能训练一批一批德行良好、心地善良的好人，那该多好啊！

行为主义心理学派很快边缘化的原因，在于他们想得太天真。原本想用科学实验的方法，像测量速度距离那样，度量并最终揭示心灵的奥秘。他们之所以无法成功，还不只是这种机械论、唯理论的科学方法根本无法应对极其复杂的“心灵”问题；更大的根源是他们的“科学信念”与错综复杂的人性世界无法兼容。这种信念，是 18 世纪法国思想家对人性的机械论解释的版本，还相信“人是机器”的简单类比。

行为主义心理学家也陷入了深深的迷茫。通过严格的科学实验和论证，心理学家们得出一个又一个结论之后，很难让这些结论与生活经验和谐共处。一方面，现代商业的繁荣，在很大程度上借科学的荣光，“强化”了公众的正统科学意识；另一方面，社会公众则因为这些怪异的结论，与长期养成的生活常识不一致，从而无所适从。不过，这种科学的“尴尬”，对商人而言倒是无所谓，只要经过学者们的努力，“科学是好的、正确的”代名词，能让公众领受科学的魅力，让科学精神与书本上、课堂上、媒体上的逻辑高度一致就够了。几百年来随着科学昌明的进程，这种科学的公众认知并未改变。其背后是一种对科学的深深的信仰。

这一信仰的基本特征就是，“科学=正确”，“科学=进步”，“科学=福祉”，第一个公式是理性，第二个公式是知性，第三个公式有关伦理。

任何遭遇到“认知冲突”的东西，都会让科学家惊慌失措，并想方设法消除这种不一致。数学史上的若干次悖论，表明了这种失调的激烈程度，也揭示了这种失调日益从外部转向了人的内心。

流传于市的一个传说是，毕达哥拉斯学派相信世界是整数的，后来一个门徒发现了 $\sqrt{2}$ ，让所有的人大惊失色。这种现象与信念之间强烈冲突的“不和谐”，让毕达哥拉斯学派中的其他门徒把这个发现异数的倒霉蛋扔进大海而了事。

负数、无理数、虚数、欧几里得第五公理、罗素悖论，众多的数学“异数”，一次一次让数学家的信仰受到考验，数学家则一次又一次地通过修补完善数字体系，试图逢凶化吉。这场游戏在 19 世纪末 20 世纪初达到顶峰，在 1931 年，“哥德尔不完备性定理”发表之后，希尔伯特的公理迷梦、罗素的统一形式化逻辑体系宣告失败而走到终点。

这里要强调的是，这种试图保持前后一致、无内在矛盾、干净的科学信仰体系的内在冲动——且不说这种冲动到底源于何方——是否是科学精神的全部，其实大可怀疑的。“科学”的使命难道就是“剔除杂质”？科学是否昌明，难道就在于它能否通过“格式化”方法，统一所有人对自然、对自身的认知？

美国洛杉矶加州大学心理学教授李伯曼（Mathew Lieberman）说，“并非所有人都会依循单一中心思想，设法为一切事物寻找合理化的解释”。李伯曼是研究东亚民族与文化的，他发现“东亚人不像美国人那样喜欢为自己的行为找理由”。在莱布尼茨之后的 300 年里，东方文化中的周易八卦、阴阳五行和禅宗公案，让西方人大为陶醉并深深吸引。李伯曼认为，正因为这种文化背景，使东亚人较能包容矛盾对立的东西而并不惊慌失措。当然，“这不表示亚洲人感受不到认知冲突，而是他们比较不急于降低冲突。”

李伯曼多少接近了东方文化的精髓。天人一统、阴阳合和的文化背景，让东方人对待矛盾有一种包容精神。从这个思想可以反观西方正统科学思想中“一根筋”的特色，颇有深意。

又一个例证：费斯汀格实验

再举一个实验心理学的例子，可以很好地佐证这一点。

比斯金纳大15岁的心理学家费斯汀格，1954年时在美国明尼苏达大学任教。那年秋天，他听说了一件怪事：一个研究飞碟的社团通过媒体发表一份公开声明，称受到神灵的指示，1954年12月21日午夜时分将有大洪水暴发，届时只有相信沙纳达的人才能得救。这份公开声明见报后不久，这些信徒便“与外界断绝联系，因为只有少数人是沙纳达的选民，而且他们也不忍心让越来越多的人恐慌”。这一年，费斯汀格31岁。他决定伪装混进信徒中，一探究竟。他的目的只有一个：万一到了那天午夜，预期中的大洪水、太空船，还有神秘的沙纳达没有出现，这帮人会怎么办？

斯莱特在《20世纪最伟大的心理实验》一书中写道：“这群信徒深信天谕即将成真，准备工作做得细致周到。”有人变卖家产，辞掉工作；有人拖家带口集中到一个据称是亲自接到沙纳达来信的信徒家中，等待这一刻的到来。

基奇是一位住在明尼亚波利的湖城的普通家庭主妇。某一天，基奇收到一封来自沙纳达的奇特的信件。基奇在这封神秘信件的强大魔力驱使下，写下这样一段话：“大西洋海床不断上升，沿岸陆地将为海水淹没，法国深入海底……俄国变成汪洋大海，巨浪袭击洛矶山脉……这一切都是为了净化人间，重建世界新秩序。”

结果毫无悬念，预期中的大洪水并未到来。神秘的沙纳达派来宇宙飞船也未如期而至。费斯汀格发现，这些信徒陷入了前所未有的尴尬之中，在遭遇活生生的嘲弄之后，要想维系在外人看来十分荒谬的信念，信徒们下意识的反应就是寻找“替代解释”以自圆其说。费斯汀格注意到，当“他们得知12月21日意大利发生了地震后，喜出望外地表示‘地表确实在滑动’”。

“认知失调”成为美国20世纪60—70年代心理学界新的时尚。“某人从事与其信念抵触的行为，所得奖赏越微薄，此人越可能改变原先的信念。”费斯汀格通过心理试验说明这一点。他让受试者分成两组，一组说谎的人可以得到20美元，而另一组只能得到1美元。那些只拿1美元的说谎者，事后表示自己相信所言之事的比例甚高，而那些拿到20美元的说谎者，则事后很坦诚地表示自己愿意承认是在说谎。这种与直觉几乎相悖的结果，背后一定深藏玄机。

费斯汀格试验的意义在于，那些微小的外部诱惑是如何一点一点积累起来，成为改变信仰的主宰的。每当收到可怜的1美元，只是让你重复一下那句谎言，比如“我不喜欢红色”——其实你喜欢。你会觉得交换的代价微不足道，心里根本不会产生更多的负疚感。给你1美元的那只手，用这1美元告诉你这是个无所谓的事情。

即使你面临尴尬的诘问，你甚至也会不自觉地掩饰这个谎言，不是因为你想掩饰，而是因为你觉得无所谓。拿20美元或更多的钱，让你就自己的意愿撒一个谎，你就是在用逻辑来思考和盘算了。你将十分清醒地知道自己是在做一桩“不道德”的交易。当然，你愿意做这桩交易，仅仅是因为你决定接受这笔诱人的“赃款”，但你的内心坚强地暗示自己：你知道这是个谎言，你内心有这个定力会赎回自己的灵魂。

按费斯汀格的分析，“叛徒行为”就显得颇有另一番味道。当把一大堆太过奢华诱人的条件摆在一个人面前，迫使他背叛自己的信仰的时候，效果其实往往适得其反。因为这个人内心要么产生一种更高的警觉意识，立刻明白这是一桩昂贵的交易，从而陷入更高水平的内心抵抗，要么则会干脆采取阳奉阴违，顺水推舟之策，笑纳之后再寻机脱身。

小恩小惠的策略往往更加奏效。因为在给一个人施以小恩小惠的时候，往往会麻痹他的抵抗意识，降低他的防御水平，甚至让他在受恩惠之时，认为这无非是极正常的人际交往，从而产生自我开脱的自觉意识，告诉自己“无所谓”。“千里之堤，溃于蚁穴”，“防微杜渐”等说的正是这个道理。

费斯汀格就此总结道，“人类其实并不理性，只是会懂得寻找合理解释”而已。

行为主义心理学试图通过科学实验揭示人的内心活动最终归于失败，这毫不令人意外。19—20世纪把一切事物都归于物理学和数学的冲动，在实验心理学家那里得到了淋漓尽致的表现。这种冲动迄今未衰，这已经成为这个时代正统科学的标准配置。这只能从侧面一再映衬出科学在过去几百年的自我强化中已经“钙化”成一个僵硬的版本，已经如此地疏离了心灵、灵魂一类的东西，只剩下了符号、公式。

对数码技术的深度反思，必须穿透这层厚厚的铠甲。比特和连线的速度，凭借传统科学的神威，极大地强化着这种科学意识；但与此同时，它又开启了另外一扇窗户，另外一条道路和另外一种可能。这另外的可能，就是“众声喧哗”的网络世界，绝非用科学精神就可干脆利落地“打理清爽”的。传统的、偏爱确定性的“科学精神”，在赛博空间里更多表现为感性的宣泄，而非理性的计算。试图把斑斓的世界“硬塞”进某种计算的秩序，不但徒劳，而且会催生更大的认知撕裂。必须承认，在这个日益纷繁复杂的世界中，至少有那么一小块地方，或者有那么一种味道，那么一种色彩和那么一种感觉，是传统的科学无法照亮的。

科学有它不及的地方。科学有它的不能。

不幸的是，很多声名显赫，有强大公众影响力的科学家，都坚定地认为科学无所不能，比如人工智能学家西蒙就是这样一位（西蒙是 1975 年图灵奖获得者，也是 1978 年的诺贝尔经济学奖获得者）。虽然西蒙是一位坚定的科学主义者，但他对科学的理解与传统的理解大有不同。

在人工世界的遮蔽下

在西蒙看来，现如今的自然界早已称不上是“自然”界，而是“人工”界了。与此相应，牛顿时代的科学或许还担得起自然科学的名称的话，今天的科学更准确地该叫作人工科学了。西蒙的论断乍一听非常有理。数学发展史似乎已经证明，过去与自然界和人类经验可以直接匹配、挂钩的数字，在经历 16—19 世纪的发展之后，如今已经复杂得只剩下看得见（很多人未必看得懂）的符号，其背后的“物理意义”很难直观表达出来。

物理学也是如此。大约 80 多年前，爱因斯坦曾就“上帝是否掷骰子”与以玻尔为代表的哥本哈根学派进行过一场旷日持久的论战。虽然双方各执一词，最终谁也说服不了谁，且论战的焦点已经从物理学转向了哲学，但其颠覆意味迄今余波未平。

自然科学一直以来是正统科学的嫡系，其历史使命及头顶的光环，都是假设这样两条：其一，自然界是外在于人的，即唯物主义；其二，是可知的。爱因斯坦曾讲过这样一句话，“这个世界的永恒奥秘，正在于它的可理解性”。这句话的味道，取决于对“奥秘”“理解”这两个词的解释。假如说“奥秘”指的是一切人所感受、接触，且令人着迷的事物的话，“奥秘”就已经被降格于人的“感受水平”了。假如爱因斯坦的“奥秘”还可以把那些迄今尚未被人觉察、感受（或者在人感受中充满悖谬、抵牾）的事物也包括进来的话，这个“奥秘”才配得上“永恒”。

“理解”也如是。假如“理解”是以人为尺度的话，那的确太过偏狭了。鸟儿怎么“理解”这个世界？微生物呢？传统科学津津乐道于“基于人的尺度”观察、理解，甚至认同的宇宙，大概率只是人的认知局限性的产物，是低维度的世界。这是近几十年来，日渐清晰起来的一种声音。

传统的科学精神的一个要命的局限性，就是把指向自然界的人的理智，看成了解世界的唯一门径。更要命的是，随着矿石燃料、机器动力的大肆使用，到现如今我们剥离岩石、钻探地壳、砍伐树木、围海造田、炸山取石的速度已大大超过了过去几千年的总和，这种“文明的成果”让人们陶醉于“理性对自然”的胜利，却忽略了一个基本的事实：在人们欣然享受人造阳光、可自动调节的气候以及反季节物产的同时，“自然”已不是昨天的那个自然。在这一点上，西蒙无疑是十分深刻的。

当人们的祖先因为缺乏工具、公式、更具威力的手段看得更细致的时候，他们认识的自然界今天看来远不够“科学”，但却足够“自然”。 对此西蒙说，“我们如今生活的世界，与其说是自然界，还不如说是人造界或人工界。环境中的每一事物几乎都留下了人工的痕迹。我们度过大部分钟点的环境的温度，被人工保持在 20 摄氏度；我们所呼吸的空气的湿度，被人工增大或减小；我们所吸入的不纯净物质，基本上是人生产出来的（也是人在对它们进行过滤）”。这一人工世界的兴起，是近现代史的一件大事。这件大事所折射出来的深刻变化，就是“工程师的兴起”，或者说工程思维的兴起。科学家中涌现了一群能力高强、斗志昂扬的新型学者，他们不但掌握科学原理、公式，更重要的是他们致力于行动，“把它造出来！”是他们最拿手的本领。工程师的兴起，事实上悄然改变了“科学精神”的内涵，让“科学”的探索更多服务于“工程”的需要，服务于人的需要。那个以“永恒奥秘”的宇宙为着眼点的科学疆域，退缩回现实的工程领域。这是耐人寻味的变化。

工程师的兴起

据学者研究，“工程师”的称谓源于拉丁语，用于称呼那些整天琢磨“engine（机器）”的人。他们被叫作“engegneur”（18世纪的拼法）。这些整天琢磨“engine”的人，是那些对大自然精巧的“本原”“动力”极度痴迷的人们。他们眼中的“自然”是一架精美绝伦的机器。如今，工程师们开动脑筋，不懈努力分析、推断、综合、模拟、计算、尝试元素间的不同组合，最终可以造就同样精美绝伦的机器，既呈现“自然之美”，又利用“自然之力”。然而，据法国思想家皮埃尔·阿多的研究，这些才思敏捷，长于技巧的人，可能很难想象15世纪时，engine一词与“计算，技巧”的意思完全相同，而“技术（techniq）”的原本含义则是“欺骗”。中国古代先哲庄子早在2500年前，就指出了类似的“机心”说。

《庄子·天地》篇有这样一个故事，说的是子贡在路过汉阴时，看到一个老人抱着一个罐子到井中汲水灌溉，子贡觉得这样做效率太低，就告诉老人家，有一种叫“槔”的机械，可以大大地提高灌溉效率，一天可以浇灌百畦。老人不以为然，说：“我不是不知道这样的机械，而是以使用它为耻。”之所以为耻，是因为有“机事”，必有“机心”，有“机心”则“神生不定”，“神生不定”则“道之不载”（原文：为机械者，必有机事；有机事者，必有机心。机心存于胸中，则纯白不备。纯白不备，则神生不定。神生不定者，道之所不载也）。

饱受工业革命熏陶的欧洲，在赞叹机械之威猛快捷之余，也会在心里犯嘀咕。比如，法国前工业与科学委员会主席罗歇·莱加马就说，“可以称作‘技术创造’的活动所局限的智力框架，是我所观察到的最狭隘、最僵硬的框架之一”。原因有两点：一方面，这一创造形式局限于一个简单而又牢固的观念体系，工程师们本能地成了这一体系的忠实信徒；进而还深陷于一种依然遵循实证主义和圣西门学说的意识形态，对技术进步及讼诉和组织的合理化——人类幸福的必要的（并且几乎充分的）“载体”——的功效深信不疑。另一方面，如此受局限的技术思想先是提出问题，随后通过对症下药来解决问题。只要能“解决问题”，就是好东西。于是在功利心驱使下，工程师的思想大放光彩。

这些将自己的才情乃至情感无节制地注入机器，并试图唤醒机器的灵性的工程师们，乐意称自己为“笛卡尔主义者”。但是，莱加马指出，他们似乎忘了大师最重要的训诫，“思想是什么？就是怀疑，就是感觉”。“工程师们，我们这个时代的大忙人，其力量日益强大。”莱加马用海德格尔的手法分析着，“技术的大河在奔流，河水在上涨，一旦一次泛滥，它会给附近的平原带去肥沃的泥土，也会造成无法弥补的侵蚀，卷走冲积层和污物，减轻人的负担的同时，又给他们带来新的不便；挑起竞赛，制造赢家的同时，又把一些人排挤在竞赛之外”。

但是，工程师与西蒙所说的“人工科学”还有一定差别。工程师在某种情况下仍然是附着在机器之上的奴隶，而西蒙所说的“人工科学”，则有了更多的“应当如何”的伦理关切，即对“终极目的”的渴求。比如通信产业，已经完全不是当年马可尼发明电话，莫尔斯发明电报时那种惊奇和战栗乃至内心的狂喜。上帝给予工程师的奖赏似乎并非到此为止，现如今的通信产业，则如莱加马所说，“使人们更好地联为一体，同时又把更多的人逐出共同体”。

19—20 世纪的科学思潮与哲学思潮有一种相伴而生的关系，科学或者再加上西蒙所说的人工科学，日益在向“深处”走，而哲学则日益在向“浅处”走。

致力改造这个世界的科学家和工程师们一道，日益感觉到自然神力在通过越来越多的发明创造揭示出来，甚至人工生命、人工智能也指日可待，他们将科学引向了一种极端的“深处”，而哲学则日益放弃了思辨，不再通过“反思”来与纯粹的本体进行艰难的对话，转而务实地观察现象忖度现实，醉心于现象学和实用主义。这一方面是科学与工程技术反复揭示的种种纯粹学术上的悖谬，让传统长于思辨的科学之刃总也无法切开最后的坚果。比如统一物论、算术体系的完备性、全景宇宙。科学遭遇到这些坚硬的悖论之时，似乎已经将其脆弱的一面显露无遗，从而使那些哪怕最优秀的科学家也会感到气馁，因为对科学进一步的“榨取”再也无法得到更多新东西。另一方面，工程师的造物却显现更加实用机能取悦普罗大众，并得到企业主的大量资助，从而成为政治和商业最好的同盟者。难怪记者出身的霍根会在 20 世纪末推出一本震惊科学界的著作——《科学的终结》。

有人以为霍根的见解根本是反科学的，或者说是反时代的，不值一提，无非是 20 世纪 90 年代一大堆“终结论”中一个耸人听闻的疯话而已。霍根作为有

20年历史的科学专栏撰稿人，在与众多显赫的科学大师对话的过程中发现，“许多著名的科学家都抱着明显的后现代情绪。”现代科学家不幸生活在了这样一个时代，即再度超越爱因斯坦、玻尔已变得极其艰难的时代。他们不得不听任讲坛更多地属于技术天才，听任技术家、工程师眉飞色舞地对更快、更炫的东西进行讲解，听任偏执的实验室科学家运用自己率性的想象力，一味地杂交、编辑、剪切，而不管可能杂交出什么结果。还有些颇具眼光的科学史家和学者，只会用这样一句话来安慰现时代寂寂无闻的科学家，一代又一代无法获得“重大突破”的窘境。这句话是费里曼·戴森说的：现代物理学在未来的物理学家眼中，将会像亚里士多德物理学在我们眼中一样古老。

相互缠绕的悖论世界

技术至上主义和工程师的实用主义成为科学主流之后，工匠们脑子里残存的“科学思想”以某种古怪的方式表达了出来，这里面最著名的当数“相互缠绕的悖论世界”。这种古怪世界的想象力，率先在科幻作品、艺术作品中初现端倪。比如1818年雪莱夫人的《弗兰肯斯坦》，以及由印象派发轫的“艺术大爆炸”所接踵而至的野兽派、立体主义、抽象派、行为主义画作，纷纷表达了头脑中光怪陆离的世界意向。

技术和艺术工匠们在处理实体、实体之间的关系，甚至处理“主体”和“主体之间的关系”“自我”的时候，他们熟悉的基本原理早先不外乎几何、透视、重力、张力、运动、化学反应。他们眼里的按照数学定律运转如常的“确定性”的世界，没有什么能让人感到意外的。

但是，这些受过严格科学训练的技术工匠们，毕竟拥有较高的“科学素养”以及想象力，他们多少仍会为某些稀奇古怪的、无法在公式中书写出来的、也无法用工具和材料制造出来的玩意儿大伤脑筋。这些悖谬的东西，就如埃舍尔那幅著名的版画《瀑布》一样，能存在于艺术工匠的脑海里，却无法从他们手中诞生。

英国达特茅斯大学哲学教授罗伊·索伦森有一本名为《悖论简史》的书。中心思想用他自己的话说，就是“我把悖论看作哲学的原子，因为悖论是思想走向成熟的基本起点”。一般正统的科学以及哲学记述，讲到悖论都从古希腊开始。比如芝诺著名的“飞矢不动”以及阿那克西曼德悖论。阿那克西曼德悖论是这样表达的：每个事物都有一个起源吗？如果说有，那么起源是什么？“起源”的起源是什么？如果没有，那么现在流逝的一切又从哪里开始呢？这个悖论的一个民间广为流传的版本，就是“先有鸡还是先有蛋”的问题。

不过现时代的科学，对此已有了一个演进论的解释。无机物氮、氢、氧、碳等，经过数亿年的演化，逐渐演化为最原始的有机分子，随后又经过数亿年的演变成为最原始的生命细胞，比如阿米巴原虫。在这种生物演化论的观点看来，先有鸡还是先有蛋的争执，所犯的一个错误在于鸡或蛋并非一直是现在的这种形态。早期的“鸡”并非为“鸡”，“蛋”也不是现在这个“蛋”，而是一系列艰难进化链条中的一种存在形态。阿那克西曼德倾向于认为起源于“无”，他觉得至少需要引入一个相当重要的概念，即“自因（uncaused cause）”。这种自因，将起源问题并非归结于外在的任何动因，而是认为蕴含在事物本身之中。早期的人类智慧倾向于将此类现象归结于事情本身，归结于无限的周而复始的现象本身，表面上看多少有神秘主义色彩，事实上是对原生态的一种朴素观点。

《事物的本性》据说是阿那克西曼德唯一为后人知晓的著作，他写道：“存在着的万物由它产生，毁灭后又归于它，这是按照必然性进行的；因为万物按照时间的顺序为自己的不义而受到惩罚并相互补偿。”古希腊时的认识与东方的平衡观念、事物的自在性较吻合。不过，西方哲学何以变得如此张扬，是另外一个庞大的话题。

阿那克西曼德认为，好运和厄运是平衡的，健康就是痛苦与美好、热与冷之间的平衡。所有的变化全部含有对先前的错误的修正。“补偿”是一种非常强的宿命的观点，如果今世运气不佳的话，人们总是相信这是前生所致或可能由后世得到解决。中国的阴阳学说和印度的因缘果报即属此类。

从古希腊时起，即有众多的悖论被发现出来，现在看来，绝大多数悖论的确由于认识的局限性所致。比如著名的$\sqrt{2}$导致的毕达哥拉斯学派的恐慌，古希腊哲学家赫拉克利特用“你不可能两次迈入同一条河流”，对“同时性”的诘问，以及西方哲学史上的“万物流变”说。《圣经》记载的“克利特岛人悖论”是一个著名的语言学悖论，还有苏格拉底诘问悖论、亚里士多德、柏拉图、奥古斯汀、阿奎那、布里丹、帕斯卡、莱布尼茨、康德、黑格尔等一系列西方历史上著名的思想家，都与悖论有染。这些哲学家基本上同意关于悖论的这种解释：悖论是这样一些命题，单个看每个命题时都没毛病，放在一起就相互矛盾。比如罗素著名的理发师悖论。现今的科学已经对悖论的存在不感到惊慌失措，但悖论所揭示的史观大都意味深长。

阿根廷作家博尔赫斯有一篇小说，名字叫 *Tlon*，*Uqbar*，*Orbis Tertius*（《特兰、乌克巴、世界三》）。特兰是一个虚构的世界，特兰人认为唯物主义是荒诞的异端邪说，而另一个天才的邪教领袖则发明了“9 枚铜币”来说明物质的存在。转述如下。

星期二，X 先生，一条荒芜的路，丢了 9 枚铜币。星期四，Y 在这条路上找到了 4 枚铜币，因为星期三下雨了，铜币有些生锈。星期五，Z 在这条路上找到了 3 枚，星期五上午，X 在他家的走廊里找到了两枚……特兰人的语言无法明确地表述这个悖论，大多数人甚至无法解释它。

起初，常识的捍卫者为了反驳这个悖论，只是简单地否认这个悖论的可行性。他们强调，这只是一个语言上的错误，根据在于错误地使用两个动词。“找到”和“丢”，这是两个未经语言的实际使用检验的新词，但是这个悖论仓促地应用了这两个词，而任何严格的考察都反对应用这两个词。

这两个词造成了混乱，因为“找到”和“丢”预先假定了最初的 9 枚铜币和最终的 9 枚铜币是等同的。他们援引“所有的名词”（人、铜币、星期四、星期三、雨）都仅仅是比喻的层面沿用这一原则，驳斥了“因为星期三下雨了，铜币有些生锈”，这是离经叛道的陈述，因为这个陈述依赖于一个预先假设，在星期二和星期四之间这 4 枚铜币是持续存在的，而这个预想本身恰好就是这个论证想要证明的，他们解释说“等同”不同于“同一”，并且设计了一个归谬推理加以阐述，设想有 9 个人，在连续几个晚上他们感到强烈的疼痛，如果我们说“疼痛”只有一个是同一的，岂不荒谬？……不可思议的是，以上反驳竟然不是终极判决……

特兰人认为，9 枚铜币是真正的悖论，无法彻底消除。一个有趣的设想是，在另一个世界的居民看来，这个悖论也许是平庸陈腐的事实。

问题是，悖论到底仅仅是存在于我们的头脑中，还是内嵌于思想的逻辑结构中？

悖论到底是天然如此，还是仅只存在于我们的符号系统中，这个问题是东西方思想的一个分水岭。说其是分水岭还不在于问题的回答是什么，而在于东西方文化对待这种现象的态度。东方文化致力"承认并存活于这个世界之中"，而西方文化则要看清它、摆顺它、安置它、传布它。这种差异很自然地导出一个关于自我认知的关键差别。在东方的文化里，庄周梦蝶以艺术的方式描述了这种状态，"不知周之梦为蝴蝶欤，蝴蝶之梦为周欤？"李白诗曰："庄周梦蝴蝶，蝴蝶梦庄周，一体更变易，万事良悠悠。"东方的智慧在于承认这种物我同一的状态，并置身其间寻求周而复始，万物流布的道理，上察天文下识地理，中通古今之变，进而试图平衡，顺应这种变化。而西方文化则操起解剖刀，使我与物一刀两断，而后细察端详。

插入这么一段关于"悖论"的叙述，是想说明实用主义科学家和工程师们的思想状态，绝非简单的"形式逻辑"的自然翻版。虽然，检验工匠们技艺高下的标准，历来是他们手头的作品；但检验工匠们思维成熟度的高低，则要看他们能"绘制出"何种图样。

这种现实与想象之间的鸿沟，其实是工匠们发掘事物真相和自身潜能的关键一环。假如没有商人热络的劝说，工匠们总会一不小心就陶醉在这种"试图用手将自己拎起来"的无边遐想之中。永动机、用尺规三等分角、倍立方，这些折磨人的难题，总会让前赴后继的工匠们乐此不疲。

下面让我们再到行为主义心理学家那里看一看，领略一下他们是如何"刻画"人的思维活动的。

令人恐怖的"缸中之脑"

与20世纪自然科学进程大致相仿，美国心理学界在1915—1955年的40年间是行为主义占据主导的时期，这一学派为约翰·华生[①]所创。华生认为，人们通常都不能准确描述他们所看到、听到、闻到、尝到和感觉到的东西，这些东西根本无法解决。华生反对之前心理学家的方法，即内省与精神分析，他认为心理

① 约翰·布罗德斯·华生（John B. Watson，1878—1958）是美国心理学家，通过动物行为研究而创立了心理学行为主义学派，强调心理学是以客观的态度去研究外在可观察的行为。华生认为，人的所有行为性格都是后天习得。

学要想在科学中占据一席之地，必须另辟蹊径。

华生宣称的行为主义观点如下：第一，它是自然科学的分支，它使用的是纯粹的客观实验的方法；第二，它的理论目标是预测和控制行为；第三，内省方法并不是最重要的部分；第四，它并未将人和动物区分开来。

在这种心理学的背景下，有一个典型的关于自我的机械主义模型，叫作彭菲尔德[①]的“缸中之脑”。这是一个比悖论更加瘆人的景象，简单描述如下。

世界著名的脑神经学鼻祖威尔德·格瑞夫斯·彭菲尔德，曾在 20 世纪 30 年代做过一个经典实验：J.V.是一个 14 岁的女孩，躺在蒙特利尔神经学研究院的手术台上之前，她经常发作的癫痫症让她痛苦不已。她总是看见一个陌生男人手里拿着一个袋子。那袋子里的东西不断地扭动。陌生男人问 J.V.：“钻进这个袋子里陪我的蛇好吗？”

彭菲尔德试图用手术治疗她的癫痫病。她的颅骨侧面已经被拋开，露出了大脑颞叶。彭菲尔德用电极探查她的大脑，以便确定病灶，而电极则连接在一台脑电波记录仪上。当探针触到 J.V.颞叶的某个位置时，她说她又一次看到了 7 年前的自己。

J.V.说，那年夏天，野地里的草长得很高，她跟在哥哥的后面玩耍。这时，地面上有一团阴影，草丛中有东西沙沙在响。J.V.转过身来，看见一个陌生男人，手里拿着一个袋子，看不清是什么，“那袋子里的东西不停地扭动，这个男人问我，‘钻进这个袋子里陪我的蛇好吗？’”

J.V.吓坏了，哭着跑回家找妈妈，从此，恐怖的这一幕一次次地纠缠着她，那个拿着袋蛇的陌生男人经常闯入她的梦境。渐渐地，她心灵的创伤开始伴随癫痫性抽搐。在探针的刺激下，J.V.不仅回忆起了这段遭遇，而且似乎“重新经历了这段遭遇”。

1981 年，希拉里·普特南[②]在他的《理性，真理和历史》一书中，重新阐述

① 威尔德·彭菲尔德（Wilder Penfield，1891—1976），美裔加拿大籍神经外科医生，脑神经学鼻祖。他扩展了脑部手术的方法和技术，绘制了大脑各个区域的功能。通过对癫痫病人病灶观察所积累的大量资料，彭菲尔德在 1954 年提出了“中央脑系统学说”。这一学说认为：颞叶和间脑的环路是人类记忆的主要区域。

② 希拉里·普特南（Hilary Putnam，1926—2016），美国哲学家、数学家与计算机科学家，20 世纪 60 年代分析哲学的重要人物，在心灵哲学、语言哲学、数学哲学和科学哲学等领域有重要贡献。

了彭菲尔德关于“缸中之脑”的假想。

> 一个人（可以假设是自己）被邪恶科学家施行了手术，他的大脑从身体上被切了下来，放进一个盛有维持脑存活营养液的缸中。脑的神经末梢连接在电脑上，这台电脑按照程序向脑传送信息，以使他保持一切完全正常的幻觉。对他来说，似乎人、物体、天空还都存在，自身的运动、身体感觉都可以输入。这个脑还可以被输入或截取记忆（截取大脑手术的记忆，然后输入他可能经历的各种环境、日常生活）。他甚至可以被输入代码，“感觉”到他自己正在这里阅读一段有趣而荒唐的文字：一个人被邪恶科学家施行了手术，他的脑从身体上被切了下来，放进一个盛有维持脑存活营养液的缸中。脑的神经末梢被连接在一台电脑上，这台电脑按照程序向脑输送信息，以使他保持一切完全正常的幻觉……

有关这个假想的最基本的问题是：“你如何担保你自己不是身在这种困境之中？”

探针对一个女孩脑部某个组织的触探，具有勾起回忆的神奇效应，让富有想象力的学者大受启发。彭菲尔德用电流刺激大脑皮层的不同部位，试图减轻像精神运动性癫痫这类疾病症状。受试者称诉，可以嗅到以往闻到过的气味，听到一种声音，看到一种颜色。这一切都是由大脑内特定部位的微量电流刺激引起的。他发现，刺激大脑皮质的某些区域时，往事的记忆就会历历在目，仿佛录像带的回放，具备了事件原始场景的所有声音和情绪，似乎发生在我们生长过程中的每一件事，包括无数我们以为已经遗忘的时刻，都被记录和保存下来了。这种电刺激大脑右侧的颞叶引起患者对往事的记忆的现象称为“倒叙”。

通过对癫痫病人病灶观察所积累的大量资料，彭菲尔德在1954年提出了“中央脑系统学说”。这一学说认为：颞叶和间脑的环路是人类记忆的主要区域。这一区域像一个录音录像装置，把人的全部经历毫无遗漏地记录下来，这种记录虽然在大多数情况下未被人主观意识到，但它的确客观地实现了。因此，对这一区域施加特殊的刺激时，一些在通常情况下根本无法回忆的往事便被回忆起来。彭菲尔德的发现意味着人的记忆被存储在大脑皮质中，并且可以被脑电流或者外部电流所激发。

这为科学幻想提供了大量素材。在科幻电影《黑客帝国》中，尼奥就是一个被养在营养液中的真人，而他的意识则由电脑系统“The Matrix”的电流刺激所形成和控制。他的一切记忆实际上都是外部电极刺激大脑皮质所形成的，而不是真实历程。由于“The Matrix”也会有“漏洞”，也会被“病毒”侵入，因此，在“The Matrix”系统中的“人”有时候就会发现一些匪夷所思的现象，比如人可以自动克服重力飘起来。而这些现象并非真实的存在，只是系统 Bug 所致。“The Matrix”可以通过杀灭“病毒”或者 Bug 修复，来规避这些“异常现场”的发生。

彭菲尔德的“缸中之脑”与人的身体之间靠电极连接。这时候，这颗“缸中之脑”接收来自电极的一串信号。这串信号其实就是一串文本的扫描信号，它可以让这“缸中之脑”以为在读一本有趣的书。当然，倘若这“缸中之脑”把愉快的信号及手舞足蹈的指令通过电极再传回给身体的话，一定会让这具无脑的躯干手舞足蹈起来。再进一步假设，倘若大脑剥离的是如此成功，连头颅也得以完好保留，只是将脑组织毫发无损地置于缸中，那么由“缸中之脑”回传的信号自然也可以让这个中空的头颅面部发出爽朗的笑声，并露出愉快的笑容。

在美国作家威廉姆·庞德斯通的著作《推理的迷宫》中，这位两次获普利策奖提名的前麻省理工学院物理系学生，继续兴趣盎然地对这种现象写道：

在过去某个不确定的时刻，在你睡觉的时候，你的大脑被取出来了，脱离了身体，每一条神经都在高明的外科医生的处置下连上了微电极。这些微电极是以百万计，其中每一个都连在同一台机器上，而这台机器发出与原来的“神经信号”一模一样的微弱的电信号。

当你翻页时，你感觉到自己正在触摸一页书，但这只是因为从电极传来的信号与原来的神经信号完全相同，这些信号让你感觉到自己真实的手指在摸一页真实的书。实际上书和手指都是幻象，把书转向你的脸，看起来书变大的；伸直手臂让书远离，看起来书变小了，这种立体感也是通过精密地调节电极上的电压模拟出来的，这些电极直接刺激残余的视神经，如果与此同时，你还闻到意大利面的味道，听到弹琴演奏的乐曲，这些也都是幻象的一部分。你可以掐自己一下，而且你会得到期望的感觉……

庞德斯通如此大胆的描述，且不论其是否行得通，只是为了说明一句话：你没有任何办法证明实际情况不是这样。这个听上去匪夷所思的思想实验，不无许多合理猜测和假设，但更重要的是指出了那个时代学者们所遭遇的一个颇具“决战”意味的命题：关于这个世界的一切感觉经验，到头来可能统统靠不住。

其实，笛卡尔在1641年陷入自我沉思的时候就提过这个问题：他的困惑是搞不清自己是否一直生活在梦境中。民间有一个说法，就是你要想知道自己是不是在做梦，最简单的办法就是掐自己一下，据说梦里的人不会觉得痛，因为梦境与身体是分离的。很快这种方法就被否定，因为梦中痛感也是一种常见的体验，更不用说梦游了。还有人建议你可以站在墙边仔细数墙上的裂缝，或者用一只计算器把一堆数加起来，据说梦里的人不会做如此精细的活儿。不过，这种方法也靠不住，因为这么检验一听就知道是一个醒着的人对梦的假设。说“梦是模糊的”，这也没有击中要害。

庞德斯通建议这样一种比较麻烦的方法：你在床边放一部打油诗集，先不要读，以前也没读过。就这么先放着。一旦你不太搞得清自己是否在做梦，就可在卧室翻开诗集，随便翻到哪一页，读一首打油诗。如果这首诗你真的没读过，那就不是做梦，如果你觉得读过——梦里很容易出现这种真真假假拼合在一起的事情——那就是在做梦。

别奇怪，天才的笛卡尔也遭遇过类似的困境。他在《沉思录》中写道：“我将设想……某个法力无边的恶魔费尽心机算计我，我将认为，天空、大气、土地、色彩、形状、声音以及所有其他的外物都不再是梦中的错觉，它们都是那个恶魔为了愚弄我而制造出来的。我将认为自己并没有手、眼、血、肉以及知觉，我不过是误以为自己拥有这些东西。”笛卡尔著名的“我思故我在”，就是如此这般沉思之后得出的结论。

当然，梦境与真实之间的奇闻轶事也颇为生动地启示人们，不可轻率地一概将梦称为荒谬或无足轻重。只是像庞德斯通这样偏激，像“缸中之脑”，笛卡尔那样，像庄周梦蝶那样，将梦境完全视为无法分辨彼此的幻觉，除了其美学意义之外，当下就承认它为时尚早。

下面我们开始试图描绘一种令人眩晕的“虚幻的通灵术”，以便了解所谓的“虚拟空间”可能把人带向何方。

在进入下面关键的内容之前，需要简短地对前面的冗长铺垫，简单概括一下。

如果本书只是简单地讲述人的感觉经验的局限性、行为主义心理学家斯金纳的实验、启蒙时代以来伴随资本主义日益占据科技界主流的工程师群体的崛起、霍根的《科学的终结》，以及彭菲尔德的“缸中之脑”，那大家直接去阅读相关著作就可以了。

这里之所以把这些“杂七杂八”的东西摆放在一起，是想说出这样一层意思：“摆弄这些玩意儿”的冲动，潜藏在人的脑海里，驱使人们以数千年不曾消退的好奇心，“窥视”“刺探”到底什么是“人的真实存在”（包括他/她的心智、构造、大脑皮质与壕沟）。“摆弄这些玩意儿”的人们总是在经受着某种痛苦的煎熬：一方面，他们必得遵从科学理性原则的指引，这条路是逻辑的、确定的、没有歧义的；另一方面，他们又得承受自己脑子里那种惊人的想象力无边无际的畅游。

这两种力量的剧烈冲突，足以让一位心智健全的人“精神恍惚”，他/她的脑子里无法协调这两幅图景：一幅图景认为世界是“凸”的；另一幅则认为世界是“凹”的——更可怕的是，这两幅图景竟然同时存在，紧密连接在一起。

不幸的是，西方工匠解决这个问题的办法只有一个：切开它看！

前面的故事，无非是告诉你：这一招其实已经宣告失败。用笛卡尔“两分法”的眼光看待“自我的真实”，已经抵达了认知的天花板。

今天的数码世界，“主体”已经被割裂成七零八落的比特的碎片，置身虚拟世界的“自我”面临巨大的“感官重塑”，从而滋生哪些前所未有的新的花样？这就是接下来要讨论的主题。

虚拟的存在：幻觉与真实

20 世纪的科学发现，雄辩地表明“感觉靠不住”，更透过测不准原理揭示了“测量也靠不住”。人的感觉本身不是全能的，更不是万能的。人的感觉与世间万物的感觉一样，仅只是生命个体漫长演化中的器官功能而已。每一个感官都有它的局限性，比如人的耳朵听不到次声波，而蝙蝠听得到，人的眼睛看不到红外线，而某些动物如猫头鹰看得见一样。这样一具感觉有限的躯体，不可能将世间万象完全摄入，全部转化为人的感觉材料。在这个意义上，人所发明的工具、仪器就不仅是人的延伸，而是人的感受器官的弥补了。

人对自我的认知也是如此。仅就人力所能及的肉身而言，感觉经验只是局部的、片段的、个体的。在这种局部感受限制下，人的思维却总可以萌生宏大叙事之愿，产生“总体把控”的企图，这恐怕是长期以来形成的一个误解。这个误解在于假设个体感觉经验可以无差别地外推到整个世界，另一个假设就是个体感觉经验是完备的，百味俱尝、百态俱见。这两种假设在数码时代是不够用的。

数码时代最重要的特征是“感官重塑”。人造的数码世界，创造更加绚烂的感官体验，极大地超越了机械时代的“人—机关系”，全新的感觉经验反过来重塑人对世界的观感、认知和想象，实体世界与虚拟世界的边界在剧烈变化，沉浸其间的人与自我的关系也在重新塑造。网络时代的个体倘若继续秉持传统的封闭的认知，将很难驾驭这种高度复杂的人机共融的新世界。

以下仍用翟振明的假想试验，来分析这一虚拟为特征的数码时代，自我意念是如何受到颠覆的。翟振明把这种情况叫作“交叉通灵境况（Cross Communication Situations）”。

先讲一个简单的例子，权作热身。翟振明讲了这样一个故事：

假如迪士尼乐园搞了一个新去处，叫“深度空间旅行”，你带着你的全家（你的妻子和 4 岁的女儿）去体验。在一个叫魔幻王国去处东几百码处，有一个入口，你到了门口，接受安检。安检的装置很简单，无非是一个类似脉搏控制器的东西，套在你的腕子上，上面有两根导线接在一个柜子里。这种检测被警卫解释成“预演”，即看你和你的家人，能否承受得了这里面荒诞恐惧的背景。这种检测多少会让你感觉不快，但为了冒险你决定一试。

当你戴上那个玩意儿之后，突然，你听到一声爆炸的巨响，接着就看到一团巨大的烈火吞没了眼前的一切，同时你还听到家人的尖叫，此刻你对自己说，我的天，我们完了……

“预演结束了，先生，”这是安全警卫的声音。他让你回到现实中来，你发现自己毫发未损站在大门口，你的家人依然站在你身旁。

这种真假难辨的场景和经历，以现在的认知可能会觉得荒唐，会有人不信这个邪，觉得虚拟现实也不可能到达如此的地步。

翟振明的这个例子，据他说，仅仅是为了证明“你无法确认你现在的处境是否为梦境”。他的故事接下去还有如下演绎：

你们一家人停止抱怨，进入园中。你们首先选择的是行星爆炸探险。你们一家三口挨着坐好，按要求系紧座位上的安全带，因为你们将要经历一场地球和另一行星的剧烈碰撞。你们按要求做好了准备，想象着碰撞“真”的发生后会给你们全家带来什么样的震撼。

旅行开始了，你意识到地球即将飞离轨道，因为你看到天空中各种奇怪的物体和光束越来越快地穿梭而过，突然，你看见一个闪亮的东西变得越来越大，快速地向你直冲过来。你知道这就是那个将要与地球撞到一起的外来行星，景象是如此逼真，以至于你的心开始“咚咚”跳起来，但你依然记得这不过是一个游戏，不会有什么危害发生。然而，与你的预料相反，就在这外来物撞到你之前，你感到你前面的人们首先是遭到袭击并被撕成碎片！你大声尖叫起来，然后……原来一点事也没有。你再次发现自己和家人仍安全地站在大门口，完好无损，而安全警卫正微笑着看着你们。

读到这里，几乎与虚拟现实体验中的场景完全一致，所不同的是上一段的结尾处，当这个把戏让你从幻境跳到先前的那个场景，即入口处的警卫的时候你本身觉察到一丝异样。注意，上一句话的“你”，不是文本中带着妻子女儿逛迪士尼的你——对了，就是“你”，正在读这一段话的你。

你会觉察到什么。从技术上讲，虚拟游戏做到这一点不难。比如把你在入口处（这时的“你”不是正在看的“你”，而是故事的主人公）的真实场景（且慢，在你看来，这个场景是否真实，还很难说）拍录下来，当你坐在体验椅上时，当你面临砸过来的星球已经表现得歇斯底里的大喊大叫，四处乱抓，大汗淋漓，检测表明不再把你“唤醒”你就会真的出事故的时候，游戏会通过插播点什么把你唤醒，让你脱离那个场景。不过翟振明讲的游戏更加“惊险”，插播的就是刚才（你入园的时候）录下的场景，让你如同梦中惊醒一样。这时，“你再次发现自己和家人仍站在大门口，完好无损，而安全警卫正微笑着看着你们”。

这种类似程序设计中子程序调用、嵌套的把戏，非常容易把人搞晕。你很难分辨自己到底是真的仍站在入口处，刚才的预演并未全部结束，还是被愚弄了一把。甚至你会想，好家伙，这个鬼地方竟然像倒录像片带一样，在我和家人即将进入体验室之前，就让我体验了一把，警卫说的“预演已结束”是假的。

且慢。你的思路（这个你是指读者，而非翟振明的那个体验故事主人公；请注意，为了理解翟振明设计的“剧情”，你在阅读的过程中，会下意识地将你，替换成故事中主人公的“你”）此刻受到了一丝干扰，你觉察到一些异样，或者你自以为捕捉到了上面描述的一段混乱或者什么别的东西，总之怪怪的。

从这一段开始向回数到第九段，文本显示是警卫告诉你和你的家人，“预演结束了”；回数第六段，在你历险之后，你又看到警卫仍笑眯眯地站在那里，与第九段一样。此时你有两种判断：一种是，第九段的那个警卫是假的。噢，不，本来是“真”的，在第九段时出现过，现在在第六段里出现的是“假”的，是录像的重放。你觉得自己大概把逻辑线梳理清楚了。

然而，你仍然感觉有些异样。这里的你，是作为“读者”的你，还是作为故事中你设身处地想象的那个“你”？你完全可以假设“那只不过是故事”，以便找到真实与虚拟的清晰分界线。不过如果你把自己“代入”剧情，你觉得还能做到吗？还是再来捋一捋：你的判断是（回数到第九段），那个警卫本身就不是肉身，而是“虚拟化身”，也就是一段录像片，在你戴上那个手环之后，你的一切感受器官，以及大脑神经元其实已经被复杂的芯片、连线和代码全部接管。你见到的所谓预演和那个警卫，有可能一半是PS版的，另一半是你浸入其中所贡献的“活素材”——你已经参与到虚拟实景的构建。倒数第六段，不，其实是第七段中你第二次见到的那个警卫，就完全是一段比特流了，只不过你毫无觉察而已。

只要你仍然戴着手环，穿着电子紧身衣，你就会与某个中央机房中的某个柜子有关联，接收那个柜子发出的指令。

你的异样感觉尚未结束：

此时此刻，你真的开始愤怒了，因为你有被愚弄的感觉，接受这愤怒变成了极度不安的焦虑。你后悔来这种地方，于是你对妻子说：“亲爱的，咱们还是回家吧。”你妻子同意了，你们除下身上的电线，叫来一部的士，你们一家三口上了车，向机场驶去。几小时后，你看到了你们的家，多么甜蜜、温馨的家啊！你将手伸进口袋掏出钥匙，插入匙孔，然后旋转，接着……你没有打开门，你发现自己又回到深度空间探险乐园的大门口！整个回家过程的经历仍然是事先编好的程序——假的。

现在先数一数段落，从这一段往回数第十四段，你在警卫的提示下预演。第十一段，你又见到那个警卫。整个这个过程再加上刚才回数第一段，你又见到那个大门口。整个这个过程，其实就是一种把戏，即“过程调用”和“嵌套”。

在电脑里有一种程序编制方法，叫“过程调用”和“嵌套”。一个程序比如说正在算利息，但它可以随时调用另一个小程序，去计算汇率，算完后再返回原来的那个程序，继续算利息。

这种调用可以反复进行，当然按照程序设计的一般要求，对调用需要有点限制，比如你不能交叉调用，比如 A 调用 B，B 调用 C，C 又调用 A 的一部分。之所以这么限制，主要是因为它的结果很难预期，更常见的危险是令电脑陷于紊乱，不好说最后出什么结果，死循环是大概率的结果。顺便说现代程序设计者很难看到这种古怪的电脑行为，因为语言已经精致到一旦你出现不合语法的语句，电脑自动提醒你修正后方能往下走。说来可怜，现如今的程序员已经很难领略到程序出错时的那种沮丧、困惑，甚至意外惊喜了。下面插入一段小故事说明这背后的道理。

自 20 世纪 60 年代气象学家有了电脑这个宝贝之后，开始干一件几辈子之前就想干的大事，数值天气预报，他们把天气预报模型写出来，然后编制电脑程序来求解这个模型的解，以便做出天气预报，当然预报期越长就越牛。

数值方程往往很复杂，他们就借用一种非常简单的数学处理方法，即这一步计算结果作为下一步的输入再代入方程里去，这种计算过程叫迭代。

当年在这个领域干得十分卖力的一位气象学家叫洛伦兹。有一天，他把一个迭代模型放进去，让它自己算着，这个模型已经算了好几天了，他把上一天的结果直接迭代进去想加快点进度。干完这件事之后，洛伦兹教授悠闲地到对面的咖啡屋去喝咖啡。

这个故事是柏莱克讲的。喝了以后，洛教授回来查看结果，一看打印纸（当时还没有电脑屏幕只能在打印纸上看计算结果）吓了一大跳，表示天气变化的输出数据像发了疯似的大起大落，一下子变得乱七八糟。

在反复确认公式没错，参数没错，电脑程序也没错的时候，洛教授暗自咂巴了一下嘴，“逮住大鱼了”。

洛伦兹发现的这个现象，后来成为混沌学科发展史上引用频度极高的故事，而这一现象本身，又被转化为这样一句名言：巴西的一只蝴蝶，扇动翅膀也许会在得克萨斯州掀起一场风暴。

故事插入完毕，返回到你在迪士尼体验深度空间探险乐园的场景。

程序嵌套的把戏在上面体验游戏中被置换成场景嵌套，其实这没什么新内容——不过翟振明把嵌套用于讨论虚拟实景，倒是有新思想。在这个场景嵌套的铺垫下，翟振明紧接着提出了更大胆的、更加瘆人的场景："交叉通灵境况"。这种场景简直可以与古代传说中的"换头术"相媲美。

翟振明的虚拟实景开始"提速"了。与彭菲尔德的"缸中之脑"类似，翟振明的思想实验包含以下假设：他认为脖子除了支撑脑袋这样的纯粹机械连接功能外，还有两种功能。一是跟管道一样，维持正常体液循环；二是跟电缆线一样，在头部和脖子以下的躯体间来回传递信息。如此简单地给脖子定位之后，翟振明思想实验中的"虚拟换头术"开始了。为了更好讨论，下面的内容并非原文引述，而是转述：

假设两个人，老张和老王，对他们的脖子做如下处置，即保留管道功能，置换电缆线功能。也就是说，脖子里的体液循环照常进行，只是信号交换功能被嵌入一种特制的电子玩意儿，叫"微型无线电收发机"。因为是无线电装置，所以可以植入皮下，肉体功能基本如常。这时候，翟振明的大脑机关设置成这个样子：让老张的躯干发往大脑的信息，重定向发给老王；老张大脑发给躯干的信息，也重定向发给老王；老王的收发报机也照此调整，交叉重新定向。总之就好像两个人换了头一样。

这时候，从肉体上看，老张的头仍然连接老张的躯干，但"屁股决定脑袋"一说从此不起作用，因为老张的屁股现在要决定或决定于老王的脑袋了。不过，需要说明的是，老张的眼睛当然既能看得见自己的（小心，这时说"自己"可能已经蕴含歧义）躯干，也能看得见老王的躯干（老王的？真的吗？要想想看）——如此别扭的交叉换位说来不复杂，但一定很别扭，老张老王怕也得适应一段时间才能稍好一些。

学院派生理学家或心理学家一定会立马反对这个思想实验，他们会举出一万种理由说"这不可能"。且慢，思想实验是探究隐藏极深、极精微的思想问题的好方法，挺好玩儿的。它并不顾忌是否真的可以实现——这里的关键是"实现"一词的含义是什么——它只是最大限度地放开想象力，探查在打破条条框框的情况下，会出现什么新的可能性；在符合基本常识的情况下，想象力能走多远。

先放下论辩的冲动，看看翟振明的“交叉通灵境况”后面会怎么样。他分析了 3 种场景，分别转述如下：

第一种情形：老王和老张待在一起，彼此看得见，假设他们从不知道给自己的脖子上（“自己”这个词现在有点……乱）装上了“这玩意儿”。现在假设两个人要动一动。老张想走两步，脑子里在想，“他”也确信脚和腿收到了“走两步”的指令，没什么异常，就“走”了起来。结果却是老张的脚和腿没动，老王走了两步。这时候不光老张诧异，老王也惊异不已。老王的大脑察觉这是个意外，因为他自己的大脑没有发出“走两步”的指令，但他却发现自己的脚和腿在“不由自主”地移动。这种情况翟振明讲是“不适期”，时间一长（足够长），老张或老王会习惯的。也就是说，东边响雷西边下雨的情况他们会觉得没什么。比如老张想吃桌上的水果，他会“让”老王站起来拿给他，老王也不介意，拿就拿呗。

这一情形从想象的角度第一次区分了心灵与肉身。这是个颇具哲学意味的思想实验，背后到底搅乱了什么，暂且不说，还有两种情形要耐着性子看完。

第二种情形：老张和老王知道了这种自己的脑袋长在别人脖子上的情况，即“交叉通灵”。但两个人不见面，也不能相互交谈，不在同一个地方。比如这时候老张想电话给另一个人，他的身体比如在上海，他就得指挥老王的手拿起来电话听筒。这时候有麻烦了，你总不会假设上海和北京老张和老王的外部环境也一模一样吧。于是你得假设老张想完成打电话的动作要按如下顺序完成。

老张想打电话——老张的大脑向躯干发出找电话的指令——老王接收到指令——老王看见电话——老王起身找电话——老王的大脑看见老王的躯干在动——老王意识到老王的躯干在找什么——老王的大脑发出同样的动作——老王指挥自己的躯干起身找电话——老张的大脑指令的躯干接近并拿起电话——老张完成打电话的动作。

这个逻辑链条暗含一条假设，即老张与老王对两人交叉通灵境况彼此十分清楚，并约定这样一条简单规则，即老王或老张一旦察觉支撑自己脑袋的躯干在动的话，立刻指挥属于自己的那部分躯干做同样的动作，以彼此配合。我们权且认为这种约定行得通，后面再分析这种约定的诡异之处。

这种状况将导致一种类似电子学中偶极子的运动。一对偶极子，由于属于同一个连接对，将严格按自己联动机制行事，即一极若呈现正极性，另一极则呈现约定的负极性，永无偏差。

第三种情形：老张和老王虽然“身首异处”，互不见面，但二人可以彼此交谈。这样可以消除前面那种“事先约定”的做法，而是转化成随时沟通，即老张与老王中的任何一个人，若想有任何躯干行动之前，先通个电话，把意图告诉对方，然后双方再按照交叉通灵行为规则行事，这样就退回到了情形二。

以上 3 种情形的提出，翟振明是想回答一个问题：老张和老王到底在哪里？

从第三者看来，虽然老张或老王物理上身首合一，实际上已经“身首异处”了。但是说老张和老王同时在两个地方，显然就会让人很难接受。一个人同时可以占据两个处所，这种体验与现今的人完全不同，难以想象，也无法接受。

翟振明此番论证的目的是想说明这样一件事，即“我在”与“我在这里”是可以分割的。用他的原话说，就是“人的身体一定在某个地方，而人本身，却不在任何地方”。以上换头术的思想实验，至少在翟振明看来，论证了这样一种情况，即“我在哪里”的问题需要分解成两个问题。一个是“我的肉身在哪里”，另一个是“我的脑子在哪里”。“肉身在哪里”的问题好回答，加上脑袋的话，大概说肉身的 90%在躯干所在的地方，10%在脑袋所在的位置。无论如何，肉身在哪里是可以指认的。然而，“脑子呢？”当人们说“脑子”的时候，并非指头颅的肉身部分，而是指感受、情绪、意识等心智活动所在的地方。传统的认知有两个版本：一个认为这些与情绪、意识有关的活动，发生在“脑子”里，另一个版本比较古老，认为在“心”里，在胸腔。但无论如何，如果是指这种情绪、意识或意志的话，我们很难肯定地说，发生在“脑子里”或者“心里”的神经元活动与抽象的逻辑过程，全然属于“我”独有。特别是，在认知语言学家莱克夫（Lakoff）看来，意识活动并非像过去认为的那样，是可以与身体分离的（即离身的），意识活动是“具身的（embodiment）”，即依赖神经元活动、感觉器官，乃至身体与外界的交互。翟振明的思想实验，有意识地“制造”了这么一种“大脑”与躯干的分离场景，从某种角度说，反倒说明了这种“身心分离”的观念，其实有很多的问题。基于笛卡尔主义的“主客分离”的思想，生理学、心理学家很自然地假设了“身心分离”的状况。翟振明的思想实验提示人们，虽然这一假设从“具身性”角度看站不住脚，但在数码虚拟空间里，重新研究这个思想实验，还是深有启发的。在虚拟实景中，这种“具身性”将心智与环境“黏合”得更紧密，很难明确区分哪些是我的活动，哪些是别人的活动，甚至很难区分哪些活动是原本没有，后来叠加上去的活动。

翟振明的思想实验，还有一些细节需要完善，个别地方或许还十分粗糙。比如给脖子里装一个微型无线电收发报机，将来纳米—生物技术还有可能实现，但信号真的能保真传输吗？按照通信理论，任何信号传播毕竟有噪声问题，神经信号一旦受到污染，后果不可预测。翟振明的思想实验，并非真的为了验证所谓“换头术”，他是为了导出这样一个富有启发性的观点，即“虚拟的实在其实并不比自然的实在更虚幻，因为二者与作为感知中心的人格核心的关系是对等的”。

虚拟空间本质上是人自己用算法生成出来的，虽然需要借助各种物理装备，但这一空间是自然空间颇为成功的模拟。这种模拟大大超过了复制、映射的程度，可能会带来令人震惊的新体验。即便如此，那也不是因为虚拟空间有全新的超空间的物理结构和动力学机制，而是因为我们的感官重塑之后，刷新了自己的想象力。

这是一个值得深思的现象。20 世纪 70 年代以来极度膨胀的科幻作品，好多是好莱坞大片，把宇宙的想象倾注在了星球大战一类的题材上。今天在网络世界里，游戏设计师们肆意地创作，纵情地颠覆现实世界里的既定常规，一切更加反常的东西都可以被虚拟制造、渲染出来，以至于浸入其间的玩家有时会真的以为基础物理的定律都发生了变化，一个人瞬间可以抗拒地球引力、起死回生、拥有不饥不渴的超能，其实不是这么回事。

虚拟空间从表面上看，是通过恣意妄为的编码，营造了某种超越物理学基本定律的“情境”，令人在“浸入”的时候，仿佛暂时脱离了物理学基本原理的羁绊，享受从未有过的躯体的解放。在人的感官层面，过去受时空限制的身体与认知，将在虚拟空间里得到极大的挑战：六根重塑之后的感知环境，除了让玩家兴奋异常之外，一定会留下更深的印记，甚至改变人的认知。虚拟空间其实并非要与什么物理定律作对，每个玩家都知道，回到“肉身世界”的时候，那里发生的一切都将“灰飞烟灭”。但是，虚拟空间的体验毕竟“太逼真了”“太真实了”，以至于从感觉经验上说，竟然很难分辨“哪一个更加接近真实”——如果从肾上腺素、多巴胺的分泌来说，虚拟的“酷体验”恐怕远胜于实物世界的刻板经历。

这与物理定律其实没有多大关系。在虚拟空间高度发达的阶段，通过数码世界获得前所未有的感官刺激，并非虚拟化带来最大功用；通过这些张狂的想象力，让碎片化的数字化身彼此之间相互嵌入、缠绕、扭结成“虚拟生境”，这时候物理定律的约束已经不重要了，重要的是“全新体验之后的心智觉醒”。

虚拟世界挑战的，其实就是这个“心智觉醒”的方向。传统的心智结构长久以来奠基于物理世界里，接受物理学、逻辑学、行为主义心理学、透视学等学问的“塑造”，这些印记构成了主体行为的无形的藩篱，成了人们遵从的信条。比如“确定性的崇拜”即是其中重要的一个信念。

因此说，虚拟世界的终极挑战，并可能重新塑造的，正是这种“传统的信条”。在高度发达的虚拟世界中，哪些信条能幸存下来现在还不得而知，但必须清醒地看到：面对虚拟化的未来，人们似乎更应关注这种带有根本性的心智模式的转变，而不是什么购物模式的转变。

在继续讨论未来的虚拟空间之前，我挑选了最令人感兴趣的两类问题：一类是虚拟空间里的行为如何与物理世界的行为完美对接（用翟振明的话说，就是虚实边界的消失）；另一类是，如果虚实边界消失，是否浸入虚拟系统将毫无“唤醒”的可能。这两个问题对人类现存的全部知识体系几乎形成巨大的威胁，甚至对某些我们依赖至深的信念，或许是毁灭性的。比如第一个将会出现虚拟性爱下的多重人格，而后者则直接导致多态宇宙的构想成为现实。这两点都需要细致的考察，且少安毋躁。

被击垮的最后一线希望

先讨论第一种情形，虚拟空间与物理世界完美对接。

互联网早期有一句调侃的话：在网上没人知道你是一条狗。20 年后的今天，大数据、人工智能滥觞，这句话已经变成了“在网上任何人都可能知道你是一条什么样的狗”。这其实已经道出了答案，即虚拟空间与物理世界不但可能对接，而且极有可能“无缝对接”，无缝，即完美。

通过网络空间操纵实体过程可以举个非常初级的例子，即远程设备重启。这在技术上已经非常纯熟，比如远程诊断、远程手术、远程系统修复等。这其实是一种既定程序的远程唤醒。这一点难度不大。让这种远程操作，增加必要的传感装置，甚至实现拟人化，也不难。原则上没有什么东西能够阻碍我们利用机器人代替我们的躯体，比如增强现实（AR）、外骨骼系统、人造关节等，已经获得了实际应用。这种传感与操纵的结果，进一步通过更加精微的纳米技术、生物技术和信息技术的融合，再加上脑机接口、仿生材料、生物传感器等，极有可能是自动化程度越来越高的“对接”。今天自动驾驶领域发生的一切，就是这种对接的前奏。

目前的机器人、人工智能技术已经有大量远程操作可以通过虚拟空间完成，比如遥控机械手完成太空船修复工作、深海潜水作业、洞穴探险、危险区域巡检和救援等。在这种情况下，虚拟空间无非延展了机械作业的空间。当然，经由虚拟空间的行为操纵，仍然面临巨大的困难。这里的困难主要有两个：一是物理层面的，即真实原子的转移；二是情感与心理的，如远程虚拟性交。这两个问题其实都涉及一个古老的哲学命题，即是否存在超距作用和超灵体验。

先看第一个难题，是否能发生超距原子转移。

目前对赛博空间的疯狂想象中，有一个是寻求超越物质、原子转移的等价效果，即物质重组。比如《科学美国人》早在 20 世纪 80 年代讨论过的，通过“远程物质发送装置”，可以超越浩瀚的星空往别的星球远程发送原子。这种叫作“太空穿梭机”的新奇装置，能把一个人发送到遥远的星球去。它的基本原理是，在本地把一个原子物体通过物理分析的方法找到其最根本的物理构成序列（类似 DNA 序列分析），然后将这一信息传送到远端，并在远端重新装配，这样就可以实现原子远端发送。

这种物质重组与其说是原子发送，不如说是“信息发送”。理论上似乎行得通，但实际上难度极大。它的难度源于 3 个方面：其一，是否可能得到关于物质构成的 100%的信息；其二，这些信息是否能够 100%无损传送；其三，送达的信息是否能 100%重组。说 100%，其实并非指数量上的难读，而是指原理层面的。如果按照还原论的方式探究物质构成的信息，可能做到化学组分、材料构成、金相结构等层面，也就大致如此了。但这样的信息就够用了吗？说不好，恐怕还需要新的信息。

这 3 个 100%，还有另外的意味，就是前面讨论比特化的时候，提到的编码损失的问题：从原子世界到比特世界的映射，编码和解码的过程并非一一对应。换句话说，实体世界与数字世界的对应关系，并非一一对应，这是基础问题，不是技术问题。为什么？就是因为数值采样、离散变换的逆变换，不是唯一的。

这个逆变换即从数码世界复原实体世界的过程，不具有唯一性，这意味着从技术角度说，如果要增加逆向变换与“实体世界原图”之间的吻合度，势必需要添加相当多的“示性”信息，以便能获得更好的“拟合效果”。不过，这个过程并不能无休止进行下去，也就是不可能为了拟合得更好，添加无限多的示性信息。

这种情况表明，任何从实体世界到虚拟世界的数字化一定是“有损变换”。这是根本无法避免的结果。虚拟空间里的“实体”，与物理世界中的实体之间，不可能是一一对应的关系。这个已是定论。换句话说，以物理世界里实体为模板的虚拟世界中的拟像，只是物理实体的某种摹本。对数字世界与实体世界的关系，其实很多人的认知都可以理解这个层级，于是很自然地，大家不约而同地认为数字世界“只不过”是实体世界的映射，是被动的，是实体世界的自然延伸。这个看法很危险，危险之处在于：没有看到数字世界潜藏的巨大能量，这一能量很可能超越这种掉以轻心的认知。

为什么呢？原因并不在于数字世界是否能够“忠实”“完美”地表征实体世界，而在于智能技术可以把这个表征的数字世界做得足够精细，大大超越人的感知阈值，简单地说，就是超越人的肉身分辨率。其实一旦数字世界的精细程度超越了人的肉身分辨率的时候，“忠实”“完美”就不是用刻板的数学原理来衡量了，而是用人的尖叫来衡量了。

退一步说，如果放弃实体对接，转而讨论“行为的对接”，那结论将大不相同。虚拟空间里的数字实体倘若具备某种“行为”，并且这种行为的细腻程度与物理世界里的行为表征竟然一致的话，那么物理世界中这个来自“人”的行为序列，就可以认为存在这样相对应的“数字人”。举个例子吧。肢体传感器已经被大量用于体态、动作捕捉。这一技术已经大量用在艺术家、运动员、武术表演者、太极拳师的数字化成像。此外还有数码影像合成，可以让逝去的艺术家重新在数字世界“复活”。如果两个世界的对接，被认为是实体层面的，恐怕会陷入形而上学的争论，因为“数字实体”是尚未定义的新概念，而且从原理上说，如果坚持古典的“实体”观念，数学上就做不到这一点。但是，换个思路想一想，如果从“行为”“感受”的层面对接呢？前面讨论过的“人的感受阈值”在这里就有了新的意味。“人的感受阈值”过去主要是指人的感官的低分辨率这种状态，这是自然加诸人的物理约束。虽然在物理层面无法突破这一约束，但在数码世界里，在人的感官重塑的背景下，“突破”即意味着来自数码世界的感官激励，已经远超实体世界人的接受频谱，从而大大拓展人的感受和心理视阈——这是人的重大的“觉醒”时刻。

上面的简要分析表明，虚拟空间发展到高级阶段后，虚拟世界与真实世界的“差异”与其说是“物质性的”，不如说是“心理性的”。也就是说，一旦“比特流”通过虚拟空间“重构”之后，再度重塑人的感觉器官，由此所形成的心理映射就可能成为主动的，而不是纯粹被动的。

虽然，我们假设了太多的理想状况，也假设了传感技术的高度发展，但并没有改变一个基本的事实：人是低分辨率的物种——这就为现象层面抹平两个空间的感受，提供了巨大的可能。

小结一下，从虚拟空间传递信息的角度看，目前虚拟环境中的传递能力尚未充分延展，尚跟人的感觉经验相仿。然而，当通过虚拟空间传递的感觉信号，达到足以逼真的，甚至乱真的地步都有可能。这已经足够可怕了。

感觉世界透过虚拟世界再一次变得更加迷离，更加难以甄别。其根本原因，事实上还是那句话，人是万物的尺度。或者更准确地说，人的缺陷与局限性是万物的尺度。

下面简略讨论第二个情形：虚拟空间的行为是否与物理空间行为难以分辨？其实这个情形，在逻辑上与第一种情形，“虚拟空间与物理世界是否完美对接”是一致的，如果完美对接，结论自然是难以分辨；如果不能完美对接，结论是“可以分辨”。这里要解释一下：就算虚拟空间与物理世界无缝对接，依然需要追问，是否存在“唤醒”的可能？也就是说，是否存在“分辨”两个空间行为的可能？

在“无缝对接”的情形下，两个空间的界面倾向于“消失”，或者至少是“模糊不清”的，即人的感受器官的“行为—感受”链将变得非常流畅、细腻，以致在虚拟世界感受的行为，与真实世界的行为几乎无法分辨——即便如此，这也还是因为人的“钝感”所致。所以，这个情形试图构想的是：假若“浸入”虚拟空间的过程是如此的真实，有可能人无法“唤醒”吗？对这个问题，我的看法是这样的：假如“唤醒”只是说在“虚拟空间”和“物理空间”做出“硬性”的区分，以便令沉浸在虚拟空间的个体，强制“返回”到实体空间的话，我倾向于认为这一“唤醒”操作不可能实现。这是一种令人瞠目结舌的状况，是喜是忧也多少让人纠结不已。纠结归纠结，但纠结无助于深入的理解。如果想一想，今天的世界中所存在的一种情形，可能就恍然大悟了。这种情形，就是“电磁波”的广泛存在。

19 世纪后半叶在电磁理论方面的卓越进展，通过库伦、法拉第、赫兹、麦克斯韦等人的工作，开创了一片新天地。随着电动机、发电机、远程输电技术、发电厂等的出现，以及电报、电话的发明，开创了“电力时代”，从此充斥于大自然间的“人造物”，有了一个新品种“电磁波”。在今天的物理世界中，可以说已经难以找到“没有电磁波”的状态了。这个或许可以作为“人造世界”在某种程度上终将与“大自然”难以区分的一个例子。虚拟空间未来的发展，可能也是如此。

当然做如此断言的前提是，虚拟空间已经非常发达，以至于人们可以“自如穿行于两种空间”，且难以做出区隔。如果这是真的，那么“唤醒”就成为一个重要的遗留问题了。

以上冗长的过程，通过交叉通灵思想实验表明，虽然通过虚拟空间传递原子（像传送带那样）毫无可能，但原子的“等价物”（像信息）可以传递“真实的”感觉。这种“真实”的逼真程度取决于人的“感受阈值”。

对人的“刺激—反应”加以编码，将是虚拟世界的一大特色。这种感官的感受和反应，表明行为—感知这一刺激反应对，可以远程传播。这一现象在虚拟空间高度发达的情形下将带来以下后果：个体对“自我”的认知将遭遇“灵与肉”的分离，换句话说，人类将面对“多重数字化身”“多重人格”的存在。这对过去基于肉身的哲学思辨是一场重大挑战。过去 500 年的西方哲学史，让现象层的思辨从来没有逾越肉体，但抽象的、无面孔的身体，在虚拟世界的“超真实”展现中，却获得了前所未有的“新体验”。

早期，笛卡尔式的沉思是为了认识心灵的本性，他只能将“驻留心灵的身体”与物体区别开来。笛卡尔说：“在认识心灵不灭之前，要求的第一个和主要的东西是给心灵做成一个清楚、明白的概念。这个概念要完全有别于对物体所能做的一切。”笛卡尔明白，按照还原论的观点，身体作为心灵的载体“永远是可分的”，但心灵本身却绵延存续，“永不可分”。这是笛卡尔面对的一个难题。身体可灭，灵魂似乎不死。于是，证明肉身之“自我存在”的唯一途径就是“我思”。在《第一哲学沉思集》中，笛卡尔宣扬：“严格说来，我只是一个在思维的东西，也就是说，是一个精神、一个知性或者说是一个理性。”

在笛卡尔看来，既然人和动物本身都是肉身，是物理构造，是受物理、生物规律支配的，那么人之为人的根本就在于人有心灵，是以思维为属性的实体。

笛卡尔区分心物二元的哲学，长期以来被误读为笛卡尔倡导如是的物质观，其实不妥。笛卡尔事实上只是指出了一种悖论状态，即“肉与心虽然二元但又密不可分”——此时，觉知自我存在的唯一途径，就不是经由肉身，而是“我思”，而恰恰这个“思”，又无法脱肉身之壳而独立存在，这是一种无奈的尴尬。

对笛卡尔误读的关键在于，由于肉身的局限和人的感受阈值的局限，“我思”被禁锢在有缺陷的身体中，启蒙思想家需要通过高扬理性的力量，才能达到对肉身的超越。这引来了某种绝对理性主义的幻想。这种幻想把笛卡尔的“我思”与理性（特别逻辑思维）画上了等号，其中感性成分被抹杀殆尽。从表面上看，对感受局限的舍弃，为纯粹的理性脱离肉体做好了准备，但那种远离肉身的“思”，终究是“死”的思，而失掉了丰富的感受性。

基于笛卡尔的理性精神，后来成为解读“科学精神”的基础，“科学”与“理性”几乎成为同义语，这是一个极大的误会。科学是指这样一种建构在逻辑思维基础之上的，以自然实在为认识对象的人类知识的建构过程，它的关键特征是“假设、实验、验证、批判”，这是一切严谨科学工作的基础；而理性则总是指这样一种“思”的能力和状态，这种思的能力和状态是人类独有的，它透过语言、符号、意象和感觉经验，当然也透过科学、逻辑表征出来。科学在一定程度上，只是一种逻辑一致的秩序体系，这种体系当然是理性的；但理性的体系，却不必一定可以转化为科学的秩序，甚至与科学的秩序相抵牾也未尝不可。长期以来，科学的就是理性的，理性的也必然是科学的这样的命题，被视作理所应当，其实有很大的问题。科学的一定是理性的，理性的未必是科学的。

误读笛卡尔之后的心物二元论，使身体完全成为物理形态的机器，梅洛·庞蒂说，“不仅世界，甚至上帝和人都被数学化了”，从表面上看，“纯粹思维”发现了物质和身体，而实际上造成的是对肉身缺陷的“遮蔽”和“遗忘”。在一本汤姆逊描写《笛卡尔》的书里，他写道，“物质世界的所有事实，都可以用几何学来表达”。

与其说笛卡尔，不如说斯宾诺莎坚持“几何学表征世界”这一点，他对笛卡尔思想进行了“最大胆的发展”。自黑格尔之后，人便成了一个灵魂远离肉身的存在，最著名的恐怕当数法国思想家拉·美特里的《人是机器》一书，这被黑格尔赞为法国哲学过渡到唯物论的绝佳例子，“一切思想，一切观念都只有被理解为物质性的时候，才有意义”。狄德罗则把人及其身体与“肉”同等看待，发现的是机械运动对于它们的同等支配。据说，当达朗贝尔要狄德罗告诉他“人和雕像，大理石和肉的差别是什么”时，狄德罗回答：“差别很小，人们用肉来造大理石，也用大理石来造肉。”而且肉身与大理石的区别，仅在于前者具有“活跃的感受性”，而后者只有“迟钝的感受性”。

重新发现“肉”的哲学意义

18 世纪法国哲学日益浓烈的机械唯物论的倾向，事实上为后继哲学的不满埋下了伏笔，即这种机械的肉身观，并未成为灵魂与自我安身立命之所。值得注意的是，19 世纪科学技术的飞速发展，用铁一般的事实，证明了这种来自人的思想的有效性，同时又用铁一般的事实证明了肉身的孱弱和渺小。理性回到肉身的努力，不幸被搁置了 100 多年。直到今天，虚拟世界揭示了肉身与感知可以用人能辨认的尺度剥离，但对肉身的感知的了解和知识，在很大程度上还停留在 19 世纪。当今的数码技术和可以预见的未来的技术，将会有更大的突破，特别是嫁接了神经科学、生物技术、量子计算的新型数码技术，可能加速对感觉经验超细腻的编码并超距传输，并进一步构建人可以沉浸其间的数码存在，一旦这成为普遍状态的时候，人是什么？人的思维或感觉经验又是什么？何谓存在？这些问题统统值得认真对待，以便确定未来哲学的走向。

过去 500 年的西方哲学史可谓波澜壮阔：笛卡尔之心物二元的观念，在斯宾诺莎之后演变为机械唯物论，客观上为牛顿世界和科学精神奠定了基石，即理性主义。19 世纪末期叔本华、尼采等哲学家，一再声称人的感觉经验被逐出肉身之后的痛苦，以及这种缺少家园的痛苦。由于科学的进步，耀眼的成果一再印证着理性的伟大，而不得不对肉身与灵魂的问题一再搁置。机械理性将灵魂安居肉体的渴望，逼迫成一种蛰居的状态，即萨特所言的“存在就是本质”，甚至“存在先于本质”。哲学家已将灵肉分离状态彻底“悬置”起来，索然厌倦这种心物背离的生活，同时也厌倦了这个话题本身。哲学家们变得既实用又世俗；或者说哲学家被推出了沉思的大门，面对无穷无尽的表象的诘问，哲学家已经顾不上回答当年“经院哲学”擅长的神性、人性的来源和归宿的问题，而是被物质和意识的关系问题追赶着。他们必须尽快了断这种状态。上帝已经不能作为哲学的精神源泉；科学和理性只能作为唯一的寄托。如果不能让灵归于肉，那就用“针”把它缝合起来。

至少，心灵的解放并不能简单地通过脱离肉身而达成，而是从回归肉身中获得片刻安宁。梅洛·庞蒂[①]说，“肉是最后一个用词”，表明“它不是两个实体的联合或结合，而是可以通过它自身获得思考”。在梅洛·庞蒂那里，肉身既不是物质，也不是精神，也不是实体，它只是一堆载体。这个发明了一团“肉”的哲学家说，“我们所谓肉，这一内在地精心制作成的团块，在任何哲学中都没有其名。作为客体和主体的中间，它并不是存在的原子，不是处在某一独特地方和时刻的坚硬的自在：人们完全可以说我的身体不在别处，但不能在客体意义上说它在此地或此时。可是我的视觉不能够俯瞰它们，它并不是完全作为知识的存在，因为它有其惰性，有其各种关联。必须不是从实体，身体和精神出发思考肉，因为这样的话它就是矛盾的统一；我们要说必须把它看作元素，在某种方式上是一般存在的具体象征”。

通过这一冗长的分析，我们隐约可以看到虚拟世界将改变哲学走向的一条线索。肉身作为感觉经验的载体，过去之所以承受二元对立但又密不可分、相互制约的窘境，盖因从手段上无法真正让感觉与肉身在空间上须臾分离。虚拟世界带来了一种新的可能，一个个体肉身的感觉，完全可以在几乎无法分辨的情况下，通过机器方式从肉身中剥离出来，加以编辑并超距传递。这里“几乎”的含义非常重要，只是说肉身自己“无法分辨”或者“没必要分辨”“分辨的成本太高”等含义。

---

① 莫里斯·梅洛·庞蒂（Maurice Merleau Ponty，1908—1961），著名法国现象学哲学家，其思想深受胡塞尔和海德格尔影响。代表作有《行为的结构》《知觉现象学》《意义与无意义》《眼和心》《看得见的和看不见的》等。

事实上，从边沁功利主义哲学到杜威实用主义哲学已经在现实给出了一个版本，即关注当下的满足，而非沉溺穷竭式的思辨。这一思潮过去被视为科学和理性的大敌，是所谓迂腐的人生观。现如今虚拟世界已然准备好了这种生活，你的感觉已不可避免，甚至时不时地与你的肉身，与你物理上被肉身锁定的那个“自我”相离分，遨游在虚拟的网络世界里。更重要的是，你甚至分辨不出这种差别，没有谁能真正唤醒你。你的主体世界仅仅是闭锁、附着在一具肉身上的假设，虽然从物理上不会被打破，但从哲学上已然被打破，而且——以你无法觉察的方式被打破。

至此，通过上述 10 个内容，我叙述了虚拟化带来的第二个变化，即“人与自我”的变化。这个变化可以简述为：自我的意识在虚拟空间里可以被部分剥离到与肉身分离的地步，并且可以通过数码编辑远程传递出去。这种情景的后果将是：其一，自我意识的部分结果可以转化为数字化的载体脱离肉身的控制，飘浮在虚拟空间里；其二，关于肉身的自我意识，无法分辨来自虚拟世界的刺激，到底是哪种刺激，即是实在的接触式刺激还是被编码之后的虚拟刺激；其三，这种被编码和释放到虚拟空间去的自我意念，往往有失控、失踪的风险。这些弥散在虚拟空间中的全部个体意念之逻辑代码或说自主程序、程序片断，或数字碎片，可能在虚拟空间存活很久，并以一种完全未知的方式脱离主体而存在。极端的数字主义者如美国未来学家库兹韦尔称其为“人的永生”，他预言这件事在 2045 年发生。

以上三点，仿佛科幻小说一样，但的确是虚拟空间可能带来的新变化。

人与他者

下面讨论第三个关系，即“主体”与“他者”的关系。在虚拟空间里，“他者”是一种什么样的存在，与“主体”的关系如何？这依然是一个艰难的话题。难点之一是，这两个术语是“旧的”，在讨论的过程中，需要时时小心词语含义的微妙变化。

前一节讨论“主体”与“自我”的关系，提到一个例子，即远程通灵的思想实验。这个场景显然是站在“自我”的角度描述的，因为“远程通灵”中的“他者”依然是一个特定、传统的个体对象，这个特定的对象在身份上有相当的确定性。本节讨论的“他者”当然可以是这种确定的对象，但这里更多想讨论“偶遇”，想讨论一个“非确定的他者”，或者说“数码他者”。

先简要讨论哲学思潮中“他者”概念的变化（后面除非必要，省略引号）。

关于他者的问题，需要把焦点先对准笛卡尔。笛卡尔时代对他者，即另外一个个体的理解，简单说就三个字：无差别。

这其实也是马丁·路德改教运动中“天赋人权”“上帝面前人人平等”之思想基础。在这样的他者观念下，关于“良知”，笛尔卡说过这样一段话：“良知是人间分配得最均匀的东西。因为人人都认为自己具有非常充足的良知，就连那些在其他一切方面全都极难满足的人，也从来不会觉得自己良知不够，要想再多得一点，这一方面，大概不是人人都弄错了，倒正好证明，那种正确判断、辨别真假的能力，也就是我们称为良知或理性的那种东西，本来就是人人均等的。我们的意见之所以有分歧，并不是由于有些人的理性多些，有些人的理性少些，而只是由于我运用思想的途径不同，所考察的对象不是一回事。因为单有聪明才智是不够的，主要在于正确地运用才智。”

中国古人也云“恻隐之心，人皆有之……”佛家也说“一切众生，悉有佛性”。自马丁·路德之后，基督徒直接面对上帝，“因信称义”，不必再通过教堂牧师与上帝“对话”。这种认为“他者与自己同一”的思想，在文艺复兴阶段，对消解等级、世袭和爵位的优势地位，强调平等，的确起到了积极的作用。

不过，这种“他者与自身同一”的思想，更深的一层意思，是天然假设了“人心是可达的”，是可相互映照的。正是在这个问题上，东西文化发生了严重分歧。西方文化因为科学精神的助力，除了将肉身归之于原子、用机械论来佐证他者与己身的同一性之外，还因为点燃理性之光的“燃料”是逻辑，所谓外在的客观规律在一个个体而言是可掌握的、可知的，势必要同时承认在另一个个体同样可知、可掌握。没有哪个个体在“思考”这一问题上，比别的个体更富有特权。紧接着，西方文化的人际交流更多地构建在“言语之辨”“义理之辨”的基础上，并确信这种交流毫无疑问与个体的独特属性无关，或说不受影响。而东方文化则在“可言说”“可传达”上显示了另一种智慧，他们宁愿停留在仅仅假设人性相通——这人性本身是不可见的、不可言的——然后就此止步，转而对个体之间交往的工具，比如书、言的功用进行了限制，比如“书不尽言，言不尽意”“言传意会”之类，关于“人心”，则有“人心叵测”之论。

西方哲学中一个鲜明的特征，就是坚信客观对象的可达、可见、可分析，这是西方思想把握与神同质的“罗格斯”的必然前提。这一特征，是柏拉图的理念论的立足之本。可以说，在胡塞尔现象学之前，西方哲学思想对这个可触达的世界的信念，从未动摇过。19 世纪末以来，西方哲学开启了新的转向，由本体论、认识论，转向语言学、现象学。自我和他者的复杂性日益彰显，加之心灵问题、认知问题，以及启蒙运动思想解放带来的“副产品”，让晚近的法国哲学，在跨入存在主义之后，喊出了“他人是地狱”的口号。

早期笛卡尔时代，人之为人的理性本质是共同的。但据此得出的一个结论“这种共同本质的理性”之人，彼此之间是透明的、可达的，正是今天他者成为一个问题的思想背景。

其实，笛卡尔的“我思故我在”，与其说是“我”不如说是“我们”。在哲人与学者“代天下言”方面，西方与东方倒是意趣一致。这大约是“轴心时代”文化共同的特质。圣人代言，有耶稣基督、佛祖、孔夫子，还有更多部落领袖。

笛卡尔的思想特征就是他认为没有必要区分我和他：无差别是一个默认的假设。这一点对理解虚拟世界里他者的存在非常有用。

在虚拟世界里，由于前述自我的多面性、多元性，使自我首先无法以单一“原版”的形态呈现在虚拟世界里。也就是说，虚拟世界并非仅仅像镜子一样，折射出整个自我图像。虚拟世界最基本的特征是比特与编码，自我的数码存在是以碎片的形式显现的。这样一来，自我的数码表达就有了“多重可能”。

多重可能的数码自我与数码他者，意味着原本人们熟悉的个体，将拥有数字世界里的多重身份、多个化身、多重人格。用生活化的语言说，叫作“人有八条命”：一条肉体生命，七条数字生命。这种情景听上去有点科幻，但并非完全不可能。当数码世界以沉浸的方式，与实体世界纠缠、镶嵌在一起的时候，实体世界的存在，在数码世界里将出现多种可能的映射、连接和交互。数字化身将获得独立的人格，成为活生生的“人”。

这种令人脑洞大开的景象，需要新的思想、新的知识和新的哲学。支撑这个全新世界的新哲学，亟待建立。

第四部分

超越笛卡尔

- 第九章　为什么说这个版本的科学应当终结
- 第十章　我知道你知道我知道你知道什么
- 第十一章　谁在把“云”变成“钟”

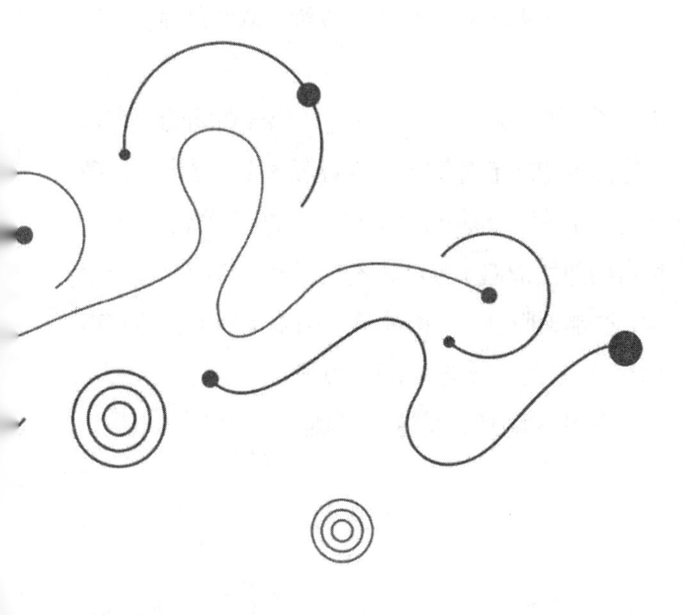

第九章
为什么说这个版本的科学应当终结

在西方哲学史中，尼采的著名断言“上帝已死”，具有异常重要的地位。没有神灵呵护，也没有神祇震慑下的世人，受到了前所未有的解放。然而，尼采如此断言，似乎并非人类失去上帝之后“轻快”的感觉，倒更像是前所未有的“空洞感”和无所适从的“断裂感”。不过，这毕竟还算是某种解放。解放，毕竟能带来某种快感。这种快感迄今犹存，只是步履已感蹒跚。

“人的解放”是文艺复兴至启蒙运动高扬的主旋律。这种自由的思想，让个体从科学探险中获得乐趣，从艺术创作中获得美感，又从俗世生活中得到享乐。但是，丢弃上帝的自由思想，虽然可以通过其他活动得到补偿，却仍旧需要鼓足勇气不懈追求，以便不断佐证这一自由道路的正当性与可靠性，从此以后，人只能指望自己了。

18 世纪的法国思想家懂得这些。他们关心人、挖掘人，倡导极端的个人自由。德国的思想家也懂得这些。他们希望从绝对精神和客观规律中，寻求自由精神的牢靠表达，以便让人的世界建立在坚实的基础上。然而，20 世纪经历了战火和经济萧条的灾难之后，这种自由忽然遭遇了前所未有的挑战。自由的每一个个体，在彼此论战、论辩的时候，谁都不服谁，谁都能毫无困难地向大自然宣布律令，向“他者”传布真理。这毋宁说是对个体同一、科学理性、人类中心主义、自由进步的狂魔怔的总爆发。法国思想家萨特，是这一思潮的典型代表。

“个体同一论”的谬误

在进入萨特的思想之前，需要插入一段群体与群体之间对抗的历史，这段历史以启蒙运动为契机。卢梭宣布的“每个人都生而自由、平等”的观念，很长一段时间并未真正让具体的、活生生的个体得到解放。思想家所说的个体，事实上是大写的、抽象的个人，是 I，而不是 me，甚至 we。因此，在启蒙运动高唱个体解放，倡导天赋人权之时，小写的、具象的个体要等到 200 年后才得以觉醒。

从总体上思考人性，是笛卡尔之后思想家的一个共同特征。在这一点上，他们甚至没有改变古希腊以来的思想传统。从整体上把握人，就如同将物质切分为原子那样自然。需要看到的是，笛卡尔的“个体同一”假设，直接与“普适性、无差别的存在”相呼应，成为理性中心主义最重要的内核。由于假设了个体同一性，“这个人”与“那个人”天然地一致。这么一来，天赋人权、生而平等之类观念很容易“推己及人”，深入人心，并广为传播。

启蒙运动让倚仗君权和神权的人，第一次为自己的思想松绑。他们再也不需要匍匐在令人不安的严厉的神的目光下，遮掩自己的丑行；他们再也不必担心末日的审判和下地狱的酷刑；他们的思想一下子变得轻松起来，一下子无所顾忌，从来没有这么顺畅过。他们大口啜着香槟，热烈地讨论假想中的“民众的愚昧”和教化他们的方法，他们忽然获得一种前所未有的使命感，那些庄稼汉、小业主、手工业者、走街串巷的买卖商人，还有医师、市政厅小秘书、军队的士兵甚至街头妓女和流浪汉，必须依靠他们设计新的社会制度来拯救众生的苦难和罪孽；他们忽然明白，“戈多”是等不来的，那仿佛是一个笑话，一场误会，一次盛宴狂欢之后残存的激情，那玩意儿——不靠谱。

虽然个体意识的解放尚未转化为行动，但启蒙时代的思想家和先锋已经从心理上准备就绪。达朗贝尔夫人对法国启蒙时代思想界对神的鄙视态度这样描述道：“信奉宗教似乎成了精神和理性的耻辱。只要人信上帝，就会被人等同于老百姓。”这句话暴露了这样一种状态，与正版的史书略有不同。正版的史学告诉人们，似乎法国的启蒙运动是从民众开始的，是民众对皇权、神权、君权的抗争。其实真实的过程似乎正好相反，反而是神职人员、宫廷上流社会的人等，争先引领弃神风气在先。法国的上流社会有一种风尚，受启蒙思想家的鼓舞，这些早就厌恶了神祇的聪明人，如饥似渴地吮吸着启蒙的营养，这并非法国独有。英国的不信神者据说更甚：“基督教的神话在英国已经消散，以致每个时髦的人或有一定地位的人，都耻于承认自己是基督徒，就像他以前耻于承认自己不是一样（哈维）。”曾经游历于英国的孟德斯鸠也说：“英国没有宗教。如果有人谈宗教，大家都发笑。”马克思所言，宗教是统治阶级麻醉人民的精神鸦片，其实也是此意。越往上，信神的虔敬水平越值得怀疑。

理性让这一部分人“率先明白起来”的过程，大可与现代电脑工业、信息工业让一部分率先明白起来一样。只不过200年前的启蒙思想家和靠近他们的、站在内圈的欢呼者们，手里拿着的是开动机器的钥匙、打算颁行的宪法、绘制好的世界地图和牛顿力学的教科书。而眼下这个时代的思想家，与靠近他们的数字英雄们，手里拿着的则是版权证书、电脑芯片许可证、专利证书和根域名决定权这些看不见但更厉害的东西。这两种东西质料大不相同，一为物质世界，一为信息世界，但背后血缘一脉相承，都是理性至上主义启蒙之后的先知先觉者。所不同的是，200年前的启蒙思想家尚只能著书立说，靠演讲、清谈成为上流社会的座上客和时尚先锋的代表，而后者则是全然的行者风范，靠的是在工业时代就横行无阻的硬通货——数字财富和“独角兽”的暴富神话。

假如在这个背景下去看尼采，似乎更能理解他孤独的哀号和扒光皮肤的刺痛。尼采悲伤地呼喊着，“我们是亵渎宗教，没有信仰和道德败坏的人”。废黜了上帝的人，自己开始扮演上帝。这回他们都不需要略为掩饰一下自己的窃喜，只听从自己几乎动物本能的呼唤。但是，扮演上帝毕竟不是个轻松的活儿。尽管歌德笔下的浮士德多次声称，“我，上帝的形象！”但仍多少会感到“在这黑暗的深渊处发抖”。

浮士德之所以“发抖”，是因为没有上帝的日子就仿佛回到了暗无天日的世界，没有路标，没有灯塔，没有信誓旦旦，也不需要任何承诺。以集体名义驱逐“上帝”之后，事实上真正意义上的“个体解放”并未如期而至。了解这一点，是理解20世纪60年代“反叛权威”的披头士们的摇滚、行为主义绘画、波普艺术的关键。

但是，“个体同一”的命题其实是一个两难命题。假如没有个体同一的话，又如何能确立“天赋人权”并“生而平等”的政治原则？如何相信“人心是可达的”？然而反过来也一样令人困惑：假如相信“个体同一”，那为什么任何两个个体之间的哪怕最简单的交流，都会陷入“鸡与鸭说”的窘境呢？

不过，这里特意把这个问题拎出来的用意，并不是想在这两种局面之间寻求某种平衡，目前来讲还谈不上。“个体同一”的假设依然占据着压倒的优势。在这种指导思想下，金字塔型的管理制度得以建立，官僚机构得以运转，服从于官长权威的军队体系才能步调一致，处于竞技场上厮杀的对手才能分出高下。更重要的是，在这种指导思想下，貌似维系威权的意识形态才能建立并推行开来，“忠于”“献身”的道德理想才能立于不败之地，打着“广泛的民意”招牌的各式选举、投票、舆论宣传，才能有其合法的身份。

即便在张扬个性化、多元化的时代，“个体异质”的存在也只是服从于这个“同一”的、抽象的、大写的“人”的特例。这种特例是无足轻重的，渺小的，散乱的，无法聚拢起来的——即便是聚拢在一起，也必然是在“个体同一”的律令下，比如“人的自私的假设”，按照一般的社会法则、经济规律形成的“统计事件”。

这个问题至关重要，因为它事关数码世界中个体的存在，以及个体之间的关系。

消失的距离与个体冲突

思考在启蒙运动期间，科学理性如何占据中心位置有一条线索。这条线索是从启蒙运动伊始到法国大革命结束，再到两次世界大战。这期间的150年所发生的其实是少数精英群体借宏大叙事之名，对另一个群体的成功绑架。这种故事一共上演了3次，一次是法国大革命，一次是英国资产阶级革命，还有一次则是第二次世界大战。

这三次过程异常复杂，但有一个共同之处，即胜利的一方总是“以人民的名义”或“以一部分群体”的名义。“群体代言”似乎是人类社会司空见惯的属性，古已有之。德国学者米勒的《什么是民粹主义？》一书，入木三分地刻画了这一

“以人民为名”的民粹主义大行其道的思想根源。文明的历史之所以出现是英雄还是人民创造历史之辨，事实上反映的是“群体与领导”的关系问题。

这里有一个最基本的困惑，就是“群体”是如何组织起来的？“共识”难题，可以说是人有史以来即面临的一个难题（这也是近年来火爆异常的区块链技术的核心思想）。这个难题如果还原一下的话，其实就是简单得不能再简单的“沟通”问题。然而，在这个伟大的数码时代之前，一众人等聚合在一起，形成所谓“共识”的基本法则，其实就是雅斯贝尔斯所说的轴心时代以来的金规则：己所不欲，勿施于人。这个金规则延续至今的底层共识，是启蒙思想者不断夯实的笛卡尔主义的见解，即毫无疑问相信这一点：“人心是相通的”，并在此基础上解决这个难题。

由于“相通性”这个启蒙时代关于人性的基本假设，在个体与个体之间的“距离”上，采取的是“零距离”观点。但这个假设与其说是真相，不如说是愿望。组织起来的群体对另一个群体采取任何合理、正当的行动，都是借用了这个假设。通过宣传、鼓动，在意识形态上俘获自己的同党，是一切群体行动的基本策略。

但是，真实的历史一再从反面告诉我们，事情没有这么简单。奥斯威辛的铁丝网并非是物理存在的，更像是一种精神存在的象征。古典经济学家通过早期资本主义发展中“狼吃羊”的故事，只能最后归结于人的趋利本能，或者说人的“自私”本能。但是，他们依旧落入了一个困局：就自私而言，人都是一样的。这依然在重复人是“个体同一”的陈词滥调。

这种“个体同一”的世界，在网络时代已经变得十分乏味，缺乏想象力。无论是悲伤还是幸福，在“个体同一”的假设下，似乎难逃“同质化”的窠臼。这很自然地导出“轮回”“反复”“螺旋上升”等老掉牙的论调，但其实是暴露了对“人的本性”的认知，落入无可奈何的窠臼。

思想家愿意承认“人是有个体差异”的，但又从来不愿意承认这种差异是本质上的，这很奇怪。可能的解释有：承认个体差异更本质，就会让一切试图令教义“抵达终点”式的传播变得毫无价值。承认个体差异是本质的，就立刻让一切试图装扮成“圣人”、攫取皇权、鼓吹君权神授者，成为大大的笑话。对“终结版”的向往，以及手握“终结版”就能获得“黄袍加身的荣耀和威权”，的确是人们喜欢“个体同一”论的一个理由。

这是一个隐藏很深的悖论。“个体同一”的假设，从表面上看非常方便简洁，又在99%程度上符合常理；由于“个体同一”，人与人之间本性上没有距离。但是，历史画卷中无数个“永恒的主题”如爱情、战争之类，莫不在讲述另一个版本：个体之间，并不是那么回事情。

今天，通过互联网将这个命题再次实实在在“摆”在了人们面前。这一次，古典思想体系中象征距离的“空间感”真的消失了，从物理上消失了。在这个四处洋溢着个性的互联世界里，虽然人们依然采用文本、符号、图片、声音，诉说与倾听各自的感受，虽然人们使用这些媒介的方式与以往似乎没有本质的不同，但这一次人们（越来越多的人）终于认清了这样一种状况：“个体同一”真的不是事实，也不是什么靠得住的假设，只是一种愿望，仅此而已。这才是信息时代真正的伟大之处。

在传统的眼光看来，互联网上充斥着大量的垃圾，这些垃圾完全以无序的文本、零星的符号、未经雕琢的原生音频和视频，甚至是毫无意义的嘟嘟囔囔、嘀嘀咕咕。这些大量的数字化存在，从来不介意语法、词法的约束，也不理会禁令、条例的束缚，同样对版权报以蔑视，但它们真实流淌着，彼此镶嵌、缠绕着，完全自主地存在着。

传统的眼光更无法理解，在大批量生产的商业环境下，毫无利润空间的小批量产品，甚至“一对一”的定制化产品，会拨动人的心弦；他们也无法理解，虚拟空间里会潜伏如此众多的志愿者，兴致勃勃地“撰写、编辑、增补、讨论”一句维基百科的词条，没有人给他们付费，甚至一个人做的编辑工作，可能只在网络上存在了几秒钟，就会被更好的版本替换，只留下“痕迹”；他们更无法理解竟然会有那么多“爱管闲事的人”，热心地告诉别人他提出来的任何一个小问题。

在传统的眼光看来，沉溺于互联网是浪费时间，消磨意志。他们不理解这些陌生的人偶遇到一起后，可能在1分钟内约定一件伟大的“快闪任务”，而不需要冗长的沟通、确认。他们同样不理解，一些人已经对网络产生的情感、依赖甚至迷恋，当网络上的某种踪迹发生后，总能立刻触动他自己的心灵和情感，令他无法自已。

因此，信息时代的伟大意义，绝不是那些发了财的人所说的“改写”，即改变工作方式、生活方式以及经济形态。他们这么说，只有一个结果，就是他们注定在改革中已然成功地抵达自己命运的彼岸，他们已经“赚够了”。而其他信奉这种说法的人，则沦为鱼肉。信息时代的伟大意义在于“回归”，即回归到对“个体差异”的本质的认同。“差异的个体”通过类似“群居”的方式可以展现众多的“共性”，但共性再多，也无法泯灭“个体差异”的本质。

这种基于“个体差异”的集体主义舞蹈，让个体与个体、群体和群体之间的关系演化成一种政治关系，这是纯古希腊政治学意义上的政治关系，或说利益关系。马克思当然看到了这一点，并将其表述为“自由人的自由联合”。但遗憾的是，在马克思的那个时代，距离的问题尚属于横亘在人与自然、人与人、人与自身之间的一道物理鸿沟，想象力的闸门远未打开。

今天，当“偶遇”可以突破空间瞬间发生时，当群体聚集突破距离可以瞬间发生时，过去的一切哲学都宣告失灵。因为传统哲学所假设和赖以存在的个体同一、同质，真正显现了其可笑之处——人们发现与别人一样，会感到安慰；发现与别人不同，会感到不安，这不过是古时候就有的动物一样的感觉。但是，这些数字化的个体之间，并非没有冲突，甚至是剧烈的冲突，但这种无所不在的“冲突”反倒让个体可以“和谐相处”。因此，理解距离消失之后的个体关系，就不能不深入了解“个体之间的冲突”将会发生何种变化。让我们还是先领略一下启蒙运动行进中的“个体冲突”吧。

启蒙运动在法、英、美等国，演化为社会革命、经济革命和政治革命，而当时的德国则仍处于深度的沉思之中。尼采是一个主张个性解放的人，不过他与法国启蒙者“向外看”的路径不同，他是“向内看”的，甚至看得颇深。他关注的是个体能动的生命意志，而不是生存哲学。

在献给古希腊酒神狄奥尼索斯的赞美篇章《悲剧的诞生》中，他发现了一种属于个体生命的“纯美学价值”，即酒神精神。这种毫无矫饰的生命意志，一种音乐般的自由，一种艺术感的激情，让个体高度忠于生命的本能，服从生命意志的召唤。这种生命意志是鲜活的，既美妙无比、轻灵萦绕，又横冲直撞、肆意激荡。这种酒神精神直接与基督徒刻板的传统道德相抵触。这种“悲剧意识”是生命意识到幸福与痛苦、沉醉与狂喜之时，抵抗与挣脱肉身束缚的自由奔放的灵魂呐喊。他认为，个人应当追求生命的快乐，“吮吸生命的甘髓”。这种自己主宰自己命运的强力意志，甚至让个体感到震惊和痛苦——他必须懂得这种痛苦是对强力意志的巨大考验。只有经受得起这种考验的上等人，即超人，才有可能成为“宇宙的中心”，凡夫俗子是不可能成为宇宙中心的。

然而这种“超人”在尼采那里，又注定是不可得的。

“向内看”的个体意识觉醒，与理性主义个体意识觉醒完全不同。前者是个体孤独无助的流浪、奔波之余的伤痛、惶惑与拼命想抓住稻草的苦挣；后者则与其说是“觉醒”不如说是“唤醒”，是更多地杀死个性，归顺群体的“教化”“格式化”过程。更多的艺术家在启蒙时期充分感受到了，这种科学理性无法捕捉的生命灵性，虽然在他们的眼前闪耀，却无法用画笔重现的。印象派就是这样一个画派。现象学哲学、存在主义哲学思想的兴起，也都是“个体内视”的结果。

“自由”被思想家绝对化之后，就会自然地从生活经验、生活感受出发，对任何加之于自由之上的，无论来自自然界，来自身体和来自社会、文化的一切束缚提出质疑。

萨特反对那些强加给个体的清规戒律，用了一个简单异常的断语，“存在先于本质”。他把事物的存在区分为两种存在：“自在”和“自为”。自在的存在是一种实体的、团块的和不能渗透的存在，而自为的存在则是指意识，指人的自由、人的主体性和人将“自在”事物虚无化的能力。前者为实，而后者为虚。萨特十分干脆地拒绝任何给自在的事物贴上任何标签的努力。自为的存在虽然仅仅是虚幻，而这种虚幻却正是因为意志的绝对自由，它处于无时无刻的流变之中，它不停地变换着对实在的虚拟化的幻想。这种意识的虚幻远不如肉身的存在来的真实，而那些所谓人性、情感、理性之类的标记物，都得稍靠后一点，让位给与外在同样是团块状的，不能渗透的肉身存在。萨特是彻底的无神论者。在他眼中“什么都不复存在，天上也是空荡荡，不复有善，不复有恶，也不复有任何人给我下指令……我被判罚只许有我自己的法律而没有任何别的法律”。这种绝对的个人自由，发生在第二次世界大战之后，发生启蒙运动通过群体对群体方式的“共和”全部挫败之后，的确颇有深意。

人的个性的解放，早期是一种普适化或空心化的版本，所谓“解放”，也只是把那些格式化好的“数据”一一灌装到这种生而平等的生命之中。然而，生命毕竟是伟大的。这些被启蒙的个体一再地发现那些驱使他们相信的信条乃至威权，其实是在无休止地“盗用群体的名义”，根本无法兑现其承诺。

更准确地说，理性光辉不是照亮了个体求解放的道路，而是照亮了“先知先觉者”抢占先机的道路。这些先知先觉者飞快地遮住后知后觉者、不知不觉者的眼睛。更进一步，又有理性的光辉为这种“遮挡”辩护，以正义的名义，以科学的名义，以进步的名义。

萨特的存在主义名言还有一句是：“他人是地狱。”这种形象的语言，把个体同一化下个体之间的关系，活脱脱勾画出来：每个个人都以自己为主体，以他人为客体，每个主体都把他人当作实现自己自由、实现计划的对象，都把客体当成被动的物体，即将客体“物化”。即所谓“主观为自己，客观为别人”。每个主体都想剥夺客体的自由，阻碍客体实现他的计划。然而，萨特发现，其实这个我在另一个他人面前，又被这另一个他人视为客体。对此，他形容道，任何时候，都有一双充满敌意、虎视眈眈、冰寒彻骨的目光一直死死盯着“我”，“我无法摆脱这种目光，一如他无法摆脱我的目光一样。”

萨特认为，这种目光天然就是挑衅性的，是动物性的，天然就是要跟我过不去。这是一种无法排遣的敌视或仇视。在这种扭结在一起的敌视之网中，任何自为的我，都不可能实现。或者换句话说，又只能异化为“为他而在”，才能换取实现的可能。这种“为他而在”是他人的目光从我身上不由我自主地触发出来的。这个逻辑搞清楚了，才能理解为何萨特要说，我们每个个体是“被制罚”而为自由的。主观为自己，客观为别人。

那些洞悉萨特思想的人（或者更多无师自通、感同身受的人），用坚强的意志抵抗“被客体化”的目光，坚持做自己的主宰，这其实是领袖意志的源泉。

在虚拟空间下，我们无法期待这种“为他而在”的“自我存在”彻底消失，甚至很长一段时间，“为己而在”的人们都必须与“为他而在”的人们共处；甚至更难弄的是，“为己而在”与“为他而在”并不是可以醒目区分开来的。但所幸的是，虚拟空间下的“他者”的含义，其要点并不在这里。或者说，这没什么关系，无所谓。那些在网络生存之前的社会格局中，“被客体化”的人，有一个世俗的特征，那就是他们往往是那些“陌生人”。也就是说，在传统社会中，威胁、不可靠、充满敌意的一般不是那个“与你亲近的人”而是“陌生人”。这是一种浓厚的心理情结。人们往往对“陌生人”感到天然的恐惧和害怕。

虚拟空间则显露了别样的趣味：那些可能导致你恐惧的，反而是“熟知你的人”而不是“陌生人”。相反，在“陌生人面前”，人反而容易放得开（甚至到放肆的地步），因为没有等级、阶级、性别、年龄、种族、地位、教育水准等的区别。

流连与沉溺于网络空间此等“情感”的人们，衬托了现实世界的某种“匮乏”。不过，我并非希望接下来写下一大段无聊的所谓“批评文字”，我在想，在极度饥渴的状态下，人总是要在与“陌生人偶遇的快感”中再次抬起头来，与现实世界中的“熟人”继续过去单一版本的游戏，那么这种“线上”与“线下”的状态的调和，到底预示了一种什么样的未来精神状态呢？

在虚拟空间日益流行、虚拟生存日益平淡无奇、陌生人的偶遇稀松平常的情况下，未来的人，将如何摆平现实之“肉身”与虚拟之“符号”的关系，并获得充足的幸福和快感，不再在两个极端之间摇摆？

我的猜测会在本书的最后给出。仅仅是猜测。

什么导致了癫狂

1900 年是个“好”年份，这个年份的意义在于，对人性的教育将再次从心灵的苦难开始。这次教育的成就是产生了对威权质疑的存在主义，对普适真理质疑的后现代主义。但是，质疑虽然发生，却迄今未入主流——无法入主流的一个理由，就是对正统知识架构的“抗辩”尚未抵达更高的层次，即尚未直接指向支撑过去 500 年的思想启蒙、政治革命、社会变革和科技进步的最基础的东西——“人是什么”和“人与人的关系为何”的问题。不幸的是，这个问题已经很难触及了，因为笛卡尔的思想已经冷却、沉淀到了基础深部，“焊接到了底座上”。而且——该“死”的都“死”了。

下面希望通过人类精神的癫狂史，简略地考察这个令人心酸的进程。

在谈论人际关系的过程中，我不得不反复行走在自我与他者之间的那段路程中，这段距离看似近在咫尺，实则远隔万水千山。自然理性在笛卡尔那里，用“我思故我在”表述，这一表述特别像佛教所言的“一切众生，皆有佛性”。按梅洛·庞蒂的分析，笛卡尔说的实际是“我们思，故我们在”或“人们思，故人们在”。

这种假设个体同一、个体同质的状况，竟然在相当长的时间里未被察觉，或者未见之正统。主流学术的任何讨论，总觉差一点味道。倘若断定个体是不同一的，立刻就面临这种困境：不同个体可能分别处在不同的存在状态而彼此并不知晓，甚至无法理解。迷信的鬼魂世界、阴阳两分之说，以及神话传说世界当属此类，但已被正统学术判定为不可信，这剩下的可能的情景便是梦境与疯癫。

承认人心是可达的，有很多种理由，有朴实的，如心有灵犀，也有玄虚的，如一切众生皆有佛性。这在人的几乎全部直觉经验中都可得到佐证，但仍不是一个能教人彻底释怀的解释。

19 世纪末是进步的工业文明、细致的科学发现与社会整体的物欲横流，基督教精神日益式微，各代人之间激烈冲突的年代。理性与非理性、社会进步与遗传退化、实证主义与神秘主义的相反势力互相冲撞，仿佛地壳板块运动一样，引发了一系列的地震及其余波，并在第一次世界大战中到达高潮。著名历史学家乔治·莫斯（George Mosse）形容这段历史时期是“欧洲大众意识的转变期”。1912—1913 年，往往被世人称作“19 世纪的精神终点”。

马克斯·诺尔道给世纪末下的定义是：现代现象的极度膨胀，以及借此现象表达的深度不满。这种现代现象可见之于 1850 年以后的“堕落的艺术运动，如象征主义，文学中的颓废主义、写实主义和自然主义，音乐中的瓦格纳崇拜，以及哲学家中的尼采、叔本华”。在马克思·诺尔道最著名的著作《堕落》中，他甚至从医学知识和遗传学新理论出发，指出那种文化上的“遗传缺陷”从不健康的一代传到了下一代，表达现代风格的艺术作品，被诺尔道看作欧洲人口中极端流行的退化水平的标志。它的根源，在于脑组织所遭受的诸多毁灭性伤害，如酗酒、毒瘾、性病、肮脏狭小的城市生活、污浊的空气，以及其他有害的环境作用。

19 世纪的世纪末与 18 世纪的世纪末有一个鲜明的对比，18 世纪的那个世纪末仿佛人性的光辉透过理性精神得以确证，被视为人类福祉的保险算法，一切尽在期待之中。

100 年过去之后，作为理性的终点或者说许诺的生活目标，她所期许的美好生活一再推迟，机械力量、电子力量已经日渐发达，爱迪生的灯泡点亮了街道，但迟迟不能点亮人心。尼采发疯之后他的著作仿佛一枚炸弹，让这个病态的社会遭到了致命的一击。颇有深意的是，精神病学成为 19 世纪末期异常繁荣的一个学科。

这一期间，研究精神分裂症、心智分离模式、梦境、催眠术、癔症、歇斯底里的方法大师比比皆是。比如，1882 年在英国成立的心灵研究会，以及前后出版的大量文章。期间，弗洛伊德提出了关于潜意识的学说。

18 世纪末期的启蒙思想为政治学开启了一扇“科学”之门，使傅立叶、圣西门等空想社会主义者试图从科学角度重构社会；19 世纪中叶，进化论者以达尔文为代表，将科学注入生物学，用科学来解释人类的演化；19 世纪中后期，心理学家试图将心理学转化为物理学，从而诞生了行为主义学派；20 世纪初期，哲学家试图从哲学角度为科学发现的模式更替寻找“科学”的哲学依据，由此出现了实用主义、逻辑实证主义、分析哲学诸多流派；20 世纪 30 年代到 60 年代，又有管理学开始寻求科学管理的范式和原理，将“胡萝卜加大棒”的策略誉为人的激励方法；更不必说，工程师在 20 世纪所取得的辉煌成就与享有的显赫与荣耀。这已是一个科学让位于工程、让位于设计的时代。

在这一进程中，未进入主流话语的反而是“道德哲学”。从哲学的演变轨迹看，道德哲学与宗教信仰的距离、艺术的距离更近一些。由于道德哲学很难接受科学的规范而长期陷于边缘状态，长期处于非主流状态。学者，特别带人文关怀的学者发现，科学计算并不能解决诸如生与死、善与恶、幸福与痛苦的问题。边沁的最大快乐原则也只是社会人与人之间的一种被动的、虚弱的期望。

尼采在《人性的，太人性的》一书中写道：“自然的死亡是独立于任何理性的，是一种真正的非理性的死亡。外壳中一种令人同情的物质决定着果核存活的时间。同样地，被摧残的，有疾病的和愚蠢的狱卒是非常威风的——在他指出他的高贵的囚徒即将被处死的时刻。自然的死亡是自然的自杀——换句话说，极有理性的生命的消亡是由于与之相关的极不理性的因素在起作用。这种情况的扭转只有通过宗教的光芒才能出现；因此，相应地，高级理性（上帝）颁布秩序，而低级理性不得不遵守。”

尼采的深意在于，就算从生到死的这一段时光都可以为理性所充塞，所编排，生与死，进入这个世界与退出这个世界的方式，依然脱离于理性之外，以一种令人生畏但似乎神秘的方式左右芸芸众生。当一种生命被锁闭在生与死之间短暂的、狭窄的时间和空间之时，当生命在“活着”的状态下，蛰伏在诸多角色、身份、符号、意指的编排下来回奔波，起伏跌宕之时，总有一个声音在提醒它：生与死、进入与退出，是一种偶然。在生死之外，似乎存在一个有别于“活着”的状态的，那是无法触及、感知和料想的真实的所在。

尼采所指的这种无法充塞的状态，人们希望通过宗教来填满，而通过宗教的最终目的，也不过是为了构建一种道德哲学。但是，在科学理性刺目的耀眼光芒下，道德哲学又很容易模型化成“说教”的版本。人性实际上遭遇了理性与道德的双重禁锢，这禁锢的法则又全然是合乎逻辑的推演和论说，没有谁能为此承担责任，也没有谁能轻易打开这束缚的铁链。这种禁锢完全是以“共同的人”的名义，以“普遍法则”的名义下达的，它已经将每个鲜活的个体，锁在了潜意识的深海中。

英国著名当代思想家齐格蒙·鲍曼[①]（Eygmunt Bauman）在《生活在碎片之中——论后现代道德》中写道，19 世纪的哲学成功地批判了尼采、叔本华的看法，“这种边缘化和批判，起源于黑格尔的过分乐观的乌托邦，被科学主义的超越一切界限”的自信向前推进，以尼采被禁闭在精神病院结束。据说，圣西门告诉他的仆人每天早上以这种方式来唤醒他：起来吧，殿下，伟大的事情正等着您做呢！而西奥兰（E. M. Cioran）则说，“摩登时代开始于两种歇斯底里病患者：堂吉诃德与路德”。

在道德问题上，过去一切试图以斯宾诺沙式的逻辑推理和康德式的思辨，已被证明是不完整的，甚至根本是不顶事的。“道德是没有原因和理由的；道德的必要性，道德的意义，也是不能被描述和进行逻辑推理的。……它没有伦理基础，我们再也不能为道德的自我提供伦理的指导，再也不能‘创制’道德，我们也不再希望更加热情或系统地投入这样的工作即能获得这样的能力。”

从道德层面观察科学—理性精神，可以看到，“从不言及放弃”，永不承认绝望，这是现代精神最鲜明的特点。就这点而言，它与前现代的倾向于神学的解释是一致的。鲍曼毫不留情地指出：顶着现代的、进步的、科学的光环，怀揣明白的人，其实无论何时都是偏私的，责难，不接受旧的策略和老一辈的人，极力称颂这一代新人的能力，夸大他们对策略的需要以及最终将导致正确结果的策略的

---

① 齐格蒙·鲍曼（Zygmunt Bauman，1925—2017），波兰社会学家。1971 年，鲍曼因波兰反犹主义被迫离国前往英国定居，成为英国利兹大学的社会学教授。鲍曼因将现代性、大屠杀以及后现代消费主义联系起来而广为知名。代表作有《阐释学与社会科学》《现代性与大屠杀》《现代性与矛盾》《后现代性其不满》《全球化：人类后果》等。

承诺。“科学的传教士”代替了“上帝的传教士”，以进步为导向的社会完成了以前社会完成不了的事情。昨天的错误都将在新的管控下得到纠正——“不断前进”的科学传教士们不断地更新自我，这是他们区别于“永恒上帝”的福音传教士之处。

弗洛伊德发现，受到如此“律令”规训的束缚的个体，很容易在潜意识层面形成“自我把关”的主动机能。这些被称作 ego 的本我，按照习得、遗传、文化影响所必须遵从的法则，小心翼翼地规避粗俗的、非理性的、没有教养的、卑微龌龊的念想；但生命的性冲动让这具健康的身躯无法安宁，他/她不停地努力控制自己的欲望，依然无法避免在梦境中，在下意识的口误中，流露已经扭曲变形的内心真实。

规训、克制、自责、悔恨，以及波涛汹涌的“利比多能量”的双重作用，让可怜的身躯无时无刻不在承受五马分尸之苦。歇斯底里、精神分裂等被冷冰冰的医学名词所定义的症候，或许恰恰是孱弱的个体真实的出路所在吧。

理性是癫狂的诱因，而癫狂则是理性的真实。

“他者”是一个悖论

15 年前的互联网出现了一股新的浪潮，这股浪潮的名字叫 Web 2.0。搞互联网的人们对此已经出现了深度的审美疲劳，奈何又找不到新的词语描述这股继续行进中的互联网模式。至于那些不明白其含义的人，喏！这些人就是典型的 Web 1.0 状态下的族群了。

大略说，所谓 Web 2.0 指的其实就一件事：网民的力量，或者叫“草根革命”。在博客、论坛、维基百科、社区等概念兴起之后，网民终于迎来了一种全新的状态，他们自由地发表见解，“人肉搜索”，为维基百科编辑词条，把自己的有趣的视频短片或者图片，拿出来与众人分享；他们群居在一起，尖叫、嬉闹、嘟囔、哼唧、幽会；他们中间有大量的人士边制作商务计划书，边圈地、抢车位、割韭菜、买卖“人口”；也有大量人士边处理公文，边倾注大量精力只为跟随某个人或者被人跟随……

网民的交往已经大大超越了办公室同事、亲友、同学，他们更多地在虚拟空间里与素不相识的陌生人聊得开心、打得火热。在互联网世界里，这种由陌生人构成的世界的交往方式，似乎提示着过去从没有体验过的另一种状况。与陌生人的交往，将突破“自我”和“他者”种种熟知的体验方式。因此说，顺着传统思想家的痛苦，大约可以找到一种兴许有效的方式重建人的世界。

质疑理性精神往往会被称作“反智主义”，就算冒这个风险，我也不认为要回到理性主义，特别是回到那个笛卡尔的理性主义。理性之无能是需要大声喊出并得到确认的，但同时也不意味投入理性虚无主义的怀抱。我也不是要神秘兮兮地构建一种所谓的新潮迷信，不可能也不需要。总的来说，我无力、无能也不愿以任何古典学说的方式去构建什么，而是希冀以更接近禅宗公案的证悟方式，平和地讲述这样一件具体的状况：人，在互联网 50 年、100 年之后，需要以这样一种状态彼此共处，这种共处已经经历了诸多的洗礼、磨难乃至征战。这种共处总的基调是平和。这超越了“人过 70 而耳顺”之后的那种开化与大度。这种平和不独是人与自然界的，更是人与人之间的。这种平和的重要特征是两个：一个是了解并承认缺陷的存在，并乐于知晓这种“不能”的边界，坦然地接受它；另一个是学会在悖论状况下的生存艺术，学会彼此鉴赏而不是彼此“征服”。

这需要全新的学问和思想。过去一切文明成果的绝大部分在虚拟空间里都用得上，但仍有些许——虽然细微，但绝对重要——的差别，甚至是要命的差别。这种关于互联网的知识，一般以“对……，但不够……”这样的句式，或者“是……，也是……”的句式来表达。这种句式，不理会形式逻辑的完整和一致，直截了当地采用“是与非”“黑与白”并存的模式，以“无厘头”的风格，对循规蹈矩的句法和说辞报以白眼。这基本上是东方智慧的胚胎，但却非东方阴阳之道的简单翻版。

在互联网的时代，我们终于“客观如实地面对不确定性”了。我们创造梦幻的存在方式，并疯狂地将这些虚幻的个体以极其洒脱的方式，如游戏般浸淫在我们的感官世界中。生死幻灭是如此逼真，与遥远的陌生人之间的交往，不仅仅是偶遇，简直是生活中的必然。事实上，既然人的陌生感从来没有消除过，那么这一次互联网让我们直接面对陌生，倒也未尝不是一件好事。

对他者的存在状态的关注，又不得不返回到这一已经论述过的话题，因为迄今为止，真正的他者尚无法找到自己的表达方式，他者仿佛只是“别人眼里”的绿叶。他者的话语，迄今依然为“这个文本”的书写者与诠释者所垄断，真正的属于他者的叙事方式，一旦被嵌入“这个”文本，就已经成为被“收割”的对象。用利奥塔的话说，现代化的叙事方式，只是“在它即将要实现的理念中”寻找自己的合法性。对永恒和不朽的希望似乎从未消失，总是在“尚未抵达”的未来和许诺“将要抵达”的未来之间的张力中，得到永恒的动力、印证与合法性。人看待“他者”就像毛驴看待绑在毛驴鼻子上的萝卜一样，它感觉自己已经接近了它——它全心全意想接近它——但却永远无法接近它。

只有在这个意义上思考互联时代“互动”“交互”的道德冲动，才可能获得更多的空间。而这种思想注定会指向“这一个文本”，即“他者不在场”的文本。这个文本的本质是现代性的一个重要假设——“现代性是一种内在的普遍的文明，真正适用于全球的人类久远苦难史中的第一种文明”，在批判这种虚情假意和谬误之时，鲍曼说：“这种信念的必然结论是，将自己描述为‘先进的’——为后人开辟道路的先锋派，这种对在地球的遥远角落里的前现代生活方式的残酷的根除。”

关于这一点，利奥塔有这么一段著名的评论：

人性可以分成两个部分，一部分面临复杂性的挑战，另一部分面临古老而可怕的生存挑战；这可能是现代工程失败的主要原因。并不是由于缺少进步，恰恰相反，是由于科技的、艺术的、经济的、政治的发展使一切战争，极权主义，北方的富裕和南方的贫困之间的鸿沟，失业和‘新的贫困’等成为可能……

利奥塔的结论显得直率且包含断然否认的意味：“通过承诺在总体上解放人性来证明发展是合理的已成为不可能。”利奥塔的结论，在批判的力度上而言，已经走到了尽头，但也极易招致负面的反弹。除了“发展”，还有什么别的途径呢？利奥塔的结论也极易被贴上武断的反智主义的标签，这正是其批判锋芒中可能招致“自我坍塌”的一个软肋。

如果略微中和一下的话，利奥塔的观点可以修正为对发展的制衡，而不是反对。事实上，这恰恰是科学的理性主义在其框架内无法解决的问题。单向度的科学之矢，指向一种简单而通俗的信念：外在于人的自然规律就像一片静静的树林或一座未知的山峰，它就等在那儿，或者现在用眼睛还看不见，但信念告诉人，它就在那儿。只要你不停地寻找、攀爬、前行，你一定能到达那里，一定能看见它，并最终走进这片森林，登上这座山峰。

这种信念，叠加“向外找”的原始冲动，一再进入一片又一片森林，登上一座又一座山峰的“事实”，使人不由得相信“更高的下一个”会如约出现。用休谟的话说，这种前后相继的事件的“事实”成了一种强化的逻辑，即因果。甚至宗教思维也摆脱不了如此的诱惑，即因缘。这种诱惑太强了，它的好处显而易见：方便、简单、可重复、踏实、牢靠，令人安逸。

这种重复出现的东西，被强化为“发展”的内在动因，并从伦理的角度标记为“好”与“善”的时候，它的合法性就得到了确认。还是尼采用超凡的洞察力，戳穿了这种“善”的话语中包含的等级、优裕、支配、统治与控制意味。尼采认为，“不存在将善这个词与利他行为联系起来的先天的必然性”，道理很简单，这种联系如果存在，首先必须被宣称，才能被看见，尼采认为：

> 善不是始于那些受到善待的人，而是“善”本身，这就是说，是那些高贵的、强有力的、居高位的、高智商的人，即属于最高等级的人，这是相对于卑微的、低智商的人和平民而言的，是他宣布自己和自己的行为符合善，正是这种距离感授权他们创造价值并为他们命名。
>
> “善”这个基本的概念在等级、阶层的意义上是高贵的，并且在其中不断地得到发展。根据历史的需要，它包含了思想的高贵、精神的显赫。这种发展，是与另外一种最终将普通、平民、卑微等概念转化为恶的概念的发展完全并行不悖的。

尼采的智慧与东方智慧有一种呼应，“善者无言”就是这个意思。尼采的深邃在于，他深知西方文化中难以言表的个中滋味。贵族的自由是平民的不自由，高贵而强大的人的自由发展的反面，是卑微的人所付出的无法掌握命运的代价。

鲍曼感叹道：“难怪低贱和卑微的人反道德求助于法规，它要求法规的强制力量弥补统治者的无能。”这种感叹也与东方文化中“治世用儒，乱世用道”的传统有相似之处。耐人寻味的是，平民的这种念想，为统治者所谙熟，并“欣然接受”。为自然立法也好，君权神授也罢，以多数人福祉为招牌也好，替天行道、按自然规律行事也罢，一切统治威权的授予，皆出自对这种善与恶缠绕逻辑的娴熟驾驭。

然而，尼采并未就此止步。或许，倘就此止步，尼采不至于心灰意冷到冰点，最终抱着一匹遭马夫鞭打的辕马，失声痛哭，以致发疯。他又发现，正是这些充满仇恨、嫉妒却无能为力的奴隶发出的挑战，最终打破了贵族在善、高贵、权力、美、幸福和上帝的恩惠之间强行划出的等式。进而，他们按照相同的逻辑，发展了一种针锋相对的思想，“只有贫穷，没有权力的人才是善的，只有受苦，生病丑陋的才真正受到保佑”。

在道德问题上，笛卡尔也好，卢梭也罢，500 年来的思想家唯一收获的只有极度的失望和沮丧。仰仗逻辑和理性，可以建立制宪会议、共和制、贸易法，但无法建立普遍的、共同认可的道德价值。这种困境被“自由、平等、博爱”的口号冲淡了，思者与行者从来都没有获得“普遍的幸福感”，如同数学逻辑所揭示的普遍真理的有效性那样。

人为自然立法的成就灿烂辉煌，为社会立法的尝试也可说鼓舞人心，然而为伦理立法的努力，对无论是哲学家、教育家还是传教士都是一件尚未开始就已无望而终的事情。

这种事情既然从来没有发生过，今天发生的可能性就愈发微小。道德的反面不是不道德，而是非道德。当哲学家丧失了勇气，说教词中夹杂着噪音，市场力量暗藏的俘获、劝诫，已经是如此习以为常，以致任何批评、诘问、质疑，本身与被批评、遭质疑的对象当属一丘之貉。难怪数学家傲慢地声称，逻辑是不可战胜的，因为战胜逻辑依然要使用逻辑。他忘了另一句话在旁边等着呢：逻辑同样是不可证实的，因为证实逻辑同样要使用逻辑。东方思想的妙处霎时可见，她不追问，因为她自身就处于自明答案的包裹之中；她不惶惑，她的叹息不是因着外部的东西不明于己，而是自身的修为不够；她不必流浪，但须遭磨难，心的磨难。

互联网上的另一种“自恋”开始了。这种自恋不是出于对“外面世界”的扭曲反映，而是对“外在的他者”的调侃式的承认。这种“自恋”也是构筑新道德的起点。每个自恋着的网民，并不奢望成为传统意义上的“声名显赫者”，令万人追捧；他只是完全觉察并自信，他可以随时给予某人以追捧，也随时可能遭遇追捧；他不需要恒久地专注于什么，他只消听从内心瞬间的冲动，就可以了。既然这个“他者”只是一个片断，跟“他”较什么劲呢！

我们都是偶遇者

西方的道德一直以来有一种内在的焦虑，是压迫感与优越感对峙时的牺牲品。鲍曼的见解是：“任何时代的被压迫者的道德觉醒总是由于非公正的经历，而不是任何被希望用来替代现实的公正模式。”这种道德的焦虑，在思想家眼中变成了蛊惑人心的最佳玩偶。

在西方世界的现行版本中，由于道德感不断难以找到坚实的支撑，进步事实上已经变质为“徒步行进”，仿佛裹挟着一阵风的脚步，这个世界上到处是车轮碾过的声音、行色匆匆的人群和他们的脚步。匆匆行进中的社会，就像匆匆写下的几句嘟囔，在某种程度上是进步最表象，也最真实的一面。

无论是置身于车水马龙间，还是驻足在过街天桥上，行进是城市唯一随处可见的节奏。在这种行进的嘈杂下，有一丝常见的情调。鲍曼称之为“和睦”。和睦这个词用于表现在水泥钢筋丛林中、机器工厂旁边、高速公路沿线、商业购物中心甚至装饰豪华的客厅与卧室里的现代人际关系，应该是一个相当朴实又真实的术语。然而在鲍曼那里，这种“和睦”仿佛被涂上了一层化学油脂，有了多种面孔。

在繁华街道和商业中心里，那种匆匆脚步呈现的“异变的和睦”，在火车车厢、候机大厅里那略为沉闷但“稳定的和睦”，在写字楼、工厂里“调和的和睦”，在游行队伍、抗议广场上“陌生的和睦”，在民族、种族、性别及团体间“推定的和睦”，以及在俱乐部、假日海滩里的“超和睦”——所有这些，都有一个惊人的相似之处，就是在行进中相伴的关系之中，“偶遇”“过客”的心境其实被“和睦”掩盖了起来，只是深浅不一而已。

一旦有可能，我们就会用雨衣和雨伞占据咖啡屋中我们旁边的座位，不停地凝视医院候诊室中关于麻疹病的宣传单……一切都有可能发生，但绝不是主动招来的偶遇，除了被牵涉进他人的事物。

每一个偶遇者在每一个片断中都是破碎的或者短暂的，或者二者兼而有之。行色匆匆已经不只用来形容脚步，而且用来象征道德，象征新的人际模式。或者更确切地说，象征一种“非道德”的存在。

这些偶遇的个体，由于在不同的场景呈现不同的和睦情景，或扮演不同的角色。他们已不再戴着面具，毋宁说他们自身已破碎为多面的主体，或非要讲面具的话，这面具就是数码做的脸皮。他们多样的想法在鲍曼那里被视为“搁置起来的隐私”，似乎带有一种压抑的感觉。在现代看来，已显露一种“无所谓搁置的隐私”或者另一种“暴露癖”。

偶遇的短暂本质的最重要的影响是缺少影响——偶遇在某种意义上看是不产生后果的，它在其后没有留下偶遇双方权利和/或义务这种持久的遗产。

这恰恰是互联网最重要的特征。那种匿名的快感事实上对应沉重道德压力与不满之下宣泄的快感。但很快，这种快感会被一种疲惫不堪之后的虚空所裹，空间感迅速占据全身。

拒绝靠“抚慰剂”生存

吉尔兰·罗斯在 1992 年出版了一本书，名叫《破碎的中部》（*The Broken Middle*）。这里“中部”指的是介乎开端和终点之间那一段存续的时间和空间。可以简单地把开端解为生，终点解为死，而中部则是存在。如果说生是偶然的，而死是对可能性的拒斥的话，存在则具有丰富的多样性，并且这多样性并非清晰呈现的如万花筒般的多样性，而是含糊不清、模棱两可和矛盾丛生。在罗斯那里，他详细区分了伦理和道德的差别，这两个词一般在我们的日常用法中是不加分辨的。

伦理其实是对存续个体中间这一段的一种被事先强占的、集体的、神化的道德，或说禁忌的传承。用莫里斯·布莱希特（Maurice Blanchet）的话说，“这里的每个人都有一座自己的监狱，但是监狱中的每一个人都是自由的”。

这种罗斯意义上的“破碎的中间”地带，事实上就如一座“不完整的监狱”。在这个监狱中，自由意味着“时刻为焦虑做好准备”，在这里，“焦虑限定着罪恶，而非罪恶限定着焦虑”。

在卡夫卡的小说中，“K”努力在法庭上寻找答案，但一无所获，犯罪看来要被起诉了，但是没有人详述案情，也无人充当检举人，找不到自己罪恶的开始。卡夫卡写道："我的不完整不是天生的，也不是养成的。"克尔凯郭尔谈及那种不可捉摸的连续的"戒律"指导他的笔时，说"我听见了它，在某种程度上，甚至当我没有听见它的时候，即使它本身是不可被听见的，它仍然压低声音指示我去做某些事情"。在克尔凯郭尔之后的100年，这种似乎冥冥之中的声音，被列维纳斯表述为，"在秩序被制定之前就遵守它"，在命令发布之前就有约束力。在这种状况下，道德判断的基础一下子消失得无影无踪：因为在命令尚未被言明之前，一个人就已经在遵从什么，甚至连"遵从什么"也无法确知，那么，"它永远不能完全确信曾经以正确的方式行事"。这听上去似乎为那些撒癔症的人开枪杀人找到了一个特别好用的借口，不过，这里不考虑这种提法的功能，而是想指出这样一种状况——其实这种状况是无法"指出"的——正如科学论证无法确证正确性一样，在道德领域，也不存在这样的确证。

罗斯的哲学似乎复归于平静，这种平静但又颇具威严的哲学，彻底放弃了一切试图寻找支点、依托、拐杖一类的幻想。那个版本的上帝已死，是无法重新安置回来的。科学成为神化的理性的上帝，也遭复同样的命运。任何寻求替代品的努力，试图让"永恒""普遍""真理"复活的努力，在罗斯的哲学里，统统被归于"自我欺骗"。但罗斯并不是悲观主义或者悲情主义者，他当然也不亢奋，他只是想平静地说："假若现代社会的希望能够实现，那最好不过，但是——别指望它一定会实现。"

罗斯的哲学在当代哲学思潮中有一个词叫祛魅（disenchantment），即不再幻想同质化的、普遍的理性及意志的潜能或智慧。更重要的是，罗斯同时在社会学、心理学、伦理学背景下，清除了这样一种寻求普遍道德和共同人性的幻想，并明确拒绝把这种幻想同超验的、先验的、超自然的任何玩意儿挂起钩来。彼德·德鲁克曾说，"再也不要社会拯救"，我们再也不需要任何形式的社会工程了。我们可能还保留对于获得拯救的焦虑所带来的极难克服的远古基因，但至少现在我们可以释然的是"不会有人来敲门"。

保罗·瓦莱里（Paul Valery）对在这种生命焦虑中大量使用的"抚慰剂"作了这样精彩的描述：

人们狂饮滥醉；滥用速度，滥用光线；滥用镇静剂卡痛药和兴奋剂；滥用影响；滥用分离和鼓动的可怕方式，这给了孩子巨大的权力。一切现存的生活，都与这种滥用紧密相连……人们对监狱的依靠进一步增强，要求政府不断地拨给它费用，发现每份剂量都是不充足的。

在罗萨德（Ronsard）时代，对眼睛而言，一支蜡烛就足够了。那个时代的路人乐意在夜晚之下，在微弱而暗淡的光线下毫无困难地阅读（他们阅读的是多么难认的潦草文字啊！）和写作。今天，一个人需要20、50、100支蜡烛。

虚拟空间里的每一个个体，实际上都在为他人提供"偶遇"的可能。在上线和离线的这段时间里，人们只遵从必要的"聊天室规则"而不是什么"伦理法则"。在这个现实生活与线上生活交织在一起的社会里，倘若试图把线上生活营造成现实生活的翻版，那一定是无聊且疯狂的想法，也根本不对路子。如果一定要用"逃避""寻求"一类现实生活中的标准术语来解读的话，这是徒劳的，线上生活压根就不可能找到这种语言指向的落脚点。非要找一个蹩脚的比喻的话，我只能说，线上生活只是"拒绝靠抚慰剂生存"的积极的版本吧。

偶遇：当下体验的真实

焦虑对人而言绝不是一个阶段的感受，有些是原始形态的，有些则携带了文明发达之后的痕迹，这些感受深深地印在心里，挥之不去。弗洛伊德分析说：

我们能遭受的威胁来源于3个方面：来自我们自己的身体，它注定要衰弱和消亡，甚至不能没有作为提醒人们的信号的疼痛和苦恼；来自外部世界，它总是以其巨大的无情的毁灭力困扰我们；最后，来自我们与他人的关系。[①]

工业化的象征是机器，而机器的建造和运转，其背后是一个隐藏的极深的东西，叫系统。对于系统，人的全部情感与智慧都以"确定性"的方式去建造和使用，但这种"工程"式样的无所不在的东西，在相互缠绕的无数个自主、自为的个体，通过机器连接在一张巨大的网络下之后，已经变得破碎不堪。这种破碎力来源有3个：一个是主体与客体世界的模糊，一个是人际关系的断裂，而最隐秘的一个则是全方位的不确定性。

---

① 弗洛伊德．文明及其缺憾[M]．傅雅芳，郝冬瑾，译．合肥：安徽文艺出版社，1987：56.

在福柯看来，从上到下的现代化，是如学校、军营、医院、精神病诊所、工厂和监狱这些发挥不同功能的现代发明的共同特征，它们将秩序和确定性硬从外面塞给这些机构、组织和围墙。如同边沁在探讨最大快乐原则时断言，“称他们为士兵、修道士、机器，他们是幸福的，我不值得操心”。似乎这种机器的编排和复杂秩序的构建，通过大家灌注确定性的水泥钢筋，就可以得到保证，从而可以驱逐人类不幸的根源——不确定性。不管你是否乐意，你已经身处其中，在一个拥有数码永生秩序的幸福世界里。

只不过今天，在网络世界里，人们很快放弃了成为街坊邻居那样“熟悉”的交往方式，习惯了“城市里的陌生人”式的交往方式。仿佛旅行中偶遇的伙伴，人们只在一小段时间和狭窄的空间里面对面地交往，甚至不必面对面也能异常亲昵地用恣意的语言“触摸”对方，几分钟之后，人们随即各自离去，各奔东西。

城市中的大部分人彼此都是陌生的，这已是公共汽车、超级市场、地铁、市政办公大厅、电影院、咖啡吧、音乐厅、体育场，甚至电梯间随时提醒我们的真实的人际关系。人的习惯通过手机、电视和网络了解无论远近邻居发生的事情，以及他们的感受。人们可以一边漫不经心地呷着啤酒，又用手指敲着键盘，回答远方不知名姓的陌生人的留言。不用担心，那些将这种状态贬斥为冷漠的人将会更加熟悉并卷入这种冷漠。陌生感，已经成为群居生活的基调。

亨宁·比彻（Henning Bech，1993）在阿姆斯特丹大学举办的一次有关“欲望地理：性偏好与空间差异（Geographies of Desire：Sexual Preferences，Spatial Deferens）”的国际会议上，引述了一位叫夏洛蒂·勃朗特的女性漫步伦敦街头时的感受，这种感受完全是因为她是这座城市的外来者，而城市本身于她而言又极其陌生，这种无处不在的偶遇情怀令她“心醉不已”。“随着这种随心所欲的偶然性，与生活在任何偶然性指引的地方不期而遇，或在任何地方遭遇已经过去的生活，是令人兴奋和沉迷的源泉。”

这种对他者的描述，以十分松弛但宁静的方式，既有张力又不乏意外之喜的体验，说出了城市里陌生人之间彼此需要的状态。“不是因为某些魔术般的变化使距离变为亲近，不是因为陌生人之间相互疏离的消失，而是恰恰相反：如果在城市经历中愉悦比与之相伴的忧虑占有更重要的位置，那么，这是由于陌生人保存陌生的关系，冻结了距离，防止亲近。”愉快正是来自相互的疏离，来自责任和保证的免除。陌生人之间不管发生什么事情，都不会有长久的义务拖累他们，在其后都不会留下任何比快乐时刻更悠长的阴影。心理学家弗洛姆也用“快照”来表达这种城市偶遇的真相：“拍照已代替了观光。”快照式的浏览、速读，使得与他者的接触是一个瞬间的事件，是一种插曲。这种偶遇，既不受制于过去的事情，也不担负未来的责任，这真的成为一种“当下的感受”。

在传统的绵延的生命眼光之下，这种拼贴式的游移片断似乎空洞乏味，肤浅而没有连贯性和意义，这往往是街头流浪汉的肖像和图样。然而这在现代城市中已成为一种乐趣，一种“摆脱他人怂恿，且不承诺用任何事做交换”的完全放松的快感。

这种流浪汉式的行迹，已经不再是尼采酒神狄奥尼索斯在沉醉之后才能体悟到的快感，而是不必借助任何助兴剂就可以达到的快感。它只要求一种状态，即放弃对物，对自我，对他者的痴迷，放弃对整体性律令的执着，“当心自己的眼下”，从“这一刻”的时点上，而不是从“这一刻起”来把握“瞬间的自由”。

让我们尽情地彼此消费吧！

在鲍德里亚关于消费社会的描述里，可以很清楚地看到这种日趋表面化的社会趋向。鲍德里亚主要干了两件事：一件事是重新解释客体，另一件事是重新解释了在这种客体对象基础下的社会形态。

鲍德里亚的客体与传统哲学家所言及的那个完全独立于人之外的自然的客体不同，也与人工世界不同，这两种客体都是从“物”的角度来讲述客体的。鲍德里亚的客体，是指被组织到意指系统中的符号。这种意指系统其实就是命名系统和编码系统。鲍德里亚认为，“今天在我们的周围，存在一种不断增长的物，服务和物质财富所构成的惊人的消费和丰盛现象。它构成了人类自然环境中的一种根本变化”。这种变化，即人不再像过去那样为人和人之关系所包围，也不再为物所包围，而是被符号包围。波菊尼画笔中“上升的城市”，用钢筋水泥脚手架包裹了人的肉身和灵魂，这些现代的造物已经不再是果腹之物、卧榻之物、蔽体之物和劳作之物，已经成为人的身份、地位、财富、关系的可折算符号。

这是一个超富足、超丰盛的社会。在这个超富足、超丰盛的社会中，生产退居其次，交换也显逊色，符号交换才是真谛。鲍德里亚的消费社会，并非基于传统的生产与交换，不是那种仅仅为满足肉身生存的消费，而是基于符号交换的消费，物只是载体而已。

鲍德里亚甚至据此批判了马克思关于商品生产和交换的理论，认为马克思主义事实上并未与资本主义的生产与消费彻底决裂，而只是希望一种更有效的且公正的生产、消费和分配制度。然而在今天，物质生产与消费已经完全脱离了基本生存需要那种层次，已经退居其次，数码世界的消费深深地堕入了基于符号价值的“唯心”的层面。

比如洗衣机，鲍德里亚写道：“被当作工具来使用并被当作舒适和优越等要求来耍弄。而后面这个领域正是消费领域。在这里，洗衣机可以用任何其他物品来替代。无论是在符号逻辑里还是在象征逻辑里，物品都彻底地与某种明确的需求或功能失去了联系，确切地说，这是因为它们对应的是另一种完全不同的东西——可以是社会逻辑，也可以是欲望逻辑——那些逻辑把它们当成了既无意识且变幻莫测的含义范畴。”

其实洗衣机已经不算什么了，手机、互联网、软件、电视这些物件的符号意义，已经远远超越了通信、传播或计算，而是日益用编码、数字的方式深度重构这个社会。

这种新的消费社会已经不是为吃喝玩乐而存在的那个消费社会，而是一种新的部落神话。这种神话“正在摧毁人类的基础。即自古希腊以来欧洲思想在神话之源与逻各斯世界之间所维系的平衡”。

在这个新的消费社会里，如同中世纪异端邪说的黑色教派已荡然无存，如同18—19 世纪科学高奏凯歌，狂飙突进的红色教派也已成落日黄昏。而如今的消费社会仿佛是一个白色的拓扑世界，游戏是白色的，不可能再产生任何图腾与异端，因为所有的异端都由白色的背景涌向了白色的前台，这是一个“白色饱和”的社会，“一个没有眩晕没有历史的社会，一个除了自身之外没有其他神话的社会”。

托克维勒研究中心 L.P 梅耶劝年青一代认真阅读鲍德里亚的《消费社会》一书，认为鲍德里亚提出的任务其实是，“砸烂这个如果算不上猥亵的但算得上物品丰盛的，并由大众传媒尤其是电视竭力支撑的恶魔般的世界，这个时时威胁我们每一位的世界”。梅耶的话或许不是危言耸听，不过这个世界倒不是能够被轻易“砸烂”的。这个世界已经在按其自身的逻辑怪异地运转，并越来越怪异。“砸烂”和“适应”都不是与这个世界相处的最好办法，前者是革命的余孽在作怪，后者是悲观的宿命论。

一定存在一种符合这个怪异的符号世界的钥匙，让人们从里面打开它。这个钥匙有两把：第一把将是批判性的，即认清这个消费世界背后的逻辑；第二把将是建设性的，即接受这个消费世界现存的运转方式，只不过，要用新的思想来重新解释，重新装配。

鲍德里亚认为，资本主义生产方式的背后，盗用了科学的理性精神，并以此发号施令来组织社会运转的齿轮，最终导致了人的异化。这种异化不可避免地与功利主义和道德冲突相辅相成。他认为，真正的消费是那种陶醉于狄奥尼索斯的酒神狂欢式的游戏，以及沉浸其间的符号交换。符号交换代表各种异质性的活动，包括“互递眼色，礼品往来，挥霍，节庆——同时也包括损毁（将那些由生产创造出来的并赋予价值的东西变成无价之物）”。

鲍德里亚认为，用符号交换思想可以反对支配资本主义背后的生产逻辑、消费逻辑以及工具理性，只要我们采用与使用价值和交换价值无关的符号交换，就可以免受政治经济学意识形态的主宰，而且就能够颠覆这个体系的内在逻辑。当然，鲍德里亚的这种理想与其说是“摧毁”，不如说是“视而不见”。不过正如本书在第四章借用鲍德里亚的核心概念，关于今日之消费社会已不同于传统基于生产逻辑的消费社会的观点，用“拟像”和“仿真”的观点分析，倒颇有一番新意。

鲍德里亚的符号逻辑，是一种与特定实体相脱离的独立存在，这种将符号与物截然剥离的做法，显然是受“演算”逻辑的刺激。在数学演算通过电脑大行其道，并显示其任意编排代码的能力之后，计算已经不只是一种加加减减的活动，而是一种完全自主、自由的编排组合。千百次的计算和任意排列，可以让任何一种演算结果最终与所谓“原作”“原型”之间的映射变得毫无关联。这种“演算”产生的后果，就是鲍德里亚所说的“拟像”，“拟像不再是对某个领域，某种指涉对象或某种实体的模拟。它无须原物或实体，而是通过模型来生产真实，一种超真实（hyperreality）”。用鲍德里亚的术语说，硅谷天才工程师们流行的口头禅“代码即法律、一切皆计算”，千万别误以为说的是“现实世界中的一切都可以塞进数码世界去计算”——这只是最起码的一层意思。这句话还有两层意思：第二层是说，代码和计算本身是世界的立法者，代码规则与计算法则，已经超越了实体世界；第三层是说，一切编码的结果反过来规定了实体世界的行为。

因此，鲍德里亚的消费社会，并非建立在物质基础上的消费，而是符号的消费，是对“拟像物”的消费，或者说重新拼贴。鲍德里亚的消费社会，其实是数码消费社会。这一叙事的中心议题是：由生产、工业资本主义以及符号政治经济学所支配的现代性纪元宣告结束，而一种由拟像和新的技术、文化和社会形式构成的数码消费新纪元宣告开始。“从今以后，那些通常被认为是完全真实的东西——政治的、社会的、历史的以及经济的——都将带上超真实主义的拟像特征。”

在这个拟像社会中，占据主导地位的，已不再是流水线、车床、汽轮机、马达或者粉笔、黑板与教室，而是电脑、网络、信息处理、软件、媒介、自动控制、人工智能或移动计算。“信息将意义和社会消解为一种云雾弥漫，难以辨认的状态。由此导致的绝不是过量的创新，而是与此相反的全新的熵增加。”[①]这一社会变迁，被鲍德里亚形象地描绘成，从冶金术向符号制造术的过渡。在这一过程中，符号本身拥有了自己的生命，并建构了一种由模型、符码以及符号组成的新的社会秩序。

对符号的技术分析，其实并未显示鲍德里亚学说的威力，反倒让他的见解看上去更像是技术决定论者。这些符号仍然是由机器演算而导出这一事实，就足以将符号的演算与物体之间形成一条可见的轨迹。

但是，今天从赛博空间的体验看，鲍德里亚所谓的拟像世界，其实就是这个正在疯长的数码空间。

鲍德里亚借用麦克卢汉内爆的概念指出，在拟像世界中，符号、模型、算法构成的社会秩序，与真实之间的界限已经“内爆”，人们以往对真实的那种体验，以及真实的基础已宣告消失。这大致是说，由角色扮演所构造的戏剧情节已经很难与真实的生活有效地区隔开来。舞台与幕布均已消失，围墙和篱笆也已倒塌，目光所及与身体所触之处，已无法分辨是拟像的世界，还是真实的世界。真实，已经失去了记忆或判断的参照。这个世界在强大算力的驱使下，已经内爆为一个完全符号化的世界。

超真实即是说，真实与非真实的界限已日益含糊不清，并且数码真实逐渐替代物理真实，充塞重构后的感官界面。把握当下的世界，尽情享受数码流营造的

---

① 鲍德里亚．在沉默的大多数的阴影下：社会的终结[M]．纽约：Semiotext，1978．

瞬间快感和短程记忆，似乎成为离“真实”距离较近的一种状态。然而多少令人不安的是，奔流不息的比特之河，令人不敢有丝毫驻足默观的奢望，脚下的大地随时都在溜走，耳边的风一刻也不停地穿林而过，幻觉与真实的分辨不但不可能，而且无意义。这是某种“告别”的声音。旧的奠基于实体世界的秩序，即将被奠基于数码世界的秩序取代。

在鲍德里亚的分析中，迪士尼乐园、好莱坞是拟像世界的摹版。他认为，迪士尼和好莱坞创造的世界，即是一种以超真实取代真实的绝佳事例，这是美国真实的版本。然而，今天已经有超越迪士尼和好莱坞的新世界。这个新世界是纯数码的版本，是赛博“元宇宙”。

在后现代的话语场景中，信息与娱乐、影像与政治之间的界限也告内爆，电视新闻和纪实节目越来越多地采用了娱乐的形式，用戏仿、真人秀来做他们的编辑指南。脱口秀节目成为标准的新闻评论式样，想象力爆棚的文化工业使真相掩盖在“以真相的名义”之下，调查变成了“调查节目”。摆拍不过瘾，重现与重新编辑在非线性编辑技术的帮助下，使新闻蒙太奇可以做到天衣无缝。PS 技术让鉴定一幅照片的真伪似乎难上加难。其结果，就是出现了一种叫作“娱讯（infotainment）”的东西。在娱讯中，信息以及信息背后的任何意思表达或叙事，直截了当地以表演的方式呈现，受众感知阈值一再降低，过分强调“无痛阅读”和“惬意收视”，让资讯以甜蜜的方式深入人的脑回路，直接触及肉体。

同样的内爆，在政治竞选、工业宣传、慈善活动、军事打击、宗教仪式方面比比皆是。

既然这种符号消费不可避免地将所有人卷入网络世界中，既然以往那些扭捏作态、故弄玄虚的说教，再也无法披上自己的法衣、挥舞手中的权杖，指手画脚地呵斥着、训诫着，那么这个虚拟空间中唯一流淌的，就只有一种符号：彼此消费的数字化碎片。

理性暴虐下的癫狂

与真实和拟像之间的“内爆”相比，“工业文明的外爆”扩展了人与自然的边界。通过钻井深度、太空飞船、超音速以及 F1 大赛，以一种扩张的姿态模糊人与自然边界，将自然与人工的边界夷为平地。认识这种癫狂，并思考这种工业文明的伴生物，如何在未来虚拟社会下演化、变异，需要有新的思路。这新的思路首先源于对癫狂成因的分析，然后需要对将人工世界置于虚拟空间后，可能出现的令人惊异的变化做出想象。

鲍德里亚是以极端的方式区分“外爆”和“内爆”的。在数码世界里，互联网以无处不在的超链接和超距离的零度接触，隐喻“内爆”；电脑、手机、机器人、脑机接口等智能装置，则以极度夸张的运算速度和海量存储，隐喻“外爆”。不过无论是内爆还是外爆，鲍德里亚的理论放在数码时代，都有不小的挑战。鲍德里亚说道：“冷漠的大众变成了忧郁而沉默的大多数。”在工业文明人与机器的关系中，冰冷的机器将人性挤压在齿轮、皮带、自动编程部件和条形码中，“外爆”的势头猛于“内爆”，或者说“外爆”强制性触发了“机器味的内爆”，让大众变成空壳，郁郁寡欢。

需要看到，虽然数码时代说到底并不能改变“内爆”与“外爆”的总的趋势，但或许可以改变这一进程的“味道”，让索然无味的爆裂过程，添加更多的趣味和快感。当然，这一过程不可能一蹴而就，需要漫长的适应期、过渡期。这一过程也不会温文尔雅地展开，需要消化吸收在工业化、数字化带来的种种巨变的过程中，重新构造虚拟世界的意义图式、快乐版图。

目前是一个过渡过程。这一过渡过程，既需要数字化的颠覆能量，又需要小心保留工业时代残存的合理成分。在互联世界还在延续工业文明的内在逻辑的时候，在缺少稳定性、确定性和可靠性，甚至实体性的数码图景面前，符号世界更加光怪陆离，不可捉摸。法国思想家德勒兹和加塔利评判工业社会有这样一个基本判断：“真实并非不可能，而是越来越人工化了”，鲍德里亚则根本放弃了这种似是而非的、勉强的真实说。他否认真实的存在，真实已死，或至少说，在符号世界里探出真实已经毫无意义。

这是一种极端的结论。这种极端意见的好处，是毫不留情地揭露了工业机器“绞碎”实体性的真相；但坏处则是，让人堕入某种绝望的宿命，对重构社会秩序毫无信心。倘若捏一捏自己的胳膊，还能觉得到疼的一个肉身，真的相信鲍德里亚的消费社会理论，相信“权力不再是规诫性的，而是成了一种死权力，漂浮在不确定的符号流中”。“权力已成了一种幻象，它早已变形为符号，并在符号的基础上被创造出来。”那他一定会沦为虚无主义者，进而沦为数码世界毫无抵抗能力的“韭菜”。

与鲍德里亚相反，福柯则是在强调权力与性如何借清规戒律营造秩序和规范，并创造出关于政治、监狱、教育和伦理的知识，进而有效地利用它来制造等级、区隔与身份的，甚至通过权力的规制，可以重塑为新的主体。从表面上看，鲍德里亚与福柯恰恰站在了这个数码世界的两边，鲍德里亚看到的是不断变换的演算符号，如走马灯式地变换着，这里根本没有任何装模作样的“赋权”的可能，让一种符号比另一种符号更优越。而福柯则务实地指出，符号的产出完全是由权力摆弄的，有什么样的权力架构，就会制造什么样的符号意象。

福柯对权力和政治入木三分的刻画的确令人震惊。他的结论是：“人已死亡。”福柯否认理性、解放、进步具有等同的启蒙传统，他认为现代权力已经与知识“熔结”为一种新的统治形式，在这种统治形式中，任何人都已经被死死地扣在了这种制度下面，无法脱身。

与鲍德里亚把一切归之于符号这种文质彬彬的做法不同，福柯的思想与其说是思考，不如说是痛不欲生的苦修。在福柯眼里，西方历史上从中世纪到文艺复兴时期，癫狂与愚蠢几乎是同义语，甚至不如麻风病人。人们被放逐出城，流落他乡，在17—18世纪这个所谓的理性时代，等待癫狂者的不是运送他们到达流放地的航船，而是医院，或者更准确地说，是监狱一般的医院。1656年巴黎一所特殊的精神病院的设立，标志着一种具有剥夺人的自由，兼具审判、惩戒或刑罚大权的特殊医院自此成为社会的组成部分。其后数月，巴黎几乎所有的癫狂者遭监禁并强迫接受治疗，这一模式旋即传遍欧洲。医生拥有了法官的权力，并以理性的名义。

18世纪之后，法国人皮纳尔开创了所谓现代精神病学时代。他在法国大革命后5年，创立了实证主义色彩的疯人院，取代监禁机构，包括弗洛伊德的精神分析学，构成现代实证精神病学的一支主脉。然而，福柯指出：“精神分析学过去、现在和将来都无法听到无理性的声音，也无法根据自己的术语解释癫狂者的症状。”在按照现代精神病学原则建立起来的疯人院里，癫狂者虽然在肉体上得到的待遇比过去要人道得多，但在精神上依然受到残酷的监禁。他们的身份毫无疑问地属于病态或变态，属于心理畸形者，一切关于他们精神状态的分析和治疗，都基于这样一种理由："他们已不能按正常人的理性逻辑来思维。他们的脑子乱了。"

发现癫狂者的意义，从对理性至上主义的杀伤力上而言，远比发现符号世界要猛烈得多，《癫狂史》在精神气质上与尼采有非理性主义一脉相承。

《癫狂史》的全名是《癫狂与无理性：古典时代的癫狂史》，于 1961 年由普隆出版社首次出版。1965 年在美国出版了《癫狂与文明》，其实是这本书的节译本，只有法文原著的 2/5。福柯轻易不评论自己的著作，在 1977 年首次发表的谈话中，讲到《癫狂史》的一个背景与 20 世纪 50 年代的政治局势有关。比如苏联的李森科事件，使法国右翼知识分子认识到科学与政治的关系。透过这种纯数学、物理、化学的语言和政治的语言之间矫揉造作的杂交，福柯意识到靠着科学神圣化的光环，政治话语隐藏着如此肮脏不堪的东西。福柯是研究精神病学的，他的疑问自然是，"谁能以理性的语言谈论'癫狂'呢？"没有形式话语，便没有能谈论癫狂的被认可的学科。福柯辨认出的精神病学的语言只有当时流行的一个正统的版本，这一版本被他称作"理性关于癫狂的独白"。

透过对癫狂这一无法纳入"科学话语"的存在的细致分析，福柯看出，癫狂者成为正统的分析与监视对象之后，沦为一种被控制和管理的对象，从而彻底剥夺了其作为主体的意义。科学话语的高度一致和普适性，在把癫狂者关进疯人院之后，似乎天下太平，但这是以癫狂者被剥夺主体资格为代价的。正统意识形态构造了一个理性思维的连续场，确立了主体的正当性，并进而将知识与这种"确立"的权力画上了等号。福柯从考察癫狂形态，进入了一个被他称作"知识考古学"的范畴。借考古学这个术语，福柯试图把隐藏在话语背后的真相和对这种话语的解释区别开来，试图发现理性话语在貌似光滑平顺的连续场中，用显微镜和放大镜才能细致发现的断点、奇点和凸凹不平之处。

福柯在研究了惩戒的历史后发现，就砍头这一动作而言，犯罪与惩戒竟然毫无分别：以野蛮的手段惩罚犯罪，在某种意义上就是重复犯罪。羞耻感似乎已从罪犯波及惩罚程序的执行掌握者，而惩罚则成了这个程序的最隐蔽的部分。以毒攻毒式的惩罚，在西方逻各斯中心主义的逻辑表达中，每每遭遇到无法排遣的两难问题，这是考察西方文明最令人感兴趣的部位。那种断头斩首式的肉体惩戒，或许还不是福柯发现的最大秘密。早年图腾时代，就有各种献祭方法，或者降魔伏怪、驱鬼避邪之法，以肉体的折磨或惩处，换来神明的谅解或宽恕。福柯发现的是另一种惩戒，这种惩戒是以改造、感化的方式进行的。

公开惩罚的废除不仅标志着壮观场面的消失，而且标志着皮肉之苦的减轻。肉体的痛苦不再是惩罚必需的因素。尽量不碰皮肉，需要触及的是灵魂，而非肉体。这一变化与其说是观念的进步，即不要残酷和痛苦，而要仁慈和人性——不如说是知识与权力结盟之后更加内隐的哲学。

福柯的研究对虚拟空间的价值在于，假若惩戒不是以肉体的方式进行的话，它的作用悄然发生了变化，逐渐成为某种“威慑下的规训”。即便数码化身，也在乎自己的名声，成为虚拟世界里最重要的“惩戒对象”。从公开的肉体惩罚到“灵魂”的塑造的转变，只有通过洞悉赛博空间新型的惩戒方法和这些方法的思想基础才能理解。科学的起源并不是纯乎其纯、不计功利的知识探索，而是未来世界秩序的探求和塑造。

对此，福柯的观点是：“我们也许应当抛弃这样的信念，权力造就癫狂，同理，权力的放弃是知识的条件之一，我们倒是应当承认，权力产生知识（这不单是因为知识为权力服务而鼓励它，或是由于知识有用而应用它）；权力和知识正好是相互蕴含的；如果没有相关联的知识领域的建立，就没有权力关系，而任何知识都同时预设和构成了权力关系。”

在我们把信息社会只看作社会的组成形态的时候，我们可能忽略了这里蕴含的新的“权力意味”。

知识与权力的结盟

这种知识与权力结盟的方式，以数码的形式进一步控制躯体、塑造思想。传统的权力直接控制躯体，管束它、规训它、折磨它，迫使它执行任务，举行仪式，认同符号。躯体的政治笼罩与它的经济效用密切相关。人的躯体主要是一种生产力，因此它本身具备权力和统治的属性；但另一方面，只有当躯体处在被统治的制度之中，它才构成劳动力。只有当躯体既是劳动的躯体又是被统治的躯体，它才能够有用武之地。它可被计算、被组织、被编排、被技术化。也就是说，躯体的“知识”恰恰不是关于躯体机能的科学知识，而体力的控制也不是征服体力的能力。这种知识和控制构成了躯体的政治权术。

这种权力在日益数码化的进程中，显示超越“占有”的状态，而进入了“驱使”的状态。更加诡异的是，不是被统治者驱使，不是统治者生硬地通过竭力掌管被统治者的某种特权，而是通过并依靠被统治者的驯服来驱使的。它的基本特征可表述如下。

自助式服务——美国学者乔治·里茨尔在《社会的麦当劳化》一书中描绘的情景：通过标准化的服务程式，令消费者自己进行“自助点餐”服务，并扮演餐厅服务员的角色。

个性化定制——大量时尚杂志创造若干前卫的范本，供消费者模仿与追随。

自我诊断与自我心理分析——心理自测、医药指南，让读者通过阅读和自我心理暗示，或者关于某种身心变化的自我诊断。

所有这些权力的行使，从表面上看十分贴合社会进步的图样，自己动手（DIY）、消费者主权、定制、自我分析、自助服务等。但是，统治的深层结构发生了变化。统治与权力的关系不再是金字塔的样式，不再有结构上的公理、定理、命题的繁衍方式，不再采取粗暴的、生硬的命令—执行模式，而是形成了一种更加复杂、更加扁平、更加潜移默化的连接网络。这种连接网络中充斥着知识—权力的不同版本，使个体在网络中所承受的知识—权力的张力不可能拼凑出一幅完整的知识结构，而只是对破碎主体间相互关系的复杂缠绕。

那么，鲍德里亚为何将这种权力看作分散的、抽象的，脱离了物质基础，无法描绘其轨迹、结构关系及效应的，“四外飘荡的符号的死权力（dead power of floating sign）”呢？

在《遗忘福柯》一书中，鲍德里亚认为，福柯仍是一位停留在权力与性的古典公式中不能实现后现代转向的理论家。当他“正好来到当前的系统革命的门槛前时，却止步不前了，而且从来没有想到要迈进门槛中去”。福柯对知识与权力的雄辩论述，正好说明他所描述的那个年代已经是陈年往事了。知识爆炸这种提法，已经使与知识相伴而生的权力成为一种符号的游戏，个体抵抗权力的冲动突然之间因权力的符号化变得无所指向，失去了目标。个体早已被顺化到如此地步，以致敢于声称自己是权力斗士的人，你根本无法分辨——也没有必要分辨——他是否在玩弄另一套话语符号，启动了另一场“拼接新式权柄”的游戏。

在虚拟空间里，一方面，你无法彻底摆脱这种“知识—权力”架构的左右，无论这种架构以古典的、现代的，还是后现代的风格出现在你的面前；另一方面，你甚至无法对“是否存在这种知识—权力架构”失去了基本的判断力。在鲍德里亚眼里，充满了各式各样的符号，有科学的、宗教的、伦理的、道德的、政治的、经济的，总之一切都是符号。“凡生于意义者必将死于意义”，他断然否认任何向意义赋值的做法，并将这种做法一概排斥为权力欲在作怪。后现代的世界是一个虚无的世界，在这个世界里，任何理论与权力都飘浮在虚空之中，没有任何可供停泊的港湾。

在人类对不确定性的恐惧，等同于对黑暗的恐惧的意象下，鲍德里亚否定性断语是另一层意义上的解放。意义是需要牢固的锚地的，它需要一个抓手，一个坚实的稳固的基础。这是传承至今，深入骨髓的生存意志。然而，在鲍德里亚认为的到处是符号的世界里，一切都是赤裸裸的、可见的、外显的、透明的，并且总处于变动之中的符号和符号之间的消费、交换、变形和漂移。在大量符号加速增值的过程中，内爆继续不停地发生，增长超出了极限，事物的本原无法承受如此多的过度诠释和重新诠释。或许，“脱钩”是唯一的出路。回头是岸，是鲍德里亚符号解放心灵的唯一路径。

尼采在期待一种超人的出现，以积极的、决然的快乐意志面对生命空洞化的倾向。鲍德里亚彻底地拒绝了生命活力、意义和对美好未来的期待。但是，鲍德里亚也许并未从这种决然中获得宗教意义上的宁静。他发明了一个词“消逝模式”来表达那些行将告别符号、远离符号而去的，曾经被人饱含激情地思考、谈论的东西，这种东西给鲍德里亚带来了挥之不去的“忧郁”。

忧郁是功能系统的基本色调，也是当前的拟像，是程序化系统和信息系统的基本色调。忧郁是意义消逝模式固有的品质，也是操作系统中意义的挥发，模式的固有品质。在这种品质下，鲍德里亚的符号并非一种纯白色或无色的、死寂的东西，而是一种极其矛盾的状态交织，从绝望、忧郁到迷茫，乃至怀旧、讪笑。

鲍德里亚本人似乎并不情愿看到这样一种空心化了的哲学。当一切都归于符号、符号交换、符号演算，当意义已经或者被符号深深埋葬，或者本来就空无一物，或者已渐行渐远的时候，鲍德里亚仍然没有为自己的符号学画上句号。在这一点上，他是可敬的，因为他的否决意义的内心固执而有力，但也并没有让他做出最终的断言或者妄言。

“鲍德里亚心态”大约是指这样一种心态，无数次碰壁已然让他洞悉种种门径可能遭遇的毁灭、牺牲、痛苦，他只要沉默不语，便可敛目内视证悟阿罗汉之道。然而，待在这样一个不露声色的世界里，毕竟不是欧罗巴文化传统的子民。无助没有让鲍德里亚以叹息结尾，否定也并未让鲍德里亚以拒绝收场。他最后的呼吸，仍然是满目期待，尽管是以“鲍德里亚心态”的方式。

在1984年一篇题为《残迹的游戏》的访谈录中，鲍德里亚谈到，后现代性可以被看作在现代性的意义、指涉对象以及终极目标均被解构之后，对空虚和痛苦所做的反应，它倾向于“恢复过去的文化”。试图“找回以往的一切文化，找回所有被摧毁了的东西。所有在欢乐中被毁掉的东西，为了生存和生活，人们又将在悲哀中将它们重新建立起来”。这简直是一种前世的“孽缘”。哪怕这种“孽缘”三番五次被短暂的生命证明为苦，这生命依然倔强地扑向这一处处火宅，在煎熬和焦灼中证悟大道。在讲完下面这句话后，鲍德里亚大笑出声：“真的，这是一种趋势。不过，我并不希望它就此终结。我希望有一种比这更新颖的解决办法。但是目前还看不出来。”“鲍德里亚式的心态”中含有此等谦卑和虚空的痕迹是西方思想中少有的心态。我们听惯了断语、激愤，神经质式的偏执、革命，也听惯了增长、进步、斗争，但就是不肯承认在心灵的深处（或许更多就散落在表面），有诸多抓不住、测不准、读不出、绘不好、想不透、做不通、装不上、割不碎、删不了的东西存在。这种东西的一个共同特征就是“不知晓”。

这种“不知晓”会立刻被指认为某种不可知论，并标识为未开垦、待开垦的处女地，然后向这块未知土地进发。鲍德里亚指认了这样一种状态，这是一种符号之外的状态，抑或可以强名之为符号的碎片或符号间的碎片。

鲍德里亚声称，在艺术领域，一切可能的艺术形式与功能均告枯竭，理论同样也枯竭了自身，因此，后现代“世界的特点就是不再有其他可能的定义……所有能做的事情都已经被做过了。这些可能性已经达到了极限。世界已经毁掉了自身。它解构了它所有的一切，剩下的全都是些支离破碎的东西。人们所能做的只是玩弄这些碎片”。

“玩弄碎片，这就是后现代!”

这与其说是断语，不如说是鲍德里亚心态的最好写照。

仔细回想这种鲍德里亚心态的苦涩历程，以及他得出的貌似玩世不恭的“玩弄”之语，很多人可能会对鲍德里亚表达自己的同情，但这种“同情”可能有太多伪善的成分，倒不如鲍德里亚“玩弄碎片”的表达率直一些。

在符号化的虚拟世界里，知识—权力架构随处可见，并“飘浮在空中”。倘若用传统的认知态度看待这种碎片化的虚拟世界，用“老旧的眼光”审视碎片化、虚拟化的世界的“物理意义”的话，这些“飘浮在空中”的权力，将立刻落地现出原形，以正统知识的版本自居，以居高临下的道德和权力自居。很多人对网民，特别是年轻一代网民中出现的“火星文”“无厘头”表示不解，甚至反感。我倒觉得在这种“逃无可逃”的状况下，“玩弄碎片”大约是最好的归宿。

虚拟空间的法则与物理世界的法则并非水火不容，非黑即白。虚拟世界的生存基础，既然是“碎片化的主体与虚拟化的主体间性”，那就一定会遵从别样的法则——甚至在这里，“法则”一词，也都属于临时借用，并非有什么“先天或者后天的律令”在居高临下地发号施令。这种生存状态让习惯于“金字塔组织架构”“非此即彼思维逻辑”的人们感到极大的不适。这种不适，骨子里是虚拟空间养育大的新新人类，不按照“爷爷辈制定的牌理出牌”，他们有自己的行事规则。这种状况与其说是某种“僵持”，不如说是必须正面看待的，对“笛卡尔主义”的“终结”。

图灵电脑要想停下来，必须在指令系统内嵌入一条停机的指令；如果指望机器自己判断自己什么时候该停下来，图灵定理告诉我们，“行不通”。“道理并非越辩越明”，假若两个对峙的势力都在操着同样的语法规则和逻辑原理，针锋相对地“相互说服对方”的话，这个过程将永远无法休止——更重要的是，在这个过程中，“论辩者”将有无限多的手法，以论辩的名义，行屠戮之实，强行加入他其实梦想致对方于死地的话语。

虚拟空间的新新人类采用了异常平和、宽容、诙谐，甚至是自我解嘲的方法，试图躲避“崇高”，甘为草根。这种态度，其实是对“同一个平面上无休止的争吵”最有效的终结。这可能是未来虚拟网络生活哲学的必要元素。

纽约大学哲学教授詹姆斯·卡斯，在 1986 年出版的一本箴言体著作《有限与无限的游戏》中，仔细区分了两种人类演化历程中的游戏方式：一种是以胜负成败为目的的有限游戏，另一种则是“让游戏继续下去”的无限游戏。有限游戏有确定的结果，有目标，有输赢。几乎所有的人类游戏都是有限游戏，比如商业贸易、政治角逐、国家关系、战争，甚至婚姻。有限游戏的最大特征，就是“多次重复博弈”，这也契合雅斯贝尔斯指出的轴心文明的“金规则”。在“己所不欲，勿施于人”的信念下，人们虽然抱有良善的愿望，虽然对冲突、纷争、杀戮有刻骨铭心的痛楚，但似乎总也无法走出有限游戏——即零和博弈的历史阴影。卡斯教授以睿智的洞察指出，有限游戏其实是画地为牢的游戏，人们被禁锢在自我设定的“边界”内，无法超越“游戏终结”带来的成败得失的衡量，从而本末倒置。

“无限游戏”是什么呢？真的不知道。但赛博空间的出现，为我们理解生命丰富多彩的无限游戏，提供了新的可能，打开了新的天空。

第十章 我知道你知道我知道你知道什么

了解“禅宗公案”里大量存在的“无穷倒退”妙趣的你，立刻明白本章标题大约是关于这种语言游戏的。有趣的是，2005 年的诺贝尔经济学奖与此有关。这一年的诺贝尔奖得主，是美国经济学家奥曼①和谢林②。他们获奖的理论与“多次博弈”有关。这个理论很深奥，也很伟大。这个理论事关人与人之间的对话和沟通。

下面举个生活的例子来说明奥曼与谢林的理论。假设我们都会骑自行车。骑车中最常见的冲突，大约就是两车相撞了。关于避免骑车相撞的知识，按照奥曼与谢林的理论，分若干层次。第一级别的知识（准确说是规则，常识），大约就是我们大家都知道的“骑车不撞人，同时又避免被别人撞到”。这种知识，或者说生活经验，可以说每个人心目中都是毫无疑问的。不过仅仅有这一级别的知识，并不能保证世界上不发生“撞车事故”，因为还有第二级别的知识。

第二级别的知识是，“我知道你明白‘避免撞车’的道理”，同时“你也知道我明白‘避免撞车’的道理”。这么说有点做作，实际上我们在生活中发现，两个骑车人迎面相遇的时候，一般都会自觉避让，这几乎是本能。不过，仔细分析

---

① 罗伯特·约翰·奥曼（Robert John Aumann，1930—），美国和以色列（双重国籍）经济学家，以色列耶路撒冷希伯来大学合理性研究中心教授。因为“通过博弈论分析改进了我们对冲突和合作的理解”与托马斯·克罗姆比·谢林共同获得 2005 年诺贝尔经济学奖。

② 托马斯·克罗姆比·谢林（Thomas Crombie Schelling，1921—2016），美国经济学家，马里兰大学公共政策学院教授，研究领域是外交事务、国家安全、核策略和武器控制。因为“通过博弈论分析改进了我们对冲突和合作的理解”与罗伯特·奥曼共同获得 2005 年诺贝尔经济学奖。

一下，这种本能的“避让”，事实上是前述第二级别知识，或者叫“共识”在起作用。

但是，仅仅拥有第二级别的共同知识，其实也还不能完全避免撞车。原因是，“我知道你明白‘避免撞车’的道理”，这种意念可能让你反而采取“不避让”的决策。道理也很简单，大家知道，“避让”策略有时候并不能避免相撞，比如两人同时采取同样的“避让”策略。比如你往左让的同时，他同时在向右让，结果恰好是“相撞”。反过来也一样，“你也知道我明白‘避免撞车’的道理”并不能确保你们两人不相撞。

这么一来，要加大避免相撞的概率，就需要第三级别的知识，或者叫第三级别的“共识”。为表达出层次，下面用引号就不够了，得使用括号：{我知道[你知道（我知道避免撞车的道理）]}，这里一共有 3 个层级。第一层级，可以比喻为“书本知识”，这种知识只能说是建立在交通规则、公共道德的书本认识的基础上的共识，或者说是“我们听过共同的书面知识，我们都认同它”。只有第一层级的知识，是不够的。

第二层级的知识，就好比生活经验。在生活经验中，知道不撞人还不够，还得知道合理避让，才能避免相撞。不过，有时候避让是对的，有时候不避让可能更可取。到底是避让还是不避让，就需要仰仗瞬间的下意识判断。这种判断，实际上是第三层级的知识。这第三层级的知识是说，两个骑车很熟练，且善于观察路况，采取应对措施的人，是不会简单地使用单一策略解决“可能撞车”问题的。他无论“避让”与否，都取决于对方显露出的“避让”迹象，以及对这种迹象的瞬间把握。

这样就够了吗？理论上说还不够。“我知道‘你知道（我知道……）’”的链条，原则上可以永远扩展下去。

奥曼和谢林的理论，给出了这样一幅画面，这幅画面特别类似艾舍尔版画中的“左手和右手”，或者软件中的“嵌套”过程。这是一种无穷倒退。

真正的“共同知识”，实际上处于这种无穷倒退的境况中。

现代科技特别是互联网科技中，有一个这种博弈的现成例子，叫“版本”。互联网在这点上继承了电脑的特性。通过版本的线性扩张，共有知识永远落在对“下一个版本”的期待中，仿佛挂在毛驴鼻子上的胡萝卜一样。

这么说有什么意思?

本章讨论的主题是，当互联网将某种“颠覆性”的手段，交付给所有人的时候，这种颠覆的均衡有可能达到吗？这是我打算在这里讨论的核心问题。

互联网的确是一种颠覆的力量，它使得“资讯共有”从表面上看瞬间可以实现；它使得网民似乎拥有了异常自由的表达权、传播权；它使得距离已经不再是问题。但是，假如我们认同沟通的实质是达成共识的话，互联网这个从表面上看足够高效的沟通工具，对达成共识到底是否同样高效？还是更糟？换句话说，我们比过去更容易达到默契吗？这是个问题。

不过，这个问题仍然表面。因为它的潜台词是，“我们希望达成默契”。默契是这样一种境界：所有的词语与表意似乎都显得多余，彼此的意向似乎可以通过“心灵感应”达成。这样诗意的状态为文人骚客所憧憬。但是，其中有一个致命的诡异之处，就是默契的达成以及感受，是建立在“同意”的基础上的，无论这“同意”是来自理性的共识，还是来自情感的交融。换句话说，通过理性精神修理的“默契”之诉求，已经成了这副模样：倘若没有共同的逻辑基础、观念基础、价值基础，乃至情感基础，达成“默契”就是一种奢望。

从“默契”的遭遇，大略可以看见“理性思维”已经潜藏到了如此地步，以至于原本状态的“默契”需要异常繁难的修习，需要异常艰苦的不断“扬弃”才有可能。也就是说，传统“共识”的产生，有赖于“多次重复博弈”，生活中就是“吃亏上当长见识”。这种达成共识的过程是漫长的、痛苦的。我们需要付出极高的代价，才有可能达成一定意义上的“共识”——更要命的是，这个共识其实依然是“零和博弈”的结果，依然是“有限游戏”，是脆弱的。

上述多次重复博弈的理论，实际上指出了这样一种窘境：当人们以为可以达成共识，并由此进入默契的状态的时候，“默契”实际上在远离我们。这里的奥妙在于，这种“默契”是经过逻辑推导的“打磨”的，已经异化为“身外之物”。

真正的“默契”是建立在“会意”的基础之上，而不是“同意”。这里没有非此即彼的选择，也没有非黑即白的判断，这里只有“共存”“包容”与“接纳”。

未来万物互联的世界实际上是这样的世界：没有哪个节点能占据优势地位，这本身就意味着没有哪个个体占据优势地位。所有的个体在最根本的意义上，是平等的；“默契”不是通过教化、论辩、陈述来达到，更不是较量之后的退缩与妥协。互联网上的“默契”仅仅是“会意”，是知晓、了解、体验之间对一切悖谬的接纳与融合。从这样的立场看，在这个版本的互联网哲学中，有了太多的“强势”味道，有了某种不切实际的幻想。这个版本的互联网，幻想着充分的连线、更多的带宽、更快的速度，以及丧失了目标的分享技术，幻想着通过大声喧哗、自如的表达、肆意的狂欢，释放曾经被压抑得太久的本真状态；幻想着一种技术操控下的乌托邦。

如果不能充分了解数码技术领域多年积累下来的“强权逻辑”，以及其背后秉持的彻头彻尾的笛卡尔主义，我们就始终无法找到真正属于自己的“创新的切入口”。因为按照这种“强权逻辑”和笛卡尔主义，世界仅划分为两种人：一种是有知者，另一种是无知者。有知者由于知晓编码、通晓语言、了解程序、掌控算法、拥有版权，于是天然处于这个世界的“知情者”和“得道者”的优裕位置。相对于无知者，或者“数字鸿沟”另一边的“受渡者”，则完全不必——按照有知者的期望和逻辑——通晓“为什么”，而只要接受“是什么”就足够了。

下面的内容，主要是想通过解剖已成为主流话语的数码技术观念，比如“扁平化”“比特化”“去中心化”之类，看看包藏在这些笛卡尔基因的高科技图谋背后的，到底是些什么货色。

颠覆未遂：“扁平化”对抗“科层”

在信息社会狂飙突进过程中，有一大堆让人眼花缭乱的名词，“扁平化”就是其中之一。下面的分析，侧重于这个辞藻是如何颠覆传统的，以及为何颠覆未遂。之所以说“颠覆未遂”，并非想比较孰是孰非，而是试图一起感觉一下，达成“共识”有多么难。

扁平化组织，是信息时代表述最多、影响最广的数码意识形态。这种意识形态，已经成为目前任何关于这个时代的思考的潜在认知。

扁平化组织，从组织结构角度强调“去中心说”“消解中心”，用“扁平化”对抗科层制；从组织行为角度，宣称未来的组织形态是无中心、多中心的知识型组织，将自组织纳入新的共生演化的逻辑。

谁的扁平化

如果仅仅从与“布道者”的所谓“扁平化”“网络型企业”“知识型企业”等概念出发，显然除了附和、跟随之外，人们似乎不可能与这种语义清晰、语调坚决的结论一争长短。互联网商业化20余年的进程，基本就是这样一种状态：先知们宣布某种未来基调，知识分子跟风鼓噪，碎片化资讯铺天盖地，众多网民人云亦云。人们总是不得不跟随这个或者那个论调，无论是理解还是不理解，也无论理解了多少。

需要警惕的是，这里正是认知“收割”的沼泽。

因此，当我们把目光从这几个名词稍微移开，转到另一个层面，提出一些具有针对性、根本性的问题的时候，可能会得出一些意想不到的结论。这些结论的取得，也许并不能改变目前的生存处境，不能改变目前广大网民处于劣势的状态，但至少可以达到这样一个结果：在一定程度上消解这些词语的“词语霸权”。

这些问题就是：是“谁”，在用“什么”例子，讲述这样一个“普遍的”真理？又是“谁”，可以躲在这些以“真理”的腔调、以“真理”的面目出现的“真理”的背后，获得了一种“引领”的优先权？是“谁”——凭“什么”，教化大众？

开放的还是封闭的

今天的数码技术领域事实上还停留在“概念圈地”的蛮荒时代。有两种更具有操纵力的新创造：一种是所谓知识产权、工业标准、平台壁垒，另一种是所谓新思想、新理念。前一种与游戏规则有关，后一种则与数码意识形态有关。所谓数码意识形态，是特指这些以不容置疑的口吻，向大众宣示数码世界未来启示的话语，以及话语背后潜藏思想的一种状态。

从根本上说，数码领域的事实标准只是取得市场势力的必要条件，还不够充分。一个标准需要具备足够的购买力，才可能成为财富的真正源泉。后一种就落在数码意识形态的肩上。

这里我们可以简单回顾一下为“扁平化”所颠覆的“中心”与“科层”制度，

是如何变成“敌人”的。

20世纪50—60年代是IBM（蓝色巨人，Big Blue）大型机独霸一方的时代。20世纪70年代末期出现的微型电脑，是反抗蓝色巨人的战斗武器，它的口号是“把电脑搬回家!”诞生于20世纪60年代末期的阿帕网（互联网的前身），则是冷战意识形态的产物。其技术架构是以“无中心”的指挥网络，代替可能遭到敌人远程导弹攻击的“有中心”指挥体系。这两种不同来源的“去中心化”运动，有一个非常现实的社会背景，就是20世纪60年代摇滚青年对政治威权的反抗，以及对意识形态话语霸权的不满。

20世纪80年代初，遭到微电脑技术巨大冲击的电脑巨人IBM，痛定思痛、改弦更张，开始与两家名不见经传的小公司（微软和英特尔）合作，推出自己的“个人计算机（IBM PC）”，从而开创了一个新的时代——Wintel时代。顺便说下，IBM的开放之举，也“养”大了两只15年后股票市值均超过5000亿美元的巨大恐龙。恐龙长大的岁月，也是巨人遭到遗弃、自由得以张扬的岁月，但同时也是新的威权得以树立、新的数码意识形态得以形成的岁月。

为了掩饰和渲染这种“开放的”“去中心”化的进程仅仅是个开始，为了将这种意识形态更多地赋予“未来趋势”的光环，技术天才在采用传统衡量手段评估市场走势、计算股票得失的同时，没有忘记用煽情的话语、炫酷的PPT，缔造新的思想藩篱。

此时，一种貌似“平民”的论调，貌似反叛权威的声音自然出现了。这次的敌手是“科层”。

这个敌人是“科层”

“颠覆”“重新定义”“去中心化”，在引领时代的CEO、新财富英雄激情四溢的演讲中比比皆是。特别是“去中心化”的口号，以“信息时代”的名义大肆张扬，似乎获得了越来越多的认同，让传统行业特别是服务行业感到焦虑、紧张。中介服务没有任何价值了吗？平台干掉传统中介，真的像声称的那样，增加了生态的物种多样性了吗？理解这个问题，需要回溯这一思想的源头。

1996年欧洲电信自由化法案，被视为自由主义大获全胜的象征。1998年1

月5日，德国电信率先实现自由化。在一切可能的地方，特别是在互联网上，一切的市场管制、合规都会引起一片反对之声。

除此之外，数码巨头需要制造的最大的市场机会，就是关于传统产业的改造。如果将尺度再拉得大一些，就可以看到几百年来，“传统”无时无刻不在经受“改造”的考验。从这个意义上说，所谓“变革”“重组”“改造”的话语，其实并没有什么新的东西。但是，值得重新注意的是，这些所谓的“新的东西”表达自己的数码意识形态的口气、用语、逻辑和姿态。

“传统的一切都是需要颠覆的”，这是一种豪气冲天的断语；“颠覆传统不需要任何理由”，这里充满商机。问题是，如何让人们信服这一点？数码经营的话术，瞄准了“科层”。科层的弊病成为信息时代顺理成章的牺牲品。

科层制度在自由资本主义时代早期并没有占上风，只是在大规模工厂、大规模流水线和分工制度出现之后，科层才作为一种解决市场失灵的方法，逐渐受到工厂主、企业家和管理学家的重视。科层，经过经济学家科斯20世纪30年代的论证，以及钱德勒70年代对美国政府践行凯恩斯主义、跨国集团崛起的研究，日益成为全球化重要的组织形态。科层制度的合理性，通过提升组织效率、凝结组织文化、抵抗市场失灵的在20世纪成为商业组织的标配。

时至今日，包括IBM、微软、英特尔等产业巨头，包括苹果、亚马逊、谷歌、脸书等数码新贵，哪一个真正否定了科层制度？但是，作为一种宣传策略，巨头们需要一个信息时代的敌人，这个敌人必须让企业家感到是这么回事，是他们所熟悉的敌人，这个敌人是“科层”。

合法化

消解科层的锐利武器，无疑属于电脑和网络。但巨人们明白，技术工具只能充当战斗的枪炮，而不能成为战斗的号角。于是，以效率的名义，以核心竞争力的名义，扁平化（以及知识型企业、学习型企业）等既形象又庄严的术语，以及它们所代表的饱含颠覆意味的数码意识形态登场了。

需要看到的是，一切福利经济学、制度经济学、货币理论、理性预期论，都被这些先锋概念一扫而光。这种概念高扬“自由”的旗帜，以“回到斯密时代”

为口号，相信最自由的市场经济是最好的经济模式，而支撑这个自由市场经济的基石，则是伟大的信息时代。

信息时代，从一种工具革命转变成为一种经济革命，再转而升格为一种社会革命，前后只用了不到15年。从1994年门户网站开始，到2010年的移动社交时代，互联网迅速席卷一切传统领域，牢牢把握“重新定义未来”的战略制高点。当电脑、网络、手机，这些原本用来计算、图形处理、娱乐和数据传输的工具，可能演变成一种“定义未来的力量”的时候，它迫切需要的就是在政治、经济、文化等诸方面为其营造合理的意识形态，将其合法化。

受控的解构游戏

首先被合法化的是“速度”（如摩尔速度），其次被公众赋予合法化光环的是未来学家。一些精明的商人在鼓吹“互联网只有第一、没有第二”，这种震撼心灵的话语，自然让很多企业家浑身发抖、惊惧不已。互联网商业化的前25年里，这种“震撼”“颠覆”不绝于耳。真实的情况是：资源在向平台汇聚，数据像掉入黑洞一样被平台吞噬，产业链上下游的话语权向平台倾斜。平台在努力成为独角兽的过程中，用补贴大战、免费推广等方式疯狂烧钱，用蔑视监管、躲避合规的方式野蛮生长，转头向政府、网民和传统企业家“喊话”，呼吁他们向自己已经占据“先发优势”的领地靠拢。

这里需要清醒地看到的是，互联网新贵和IT巨头们所鼓噪的新理念、新模式固然有合理之处，但他们的“灯下黑”在于看不到自己其实也属于“传统物种”，而不是“新物种”。他们在信奉市场、斩获客户、追求利润、干掉对手方面，其实并未“超越时代”。信息时代、数字时代是美好的期许，数码技术和企业家们也为这种美好期许贡献着力量，这一点毋庸置疑。然而不得不说，面对一个张扬开放理性、开放理念的世界新方向，数码工程师和企业家们，事实上在“开放与封闭”上采取了完全不同的双重标准。在需要扩张地盘、拉升市值的时候，他们的新思想一方面希望这种扩张是自由的、无管制或少管制的；另一方面又希望对自己的所谓知识产权给予最强的“传统知识产权意义下”的保护。在对政府监管的理解上，他们的新思想一方面希望政府在积极推进电子商务、数字货币、全球化贸易等方面，给予最大限度的支持，另一方面又反对政府所谓“过多的”干预，将政府的合规要求视为“保守的做法”。在公众意识上，他们的新思想一方面希望有更多的人，消费他们生产的任何数码新品，“消费更多的比特”（这是盖茨《未来之路》一书中屡屡提到的一个术语），另一方面又希望对这些“疯狂的消费者”施加更强的影响。

在这种双重标准下，数码领域已经出现了这样少数可以呼风唤雨的强势集团，他们利用自己已经获得的市场势力和地位，试图通过自己获得的市场垄断地位，通过自己占有的平台、大数据、云基础设施、智能算法，以及芯片、系统软件等优势，通过制定标准、设置产权壁垒、倡导新理念、创造新模式的方式，将这种产业格局长久地固定下来。

这是一场“受控”的游戏。

在拥抱信息时代的时候，需要冷静的头脑，也需要透过漂亮口号、宏大叙事审视这种游戏的“暗道机关”。当然，批判的锋芒既不能站在“非此即彼”的角度做简单的评判，也不能片面地从一个极端走向另一个极端。

考察“扁平化”对抗“科层”的意义，并非要在“扁平化”和“科层”之间进行重新选择，而是要指出这样一种状态：“扁平化”与“科层”，都只是强调了某种具象组织形态的代称，不能看作某个“普遍可行的组织理论”。不管是“扁平化”还是“科层”，都不是解决任何失灵（包括市场失灵与政府失灵）的“一揽子方案”。“扁平化”与“科层”都有其存在的合法性，也都有其弊端——对信息时代的人们而言，重要的是看到这种局限性。

“扁平化”对抗“科层”，其实是数码意识形态的一次具体实践。

在电脑、手机、互联网席卷一切的神威日益显现的时候，依附于企业强势集团的数字理论家，用他们擅长的“批判语言”，展开了对传统理论的彻底批判——然而目的却是为企业背书，帮助企业家创造更大的市场空间。企业组织的科层体系，成为这些数字理论家批判的一个具体目标。

数字理论家们声称，传统企业的科层体系是低效率的，其原因就在于：组织机构的信息没有共享，雇主和雇员的信息不对称，组织行为中存在大量损害组织效率的行为。他们认为，置于信息化基础之上的新企业组织，可以（几乎）完美地解决这些问题，从而极大地提高企业的整体效率，并由此提升企业在市场上的竞争能力。那么，实际情况又是如何呢？

科层悖论

美国政治学教授盖瑞·米勒在其《管理困境：科层的政治经济学》一书中指出，“科层式企业的创立原因，是市场效率的失灵”。而市场失灵的表现形式，典型的是人们逐渐认识到的团队生产的外部性、市场垄断和信息不对称。

当利己行为和讨价还价都导致低效率时，科层反而是解决问题的一种机制。只不过，这里遗留的一个问题是，一旦企业科层存在的话，“谁”能够并且应当为企业做出正确的决策？一个决策的产生，实际上是众多利益、偏好谈判、妥协的过程。美国经济学家阿罗在其“社会选择函数的不可能性定理”中指出，没有一个社会选择函数可以同时满足这些众多的利益选择和偏好选择。这还不是阿罗定理的功用。阿罗定理的贡献在于，他指出这样一个带有假设条件的解决方案：这样的制度如果存在，就只有一个，那就是专制。

阿罗定理的含义是，如果企业管理者允许其他雇员参与企业的决策事务，将导致组织的低效率、组织分化、目标含糊。所以，企业如果需要把专业化分工、团队生产的效率变为现实，必须建立一种有效的决策机制。这种机制不是什么类似民主一样的“扁平化”，而是建立在威权基础上的“集体决策”（这样说好听一些）。

不可能的前提

当然，科层的存在有其合理的一面。这仅仅是效率和效果之间的博弈。从这个意义上说，要打倒“科层”就需要首先打倒“科层”得以存在的前提。这个前提就是阿罗定理给出的假设条件，即“如果这样的制度存在”。这句话的奥妙之处在于，尽管阿罗认为，可以假设组织中人们的利益、偏好都是可识别的，并且在可加总的情况下，专制的科层决策可能“恰巧”达到了帕累托最优，但这仅仅是个假设。

也就是说，尽管科层式的专制，可能在决策的统一性和一致性上，给出企业所需要的某种秩序，但依然不能解决信息不对称问题、团队的外部性问题。科层仅仅是一个方便的、以风险为代价的快速决策机器。那么，数码技术就能给一个科层组织以充分的效率与资源配置的优化吗？

这个问题是我们理解“扁平化”最重要的切入点。

对于扁平化，数码理论家有这样的描述：充分的数字化（注意，“充分”是一个含糊的假设），可以让组织内部的人员互相之间达成充分的交流状态，可以让他们共享组织内部的数据资源，可以让决策的指令流更加清晰、准确，从而提高组织的效率。然而，在这样的表述中，我们可以识别的结论却是：建立在比特化、碎片化、虚拟化基础上的所谓充分的数字化，哪怕是在极端的条件下，也存在“无法进入系统”的遗漏，其实根本不可能“充分”。今天的数码技术仍然是基于结构化对象和线性过程的，它的技术基因决定了数码世界不可能完全替代物理世界。

更重要的是，数字化只是在“效率”层面改变了组织的行为，并未在结构上改变组织的行为。所谓更快的信息交流并不能成为扁平化的充足理由，更不能成为“有效交流”“合意共识”的保障。

从技术无法推导“扁平化”存在的理由

我的结论是，作为相对于科层结构的所谓扁平化，并非对抗科层、增进效率的绝妙良方，甚至不是一个值得赞颂的制度方案。

从理论上说，科层与非科层结构，事实上都必须面对诸如“信息不对称”“团队外部性”的难题，这种难题是组织的内禀特性。对组织来说，认识存在这样的悖论，是十分重要的。适合或者不适合一个组织的组织结构，并非一个从“外部”进行“选择”的问题，远没有这么简单。

在这样的认识的基础上，数码技术对企业组织未来的价值，首先取决于一个企业组织所处的市场环境、行业的业态、企业的定位、产品、技术和人员等这样一些很传统的东西，而数码技术则完全扮演一种工具的角色，就像马达、电力对于传统的企业主一样。唯一不同的是：数码技术与传统技术相比，由于其对物理世界的深度嵌入，并非“价值中立”的。这是一个非常重要的特征。人们理解“技术”，往往采用价值中立的视角，认为技术不具备伦理特征。数码技术在这一点上有很大的差异。因为编码本身意味着“权力”，也意味着对价值偏向的某种选择，价值中立在数码技术时代倾向于失效。在这个意义上，“扁平化”本身没有任何值得称颂的品质，它解决不了传统企业组织理论也解决不了的问题。

因此，倘若数码技术通过高扬“扁平化”的话语，试图“引领”传统企业走出“科层困境”，走向“开放的福地”的时候，这就是在撒谎。这样的普遍话语，就已经被数码商人巧妙（并且成功地）意识形态化，成为颠覆和控制传统的力量。

其实，每个人都忍不住想抢跑，以便快点兑现期票。这就是本章开始讲的诺曼和谢林的故事。他们提出了一个重要问题：如何达成共识，以及什么是共识？一般而言，共有知识将在3个层面展开。第一个层面的问题是：我在做什么，以及你在做什么，即“眼见为何”。第二个层面是人造的知识，即表达逻辑、知识结构。或者说我们一致认可的笛卡尔哲学。通过这种哲学，我知道你在做什么；你也知道我在做什么。这实际上是对共有知识的外部约束，最终是对思维模式的外部约束。顺便说，这个版本的互联网哲学，依旧在这种约束之下。第三个层面是下意识的反应，即经验。在我们都知晓对方了解什么的时候，最大的风险就是彼此未必照此行事。倘若下意识的反应，带来了愉悦和快感，我们就达到了第三层的共识：默契。

但不幸的是，奥曼和谢林的理论基础依然是传统的笛卡尔范畴的。

倘若在互联网领域这样思考，就会引发所谓的“诚信危机”。原因很简单：由于“面对面”的接触被解除，我们都是“陌生人”。我们过去通过笛卡尔思维形成的社会范式、伦理架构和逻辑规则，以及在此基础上存在的默契已经荡然无存。我们需要在陌生的氛围下，存续这种默契。这是互联网提出的最本质的课题。

这本书最重要的思考，就在于提出这样的疑惑：在虚拟化环境下，如何构建默契与和谐，我们还没有更多的知识。或者说，在笛卡尔体系的大背景下，我们还不能，也做不到真正的“默契”。为什么这么说？原因很简单：笛卡尔逻辑赋予数字生活“先定的规则”，就是“科学=理性=进步”这个公式。只要相信（笛卡尔意义上的）科学，就一定能导向未来美好的数字生活。这几乎是所有关于未来预言的一致提法。

但是，真实的当代数码技术史，却完全揭示了另一个版本，这就是操控比特之刃的背后，其实是更加有恃无恐的“单边主义”。

比特、赋值与单边主义

20 世纪 90 年代初冷战的结束，开辟了一个新的时代——美国时代。美国时代，如果从 1993 年美国政府提出信息高速公路算起，美国以连续 7 年（到 2000 年为止）的“两高一低”的经济增长，外加从纳斯达克的狂跌到“9·11”遭受恐怖袭击，完成了一次历时 10 年的整版演出。一直到 2009 年美国爆发影响全球的次贷危机，以及针对美国财富高度集中、社会深度撕裂的背景，现在是需要把美国、美国神话、美国话语、美国套路等诸如此类的东西放到显微镜下审视的时候了。

回顾比特化和网络化的短暂历史，数码行业的人们仍然只愿意将 2001—2003 年这一段称作“冬天”。业内人士依然认为，在 Web 2.0 之后，在移动互联网大行其道，比特币从短短 10 年时间冲上 7 万美元高位，人工智能、无人驾驶、基因编辑、机器人等已经迎来了数码技术又一波盎然的春天。但是，冷静的人越来越问这样的问题：这个春天到底是什么版本的？

长期以来，数码与互联网行业自然属于先锋产业，成为“拯救传统产业”“改造传统产业”中独特的一个产业。受微电脑、软件、手机、互联网革命的深刻影响，数码行业迅速成长为一个独领风骚的产业，一个傲视群雄的产业，一个“力拔山兮气盖世”的产业。锋利的比特之刃，成为所向披靡的利剑，以“改造”“革命”“变革”“创新”“新时代”“新经济”等一切狂颠的术语，横扫“传统”的一切东西。

当美国造的比特之刃，熟练地切分世界，传播“启世福音”的时候，数码业做了一个大胆的假设：数码技术具有如此强势的力量，几乎所有的“消费者”都会深长脖子，兴冲冲地等。

此后，数码行业便以传统为“敌”。

赋值：改造传统

20 世纪 80 年代是连 IBM、微软都看不清楚的年代。现在看不奇怪。因为当时的世界政治格局仍然是“苏美两极”的后冷战年代。回顾这段历史，人们似乎淡忘了美国的亨廷顿，一个宣称未来的世界冲突是“文明的冲突”的人。现在看来，与美国信息高速公路、全球信息基础设施计划相得益彰的政治学说，仍旧首推亨廷顿的“文明的冲突”——只不过，冲突已经开始。与现在的美国“单边主义”不同的是，亨廷顿是在意识形态的领域讲解“不同文明的冲突”；而美国的“单边主义”政治，则实践着这种理论。

通过最近10年对美国“单边主义”政治立场的报道、批评和解析，少数数码业内的人士开始从更大的语境中反思：反思贯穿在美国利益、美国政治、美国套路和美国神话中的“单边主义”立场。

这并非没有意义。

“两极世界”的瓦解，为克林顿政府的信息高速公路计划找到了一个政治上的支点。3年后的1996年，为了不落在欧盟一体化的后面，美国抛出了全球信息基础设施计划。紧随其后，欧洲率先宣布了“欧洲电信领域一体化”进程，德国电信还抢在1998年1月5日宣布率先开放本国电信市场。时间不等人。

美国必须将行动放在理论之前。“单边主义”匆忙登场。“单边主义”的一个重要含义当然是占领国际政治格局的战略制高点。在这个“全局战略”中，已经具备“全球气候”的“美国数码科技”，自然是支持这个战略的最佳选择。

单边主义：先运行起来

美国的单边主义逻辑，在数码技术领域的一个重要版本就是“成王败寇”理论。对此不需要有任何的避讳。来自美国著名数码行业的分析人士也承认他们在“制造新的名词术语”方面有“无法抑制的冲动”。这完全是一种“商业演出”的需要。眼泪、悲情，或者喜悦，都是为了“剧情”的需要。

当纳斯达克成为美国神话的伤心之地的时候，美国原版的数码故事，需要有一个“下来的梯子”（用政治术语说是“拯救经济的方法”）。他们需要“消费者”，包括“概念的消费群体”。美国的数码人、数码企业和数字媒体，在感受这场“冬天”的同时，也在使尽浑身解数，“自我激励”。他们所需要的“消费者”，在某种程度上是“单边主义”的受众。

因此，这种激励的一个重要特征，与美国目前盛行的“单边主义”毫无二致：用“更新”的理念，替换“新”的理念；用“更快”的芯片，代替“新的芯片”；用“更复杂”的软件，代替“复杂”的软件；用“更极端”的软件保护、法律诉讼，代替“极端的”软件保护、法律诉讼。所以，“单边主义”立场的一个独特之处就在于，一切行为的判断标准都只有一个，那就是“自己的利益”。所有的决定都只与“自己的利益”高度相关，都以“自己的利益”为准绳。

这原本是不需要奇怪的。但是，回顾起来的时候，让人唏嘘的是：曾有一段时间，我们中的很多人，都将这个“单边主义”版本神圣化，都曾慌张地“缴械”。不过，一旦捅破了这张窗户纸，中国数码产业目前聚焦于“信息化建设与信息系统应用”，就有了新的认识角度。这个角度的重要性在于，中国数码产业的“地标”在中国用户，而不在美国。

美国的“单边主义”，无论是数码科技的，还是国际政治的，都不再是我们的风向标。做到这一点，就是我们的“信息化带动工业化，工业化促进信息化”，二者缺一不可。

点化世界的图谋

然而，兑现期票的冲动从信息技术成为一个产业的那一天起，就总是涌动不止。如果从比尔·盖茨成立微软公司算起，已经40多年了；如果从雅虎股东一夜成为亿万富翁算起，也有20多年了；如果从互动体验、社区网站、视频分享、虚拟游戏算起，也有超过10个年头了。

从事数码产业的人士，的确受到这样创富故事的滋养和教唆，使得一拨又一拨年轻人的偶像是那些靠“熬夜”和“创意”成就财富梦想的人。比如1996年夏天，以色列的3个退伍军人维斯格、瓦迪和高德芬格，聚在一起谈论未来的发展。他们决定开发一种软件，充分嫁接当时互联网聊天室和电子邮件的优势，产生了ICQ的设计思想。就是这个自己玩的玩具，3年后以2.87亿美元卖给了美国在线。比如中国腾讯的马化腾，他的故事相信QQ的支持者一定非常熟悉。

把这些创富故事放在这么一个标题下说，并非对财富的揶揄。历史上还没有哪一种技术如信息技术这样，提供给真正的平民如此激情四射的创富机缘。但是，像许多老前辈的江湖恩怨一般，IT 这个江湖似乎也无法脱逃“江湖”的内在规律。

在过去的 20 多年里，电脑和互联网令这个世界充满了各类异彩纷呈的故事，这个江湖太煎熬又太诱人，太残酷又太妩媚。如今，这个江湖又在面临一次新的转型，这是众生摆脱低迷、远离沮丧、获得新生的良药。

但是，与以往分布式计算转型、面向对象转型、互联网转型、电子商务转型、自由软件转型、知识经济转型相比，现在兴起的云计算、数字化转型、智能化转型等，除了表面上稍微脱离了“技术至上主义”的套路，转向关注应用之外，实质上没有更多的新内容。从 IT 与数码科技界长久以来惯用的传播模式可以看出这一点。

优越感：转型的起点

IT 业界是一贯号称自己为“掌握了最先进技术”“洞悉未来社会发展走向”的行业。IT 行业的“天降大任”的使命感，以及屡试不爽的摩尔法则，使 IT 业界成为“引领社会转型”的主导力量。在这种使命感下（实际上也是出于相互之间竞争话语权的需要），IT 业界醉心于以新概念（表现为新缩写词）、新产品（表现为庞大的资源开销和资源吞噬力）、新技术（表现为越来越封闭的标准），作为独断理念、独霸市场的锐利武器。

因此，转型对 IT 来说，仅只意味着“换个姿态生存”，而并非是“对这种居高临下的生存状态的反思”。美国所奉行的单边主义政治策略，给描写 IT 的高贵和矜持心理，提供了一个可资借鉴的模板。相信“自己就是方向”“自己走在正确的方向上”，是长久以来 IT 通过巨大的传媒机器，和与巨大的传媒机器分享这种“先行者”的豪气与部分果实所营造的公共话语。

作为“引领未来社会方向”的 IT 产业，在经历了尚未消除余波的纳斯达克震撼之后，仍然对“自己是领袖”深信不疑。如果说“稍微务实一点了”的话，那也是建立在这样的认识的基础上：传统产业的变革速度过于缓慢，传统产业的惰性、惯性过于强大，使剧烈的变革和摩尔速度般的飞速进步，遭遇了一次暂时的“挫折”。

但是，这种“领袖”情结丝毫没有改变。

点化世界的权力

许多年以来，IT 已经形成了自己固有的生态环境和生存样式。处于上游的厂商，以摩尔速度和梅特卡夫速度在残酷的创新竞赛中绞杀，以知识产权的名义和信息时代的名义攫取最大限度的发言权。属于上游商家的关键词是：知识经济、创新、自由市场竞争、全球经济一体化、知识产权。下游或中下游的商家，在亦步亦趋、模仿、快速跟进和快速成长的重负下，艰难地寻找可以生存的夹缝。上游厂商控制的，不仅仅是创新的速度、产业变革的节奏，更是控制和规约着中下游厂商的“头脑”和“想象力”。

上游与中下游之间的关系，不是链条的关系，而是控制与被控制、制约与被制约的关系。这可能是思考转型的必要前提。一个开发、生产、制造比特化的工具的产业，如何拥有“点化整个世界”的权力，这其实是大可存疑的。甚至可以说，正是因为这种“点化世界”的权力，被悄然掩盖在技术的神奇光环之下，以“进步”和“方向”的名义，攫取与任何一个传统产业相一致的财富，使 IT 产业创造了一个又一个财富神话。“摩尔速度”成为技术、进步与财富相互转化的神奇定律。

与此同时，30 多年来，庞大的、成吨成吨的电脑、路由器，成集装箱的软件光盘，被贩卖给了传统产业。那里是汲取财富的“冷端”，是“数字鸿沟”的冷端。无论传统产业能否消化如此庞大的体系，如此神圣化的体系夹杂着对未来世界的“热情洋溢的鼓吹”，继续被贩卖。2003 年，《哈佛商业评论》的一位主编尼古拉斯·卡尔发表了一篇文章《IT 不再重要》，这篇文章的中心思想，是说信息时代把 IT 的重要性抬得太高了，以至于对 IT 的投入产出之间很难成比例。换句话说，固然 IT 的重要性不言而喻，但对传统行业来说，他们付出的代价太过沉重了：不但要不停地“转型”，还要交出自己的客户、数据、话语权，最终还要被贴上“颠覆”的标记。

如果说这几年贩卖的势头比以往有所减弱的话，也只是传统产业需要“消化一下”，似乎并不影响“IT 业引领人类进步”的总的判断。这是 IT 转型之所以不彻底、不完整，甚至只是一种“虚饰”的深刻原因。

鱼肉和刀俎

近 10 年来，有个词流行开来，叫作“割韭菜”，这个词可谓活脱脱地刻画了在数码生活中，通过手机、电脑、APP 大肆收集数据、推送广告、过度营销，给消费者带来的真切感受。那些按照数码先知们拟订的版本，不停地扫码、刷屏着的网民，不幸成为鱼肉。一些斗志昂扬的未来学家，正在描绘“更棒的”场景：透过脑机接口、基因编辑、仿生机器人、虚拟现实，还有数字货币，未来的“韭菜”将很难意识到自己是“韭菜”，而是有很强的“参与感”“成就感”。今天的互联网版本与未来的版本的差别，在什么地方呢？

失败的布道者

经济学总是产业革命中布道者踊跃表演的舞台。20 世纪初期，在众多的经济学家为资本主义辩护的时候，美国经济学家马歇尔就宣称，经济学家的“麦加”，在于“经济生物学（Economic Biology）”。

经济学的“基调是动态的，而不是静态的”，马歇尔指出，当前经济学中流行的静态分析方法，将让位于真正的动态概念，就像生物学那样。“生存斗争（the struggle for existence）”将迫使人类群体改变他们的风俗和习惯。这显然是受到社会达尔文主义的影响。

不过，马歇尔说得也对。这种新的经济学，现在被称为“演化经济学”。在这种“演化经济学”中，分析制度变迁的所谓“新制度经济学”的重要的范式。

与“演化经济学”相比，与（新）制度经济学研究的精细程度相比，IT 与互联网企业近几年倡导的“数字经济”“新经济”，似乎并没有多少“新意”。或者更直接地说，IT 企业手里挥舞的“新经济”大棒，与 100 多年前的“圈地资本主义时期”的逻辑，实际上相差无几。

传统的惯性

在传统经济学那里，研究的重点是联结生产要素（劳动力、原材料、资本、土地）和消费要素（需求、口味与偏好）的市场均衡，包括需求曲线、供给曲线构成的错综复杂的关系。古典经济学理论被概括成围绕产品需求和供给的价格均衡关系，并且这种平衡关系是完全靠市场这只“看不见的手”操控的，最终达到个人和社会福利的最大化。这种经济学的典型代表，是亚当·斯密的古典经济学。

对大多数人，特别是大多数企业家来说，他们已经基本熟悉这种经济学的主要术语和法则，比如价格弹性、市场垄断、边际分析，并且认同“利润最大化”作为企业存在的理由，认同“向股东负责”是企业的最高准则。

无论新经济学如何变迁，传统经济学关于“生产、消费和市场”的主流观点其实并没有实质的改变。早期资本主义信奉的边沁哲学（人的目的就是追求幸福）也并未发生实质的改变，只是更加丰富多彩了。

其实，在 IT 业发展的几十年间——直到现在——持这种朴素的经济学观点的人并不少见。也许他们会用“契约”“交易成本”“产权”“制度”“治理结构”等时髦的术语作为谈论经济发展的点缀，但丝毫不会影响这些已经深入骨髓的传统古典经济学思想。

传统的经济学依然有强大的惯性，或者叫作强大的生命力。

这是一个令人深思的现象。200 年来的经济学到底进步了多少？

号称掌握最先进技术（如 CPU、OS、算法），代表最先进的产业发展、社会变革方向（如学习型企业、知识型组织、扁平化等）的 IT、互联网企业，在认识经济现象、现代企业、社会演化，认识产品生产、推广、营销与服务方面，似乎并没有比那些早已掌握朴素的经济学原理，信守朴素的古典经济学教条的传统产业的企业家们高明多少。这难道不值得宣扬新经济、鼓噪新经济的 IT 企业们深思吗？难道不值得向往新经济、受信息时代感召的传统的企业家们深思吗？当这些据称是携带新技术基因、最新理念的电脑、软件、网络产品，从 IT 先锋的手里转移到传统的工厂里的时候，到底发生了什么？将发生什么？谁是这种变化的主宰？难道不是一个问题吗？

在所谓新经济并没有更多的新货色的情况下，如果一味地“超越”古典经济学，将使 IT 业偏离正确的轨道更远。在这个意义上，有必要看到，经济学并没有前进多少，只不过变得更加“精细”了。

俗定理的含义

古典经济学将注意力放在了财富增长和市场均衡方面，从某种意义上说，古典的经济学是一种“整体的经济学”，但这个整体是微观层面的。在自利的经济人、完全信息、有限理性、充分市场竞争、不存在外部性的大量假设之下，经济学家得出了一些结论，如随价格、产量变化而下垂的供给曲线，市场均衡的价格等。这些理论在大数据、人工智能、区块链、物联网的环境下，呈现诸多不足，比如无形资产的边际效用递增现象，“赢者通吃”的所谓“马太效应”，颠覆传统市场结构的“长尾效应”，大量信息溢出带来的“信息茧房”，基于推荐算法的“消费者精准画像”等。古典经济学遭遇了市场失灵，信奉凯恩斯主义的管制政策也遭遇了政府失灵。

此外，新制度经济学家同样遭遇了难题。企业组织的出现在斯密的分工理论中，是作为提高效率的自然结果出现的；但在制度经济学家眼里，是对付市场失灵的有效武器。企业组织是有效率的，因为它可以大大降低交易成本，提高劳动生产率，并采用创新技术探索新型商业模式。然而，企业组织并非可以将内部的交易成本和风险缩减到最低。事实上，企业中大量存在的激励问题、团队合作中的卸责问题、不同管理阶层之间的“扯皮”问题，都是“大企业病”的顽疾。经济学家在这些问题上，截至目前还没有什么好主意。

不过，新制度经济学家发现，从“多次重复博弈”理论出发，有一些颇有气压的观点。美国经济学家大卫·克里普斯（David Kreps）在 20 世纪 80 年代，用一个叫“俗定理”的说法，表达了这样的结论：一旦博弈是重复的，“只要每个博弈者预期得益，足够优于别的博弈者硬要他们接受时的最坏的情况，那么我们就可以维持一种非合作的均衡支付”。这就是说，无论是博弈论，还是什么最新的经济学理论，都无法进一步预测“重复博弈”的社会交往中，“下一步”将会发生什么；更进一步地，“在任何给定的组织安排下，合作并非是必然的”。

在 IT 与互联网企业所宣称的“网络时代”带来的新经济里，有一个大胆的、具有经济学价值的假设就是：网络的大量使用，可以改变组织的结构（如扁平化）、降低交易成本、增强团队合作的效率、提升企业的竞争能力，等等。迄今为止尚未见到严肃的经济学家对此做认真细致的分析，当然IT企业也没有论证，而是用市值增长来“证明”这一点的。这看上去是事实。但别吓着自己！

从过去20年的发展中，传统企业慢慢获得这样一个感受：对IT和互联网企业来说，所谓技术进步或者创新的“好处”，如果传统的企业家感觉不到或者不“领情”的话，这就是一个“坏”的博弈。从1998年到现在，这种“坏”的博弈已经出现4次了，一次是以.COM方式“喷发”形式出现的所谓“新经济浪潮”，另一次是在2000年左右出现的“ERP热潮”，再一次是2008年的移动社交网络，以及平台化浪潮，最近的一次是过去5年间的虚拟货币浪潮。这4次的共同特征是，IT与互联网企业扮演“掌握新思想”“传播新思想”的先锋的角色，而传统企业则扮演“被动接受者”的角色。

由于高科技企业从本质上讲仍然是信奉并且依据古老的传统经济学行事——他们没有摆脱古典经济学，也不可能摆脱——但口头上却声称自己是如何具有“革命性”和“先进性”，这种“姿态”，既毒害了高科技企业的正常成长，也毒害了高科技企业和传统企业之间的信任关系。高科技企业用“进步”的腔调宣示未来，用炫酷的技术获取先机，用数据和平台“收割”数字红利，用传统法律手段和政府游说确保竞争优势。

因此，无论是传统企业家还是高科技创新者，学点经济学常识是有用的。这样起码可以让高科技企业知道自己所处的时代，知道“财富是如何创造出来的”，知道曾经被高科技先锋讥笑为“落伍者”的传统企业，是如何生存，如何创造价值，如何缔造产业链和生态圈的。高科技企业只有摆脱自己“布道者”的身份，以“博弈者”的身份，参加到这个伟大的变革时代的过程中的时候，它才是在真正地“参与创造新的经济学”。

互联网的后现代背景

一种建筑艺术作品被标称为“现代的”，一般是指它是完美的、永恒的。比如文艺复兴时期重新发现了古希腊的建筑和雕塑之后的惊叹一样，这些穿越时空的美感，让发现者领略了一种永恒的美感。这些流传下来的符号，似乎先天地被当作理所当然的“美的化身”所接受。

文化意义上的现代观念和科学技术的现代观念一脉相承。这种观念就是，物质世界和精神世界的分野，以及对可知论的信仰。这个观点直接导致一个目标，即对永恒的、具有普遍意义的真理的追求和热衷，并且坚信这是可以达到的。这个信念的直接的后果就是，将知识的存在状态划分为已知的和未知的两种，并且诞生了职业知识分子（或者叫专家），而他们的职责就是发现并且转述他们的发现。

如同牛顿出于神学的需要探索宇宙的奥秘一样，当这些见解传播开来的时候，这些发现者自己已经无足轻重。优美的数学公式本身就是大自然的语言，而大自然的语言必然是永恒的。这隐含着一种进步的期待。这种进步，仍然与神学有天然的联系，尽管通过一条科学的路线。

据学者的分析，导致现代主义崩溃的原因有两个：一个是作者进入画布、戏剧家进入场景；另一个是复制技术带来的原作的丢失。本雅明①于 1936 年发表了论文《机械复制时代中的艺术作品》。他说：“我发现，原创性作品的权威性或自主性来自它们的不可复制性（irreproducibility）——（除了赝品）——这赐予它们一种魔力‘光轮’，一种环境艺术真品的卡里斯玛式的‘神魅荣光’，因为，它们是‘一次性的事物’，独一无二的、无可取代的，因而是无价的。”这种对神圣的独一无二的原作的崇拜，为大量机械复制所消解，从而瓦解了“原创”的神圣意味。

现代艺术崇尚真实，希望用逼真的方式呈现客观如实的世界。这是一个崇高的意向，但最终艺术实践却反复证明，这种“客观如实”的艺术表达可遇而不可求。这个尴尬的局面正是后现代卖力解构的好地方。在后现代思想者肆意汪洋的解构中，一切艺术活动中的作者、作品、原作、读者、意义、合法化、崇高等理念，随之轰然倒地。

如果说“现代性”的对手是主体和主体默认的敌手——客体之间的交战的话，在互联网的环境下，主体已经碎片化并且以编码的方式进入客体，这种场景使得

① 瓦尔特·本雅明（Walter Benjamin，1892—1940），德国哲学家、文化评论者。本雅明的思想融合了德国唯心主义、浪漫主义、唯物史观以及犹太神秘学等元素，并在美学理论和西方马克思主义等领域有深远的影响。代表作有《德国悲剧的起源》《机械复制时代中的艺术作品》《历史哲学论纲》等。

这一交战顿时毫无意义。

后现代主义者声称如此解构文本、消解意义的图谋，只是要彻底瓦解古典哲学的规则，瓦解“现代主义”为威权留下的地盘。数码技术给时代带来的挑战与后现代相类似，在数码技术中，任何人都知道电脑能做什么，网络能做什么。电脑给我们展示“无穷尽地再生文本、声音、图像及其他形式数据的前景”，通过快速转换，成功地从文本、声音的原创者那里夺取意义的控制权。

但是，这个原本颇具“后现代色彩”的领域，在现代的道场中不幸成为商业的同盟军。操作系统成为“锁定”用户的法宝，手机屏幕成为“诱使”用户上瘾的“黑镜”。赛博空间的“交流”状态，被替换成“控制”。这个替换，富丽堂皇地与财富结盟，获得了合法的地位；这个替换以“标准”“版权”等改头换面的“现代”文本书写着。后现代对“形而上学的袭击”戛然而止。至此，赛博空间获得了双重身份：一个是内生的，即对共享、交换、仿真的极大张扬，同时对治理合规、资源约束、现实存在的尽情颠覆；另一个则处处显露了对“置于控制之下”的偏爱。

互联世界的哲学就是这样一种信念。互联世界许诺一种新的社会形态，并且这种社会形态在决定什么是新的、什么是旧的方面充满了主观性。在互联网思想家那里，整个世界都是可以比特化的文本，无论何种文本，背后都可以纳入编码和算法的引擎。

“互联网是一个巨大的复印机”，是自由主义者的通俗宣言。

这个说法曾经让“知识分子”感到不安。知识分子认为，互联网的快速传播、渗透作用，使知识分子的权威受到威胁，因为他们的各种身份里面，有一个就是正统和理念的诠释者，是作者。知识分子是知识的拥有者的说法，其实给知识分子以道义的重托，在实践中使知识分子“俨然”起来。事实上，知识的传播本身就具备这样的消解倾向，而不论传播的具体途径是什么。

在巫师时代，通向上苍的道路经过巫师的咒符和谶语。具有灵性的知识是独断的、完全个人化的、神秘的和不可复制的。文艺复兴与机器时代的来临，从展现宗教的永恒魅力转向了艺术的永恒魅力以及科学精神。从此，知识分子有了“代言人”的角色。然而早期的知识分子并没有像后现代者那样，走出神秘化的光环。早期的知识分子“铁肩担道义，妙手著文章”，在作品中并不忘记身份和重负的存在，从而在某种意义上成为神话的同谋。

神秘化是一个恶魔，是一个阴谋，往往带有邪恶的企图：把历史和文化现象彻底装扮成自然现象，把传达“上帝”的声音，转换成传达“自然”的声音的职责。古希腊毕达格拉斯学派认为，自然这本书是用数学写成的（特别是整数），发现自然的奥秘是上帝存在的一个佐证。在科学发现的进程中，普适性和永恒虽然作为梦想出现，但渐渐成为一种“不假思索”的准则和必须附和的“自然之道”。虽然有爱因斯坦“人类一思考，上帝就发笑”的自嘲，但坚信“存在一个外在于人类的，可以理解的世界图式”是现代科学立言、立说、立足的基础。这种柏拉图式的理念，在 20 世纪受到了深刻的挑战。

伴随对语言、符号、作品、作者与读者等关系的细致分析，后现代主义论者首先在艺术领域发现了“现代性”的种种不适。这种种“不适”最大的心理障碍就在于自柏拉图开始的西方传统被认为是神圣的、理性的教条堆积而成的沉重包袱。

因此，解决神秘化问题的唯一手段就是去神秘化，使知识界的所有成员都负有类似“公共卫生”的责任，启迪心智，足以克服制造神秘化的人的欺骗。但是，这一点随时都可能遭遇习惯势力的顽强抵抗甚至诋毁。

技术与艺术的作品从来都不拒绝商业的染指，商业的法则会自己找上门来，作为对作品的奖赏。在技术作品又被从嬉皮士与黑客的玩具箱里拿到市场的时候，游戏的规则多少有点改变，但“可交易的”“可兑换的”艺术与技术作品，从“后现代”走向了真实的“现代”。这就是我们需要讨论的第二个问题。

技术的变换导致丰富多彩，这是事实。丰富多彩的一个特征是选择的多样性，选择的多样性在市场的调理下体现为竞争，而竞争的优势则不可避免地走向新的垄断。所以，丰富多彩导致共同的朴素感受就是气喘吁吁，这也是事实。一个未来的时代，如果气喘吁吁是必要的品质，是可疑的。

纯正的技术家们，特别是声称“后现代色彩”“黑客哲学”的一个原则就是没有原则。但真实的情况不尽如此。在商人的眼里，没有原则的解释应当是，当情况有利于利润的增长时，需要原则，比如，需要 TCP/IP 作为网络通信的协议标准；需要 Java 作为抵抗微软垄断的“原则武器”；需要讨论逐行扫描还是隔行扫描以确定数字电视的标准……当情况不利于利润的增长，甚至威胁自己“作品”

的既得权益的时候，就需要打破原则，比如对理念进行强化处理，催促消费，催促忘记。

因此在变革的时代，唯一不变的是对利润的偏好。虽然“利润”本身并不能提供更多的质疑的余地，但利润确实是“勾兑权力”的必要配方。财富是后现代主义者步入现代性的怡然自得的唯一的奖赏，也是唯一存在的理由。

从一切充满睿智的后现代的艺术光泽中，可以看到那些咿咿呀呀的表象的“忠贞”毁损了意义，但却没有毁损艺术的“交易体系”，他们将艺术批评的权力交还给读者，是可贵的，但他们并不完全相信读者，因为读者的“存在状况”是他们深表怀疑的，也是他们企图予以“启蒙”的对象。

虽然对神启的、道德的、崇高的、恢宏的、壮丽的、可指望的理念的挑战是后现代理论的共同特点，对“主体”的消解是后现代不遗余力千方百计予以“解决”的难题，但企图替“上帝造出自己搬不动的石头”就注定了结局。

从一个方面来说，对主体的消解，对罗格斯诱惑的拒绝，是对“确定性暴政”的有利控诉。不存在理性的普适性，为所有的作家开辟了广泛的空间，为他们卸掉了道德包袱，意义枷锁和形而上的不实之词，使它们将注意力完全聚焦到自我感受和体验上来，并且以此为终结。在“作品”背后，不能容忍存在高高在上的道德律令，也不允许作者“不在场”。

这的确是一种精神解放。“与众不同”是唯一可以将自己的作品与他人区别开来的特征，除此而外，再也没有别的标准。在这个愉快的背景下，只要你愿意，你就可以利用自己手中的键盘，轻轻敲打不超过 5 个键，进入互联网上任何一个被声称是禁区的地方；只要你愿意，就可以以一个变态的施虐狂或者受虐狂的身份在电缆的那一端找到自己的同志；只要你愿意……

这些都是促使电脑发生与发展的真实背景的一个组成部分。对这个部分，不能简单采用剔除的做法，因为这的确是电脑与网络的一种色调。事实上这还并不是最“令正统的道德家”厌恶的色调。需要警惕的倒是，这些在自己的厨房里尽情调制“后现代圣餐”的使徒们，当把他们的作品“卖”给异族文化圈的时候，采用了极其务实的姿态：禁止出售 64 位密码技术，禁止出售超级电脑的核心技术，等等。

所以，不能不看到更加实际的驱动：在意义消解的时代，存在的理由或者成功的标志只剩下一个，即折算成钞票。

当然，商业利益的驱动不能认为是可鄙的。然而问题是，当同样的一群人，当采用蔑视权威的做法获得技术创作的灵感的时候，为了确保自己的优势，他们会同时采用权威的准则，保住自己的地盘。在这一点上，他们显得一点都不够“后现代”。

不过，我并不赞同将智力水平定位在对这种“貌似后现代”的技术家、未来家，其实是商人的反感，甚至警惕地斥责上。电脑及互联网中凝结的创新冲动并不是毫无道理的，至少如果“敢于创新”不是一句仅仅落实在讲话稿中的文字的话，就必须能够对创新本身采取坦然的态度。创新是有赖于激情的，而激情是不可言说的自由。

在思想被“看管”的状态下，可以产生无尽的创造力是无法想象的。“损伤更兼屈辱”，在我们“不尚贤，使民不争……常使民无知无欲”（《道德经》）的文化背景和未来被指称为“信息时代”的状况下，我们事实上经历着“双重看管”，这或许是我们更加真实的生存状况。

第十一章
谁在把“云”变成“钟”

与其说伽利略在比萨斜塔上扔下了铁球，不如说扔下了知识分子。

知识分子从此有了一个参照系，这个参照系就是用数学公式、物理定律构造成的“自然规律”的总和，是知识分子耕作的田野。不幸的是，当知识分子拿着这些武器雄心勃勃地试图改造世界的时候，他们忘记了这个世界还有另外一种属性：此起彼伏的悖谬。这个世界不平整，不是说人们没有办法搞得平整，而是说这个世界不该“如此”平整。那么，这个世界究竟是从什么意义上变“平”了？是商业的力量，还是科技的力量？是谁，推平了这个世界？是谁，总是想把“云”变成“钟”？

福山写作《历史的终结及最后之人》，并非世界末日情结在作怪。他所表述的，其实是科学家的终结，知识分子的终结。

伪　颠　覆

当“挑战权威”成为法兰克福学派的刺眼标识后，一场真正的无聊游戏开始了。

这是典型的自指悖论：挑战权威的结果是确立新的权威，颠覆文明的目的是建立新的文明。这几乎又是一个“元”悖论，仿佛人的基因中含有的那样，就像走路一样，迈腿——打破平衡——站立——建立平衡。

《哈佛商业评论》2003 年 5 月发表了编辑尼古拉斯·卡尔的文章，题目是《IT 不再重要》（*IT Doesn't Matter*）。该文在以汇集经济与管理经典著称的《哈佛商业评论》上得以发表，本身就很说明问题——IT 的历史作用以及所扮演的角色，受到了广泛关注——随后在美国各大媒体引发了轩然大波，更加映衬了这篇文章的冲击力。

卡尔的观点实际上很简单。从比较研究的角度，他认为，信息技术革命有着与铁路技术、电力技术相类似的历史进程。这个历程的共同特征就是：IT 已经从稀缺品变成通用品，从奢侈品变成消费品，技术进入了均质期。

从“进攻”转向“防御”

卡尔的观点并不新鲜。新技术革命总是要经历这样的过程。20 世纪 80 年代，著名经济学家索洛发现的生产力悖论，正是对这种现象的深入剖析。技术创新对经济增长起着推动和牵引作用的理论，并非是一条永恒的上升曲线。任何创新的技术，在真正演变成企业的竞争优势之前，都需要漫长的“消化期”。

卡尔认为，IT 已经成为商业的基础设施，成为“基础设施技术”；随着 IT 的大量使用和成本的大幅度降低，IT 已经变得无所不在，成为日用消费品（而非奢侈品）。用时下互联网界热衷的一个词语说，IT 技术正在拜虚拟化所赐，进入“云计算”时代。因此，卡尔判断道：“从战略角度看，信息技术已经退隐到后台，IT 已经不成为问题。”

“简要而言，公司经理需要将对 IT 的注意力，从‘机会’转向‘风险’——从进攻转向防御。”以卡尔的这种观点看待 IT 的时候，很自然地可以得出，“对企业而言，信息技术的管理成为新的要点”。

这种“防御”切不可认为是完全消极的。这种“防御”其实是商业模式的变革，换个“打法”。在销售了大量的服务器、存储磁盘、操作系统、数据库软件，并且用户也跟随 IT 进步的节奏经常升级换代的时候，亚马逊在 2007 年提出了新的模式“云计算”。它的想法具有颠覆性。亚马逊认为，用户其实不需要自己“拥有”服务器和存储，这不是用户的强项。用户需要的只是“解决计算问题”，特别对中小企业来说更是如此，它们养不起高级的技术人才，也买不起昂贵的机器设备。在这种情况下，用户只要提出计算请求，把自己的需求和数据发送到亚马逊部署的服务器上就可以进行计算了。用户只要交付租金 即可。

“云计算”的思路的确精妙，与卡尔的预言似乎完全吻合。但是，有趣的是产业巨头的反应非常奇怪：他们一开始众口一词表示反对，过了 3 年旋即又集体拥抱这种模式。这是为什么？

产业巨头的反应

卡尔抛出的观点引起了广泛的关注，既包括盖特纳这样的研究机构，也包括比尔·盖茨这样的产业巨头。在 2005 年 5 月 21 日微软 CEO 高层会议上，盖茨说过这样一番话：“听说，《哈佛商业评论》上有一篇文章引起广泛争议。它们说，‘IT 不再是个问题’了。它们一定是在说，所有的信息流——一方面我们仅仅实现了十分有限的部分，而所有的人都知道自己想要什么；另一方面我们已经接近了这个方向，这并非简单的改善——以及这些信息流在那里，才是我们努力奋斗的目标。”卡尔认为，对信息技术现在的状况以及所面临的挑战，都很容易达成共识，所不同的是，对 IT 核心地位的看法以及解决这些问题所需要花费的代价和途径。

卡尔反对这样的观点：提高企业战略竞争力的道路经过 IT。但这个观点很容易被误解，以至于有人攻击卡尔是“IT 取消主义”，这显然是不正确的。他并非试图“削弱”或者“诋毁”IT 的历史意义，他只是反对这种“技术至上主义”，以及把这种“技术至上主义”描绘成解决问题的唯一重要途径。

卡尔说：“这很清楚，我的文章讨论的是这样一件事情：在信息管理方面的任何技术改善都将很快传播并被复制，从而对竞争优势变得毫无意义。”英特尔的 CEO 克雷格·贝瑞特则有点不快，争辩说 IT 基础设施仍然是竞争之源。不过，卡尔却在自己的网站上奚落贝瑞特：“无法确定他是否真正读过这篇文章（我并非责怪他，我知道他确实是个大忙人）。”IT 基础设施对竞争力自然相当重要，特别是在地区和产业水平层面。然而，卡尔的观点是，在一定的意义上，IT 不再是优势之源——IT 已经无法将公司与他们的竞争对手有效地区别开来。事实上，IBM的On-Demand，惠普的“动成长企业”战略，已经包含重大的转型意味。

与此同时，来自用户的观点却在支持卡尔。通用汽车的CIO拉尔夫·斯金达（Ralph Szygenda）在2005年5月19日的《信息周刊》上发表评论说：“当尼古拉斯·卡尔说IT不再是个问题的时候，他最终是正确的……但是，业务流程改善、竞争优势、优化和业务获得成功，这些却都‘是个问题’，而且不能将这些内容与‘日用消费品’联系起来。为了助长业务的变革，IT被看成‘拉开差距’的武器，或者‘必要的恶魔’。然而今天，企业已经成为实时的企业（Real-Time）……”卡尔认为拉尔夫的观点真正读懂了自己。在核心基础设施和为改善流程而做的IT系统上，已经有了大量的投资，然而今天必须强调成本和风险意识，并反思过去“基于短缺优势”下的做法。

卡尔十分幽默地说：“我发现一个十分有趣的现象，一旦我的说辞中，多少包含对IT商家、咨询顾问、业界权威的一些颂扬，我就一定能从众多的IT执行者那里，听到他们真正的兴趣和对我的观点的赞同。”

然而，在对峙了三四年的工夫之后，IT巨头们忽然发现互联网这一最大的基础架构，的确对广大网民而言“已经不是个问题”了。网民们对花费不菲的IT投入颇有微词，他们认为自己被“绑定”在了厂商高速狂飙的战车上，表面上看有多种选择，但这种选择没有任何实际意义。一些新兴的公司如SalesForce，采用“租赁”方式出售“服务”的做法，引起了人们的兴趣。

SalesForce不出售软件——尽管他们拥有强大的客户关系管理系统——他们只按用户使用的“数量和频度”计费，好像使用水电煤气等公用设施一样。短短的几年里，SalesForce就成功地为全球3万家公司，上百万注册用户提供量身定做的客户关系管理服务。用户不需要购买软件，更不需要为如何配置软件参数、更新换代发愁。这种做法实际上就是“云计算”的典型范例。

但是，值得注意的是接下来的事情。

在越来越多的“云”挂在天上，形成了某种商业景观，有利可图的时候，包括IBM、谷歌、微软、英特尔、思科等，都宣布了自己的云计算策略。计算模式虽然变了，但骨子里的“商业逻辑”其实并没有发生任何改变。

商业巨头们一边在制造“更大的云”，另一边又在想方设法将“自己的云”

打扮成"最好的云"，吸引更多的消费者躲在"这片云"下。驱动这种商业逻辑的技术至上主义没有根本的变化。在他们眼里，这不但天经地义，而且符合科学的理性精神，是进步和创新的必然。在他们这么思考问题的时候，他们试图推给用户的"云"，某种意义上已经演变为"钟"了。

重回马斯洛

有人说，21 世纪其实是"人复活"的世纪。于是，马斯洛复活了。这个被遗忘了将近半个世纪的心理学者，在人与机器搏击得昏天黑地、身心俱疲的时候，被有心人"重新发现"，当作现代乃至后现代的心灵解药。

1954 年马斯洛出版《动机与个性》一书的时候，主要有两大学派：一个是弗洛伊德，另一个是约翰 · B. 华生。弗洛伊德在 1900 年出版主要著作《释梦》的时候，就成为一个争议人物。他深受达尔文主义的影响，对他来说，人只是偶然进化的产物，人是动物，"也仅仅是动物而已"。弗洛伊德与华生一样，都试图将人类心理活动与行为，纳入物理学的轨道。

弗洛伊德认为，人的本能有两种：一种是生的本能，如性冲动；另一种是死的本能，如攻击本能——而且，"一切生命的目标是死亡"。

弗洛伊德的本我，是无意识的动物本能，叫"力比多（libido）"，是强有力的、反社会的、非理性的。他认为，"这些本能充满能量，但没有组织，没有统一意志，只有一种力图满足本能需要的冲动，他遵循快乐原则。"与本我相比，超我（Super-ego）则是后天获得的道德责任感。本我和超我一直在交战，双方都试图占据主导权。在本我和超我的剧烈搏击中，体现现实本能的自我，则不断周旋于本我和超我这两股互相撕裂的力量之间，以维持身体与精神的和谐。自我如果失去控制，则表现出精神病学家所说的种种疾患之一，如抑郁、狂躁、精神分裂等。弗洛伊德认为人始终处于与社会的冲突之中，有道德的人压制自己的冲动，而罪恶之人则享受这种冲动。

可以说，弗洛伊德思想的脆弱之处，就在于对恶行的惩罚太过。当力比多充溢身体的时候，本我总是要找一些自然的发泄方式，但超我却每每在这个要紧处出现，以道德紧箍咒让个体承受种种压力。人会因此感到羞愧、自卑、猥琐不堪。有个有趣的现象叫“口误”。弗洛伊德仔细研究了大量的所谓“口误”，实际上都是本我穿越自我的警戒线，以超我能接受的“变形”的方式（比如口误），来表达出本我的潜台词。

在弗洛伊德那里，“文明只得动用每一种可能的手段来树立屏障，以便对抗人的侵略本性”。悲观的弗洛伊德认为，“仇恨植根于人与人之间的一切关爱关系中；对对象的恨要比爱更古老”。弗洛伊德认为，人 5 岁左右就基本定型了。而且他对“爱邻里如爱自己”的训诫，感觉“事实上再也没有比这个要求与人的天性更背道而驰的了”。

另一个学者是华生，于 20 世纪初创立了行为主义学派。与弗洛伊德把探察的重点放在人的内在冲动和驱动力上不同，华生把重点放在外部环境的影响上。华生说：“行为主义者把诸如感觉、认识、意向、欲望、目的，甚至思想与情感等一切主观定义的词语，都从他的科学词典中剔除了出去。”

行为主义的基本假设是：道德是没有科学基础的。凡是科学的，其特征都有一个原始冲动：一劳永逸地解决问题。且不说一劳永逸的原始冲动道理来自哪里，这个冲动导致的思维习性贻害无穷：获得永恒的安逸，似乎是一种真正的“原罪”。

行为主义对人的冷酷的假设是，人只是环境的被动的牺牲品，他所处的环境决定了他的行为。这种类似科学技术上屡试不爽的“刺激—反应”模型，给出了这一行为哲学冷酷的结论：一报还一报。经济学家和博弈论者在“果报模型”上花费了大量的时间和金钱，然而令人奇怪的是，他们似乎没有在合作模型上获得更多有价值的结果。即便探讨所谓“合作”，也没有在“多次博弈导致策略的无穷倒退”问题上得到任何进展。比如“谁”拥有试验的决断权、裁定权？“谁”在试验“谁”，这便是一个异常诡异的问题。

弗洛伊德和华生有一点是一致的，即他们都认为幼年经验十分重要。孩子在成长期父母如何保持宽容，满足他们的要求，不苛责，在喂食、清洁、早期性教育以及控制情绪等方面，善加引导，会使幼儿受益终生。这也是马斯洛的起点，但马斯洛走的是另一条路。马斯洛的终极目标是使人幸福。

但是，行为主义心理学家有其令人恐怖的一面。比如华生认为，人是可以任意塑造的，“给我一个婴儿和我需要培养他成长的世界，我能使他匍匐、行走、攀登，使他用双手建造石块或木头的建筑物；我可以让他成为贼、歹徒、吸毒成瘾者。向着任一方向塑造一个人的可能性几乎是无穷尽的。”多么骇人的宣言！想想斯金纳的箱子吧。

从以上事例可以看到的是，辉煌的科学武器如何成为所向披靡的借口，如何被神圣化为真理的标准版的，以及将这种科学的标准配置任意使用带来的危害。

马斯洛，纽约布鲁克林地区犹太人的孩子，20 岁结婚。“我们的第一个婴孩改变了我的心理学生涯”，马斯洛原本在华盛顿哈里·哈洛博士的指导下研究猴子的性特征。“我觉得任何有过孩子的人都不会成为行为主义者。”他说。在日军袭击珍珠港的日子里，马斯洛终于确立了自己的理想——“证明人类有能力完成比战争、偏见和仇恨更美好的东西”。

马斯洛发现，科学家似乎对幸福、欢乐、满足、宁静、风趣、游戏、健康、幸喜、着迷、沉醉等视而不见，而且似乎也忽略了仁慈、慷慨、友善。科学家似乎致力发现缺陷和失败，而对人的力量和潜力很少认识。

科学解决问题的思路，一般都假设某个地方“有问题”，然后致力发现问题所在，然后解决问题。也就是说，我们所拥有的已知条件，都是为了寻找未知结果的。在科学家看来，我们已经具备的东西不足为道，重要的是探索未知。

马斯洛指出，“如果一个人只是潜心研究精神错乱者、神经症患者、心理变态者、罪犯、越轨者和精神脆弱的人，那么他对人类的信心势必越来越小，他会变得越来越‘现实’，尺度越放越低，对人的指望也越来越小……因此面对畸形的、发育不全的、不成熟的和不健康的人进行研究，就只能产生畸形的心理学和哲学。这一点已经是日益明显了。一个更普遍的心理科学应该建筑在对‘自我实现的人’的研究之上”。

马斯洛对他的前辈的指责有点道理，但也不是很厚道。断言按照纯粹科学的套路如此这般，就会产生畸形的心理学和哲学，这有点勉强。但这正是马斯洛的研究路径：研究自我实现的人，即“伟大的人”如何伟大。

要想“发展得好”，就不能仅仅采取“自我中心主义”的立场。这种立场很容易让个体以自我为尊，把任何忤逆自我的外在力量，都视为羁绊，甚至是“邪恶的”。马斯洛对把动物本能描绘为“坏”的本能也不满意；他说动物王国里不乏合作之例。与其说合作是个例，不如说是规律。通过研究猿猴，马斯洛看到，动物是如何友好合作的，而不是弗洛伊德所说的那样小气、自私、侵犯成性。“弗洛伊德主义者认为人类本能有着恶劣的动物性，因而他们必然期待这种本能会再清楚不过地出现在疯子、精神症患者、罪犯、精神脆弱者或铤而走险者身上。”在弗洛伊德那里，良心、理性、伦理都是后天获得的假象。

但是，马斯洛的学说长期以来并未得到应有的重视。早在1920年前后，几乎所有美国的心理学家都把人类行为纳入所谓“科学研究”的范式中了。当然希望秉持科学精神解决实际问题的不只是心理学。人们普遍认为，既然科学方法在解决物理学、工程学问题上如此成功，那么在解决人的问题上依然成功。

这种思潮的哲学基础是：可以把人当物体来研究——一个只需要观察而不需要询问的被动的物体——电脑继承并延续了这个假设。在电脑的世界里，编码就是一切；在互联网赛博空间里，代码即法律，一切皆计算。

从笛卡尔主义出发，可以很自然地得出这种结论：当今科学发展的全部基础，就在于“存在外在于人的意识的，不以人的意志为转移的，人类可以认识的客观规律存在”。这是彻底的唯物主义者。但是，这种唯物主义在笛卡尔哲学的两分法基础上，十分自然地采取了“二值逻辑”作为科学的基本逻辑。这一点并非没有任何疑问。

唯物主义信奉不以人的意志为转移的客观实在，在朴素的层面是完全可以接受的。但是，这种认识的哲学基础，有很深的笛卡尔主义印记。“客观实在”可以“不以人的意志为转移”，但并非说“人的意志无法影响客观实在”，这是启蒙思想家常说的“人的能动性”。当唯物主义与科学结为同盟军的时候，唯物主义的范畴实际上被科学的局限性所规约，仅仅成为笛卡尔两分法的坚定支持者。

对这个世界来说，我们所知道的其实仅限于“就我们的能力而言”所知道的。唯物主义由于受笛卡尔主义的“科学局限”，把对主体的认知排除在外，或者试图采纳与对待“物”的方法对待“心”，把意识最终也归结于纯粹的物质以及物质的运动。这至少在互联网时代，是需要重新思考的重要问题。

在互联网时代，个体由于编码而出现了多重形态。一个人可以有多张数字面孔、多个数字身份、多种数字情感。这些面孔、身份、情感，在比特世界里是具有同等地位，无差别的。互联网中的主体兼具“肉身”和“符号”双重属性。肉身将其映射到物理世界，而符号则将其映射到数字世界。这两个世界在真实的主体中得到统一。

要“驾驭”[①]这种高度综合、复杂的新主体是非常不容易的。当主体在互联网中并存多个数字身份、数字面孔的时候，这些身份、面孔之间可以不是逻辑一致的，更没必要信守共同的法则。数字世界完全可以做到这一点。比如你可以同时在两个不同的数字场景中，扮演完全不同的，甚至用传统的观点来看，完全冲突的角色：一个是天使，一个是恶魔。你更可以在多个场景中扮演更复杂的角色，这些角色的交错程度，如果在物理世界中，可能足以使人发疯，但在互联网的世界里，司空见惯。

从真正的肉身来说，你的物理躯体毕竟只有一个。这样一来，你必须接受这个现实：当你只有一具肉身的情况时，你在互联网上的多重生活，将拥有多个不同的版本，甚至极端地说，这多个不同的版本，可能对应类似传统社会里不同的宗教教义与规则，不同的伦理道德准则，不同的发达水平与行为模式，甚至不同的辈分和处境，简单说就是，你有多重数字生命。

倘若没有互联网，一个人如果陷入这种境地，结局只有一个，那就是罹患精神疾病。在他眼里，这个世界已经荒诞不经，无法理解，无法驾驭。他与这个世界格格不入。他觉得这个世界乏味、单调、空洞、肮脏。他觉得自己的精神世界反而是充实的——我所见到的精神病案例中，没有哪个病人承认自己是有疾患的。在几乎所有的精神病人眼里，外在于他的这个世界才是疯子。

我感到忧虑的恰恰是这一点：互联网充分的连线，大肆地比特化、虚拟化，将随着时间的推移，让一代又一代孩子，从一出生就深深地“卷入”其中，甚至达到“不自知”的地步。未来的人们将“身处在这个已经无所不在、犬牙交错、虚实相间”的连线世界里，领受他们那个时代独特的畅快淋漓和焦灼忧虑。但

① 这里说的“驾驭”，其实是“自我驾驭”，不是指“另外的一只手”。

是，倘若现行的教育方式没有根本性的变革的话，他们将通过陈旧、落后的教育机构，全盘接受笛卡尔主义的所谓科学理性的熏陶，然后再忍受完全不同的互联网哲学的痛苦折磨：天哪！其实现在不正是这种局面的前奏吗？

现在人们制造与看待电脑与互联网的线性思维方式，可能只处于真正互联网社会的“史前”阶段。在这里，0与1、是与非、黑与白、对与错、爱与恨，都与古老的二值逻辑异常契合，更是笛卡尔主义的强力佐证。但是，人毕竟是丰富多彩的，人毕竟不可能简化为0与1、是与非、黑与白、对与错、爱与恨的简单组合。

现今全球数十亿计的网民，已经通过种种令人兴奋的“集体行为”（如人肉搜索）告诉大家，切勿简单地陷入笛卡尔思维的窠臼，真正的互联网价值尚待突破——前提是，必须彻底扫除笛卡尔主义的旧框框，迎接全新的网络哲学。这种新的网络哲学，必须重新认识人，重新认识这个世界，重新认识人与这个世界的关系。重新认识人的前提，就是摈弃“非此即彼”的线性逻辑，清算笛卡尔主义对发展未来的互联网哲学的羁绊。这时候，温习马斯洛关注人的思想，是大有裨益的。

马斯洛的第三思潮不同意机械的笛卡尔主义科学观。他认为在解决实际问题时，并不能无视人的主观方法的有效性。一旦忽略了主观感受的丰富性，人的很大一部分将变得毫无意义。他说：“我认为机械论的科学（它在心理学上表现为行为主义）并非谬误，只是太狭隘，不能成为一个普遍性的综合性哲学。”弗洛伊德提供了病态的一半，现在需要把“健康的另一半补上”。

警惕“精英主义”

“回到马斯洛”的口号，在强调“以人为本”的时代有积极的意义，但也很容易引起误解。特别值得注意的是马斯洛关注的“人”，实际上是所谓“格外健全成熟的人”这一点。人们可能会把马斯洛关注的“不断发展的少数”，看作当下的所谓精英阶层。

按照学问家的介绍，马斯洛当年的研究对象包括林肯、杰弗逊、爱因斯坦、罗斯福、亚当斯、斯宾诺莎、赫胥黎、歌德、华盛顿、海顿、罗素、富兰克林、惠特曼、穆尔、爱默生等 20 余位近代史上"伟大的人"，他认为，优秀人物的特点如下。

- 洞察生活的能力。他们能按照生活的本来面目看待生活，而不是按照所希望的那样看待生活。他们较少使用情感，而是尊重客观。
- 有清醒的是非观。更有决心，对未来有准确的预感。
- 谦逊的态度。能倾听别人，并承认自己不是万能的。
- 较少受情绪的影响。
- 这些人的思维表现为沉思式的和决断式的。

在上述马斯洛描述的这些有成就的人的优秀品质上面，大多数可以从当今精英群体即数码科技行业中看到他们的影子。但是，事情并非一帆风顺。在马斯洛描述的优秀品质当中，我们假如换一个角度看的话，就会发现很多信息时代数码科技界从业者的价值判断，事实上还停留在传统观念的范畴，比如他们对于安全感、成就感的衡量标准。这种衡量，依然需要折算成现世的财富等硬指标，似乎才有了准确的度量。

甚至马斯洛本人，似乎也没有发现他的研究对象和研究方法有什么不对劲。但事实上这里潜藏一个重大的问题：衡量幸福感的标准到底是什么？或者换句话说，为什么衡量幸福感的标准，最后都被折算成某种世俗的准则？或者再换句话说，为什么那些成功人士似乎可以脱离世俗标准的羁绊，这难道不是预示着财务自由和心灵解放之间的必然的先后相继的关系？

马斯洛无法回答这个问题。因为在他之前的全部科学技术发展的态势，或者说发展观，都是建立在一个基本的经济学假设之上：科技进步能解决资源稀缺问题。学者们看待这个世界的物理窗口，一开始就盯在了"稀缺"的属性上。经济学如此，政治学如此。难怪有两个人，对此做出了完全不同的解读。一个是海德格尔，他主要讲技术是如何归一化的，其实是如何格式化的；另一个是哈耶克，他主要讲为什么说资本主义是血腥的，是一个捏造出来的神话。

在科学理性基础上发展出来的经济学，首先假设了资源稀缺这个命题（这种假设缘自哪里，需要探究），所以马斯洛很自然地认为，普通人的动机来自匮乏——他力图满足自己对安全、爱、归属、尊敬、自尊等的基本需要。而健康人显然已经度过了这个阶段。他们的动机来自“主要是他对发展，实现的潜力及能力的需要”。换句话说，来自自我实现的需要。但是，马斯洛在讲述如何使“普通人”抵达“自我实现的人”的时候，实际上也陷入了“无计可施”的境地。他只是喋喋不休地讨论生理的需要、安全的需要、自尊的需要、归属感的需要、自我实现的需要的阶梯的时候，指出任何一个“低级别”的需求的满足，是“高级别”需求满足的前提。如何实现这种“阶梯”的上升，实际上没有任何“教科书”可以编写。

再看马斯洛。马斯洛所导出的“自我实现的人”，必须忍耐他所处的那个生态环境。他认为，专心致志于一项重要的工作是发展、实现自我和幸福的必要条件。这种论述显得十分空洞。这里没有讲到底什么是自我实现，到底人如何能获得精神世界的彻底解放。按照马斯洛的模型，你必须先吃饱肚子，获得财务自由，然后才能随心所欲。这种先后相继的铺陈，到底背后是什么逻辑？实际上也还是没有脱离原子主义的窠臼。

马斯洛的研究发现，在自我实现的人当中，“创造性”是普遍的特点。创造性与健康、自我实现和充分的人性几乎是同义词。这些少数的精英，当他们通过自己的努力达到巅峰状态之后，他们竟然可以获得某种张牙舞爪的、颐指气使的、吆五喝六的权力，这是需要批判的一种状态。

自我实现的人较少抑制感情，所以他们更善于表达，更自然、简单；因为有勇气、不胆怯，所以他们不怕犯愚蠢的错误。同时也是一个勤奋的人。

自我实现的人的一个特点是“很少自我冲突”。他们不会跟自己过不去，他们的个性是统一的。但值得注意的是，这么多马斯洛发现的所谓“自我实现的人的特质”，背后却潜藏着非常细微但可疑的问题：这种“自我实现的人”所达到的状态，与所有现代科学思想的基本逻辑截然相反。按照科学发展的逻辑，认识越客观、实际、科学，“自我实现的人”实际上越远离道德和价值观。

换个角度看，优秀分子往往较好地“调和”并“控制”着自己的本性和欲望，并能良好地引导到“有利于自我实现”的方向上去。但是，他显然并非“严格信守”所谓的科学逻辑。“优秀的人”善于审时度势，能够从战略、战术、战斗三个层次很好地驾驭资源的配给、力量的使用、情势的判断，能够根据自身的目的选择当机立断或者韬光养晦，能够熟练运用不同的话语方式，甚至熟练操控不同的表达技巧，面对不同的受众显露同样真诚、感人的魅力——甚至这些特质之间剖开来看，充满自相矛盾，但整体却在“优秀的人”身上浑然一体。

也就是说，马斯洛研究的自我实现的优秀分子，实际上是无法“效仿”的。这里“效仿”一词，是在“科学的”层面使用的。优秀分子的特质可以指认出来、识别出来，甚至用非常科学的方法“测量出来”，但说到底是无法通过“科学的”方法口传身授，注入另一个个体身上的。

这么说，并非想指责科学的无能。恰恰相反。科学在提供传授、学习、教化的工具方面当然十分有效，甚至不可或缺。但是，依然会有哪怕很小的“最后一块黑暗”，是科学的光芒无法投射到的，也是科学的工具无法触摸的，更是科学的工具无法传递出去的。

当马斯洛对“自我实现的人”的描述，越来越集中到行为面的时候，马斯洛其实刻画的，是一个通晓世故、人情练达的人的形象。这当然没有什么不对。不过，这很可能导致一种暮气和世俗的算计。在这一点上，他甚至没有马基雅维利在玩弄政治权谋方面来得爽快。

健康的人很少对是非、善恶问题迷惑不清。马斯洛发现健康的人既自私又无私（这种德行很费解），他说：“他们从他人的快乐中得到自私的快乐。这是快乐的另一种说法。”对健康的人来说，他乐于游戏，也乐于工作；他的工作就是娱乐，正业和副业合而为一。在这些成功人士眼里，善与恶的争斗不是问题。他们始终偏爱并选择更有价值的东西，而这种选择对他们很容易。

“自我实现者”拥有马斯洛所说的心理自由；即使面临众多的反对意见，他们仍能做出自己的决定。他们是自己的主人。

有一点马斯洛是对的。他说心理学家几乎忽略了享乐、游戏以及漫无目的、随心所欲的行为。关注这些无法用科学方法解释清楚的人类行为，是马斯洛向心理学发出的主要挑战。他直截了当地认为，“人的行为都是有动机的”这个所谓的科学结论，是不科学的。

不过，以东方人的观点看，当马斯洛眼里的“健康人”的确比“普通人”显得多一些特质的时候，人们不禁要问，为什么在中国的哲学观里，无论穷富，都有修身养性的可能，独西方文明，似乎没有发展这种更加彻底的宽容精神？这或许是西方从斯宾诺莎开始，就对神祇的一种指望。

当马斯洛的层次需要理论展现在人们面前的时候，人们很容易看到西方文化的特点：它不是闭合的。和几乎所有的西方学者一样，马斯洛从来不顾忌第五个层次之上意味着什么，也没有认真回答这五个层次之间可能存在的复杂的变迁历程和动态漂移的可能。比如爱的问题，马斯洛认为，缺乏爱就会抑制成长及潜力的发展。他说："爱的饥饿是一种缺乏症，就像缺乏盐或者缺乏维生素一样。"不过，令人不解的是，如此看中"爱"的马斯洛，竟然在自我实现的人那里，发现"爱"只是一种中性的情操（见前述）。他试图让自己的理论自圆其说，就尽量淡化他所使用到的词语的"味道"，他知道这些"味道"不能太过浓烈——优秀的人是不会执之表面的。

可以隐约感到马斯洛试图调和什么。不想陷入某种"偏执"的局限性，最好的办法就是调和。这种调和，需要很好地驾驭诸多相互背离的倾向，包容多种悖谬的特质，如黑与白、爱与恨、苦与乐。现实生活对这些特质的包容与调和，是通过时间长河的清洗和磨砺来完成的。透过大的尺度衡量人类所遭遇的种种欢乐和苦难，幸运和灾祸，往往可以更加平和地看待这些现象层面的东西。

这种调和的哲学，恰恰是互联网亟待发展的新的哲学。互联网最大的特点就是空间转换为时间。这首先表现为地理上的。透过连线，人可以瞬间抵达世界的任何一个角落。在不远的将来，虚拟旅游将令人足不出户，即可游历名山大川，而且真如身临其境。这种时空转换眼下已经显露端倪。值得警惕的是，这种时空转换即将大范围降临的时候，新的哲学思想能否准备就绪。另外一种时空转换，与多重人格、多种体验、多个角色在一具肉身上同时并发有关。

还记得前面讨论过的电脑与网络的两大技术特点——并发与遍历吗？在电脑和网络的功能继续增长的情况下，人有可能骗过自己的"感知阈值"，从而获得前所未有的崭新体验。这些崭新体验在新鲜感过后，将面临无法克服的惶惑、断裂与痛苦。盖因对这种崭新体验的新型哲学，不能通过继承笛卡尔主义得到，而是必须通过批判笛卡尔主义得到——但是，笛卡尔主义毕竟是现时代电脑和网络的全部哲学基础啊！

这就是困境所在。

现代科学的发展完全是"笛卡尔式"的。这种哲学的有效性，通过资产阶级工业革命、电脑与网络的诞生，得到了极大的验证。但是，电脑与网络开启了一个全新的时代，这个时代未来的哲学将不服从笛卡尔逻辑，不遵从“非此即彼”“非黑即白”的二值逻辑。他们与新的人类构成的赛博空间，将秉持完全不同的技术哲学——无论未来的技术哲学是什么，其基础至少包括以下观点。

共生的观点。未来的互联世界具备多个版本，这是网络世界中的典型特征。个体可以拥有多张面孔、多个场景、多重人格，并可以在这种繁复的、多层级的生活间灵巧切换而不致陷入困境。要达到这种状态，其哲学基础必然不是“非此即彼”的二值逻辑，而是某种“共生逻辑”。

和谐的观点。未来的互联世界必然是不完备的，但因为多个版本而保持了丰富多样性。在多态的存在中，个体与个体之间、群体与群体之间允许处于不同的层级，不同的社群，不同的情态。他们之间的共生关系必然有赖于和谐意识的普遍化。

以我之拙见，我只能先抛出一点砖头瓦块，希望未来更有智慧的人们，一起通过丰富的实践，构造适合未来互联世界的新的哲学。

在构造新的哲学进程中，马斯洛——当然不只他一个人这样想——关于“自由”的观点是十分重要的。倘若没有“自由”，或者没有“自由之指望”，人的生命的确是毫无意义的。但是，倘若抵达“自由”的道路只有一条，甚至只有如今已经固化到各个阶层、各色人等骨子里的“笛卡尔式”的商业逻辑、科学逻辑一条的话，这个道路能否应付得了互联网蓬勃兴盛之下的新社会、新生活，是大可怀疑的。

网络碾破了人的主体的完整性，交付给人虚拟的现实性。在虚拟世界里，人们有了足够的自主表达空间，有了足够的不需要经过马斯洛层次约束就可以得到的满足。这是一次重大解放的前奏。只有幸福与物质之间硬生生的连接关系被打破之后，人的多重可能性才得到真正的释放。既然精神分裂是各种需求被剥夺殆尽的那种人承受的苦难，我们能发现的最大的补偿和修复，已经不是言语，而是行动。在言语已经肮脏，行动又有束缚的世界里，最后剩下的唯有互联网的精神：互联互通。

对现代的年轻人来说，马斯洛有这样的忠告：“那些更具依赖性的、任性的、空谈的、消极的人，把这种自我实现的哲学看成‘等待灵感’；他们等待着奇迹的发生：忽然会有某种尖峰体验不费吹灰之力就告诉他们何去何从。这种自我放任的意识认为，只要是自我实现就应该是快活的……事实上培养自己的能力可能是十分艰苦的……”

我们不应该再寻找一个简单的乌托邦式的答案，而是应该强调稳定的、持续的、一步一个脚印的改进，这种改善将以广大普通的“网民”为主力军，并最终惠及全体网民。马斯洛已经看到，“个人的精神分析根本不可能通过一个一个地改变人来改造世界”，“精神世界之外的功成名就是不够的，我们还得有精神世界的健康与和谐”。

作为技术的互联网，一定会日益成熟与丰盛；但是，我们不希望它在哲学上是贫乏的。